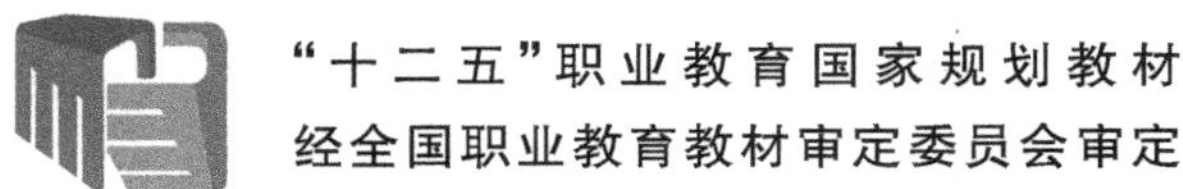

塑料模具设计基础及项目实践

主　编　褚建忠　甘　辉　黄志高
副主编　潘科峰　李会来　王斌宇

图书在版编目（CIP）数据

塑料模具设计基础及项目实践 / 褚建忠等主编.
—杭州：浙江大学出版社，2015.1（2024.7 重印）
ISBN 978-7-308-13770-6

Ⅰ.①塑… Ⅱ.①褚… Ⅲ.①塑料模具—设计
Ⅳ.①TQ320.5

中国版本图书馆 CIP 数据核字（2014）第 198721 号

内容简介

本书以应用为目的，介绍各类塑料模具的设计技术、方法与技巧。全书共 15 章，分为两大部分。第一部分为基础知识篇，着重讲述塑料成型工艺及各种塑料模具的设计技术，包括塑料成型基础、塑料制品设计、常用注塑模具钢材、注射成型模具、压缩成型模具、压注成型模具、挤出成型模具等；第二部分为项目实践篇，基于 CAD\CAE 的注塑模设计，以企业真实的项目为案例来全面、详细讲述典型注塑成型模具的设计过程和要点。

针对教学的需要，本书不仅配套提供全新的立体教学资源库（立体词典）、教学软件和自动组卷系统，还配套提供塑料模结构认知及运动原理三维虚拟仿真动画，以先进的虚拟现实技术逼真地展示塑料模具的三维结构、工作原理、设计知识等，使模具设计课程更生动形象。

本书是"十二五"职业教育国家规划教材，适合作为高等职业院校塑料模具设计等课程的教材，还可作为各类技能培训的教材，也可供工厂模具工程技术人员的培训自学教材。

塑料模具设计基础及项目实践

主　编　褚建忠　甘　辉　黄志高
副主编　潘科峰　李会来　王斌宇

责任编辑　杜希武
封面设计　刘依群
出版发行　浙江大学出版社
（杭州市天目山路 148 号　邮政编码 310007）
（网址：http://www.zjupress.com）
排　　版　杭州好友排版工作室
印　　刷　广东虎彩云印刷有限公司绍兴分公司
开　　本　787mm×1092mm　1/16
印　　张　20.5
字　　数　511 千
版 印 次　2015 年 1 月第 1 版　2024 年 7 月第 7 次印刷
书　　号　ISBN 978-7-308-13770-6
定　　价　58.00 元

《机械精品课程系列教材》

编审委员会

前 言

塑料模具是模具中的一个大类，在中国，其产值约占全部模具的1/3。近年来，塑料模具的质量、技术和制造能力发展很快，有些已达到或接近国际水平。然而，塑料模具人才，特别是具有现代模具设计与制造技术能力的塑料模具人才还存在较大的缺口。本书正是根据对从事塑料制品生产和模具设计的工程技术应用型人才的实际要求，针对高职院校人才培养目标的准确定位，广泛吸收近年来高职高专教改工作成功经验的基础上编写而成的，不仅系统地介绍了各种塑料模具的设计技术，还体现了模具发展的新技术。全书分为两大部分。第一部分为基础知识篇，着重讲述塑料成型工艺及各种塑料模具的设计技术，包括塑料成型基础、塑料制品设计、常用注塑模具钢材、注射成型模具、压缩成型模具、压注成型模具、挤出成型模具等；第二部分为项目实践篇，基于CAD\CAE的注塑模设计，以企业真实的项目为案例来全面、详细讲述典型注塑成型模具的设计过程和要点。

本书具有以下三个特色：(1)在塑料模具传统设计流程基础上，引进了模流分析及设计优化(CAE)的内容，使塑料模具设计体现出“设计(CAD)—分析(CAE)—优化”的完整流程，与现代模具设计的技术进展保持同步。(2)配套提供塑料模结构认知及运动原理三维虚拟仿真动画，以先进的虚拟现实技术逼真地展示塑料模具的三维结构、工作原理、设计知识等，使模具设计课程更生动形象。(3)与其它相关课程(模具制造、成型试模等)采用同一套教学案例，使各课程的教学内容能有效地衔接、融通，从而打破了课程壁垒，较好地解决了现有专业课程之间相互割裂、互不关联的问题，形成了全新的一体化教学系统。

此外，我们发现，无论是用于自学还是用于教学，现有教材所配套的教学资源库都远远无法满足用户的需求。主要表现在：1)一般仅在随书光盘中附以少量的视频演示、练习素材、PPT文档等，内容少且资源结构不完整。2)难以灵活组合和修改，不能适应个性化的教学需求，灵活性和通用性较差。为此，我们提出了一种全新的教学资源，称为立体词典。所谓“立体”，是指资源结构的多样性和完整性，包括视频、电子教材、印刷教材、PPT、练习、试题库、教学辅助软件、自动组卷系统、教学计划等等。所谓“词典”，是指资源组织方式，即把一个个知识点、软件功能、实例等作为独立的教学单元，就象词典中的单词，并围绕教学单元制作、组织和管理教学资源，可灵活组合出各种个性化的教学套餐，从而适应各种不同的教学需求。实践证明，立体词典可大幅度提升教学效率和效果，是广大教师和学生的得力助手。

本书是“十二五”职业教育国家规划教材，适合作为高等职业院校塑料模具设计等课程的教材，还可作为各类技能培训的教材，也可供工厂模具工程技术人员的培训自学教材。

本书由台州科技职业学院褚建忠、江苏信息职业技术学院甘辉、华中科技大学材料成性与模具技术国家重点实验室黄志高、温岭职业技术学校潘科峰、河南许昌职业技术学院李会来、经纬机械(集团)有限公司技工学校王斌宇等编写，吴中林(杭州浙大旭日科技开发有限公司）负责校对审核。限于编写时间和编者的水平，书中必然会存在需要进一步改进和提高的地方。我们十分期望读者及专业人士提出宝贵意见与建议，以便今后不断加以完善。请通过以下方式与我们交流：

- 网站：http://www.51cax.com
- E-mail：service@51cax.com，book@51cax.com
- 致电：0571－28811226，28852522

杭州浙大旭日科技开发有限公司为本书配套提供立体教学资源库、教学软件及相关协助，在此表示衷心的感谢。

最后，感谢出版社为本书的出版所提供的机遇和帮助。

编　者

2014 年 8 月

目　　录

上篇　基础篇

下篇 实战篇

上篇　基础篇

第 1 章　塑料模概述

1.1　塑料模简介、种类、发展趋势

塑料模具，是塑料加工工业中和塑料成型机配套，赋予塑料制品以完整构型和精确尺寸的工具。由于塑料品种和加工方法繁多，塑料成型机和塑料制品的结构又繁简不一，所以塑料模具的种类和结构也是多种多样的。

1.1.1　塑料模简介

一种用于压塑、挤塑、注射、吹塑和低发泡成型的组合式塑料模具，它主要包括由凹模组合基板、凹模组件和凹模组合卡板组成的具有可变型腔的凹模，由凸模组合基板、凸模组件、凸模组合卡板、型腔截断组件和侧截组合板组成的具有可变型芯的凸模。模具凸、凹模及辅助成型系统的协调变化。可加工不同形状、不同尺寸的系列塑件。塑料加工工业中和塑料成型机配套，赋予塑料制品以完整构型和精确尺寸的工具。由于塑料品种和加工方法繁多，塑料成型机和塑料制品的结构又繁简不一，所以，塑料模具的种类和结构也是多种多样的。

随着塑料工业的飞速发展和通用与工程塑料在强度和精度等方面的不断提高，塑料制品的应用范围也在不断扩大，塑料制品所占的比例正迅猛增加. 一个设计合理的塑料件往往能代替多个传统金属件. 塑料产品的用量也正在上升。

塑料模具是一种生产塑料制品的工具. 它由几组零件部分构成，这个组合内有成型模腔。注塑时，模具装夹在注塑机上，熔融塑料被注入成型模腔内，并在腔内冷却定型，然后上下模分开，经由顶出系统将制品从模腔顶出离开模具，最后模具再闭合进行下一次注塑，整个注塑过程是循环进行的。

一般塑料模具由动模和定模两部分组成，动模安装在注射成型机的移动模板上，定模安装在注射成型机的固定模板上。在注射成型时动模与定模闭合构成浇注系统和型腔，开模时动模和定模分离以便取出塑料制品。

模具的结构虽然由于塑料品种和性能、塑料制品的形状和结构以及注射机的类型等不同而可能千变万化，但是基本结构是一致的。模具主要由浇注系统、调温系统、成型零件和结构零件组成。其中浇注系统和成型零件是与塑料直接接触部分，并随塑料和制品而变化，是塑模中最复杂，变化最大，要求加工光洁度和精度最高的部分。

浇注系统是指塑料从射嘴进入型腔前的流道部分，包括主流道、冷料穴、分流道和浇口等。成型零件是指构成制品形状的各种零件，包括动模、定模和型腔、型芯、成型杆以及排气口等。

1.1.2 塑料模种类

按照塑料制品成型加工方法的不同，通常可将塑料模分为以下6大类型。

1. 注塑模

用于塑料制件注塑成型的模具，通称注塑模，或称注射模。注塑模主要用于热塑性塑料制品成形，近年来也越来越多地用于热固性塑料制品成型。这是一类用途宽、占有比重大、技术较为成熟的塑料模具。因材料或苏建结构或成形过程不同，有热固性塑料注塑模、结构泡沫注塑模和反应成形注射模以及气辅注塑模等。

2. 压注模

用于塑料制件压缩成形的模具，称为压缩模，简称压模。压模主要用于热固性塑料制品的成形，单也可于热塑性塑料制品成形。另外还可用于冷压成形聚四氟乙稀塑件，此种模具称为压锭模。

3. 传递模

用于塑料制件传递成形的模具，称为传递模(或称压注模)，俗称挤胶模。传递模多用于热固性塑料制品的成形。

4. 挤出模

用于连续挤出成形塑料型材的模具，通称挤出模(俗称机头)，也简称挤塑模。这是又一大类用途很宽、品种繁多的塑料模具。主要用于塑料棒材、管材、板材、片材、薄膜、电线电缆包覆、网材、单丝、复合型材及异型材等的成形加工。也用于中空制品的型坯成形，此种模具称为型坯模或型坯机头。

5. 中空吹塑模

将挤出或注塑出来的、尚处于塑化状态的管状型坯，趁热放置于模具型腔内，立即在管状型坯中心通以压缩空气，致使型坯膨胀而紧贴于模腔壁上，经冷却固化后即可得一中空制品。凡此种塑料制品成形方法所用的模具，称为中空吹塑模。中空吹塑模主要用于热塑性塑料的中空容器类的制品成形。

6. 热成形模具

热成形模具，通常以单一的阴模或阳模形式构成。将预先制备的塑料片材周边紧压与模具周边，并加热使之软化，然后于紧靠模具一侧抽真空，或在其反面充以压缩空气，使塑料片材紧贴于模具上，经冷却定型后即得一热成形制品。凡此类制品成形所用的模具，通称热成形模具。

1.1.3 塑料模发展趋势

自20世纪90年代以来，我国PMMA塑料模技术的发展进入了一个新的阶段。以汽车保险杠、双缸洗衣机连体桶、64cm(25″)以上彩电机壳和仪表用小模数齿轮、表面微小信号深度0.11μm的PC数码光盘等产品为代表的大型、精密、复杂和高寿命塑料模，已能实现国内自行设计、制造，已部分替代进口模具；电加工，数控加工和快速经济制模、特种制模技术已进入许多模具生产厂以代替通用机床加工；引进T P20，718，S45C，S50C和S55 C等新牌号钢种并在国内许多钢厂生产，宝钢集团的模具钢生产和销售已逐步建立了自己的品牌和塑料模其钢系列，如1120，830，B40等，并有几十种尺寸规格、多种硬度(从150HB

到 40HRC)的产品供用户选用,打破长期以来用 45 钢制作模具型腔的局面,使模具型腔的抛光性能和寿命有了很大提高;标准模架及模具标准件已有很多工厂定点生产,越来越多的企业采用标准件以改变过去完全由本企业包干生产的生产方式,标准件质量也有明显提高,注射模架除向东南业地区出口外,已有达到国际水平的高质量注射模架出口美国;我国自行研制的高技术塑料模 CAD/CAE/CAM 集成系统软件已取得很大进展,该项技术的推广及应用水平日益提高。在上海举办的最近几届国际模展表明,我国的塑料模有些已达到国际先进水平。

这些都反映出我国在塑料模设计与制造方面取得了显著进步。同时要看到,我国的塑料模具工业与先进工业国家相比仍有较大差距。模具标准化程度和应用水平与工业发达国家相比还存在较大差距;专用塑料模具钢品种少,规格不全,质量尚不稳定。在 CAD/CAE/CAM 应用普及程度和计算机在管理中的应用方面,我国与日、欧、美等工业发达国家相比,仍有较大差距。为满足国民经济对 POM 塑料模的需求,我国模具行业“十一五规划”提出:经过努力,争取使我冈模具水平到 2010 年时进入亚洲先进水平的行列。其中模具精度达到 10.001 mm,模具生产周期比现在缩短 30%左右,机床数控化率和 CAD/CAM 技术应用率比现在提高 1 倍;再经过 10 年的努力,2020 年时基本达到国际水平,使我国不但成为模具生产大国,而且进入世界模具生产制造强国之列。骨于企业基本实现信息化管理,通过 IS09000 等质量管理体系认证;大型、精密、复杂等技术含量高的中高档模具的比例从目前的约 30%提高到 2010 年的 40%和 2020 年的 50%以上;国产模具国内市场占有率,2010 年要达到 85%以上,2020 年要达到 90%以上;模具出口以 2010 年 10 亿美元,2020 年 25 亿~30 亿美元为日标;模具标准件使用范盖率从目前的约 45%提高到 2020 年的 70%以上;模具商品化程度从目前的 45%左右提高到 2020 年的 65%左右。“十一五规划”将塑料模具及模具标准件的生产作为发展的重点。其中,为汽车和家电配套的大型注塑模具,为集成电路配套的精密塑封模具,为电子信息产业和机械及包装配套的多层、多腔、多材质、多色精密注塑模,为新型建材及节水农业配套的塑料异型材挤出模及管路和喷头模具等,是塑料模发展的重点。模架、导向件、推杆推管、弹性元件,氮气缸和热流道元件为标准件发展的重点。

1.2 塑料模一般设计流程

1.2.1 接受任务书

成型塑料制件的任务书通常由制件设计者提出,其内容如下:

(1)经过审签的正规制制件图纸,并注明采用塑料的牌号、透明度等。

(2)塑料制件说明书或技术要求。

(3) 生产产量。

(4)塑料制件样品。

通常模具设计任务书由塑料制件工艺员根据成型塑料制件的任务书提出,模具设计人员以成型塑料制件任务书、模具设计任务书为依据来设计模具。

1.2.2 收集、分析、消化原始资料

收集整理有关制件设计、成型工艺、成型设备、机械加工及特殊加工资料，以备设计模具时使用。

(1)消化塑料制件图，了解制件的用途，分析塑料制件的工艺性，尺寸精度等技术要求。例如塑料制件在外表形状、颜色透明度、使用性能方面的要求是什么，塑件的几何结构、斜度、嵌件等情况是否合理，熔接痕、缩孔等成型缺陷的允许程度，有无涂装、电镀、胶接、钻孔等后加工。选择塑料制件尺寸精度最高的尺寸进行分析，看看估计成型公差是否低于塑料制件的公差，能否成型出合乎要求的塑料制件来。此外，还要了解塑料的塑化及成型工艺参数。

(2)消化工艺资料，分析工艺任务书所提出的成型方法、设备型号、材料规格、模具结构类型等要求是否恰当，能否落实。

成型材料应当满足塑料制件的强度要求，具有好的流动性、均匀性和各向同性、热稳定性。根据塑料制件的用途，成型材料应满足染色、镀金属的条件、装饰性能、必要的弹性和塑性、透明性或者相反的反射性能、胶接性或者焊接性等要求。

1.2.3 确定成型方法

采用直压法、铸压法还是注射法。

1.2.4 选择成型设备

根据成型设备的种类来进行模具，因此必须熟知各种成型设备的性能、规格、特点。例如对于注射机来说，在规格方面应当了解以下内容：注射容量、锁模压力、注射压力、模具安装尺寸、顶出装置及尺寸、喷嘴孔直径及喷嘴球面半径、浇口套定位圈尺寸、模具最大厚度和最小厚度、模板行程等，具体见相关参数。

要初步估计模具外形尺寸，判断模具能否在所选的注射机上安装和使用。

1.2.5 具体结构方案

(1)确定模具类型。如压制模(敞开式、半闭合式、闭合式)、铸压模、注射模等。

(2)确定模具类型的主要结构。选择理想的模具结构在于确定必需的成型设备，理想的型腔数，在绝对可靠的条件下能使模具本身的工作满足该塑料制件的工艺技术和生产经济的要求。对塑料制件的工艺技术要求是要保证塑料制件的几何形状，表面光洁度和尺寸精度。生产经济要求是要使塑料制件的成本低，生产效率高，模具能连续地工作，使用寿命长，节省劳动力。

影响模具结构及模具个别系统的因素很多，很复杂：

①型腔布置。根据塑件的几何结构特点、尺寸精度要求、批量大小、模具制造难易、模具成本等确定型腔数量及其排列方式。

对于注射模来说，塑料制件精度为 3 级和 3a 级，重量为 5 克，采用硬化浇注系统，型腔数取 4～6 个；塑料制件为一般精度(4～5 级)，成型材料为局部结晶材料，型腔数可取 16～20 个；塑料制件重量为 12～16 克，型腔数取 8～12 个；而重量为 50～100 克的塑料制件，型

腔数取 4～8 个。对于无定型的塑料制件建议型腔数为 24～48 个，16～32 个和 6～10 个。当再继续增加塑料制件重量时，就很少采用多腔模具。7～9 级精度的塑料制件，最多型腔数较之指出的 4～5 级精度的塑料增多至 50％。

②确定分型面。分型面的位置要有利于模具加工，排气、脱模及成型操作，塑料制件的表面质量等。

③确定浇注系统（主浇道、分浇道及浇口的形状、位置、大小）和排气系统（排气的方法、排气槽位置、大小）。

④选择顶出方式（顶杆、顶管、推板、组合式顶出），决定侧凹处理方法、抽芯方式。

⑤决定冷却、加热方式及加热冷却沟槽的形状、位置、加热元件的安装部位。

⑥根据模具材料、强度计算或者经验数据，确定模具零件厚度及外形尺寸，外形结构及所有连接、定位、导向件位置。

⑦确定主要成型零件，结构件的结构形式。

⑧考虑模具各部分的强度，计算成型零件工作尺寸。

以上这些问题如果解决了，模具的结构形式自然就解决了。这时，就应该着手绘制模具结构草图，为正式绘图做好准备。

⑨绘制模具图

要求按照国家制图标准绘制，但是也要求结合本厂标准和国家未规定的工厂习惯画法。

在画模具总装图之前，应绘制工序图，并要符合制件图和工艺资料的要求。由下道工序保证的尺寸，应在图上标写注明“工艺尺寸”字样。如果成型后除了修理毛刺之外，再不进行其他机械加工，那么工序图就与制件图完全相同。

在工序图下面最好标出制件编号、名称、材料、材料收缩率、绘图比例等。通常就把工序图画在模具总装图上。

A. 绘制总装结构图

绘制总装图尽量采用 1∶1 的比例，先由型腔开始绘制，主视图与其他视图同时画出。

模具总装图应包括以下内容：

①模具成型部分结构。

②浇注系统、排气系统的结构形式。

③分型面及分模取件方式。

④外形结构及所有连接件，定位、导向件的位置。

⑤标注型腔高度尺寸（不强求，根据需要）及模具总体尺寸。

⑥辅助工具（取件卸模工具，校正工具等）。

⑦按顺序将全部零件序号编出，并且填写明细表。

⑧标注技术要求和使用说明。

B. 模具总装图的技术要求内容：

①对于模具某些系统的性能要求。例如对顶出系统、滑块抽芯结构的装配要求。

②对模具装配工艺的要求。例如模具装配后分型面的贴合面的贴合间隙应不大于 0.05mm模具上、下面的平行度要求，并指出由装配决定的尺寸和对该尺寸的要求。

③模具使用，装拆方法。

④防氧化处理、模具编号、刻字、标记、油封、保管等要求。

⑤有关试模及检验方面的要求。

C. 绘制全部零件图

由模具总装图拆画零件图的顺序应为：先内后外，先复杂后简单，先成型零件，后结构零件。

①图形要求：一定要按比例画，允许放大或缩小。视图选择合理，投影正确，布置得当。为了使加工专利号易看懂、便于装配，图形尽可能与总装图一致，图形要清晰。

②标注尺寸要求统一、集中、有序、完整。标注尺寸的顺序为：先标主要零件尺寸和出模斜度，再标注配合尺寸，然后标注全部尺寸。在非主要零件图上先标注配合尺寸，后标注全部尺寸。

③表面粗糙度。把应用最多的一种粗糙度标于图纸右上角，如标注“其余 3.2。”其他粗糙度符号在零件各表面分别标出。

④其他内容，例如零件名称、模具图号、材料牌号、热处理和硬度要求，表面处理、图形比例、自由尺寸的加工精度、技术说明等都要正确填写。

D. 校对、审图、描图、送晒

自我校对的内容是：

①模具及其零件与塑件图纸的关系，模具及模具零件的材质、硬度、尺寸精度，结构等是否符合塑件图纸的要求。

②塑料制件方面

塑料料流的流动、缩孔、熔接痕、裂口，脱模斜度等是否影响塑料制件的使用性能、尺寸精度、表面质量等方面的要求。图案设计有无不足，加工是否简单，成型材料的收缩率选用是否正确。

③成型设备方面

注射量、注射压力、锁模力够不够，模具的安装、塑料制件的南芯、脱模有无问题，注射机的喷嘴与哓口套是否正确地接触。

④模具结构方面

a. 分型面位置及精加工精度是否满足需要，会不会发生溢料，开模后是否能保证塑料制件留在有顶出装置的模具一边。

b. 脱模方式是否正确，推广杆、推管的大小、位置、数量是否合适，推板会不会被型芯卡住，会不会造成擦伤成型零件。

c. 模具温度调节方面。加热器的功率、数量；冷却介质的流动线路位置、大小、数量是否合适。

d. 处理塑料制件制侧凹的方法，脱侧凹的机构是否恰当，例如斜导柱抽芯机构中的滑块与推杆是否相互干扰。

e. 浇注、排气系统的位置，大小是否恰当。

f. 设计图纸。

g. 装配图上各模具零件安置部位是否恰当，表示得是否清楚，有无遗漏。

h. 零件图上的零件编号、名称，制作数量、零件内制还是外购的，是标准件还是非标准件，零件配合处理精度、成型塑料制件高精度尺寸处的修正加工及余量，模具零件的材料、热处理、表面处理、表面精加工程度是否标记、叙述清楚。

⑤零件主要零件、成型零件工作尺寸及配合尺寸。尺寸数字应正确无误，不要使生产者换算。

⑥检查全部零件图及总装图的视图位置，投影是否正确，画法是否符合制图国标，有无遗漏尺寸。

⑦校核加工性能(所有零件的几何结构、视图画法、尺寸标等是否有利于加工)。

⑧复算辅助工具的主要工作尺寸。

专业校对原则上按设计者自我校对项目进行;但是要侧重于结构原理、工艺性能及操作安全方面。描图时要先消化图形，按国标要求描绘，填写全部尺寸及技术要求。描后自校并且签字。把描好的底图交设计者校对签字，习惯做法是由工具制造单位有关技术人员审查，会签、检查制造工艺性，然后才可送晒。

⑨编写制造工艺卡片

由工具制造单位技术人员编写制造工艺卡片，并且为加工制造做好准备。在模具零件的制造过程中要加强检验，把检验的重点放在尺寸精度上。模具组装完成后，由检验员根据模具检验表进行检验，主要的是检验模具零件的性能情况是否良好，只有这样才能俚语模具的制造质量。

(3)试模及修模

虽然是在选定成型材料、成型设备时，在预想的工艺条件下进行模具设计，但是人们的认识往往是不完善的，因此必须在模具加工完成以后，进行试模试验，看成型的制件质量如何。发现总是以后，进行排除错误性的修模。

塑件出现不良现象的种类居多，原因也很复杂，有模具方面的原因，也有工艺条件方面的原因，二者往往交只在一起。在修模前，应当根据塑件出现的不良现象的实际情况，进行细致的分析研究，找出造成塑件缺陷的原因后提出补救方法。因为成型条件容易改变，所以一般的做法是先变更成型条件，当变更成型条件不能解决问题时，才考虑修理模具。

修理模具更应慎重，没有十分把握不可轻举妄动。其原因是一旦变更了模具条件，就不能再作大的改造和恢复原状。

1.2.6 整理资料进行归档

模具经试验后，若暂不使用，则应该完全擦除脱模渣滓、灰尘、油污等，涂上黄油或其他防锈油或防锈剂，关到保管场所保管。

把设计模具开始到模具加工成功，检验合格为止，在此期间所产生的技术资料，例如任务书、制件图、技术说明书、模具总装图、模具零件图、底图、模具设计说明书、检验记录表、试模修模记录等，按规定加以系统整理、装订、编号进行归档。这样做似乎很麻烦，但是对以后修理模具，设计新的模具都是很有用处的。

第 2 章　塑料成型基础

2.1　塑料的组成与工艺特性

2.1.1　塑料的组成

塑料是以合成树脂为主要成分，再加入改善其性能的各种添加剂（也称助剂）制成的。在塑料中，树脂起决定性的作用，但也不能忽略添加剂的作用。也有些塑料是完全由合成树脂组成，不含添加物，对这些塑料，有时候就称为树脂。

1. 树脂

树脂是塑料中最重要的成分，包括天然树脂和合成树脂。塑料主要使用人工合成树脂，并由树脂的特性来决定塑料的类型（热固性或热塑性）和主要性能。塑料中树脂的含量为40%～100%。

2. 填料

塑料中常用的填料有木粉、纸浆、云母、石棉、玻璃纤维等。作用有两个：一是减少树脂用量，降低塑料成本；二是改善塑料的某些性能，扩大塑料的应用范围。如加入纤维填料可以提高塑料的机械强度，而加入石棉填料则可以提高塑料的耐热性。大多数填料还可减少塑料在成型时的收缩率，并降低塑料成本。填料在塑料中的用量为10%～50%。

3. 增塑剂

为了使塑料增加柔韧性能，改善成型的工艺性能（流动性）、常在某些塑料中加入液态或低熔点固态的增塑剂。常用的增塑剂有邻苯二甲酸二丁酯、邻苯二甲酸二辛酯等。

4. 着色剂

塑料制件往往需要各种色彩，因此在塑料组分中需要加入一种或几种不同色彩的着色剂。塑料用的着色剂品种很多，但要求着色容易且与塑料中其他组分不起化学作用，成型过程中不因温度、压力变化而分解变色，而且日后在塑件中能长期保持稳定。常用着色剂分有机颜料、无机颜料和染料三大类。

5. 润滑剂

在某些塑料中添加润滑剂的目的，是为了防止塑料在成型加工过程中发生粘模。常用的润滑剂有油酸、硬脂酸、硬脂酸钙等。一般用为0.5%～1.5%。

6. 稳定剂

塑料制品都存在着“老化”问题。为了延缓其使用寿命，防止某些塑料在光、热、氧气或其他条件下过早老化，需加入一定量的稳定剂。通常用硬脂酸盐、铅的化合物、环氧化合物

等为延缓塑料老化的稳定剂。

7. 固化剂

在热固性塑料成型时。线型分子结构的合成树脂(液态)要转变成体型分子结构(固态),这一过程称为固化、硬化或变定。存在于塑料中的固化剂能对这一过程起催化作用,或者本身直接参与固化反应。例如在热塑性酚醛树脂中加入六次甲基四胺(乌洛托平),环氧素树脂中加入乙二胺、三乙醇胺、咪唑等。

8. 发泡剂

制作泡沫塑料制品时,需要预先将发泡剂加入塑料中,以便在成型时放出气体,形成具有一定规格孔形的泡沫塑料制品。常用的发泡剂有偶氮二异丁腈、石油醚、碳酸胺等。

9. 阻燃剂

许多塑料在被引燃后,能猛烈自燃或和引燃物共同燃烧。因此在电器制品、生活用品、建筑材料方面,还应考虑塑料制品的防火问题。通常是易燃的塑料中加入四溴乙烷等阻燃剂来阻止塑料燃烧。

上述各种组分的加入与否和加入数量,视合成树脂的类属以及塑料制品的性能用途而定。并不是每一种塑料必须加齐各种添加物,有的塑料甚至什么都不添加,就是100%的合成树脂。

2.1.2 塑料的工艺特性

1. 收缩性

不论是热塑性塑料还是热固性塑料,脱膜后的制品室温中尺寸都小于模具型腔尺寸。这是因为温度变化所引起的热膨胀冷缩现象。此外,树脂形态的变化也会引起体积变化。所以在设计模具时,必须把塑料的收缩量补偿到模具型腔的相应尺寸中去,只有这样才有可能获得符合要求的塑料。收缩形式如下:

(1)收缩的方向性

在成型时,由于塑料在模具内流动方向的影响,使塑料内部的组织呈现方向性,结果使塑料制品的机械性能出现各向异性。平行于料流方向的收缩大、机械强度高,垂直于料流方向的收缩小、机械强度低。另外,由于塑料在成型时的密度和填料分布不均匀(指模内装料分布不均匀),制品各部位的收缩情况也不相同,一个制品的各个部位存在着收缩率差异,易发生翘曲、变形、开裂等。尤其是热塑性塑料,在注射成型和挤出成型时,其方向性更为明显。因此,在模具设计时应根据收缩的方向性选取不同的收缩补偿量。

(2)后收缩

塑料在成型时,因受成型压力、料流引起的剪切应力、各向异性、密度不均、模具温度不均、脱模力引起的变形等因素的影响,引起一系列的应力作用。这些应力一部分脱模后随着制品的变形而消失,另一部分以残留应力的形式留在制品中。随着时间的推移和贮存条件的影响,残留应力趋向平衡,引起塑料形状尺寸的持续变化。这种再次发生的收缩称为后收缩。一般塑料于脱模后10小时内变化最大,24小时后基本定型,但最后稳定要经30～60天。通常热塑性塑料的后收缩比热固性塑料大,挤出成型及注射成型的塑件比压制成型大。

有些塑件成型后要求热处理去应力,这时会发生尺寸变动。所以对于精度要求较高的塑件,在模具设计时应考虑到这些情况。

塑料成型后的收缩量用收缩率来表示，如式(2-1)、式(2-2)所示：

$$S'=\frac{L_Z-L_S}{L_S}\times 100\% \tag{2-1}$$

$$S=\frac{L_M-L_S}{L_S}\times 100\% \tag{2-2}$$

式中：S'——实际收缩率；

S——计算收缩率；

L_Z——塑件在成型温度时的直线尺寸(mm)；

L_S——塑件在室温时的直线尺寸(mm)；

L_M——模具在室温时的直线尺寸(mm)。

实际收缩率表示塑件的实际收缩状况，因其数值与计算收缩率相差微小，加上测量有困难，所以在设计模具时就以 S 为设计参数来计算型腔及型芯等尺寸。常用计算式如式(2-3)所示：

$$L_M=L_S(1+S) \tag{2-3}$$

收缩率的影响因素有以下几个方面：

(1)塑料品种

有些热塑性塑料在成型过程中存在着结晶性，结果其收缩率不仅大于热固性塑料，而且也大于其他非结晶型热塑性塑料。

热固性塑料中，即使是同一塑料品种，由于填充料、各组分配比的不同，收缩率也不同。

(2)塑件结构形状

塑件的形状、尺寸、壁厚能引起本身不同部位的收缩差异。另外，在塑件内有无金属嵌件、嵌件数量、嵌件的布局等都会直接影响到料流方向、塑料密度均匀性及收缩阻力的大小，结果也引起了收缩的差异。

(3)填料含量

不论是哪一类的塑料，加入填充料后，一般都可降低收缩率。在填料中以玻璃纤维、石棉、矿石粉等无机填料的效果较好。在热固性塑料的应用中，几乎都离不开填料。虽然在树脂中加填料的目的是为了提高性能，但同时也收到了减小收缩量的效果。填料的含量应适可而止，否则，过量的填充剂将使塑料中的树脂含量相对减少，使成型时流动困难，制品强度反而下降。

(4)模具结构

模具的分型面、加压方向、浇注系统型式、有无温度调节系统等，对塑料的收缩率及收缩方向性也有较大影响。在注射成型和挤出成型时更为明显。

(5)成型时的工艺条件

对于热塑性塑料，如果模具温度高，熔融料冷却得慢，制品的密度大，收缩量也大。若是结晶型塑料则收缩更大。另外，型腔内压力的大小和保压时间的长短，也对塑件的收缩有影响。压力大且时间长，则收缩小但方向性明显。料温高则收缩大，但方向性小。

收缩率 S 见表 2-1 各种塑料成型收缩率。

2. 流动性

塑料在一定温度和压力下填充模具型腔的能力称为流动性。每一品种的塑料其流动性

通常分为三个或三个以上不同的等级，以供不同塑件及成型工艺选用。

表 2-1　各种塑料成型收缩率

分类		成型材料		线膨胀系数(10^{-5}℃$^{-1}$)	成型收缩率(%)
热塑性树脂	非结晶型	ABS		6.0～9.3	0.4～0.9
		SAN(AS)		6.0～8.0	0.2～0.7
		聚苯乙烯(PS)		6.0～8.0	0.1～0.6
		聚苯乙烯(耐冲击型)		3.4～21.0	0.2～0.6
		醋酸纤维素(CA)		0.8～16.0	0.3～0.6
		醋酸丁酸纤维素(CAB)		11.0～17.0	0.2～0.5
		乙基纤维素(EC)		10.0～20.0	0.5～0.9
		聚碳酸酯(PC)		6.6	0.5～0.7
		聚砜(PSF)		5.2～5.6	0.7
		丙烯酸酯		5.0～8.0	0.4～0.3
		聚氯乙烯(H-PVC)		0.5～18.5	0.1～0.5
		聚氯乙烯(S-PVC)		7.5～25.0	1.0～5.0
		聚偏氯乙烯(PVDC)		19	0.5～2.5
	结晶型	聚乙烯(HDPE)		11.0～13.0	2.0～5.0
		聚乙烯(中密度)		14.0～16.0	1.5～5.0
		聚乙烯(LDPE)		10.0～20.0	1.5～5.0
		聚丙烯(PP)		5.8～10.2	1.0～2.5
		聚酰烯(PA6)		8.3	0.6～1.4
		聚酰烯(PA66)		8.0	0.3～1.5
		聚酰烯(PA610)		9.0	1.2
		聚酰烯(PA12)		10.0	0.3～1.5
		聚甲醛(均聚体、POM)		8.1	2.0～3.5
		聚甲醛(共聚体、POM)		8.5	2.0
		PBT		6.0～9.5	1.5～2.0
热固性树脂		酚醛树脂(PF)	木炭棉	3.0～4.5	0.4～0.9
		酚醛树脂(PF)	石棉	0.8～4.0	0.05～0.4
		酚醛树脂(PF)	云母	1.9～2.6	0.05～0.5
		酚醛树脂(PF)	玻璃纤维	0.8～1.0	0.01～0.4
		尿素树脂(VF)	σ 纤维素	2.2～3.6	0.6～1.4
		三聚氰胺(MF)	σ 纤维素	4.0	0.5～1.5
		聚 酯	玻璃纤维	2.0～5.0	0～0.2
		聚 酯	预混合	2.5～3.3	0.2～0.6
		硅素树脂	玻璃纤维	0.8	0～0.05
		二烯丙基邻苯树脂	玻璃纤维	1.0～3.6	0.1～0.5
		环氧树脂(EP)	玻璃纤维	1.1～3.5	0.1～0.5

按模具设计的要求可将常用的热塑性塑料的流动性分为三类。流动性好的尼龙、聚乙烯、聚苯乙烯、聚丙烯；流动性中等的有 ABS、AS、有机玻璃、聚甲醛、PET、PBT；流动性差的

有硬聚氯乙烯、聚碳酸酯、聚苯醚、聚砜。

影响流动性的因素主要有以下几个方面：

(1)塑料品种

塑料成型时的流动性好坏主要决定树脂的性能。但各种助剂对流动性也有影响，增塑剂、润滑剂能增加流动性，填料的形状、大小对流动性也会有一定的影响。

(2)模具结构

模具浇注系统的结构、尺寸、冷却系统的布局以及模腔结构的复杂程度等直接影响塑料在模具中的流动性。

(3)成型工艺

对注塑成型而言，注塑压力对流动性影响明显，提高注塑压力，可以增加流动性，尤其对PE、POM塑料更敏感。料温高，流动性也增加，聚苯乙烯、聚丙烯、硬聚氯乙烯、聚碳酸酯、聚苯醚、聚砜、AS、ABS、酚醛塑料等塑料的流动性随温度的变化较大。

3. 结晶性

塑料有结晶型和非结晶型之分，它们是以熔融状态的塑料在冷却凝固时，是否出现结晶现象来区分的。结晶现象主要发生在某些热塑性塑料中。判别结晶型塑料和非结晶型塑料的外观标准，是观察纯树脂(未加其他组分)厚壁制品的透明度。一般说来，不透明或半透明的是结晶型塑料，例如聚甲醛、聚乙烯、聚丙烯、聚酰胺、氯化聚醚等；透明的是非结晶型塑料，例如聚甲基丙烯酸甲酯、聚苯乙烯、聚碳酸酯、聚砜等。其中也有一些例外，如ABS塑料属非结晶型，但不透明。

结晶型塑料制件的性能，在很大程度上和成型工艺(主要是冷却速度)有很大关系。如果塑料熔融体的温度高，模具温度也较高，则熔融体在模内冷得慢，制品的结晶度大、密度大、硬度和刚度高，抗拉、弯的强度大，耐磨性好，耐化学腐蚀性和电绝缘性能高。反之，塑料熔融体的温度高，模具温度低，熔融体冷却速度快，制品的结晶度小，则其柔软性、透明度、延伸率提高，抗冲击强度增大。根据以上情况，在塑料制品的成型过程中，适当改变熔融体的冷却速度，可以改变制品的某些性能，使之适应特定的要求。

4. 吸湿性

根据塑料对水分亲疏程度，大致可以将热塑性塑料区分为两种类型。一类是既能吸收潮湿，外表又易沾附水分。例如聚甲基丙烯酸甲酯、聚酰胺、聚碳酸酯、聚砜、聚苯醚、ABS等；另一类是既不吸收潮湿，外表也不易沾附水分。例如聚苯乙烯、聚氯乙烯、聚乙烯、聚丙烯、聚甲醛、聚氯醚、氟塑料等。

对于吸湿性强的塑料，尤其是聚碳酸酯、聚甲基丙烯酸甲酯、聚酰胺等，在成型加工前必须进行干燥处理，否则不仅给成型带来困难，而且还会使制品的外观质量和机械强度显著下降。

一般塑料的水分含量在0.5%～0.2%以下，常用的干燥方法有：循环热风干燥、红外线干燥、真空干燥等。经干燥处理后的原料，如在空气中露置过久(半小时以上)，则仍有可能从空气中吸收水分，故应妥善保管或重新干燥。不吸湿的塑料，在成型之前最好也经过干燥处理。

热固性塑料也有可能受潮吸湿，一般在成型前经过预热处理，既可去水分及挥发物，又可改善成型时的流动性和缩短成型时间。

5. 热稳定性

在成型加工时，某些塑料因长期处于高温状态，会产生分解，使本身各项性能变差，影响制品质量，甚至使制品报废。这类热稳定性差的塑料有：聚氯乙烯、聚甲醛等。塑料在热分解时的产物，往往又是加速该塑料分解的催化剂，结果形成恶性循环，不仅严重影响制品质量，而且分解产生的气体带有强刺激和腐蚀性，对生产人员的健康、机械设备和模具都不利。所以在成型过程中，对这些热稳定性差的塑料必须从工艺上和塑料组分上采取防范措施。通常，在这些塑料中要加稳定剂(例如在聚氯乙烯中加入三盐基硫酸铅，在聚甲醛中加入双氰胺)，应选择合适的加工设备(例如选用有螺杆的注射机)，正确地控制成型加工温度及周期，发现塑件产生变色或塑料有分解现象时，应立即清除分解产物并降低成型温度。

2.2 塑料制作的结构工艺性

塑料制品结构设计的主要内容包括塑件的脱模斜度、壁厚、加强肋、薄壁容器、支承面、圆角、孔、嵌件、螺纹、齿轮、图案文字及表面装饰等。

2.2.1 脱模斜度设计

塑件在脱模时，由于本身的冷却收缩和表面对模具型面的粘附、摩擦等作用，使塑件脱模困难。或虽能脱模，但引起损伤变形。所以在塑件的内表面和外面，沿脱模方向均应设计足够的脱模斜度(α)。见图 2-1。

常用的脱模斜度为 $30'\sim1°30'$。脱模斜度的大小与塑料性质、收缩率、摩擦系数、塑件结构形状有关，具体选择时应考虑下列因素：

(1) 性能硬脆的塑料，其脱模斜度比性能柔韧的大。例如 PS、POM、PMMA 和多数热固性塑料的性能都属硬脆类型。

(2) 形状复杂或壁厚大的塑件，由于脱模时的表面粘附力及收缩率大，所以塑件的内表面脱模斜度要比外表面大。

(3) 按照塑料的收缩规律(体积缩小)，一般塑件是向心收缩，所以塑件的内表面脱模作斜度要比外表面大。

(4) 增强塑料的收缩率虽小于普通塑料，但缩紧力大，脱模时易擦伤塑件和模具型腔面，故脱模斜度应取大值。

(5) 对于塑件上数值较大的深度、高度尺寸，为了防止因脱模斜度而使一端超出公差范围，脱模斜度宜取小值。

(6) 塑件上不注脱模斜度时，通常内孔以下偏差尺寸为起点(已考虑收缩率)，斜度沿上偏差方向扩大；外形以上偏差尺寸为起点，斜度沿下偏差方向缩小。也就是利用内孔和外形的公差范围构成脱模斜度。对于精度和低的塑件，其脱模斜度可不受此限制。

(7) 箱形或盖状制品的脱模斜度随制品高度略有不同，高度在 50mm 以下，取 1/30～1/50；高度超过 100mm，取 1/60；在二者之间的取 1/30～1/60。格子状制品的脱模斜度与格子部分的面积有关，一般取 1/12～1/14。表 2-2 为脱模斜度推荐值。

表 2-2　塑料常用的脱模斜度

塑料名称	脱模斜度(α)	
	型腔	型芯
PE、PP、IPVC、PA、CPT、PC、PSF	25′～45′	20′～45′
PVC、PC、PSF	35′～40′	30′～50′
PS、PMMA、ABS、POM	35′～1°30	30′～40′
PF、UF、MF、OAP、EP	25′～40′	20′～50′

注：本表所列脱模斜度适于开模后塑件留在型芯上的情形。

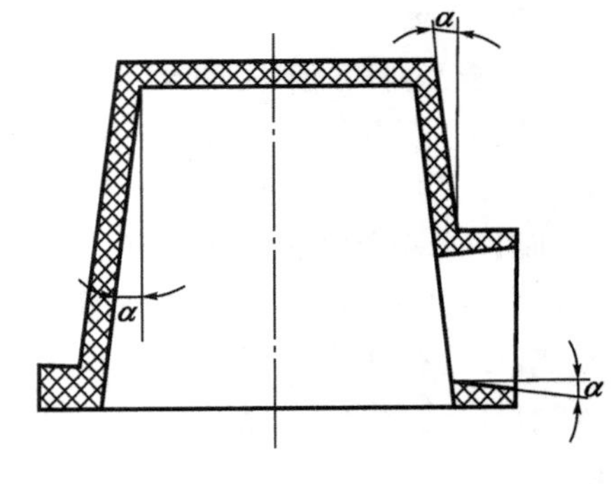

图 2-1　塑件的斜度

2.2.2　壁厚设计

塑料制品的壁厚是最重要的结构要素。制品的壁厚太大，塑料在模具中需要冷却的时间越长，产品的生产周期也会延长。制品的壁厚太薄，刚性差，不耐压，在脱模、装配、使用中容易发生损伤及变形；另外，壁厚太薄，模腔中流道狭窄，流动阻力加大，造成填充不满，成型困难。壁厚与流程的关系见表 2-3。热固性塑料制品的壁厚一般为 1～6mm，最厚不超过 13mm。热塑性塑料制品的壁厚一般为 2～4mm，制品的最小壁厚与塑料材料的流动性有关，表 2-4 为热固性塑料制品的壁厚推荐值，表 2-5 为热塑性塑料制品的壁厚推荐值。

表 2-3　壁厚(δ)与流程(L)的关系

塑料品种	计算公式
流动性好(PE、PA 等)	$\delta=\left(\frac{L}{100}++0.5\right)\times 0.6$
流动中等(PMMA、POM 等)	$\delta=\left(\frac{L}{100}+0.8\right)\times 0.7$
流动性差(PC、PSU 等)	$\delta=\left(\frac{L}{100}+1.2\right)\times 0.9$

表面 2-4　热固性塑料制品的壁厚推荐值　　单位：mm

塑料制品材料		最小制品壁厚	小制品壁厚	中等制品壁厚	大制品壁厚
酚醛塑料	一般棉纤维填料	1.25	1.6	3.2	4.8～25
	碎布填料	1.6	3.2	4.8	4.8～10
	无机物填料	3.2	3.2	4.8	5.0～25
聚酯塑料	玻璃纤维填料	1	2.4	3.2	4.8～12.5
	无机物填料	1	3.2	4.8	4.8～10
氨基础塑料	纤维素填料	0.9	1.6	2.5	3.2～4.8
	碎布填料	1.25	3.2	3.2	3.2～4.8
	无机物填料	1	2.4	4.8	4.8～10

表 2-5　热塑性塑料制品的壁厚推荐值　　单位：mm

塑料制品材料	最小制品壁厚	小制品壁厚	中等制品壁厚	大制品壁厚
尼龙(PA)	0.45	0.76	1.50	2.4～3.2
聚乙烯(PE)	0.6	1.25	1.60	2.4～3.2
聚笨乙烯(PS)	0.75	1.25	1.60	3.2～5.4
改性聚笨乙烯	0.75	1.25	1.60	3.2～5.4
有机玻璃(PMMA)	0.8	1.5	2.20	4.0～6.5
硬聚氯乙烯(HPVC)	1.2	1.6	1.80	R3.2～5.8
聚丙烯(PP)	0.85	1.45	1.75	2.4～3.2
氯化聚醚(CPT)	0.9	1.35	1.80	2.5～3.4
聚碳酸酯(PC)	0.95	1.8	2.30	3.0～4.5
聚苯醚(PPO)	1.2	1.75	2.50	3.5～5.4

另外，确定壁厚还应考虑二因素：一是壁厚的均匀性，表 2-6 是改善塑性壁厚的典型实例；二是制品在成型时的料流方向与速度。在注射成型中这个问题较为突出。型腔内的料流速度不一致，容易产生明显的熔接痕，既影响制品外观，又降低内部的强度。例如图 2-2 所示，当有机玻璃仪表盖的表面厚度 a 小于周边壁厚 b 时，料流会沿着流动阻力相反的方向分成三段，最后在表盖面上形成了明显的熔接痕，影响制品使用。若把制品的壁厚改为 $a>b$ 时，熔接痕即可避免。如图 2-3 所示。

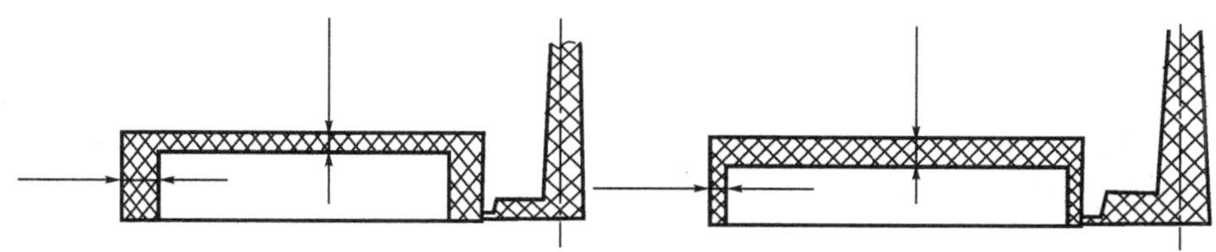

图 2-2　塑件壁厚分布　　　图 2-3　塑件壁厚分布

表 2-6　改善塑件壁厚的典型实例

序号	不合理	合理	说明
1	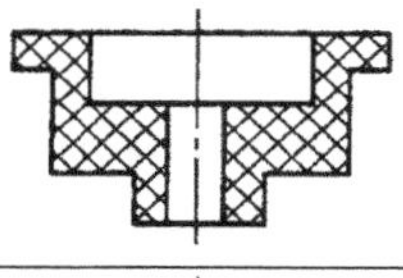	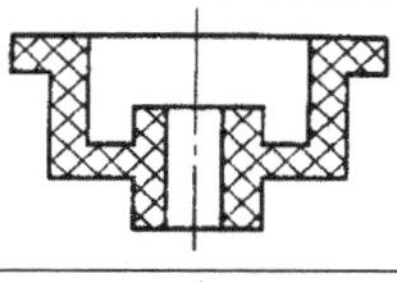	
	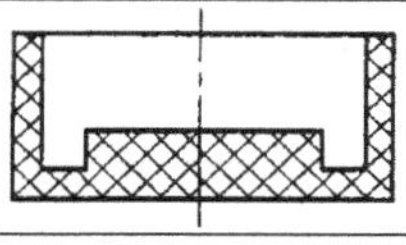	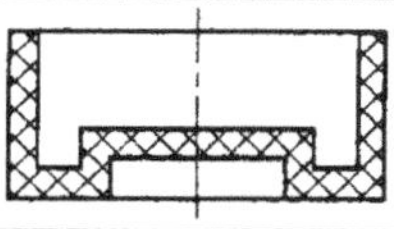	左图壁厚不均匀，易产生气泡、缩孔、凹陷等缺陷，使塑件变形；右图壁厚均匀，能保证质量。
3	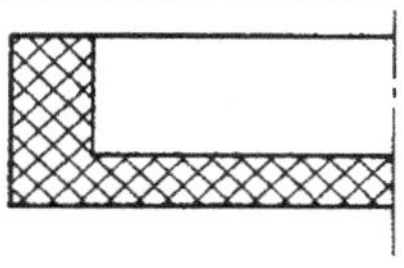	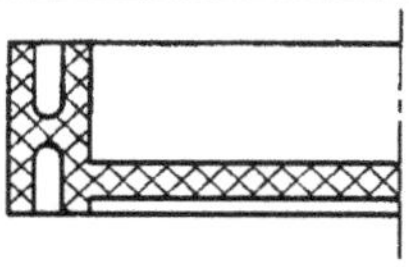	
4	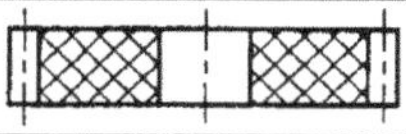	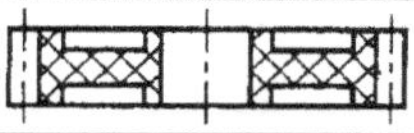	

续表

序号	不合理	合理	说明
5			全塑齿轮轴应在中心设置钢芯
6			壁厚不均塑件，可在易产生凹痕的表面设计成波纹形式或在厚壁处开设工艺孔，以掩盖或消除凹痕

2.2.3 加强筋与薄壁容器设计

1. 加强筋设计

加强筋的作用是在不增加塑件壁厚的情况下，增加塑件的刚度和强度。在塑件上适当地设置加强筋，通常可以防止翘曲变形以及增加承受负荷的能力。

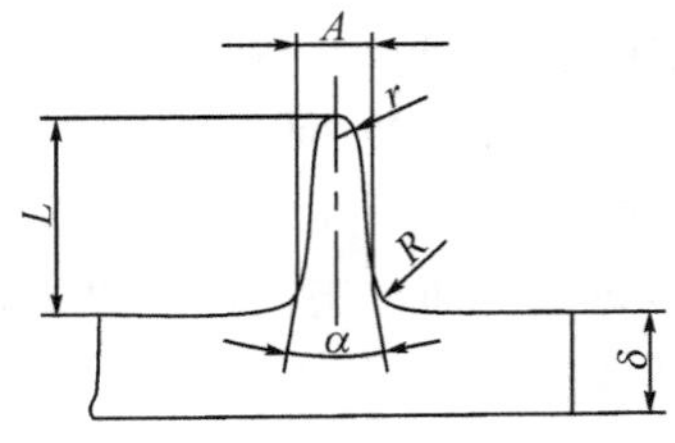

图 2-4　加强筋尺寸寸

加强筋的形状和尺寸如图 2-4 所示。加强筋本身的厚度不应大于塑件壁厚，否则在其对应部位会产生明显凹陷。同样，加强筋也应有足够的脱模斜度，其底部和壁部连接处以圆角过渡。塑件上设置数量多、高度低的加强筋的效果要比数量少、高度大的效果好。加强筋之间的中心距应大于壁厚。沿着塑料流向的加强筋，还可以降低塑料在型腔内的流动阻力。

设制件壁厚为 δ。则 $A=1/2\delta$　$L=(1\sim3)\delta$　$R=1/4\delta$　$r=1/8\delta$　　$Z=2°\sim5°$

加强筋设计典型实例见表 2-7。

表 2-7　加强肋设计的典型实例

序号	不合理	合理	说明
1			过厚处应减薄并设置加强肋以保持原有强度
2			过高的塑件应设置加强肋，以减薄塑件壁厚

续表

序号	不合理	合理	说明
3	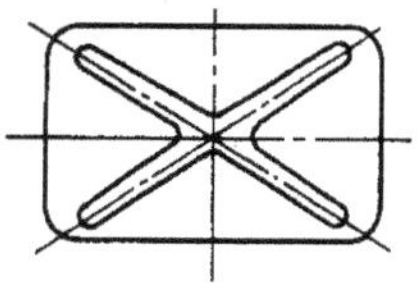	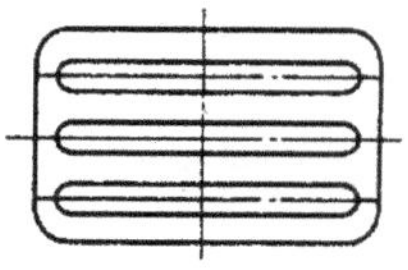	平板状塑件，加强肋应与料流方向平行，以免造成充模阴力过大和降低塑件韧性
4	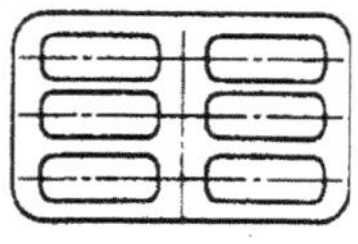	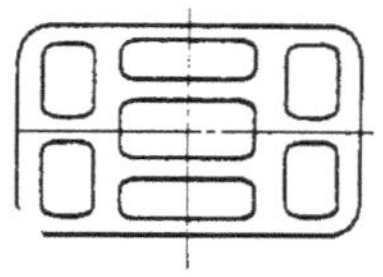	非平板状塑件，加强肋应交错排列，以免塑件产生翘曲变形

2. 薄壁容器设计

薄壳状塑料结构件和容器，不仅于成型后易产生明显变形，而且在使用时，还会因刚性不够而变形或损坏。

对于这类塑料制品的底和盖，可采用图 2-5 形式。这样可以有效地增加刚性和减少变形，薄壁容器的边缘可做成图 2-6 所示的凸缘状结构，这样既方便使用，又能增加刚性减少变形。

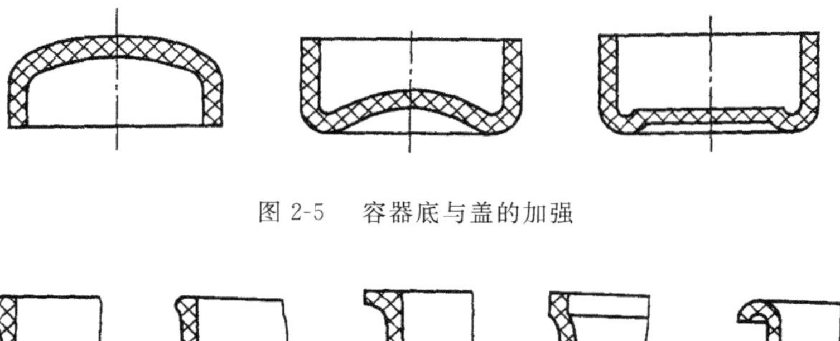

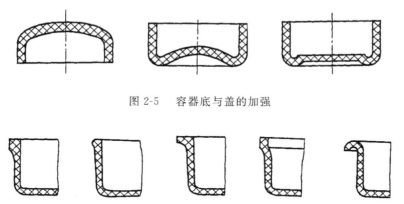

图 2-5　容器底与盖的加强

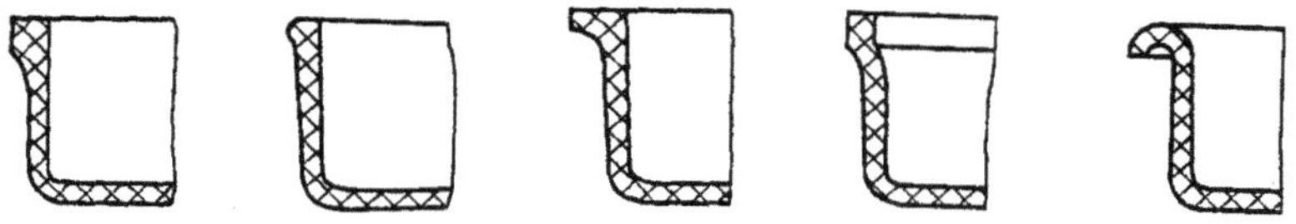

图 2-6　容器边缘的增强

若采用收缩大、刚性差的柔性塑料（如聚乙烯、软聚氯乙烯等）制作矩形薄壁容器，则制品侧壁的内凹明显，如图 2-7(a)所示。理想的情况是将制品的各个侧壁设计成稍许外凸形状，以抵消收缩，形成平直的侧壁，如图 2-7(b)所示。不过这样不容易配合好，还是采用图 2-7(c)所示的形状为好。即将制品各侧壁设计成弧度较大的外凸形，收缩后外形变化不明显。

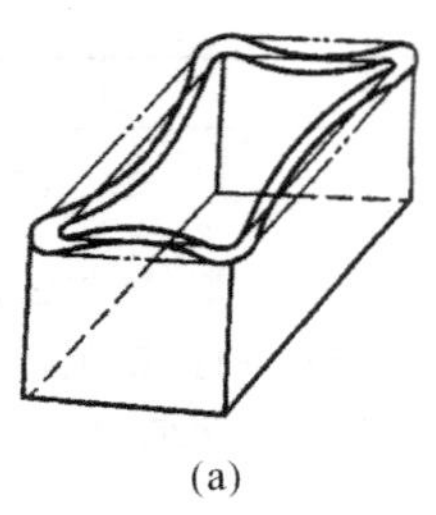
(a)

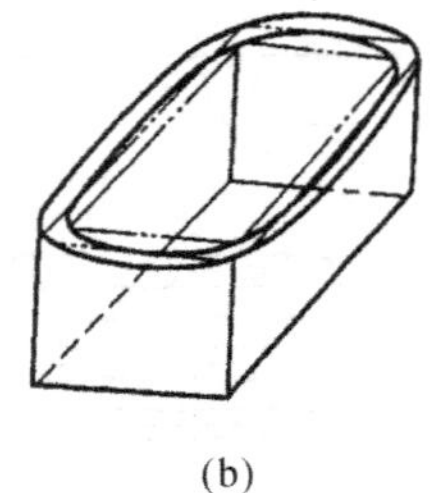
(b)

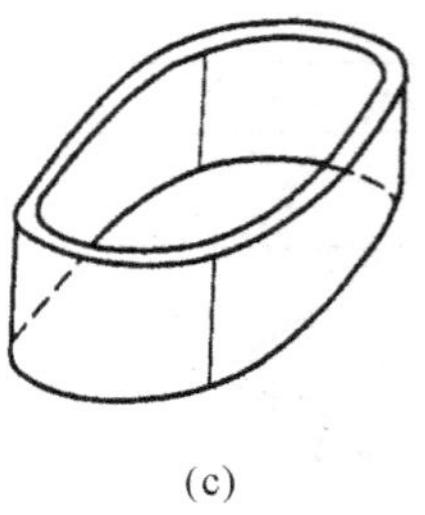
(c)

图 2-7　矩形薄壁容器的变形和改善

2.2.4　支承面、圆角与孔设计

1. 支承面设计

以塑件整个底面作支承面是不合理的，因为在实际生产中，要得到一个相当平的表面是很困难的。通常都用凸出的支承点、底脚或凸边来做支承面，如图 2-8 所示，若在支承面上设置加强筋时，筋的高度应低于支承面约 0.5mm，见图 2-9 所示。

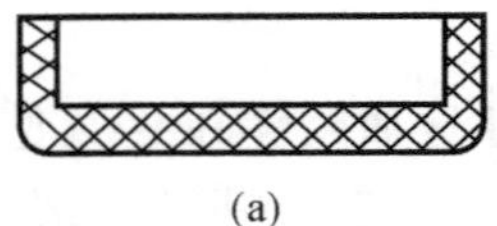
(a)

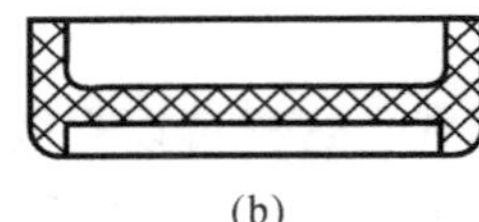
(b)

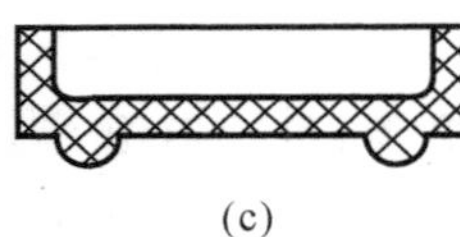
(c)

图 2-8　用底脚或凸边作支承面

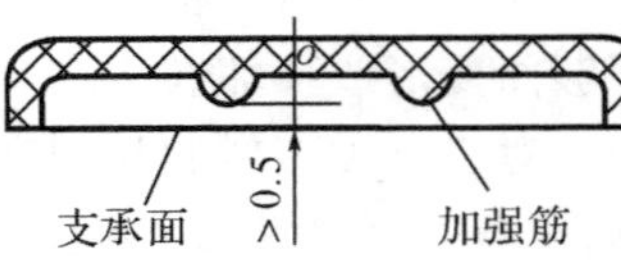

图 2-9　加强筋与支承面

2. 圆角设计

塑料制品的内表面和外表面的转折处，都要尽可能地采用圆角过渡，以减少应力集中，尤其是塑件的内角，即使只有 R0.5mm 的圆角，也能使塑件的强度大为增加。试验证明，理想的内圆角半径应大于壁厚的 1/4。

整件内外采用圆角，还能增加制品造型的美观；延长模具型腔的使用寿命；改善材料在型腔内的流动状况；提高制品的成型合格率。但是，如果塑件某些转折部位，正好位于模具的分型面如型芯与型腔配合处等，则不宜改成圆角。图 2-10 为塑料内外圆角大小。图 2-11 为塑件造型美观而设计圆角。

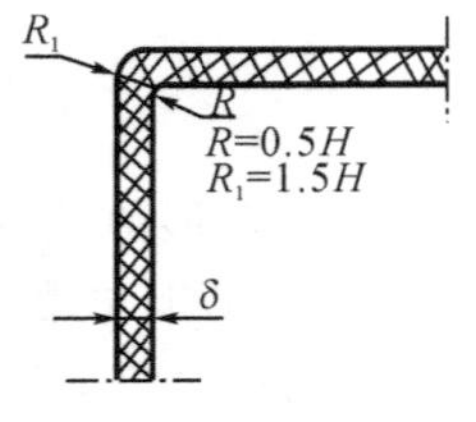

图 2-10　圆角半径尺寸

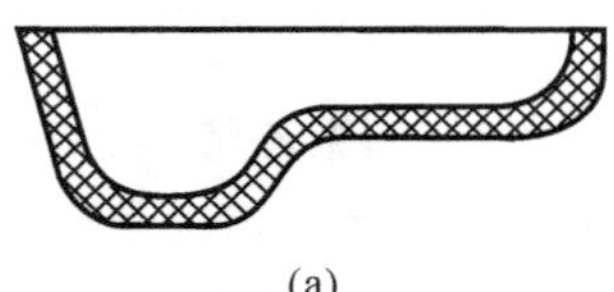
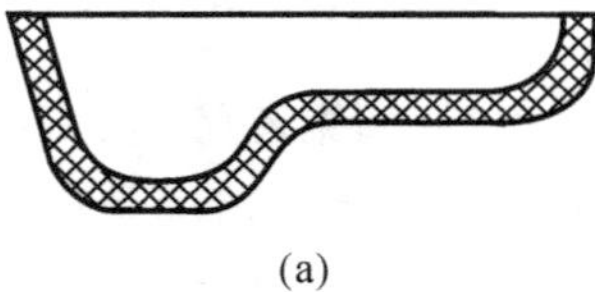
(a)

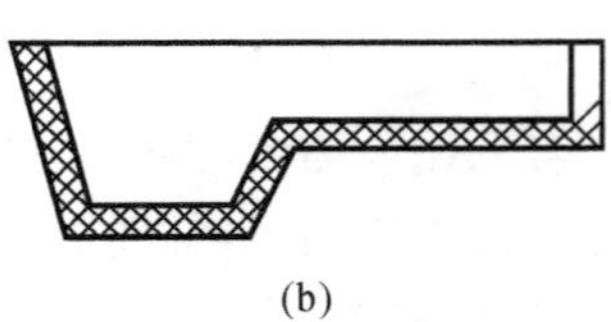
(b)

图 2-11　转折处圆弧过渡设计

加强筋的顶端及根部等处也应设计成圆弧，加强筋的高度与圆角半径的关系如表 2-8 所示。

表 2-8　加强筋的圆角半径值

筋的高度	6.5	6.5～13	13～19	＞19
圆角半径	0.8～1.5	1.5～3.0	2.5～5.0	3～6.5

3. 孔设计

塑件上常见的孔有通孔、盲孔、异形孔等。这些孔均应量开设在不减弱塑料制品机械强度的部位。孔的形状也应力求不使模具的结构和制造工艺复杂化，孔与孔之间，孔与边缘之间的距离不能太小，否则在装配时容易损坏。表 2-9 为孔径与孔间距、孔边距的关系，表 2-10为孔径与孔深的关系，表 2-11 为孔的极限尺寸推荐表。

表 2-9　热固性塑料孔间距、孔边距与孔径的关系　　单位:mm

孔径 d	＜1.5	1.5～3	3～6	6～10	10～18	18～30
孔间距、孔边距 b	1～1.5	1.5～2	2～3	3～4	4～5	5～7

注:1. 热塑性塑料为热固性塑料的 75%。
2. 增强塑料宜取大。
3. 两孔径不一致时，则以小孔之孔径查表。

表 2-10　孔径与孔深的关系

<table>
<tr><td colspan="2" rowspan="2">孔的形式
成型方式</td><td colspan="2">孔的深度</td></tr>
<tr><td>通孔</td><td>不通孔</td></tr>
<tr><td rowspan="2">压缩模塑</td><td>横孔</td><td>2.5d</td><td>＜1.5d</td></tr>
<tr><td>竖孔</td><td>5d</td><td>＜2.5d</td></tr>
<tr><td>挤出或注射模塑</td><td>10d</td><td>4d～5d</td><td></td></tr>
</table>

注:1. d 为孔的直径;
2. 采用纤维状塑料时，表中数值乘系数 0.75。

表 2-11　孔的极限尺寸推荐表　　单位:mm

<table>
<tr><td rowspan="2">成型方法</td><td rowspan="2">塑料名称</td><td rowspan="2">孔的最小直径</td><td colspan="2">最大孔深</td><td rowspan="2">最小孔边壁厚度
b</td></tr>
<tr><td>不通孔</td><td>通孔</td></tr>
<tr><td rowspan="3">压制与铸压成型</td><td>压塑粉</td><td>3.0</td><td rowspan="2">压制时:2d</td><td rowspan="2">压制时:4d</td><td rowspan="3">1d</td></tr>
<tr><td>纤维塑料</td><td>3.5</td></tr>
<tr><td>碎布压塑料</td><td>4.0</td><td>铸压时:4d</td><td>铸压时:8d</td></tr>
<tr><td rowspan="4">注射成型</td><td>尼龙</td><td rowspan="3">0.20</td><td rowspan="3">4d</td><td rowspan="3">10d</td><td rowspan="2">2d</td></tr>
<tr><td>聚乙烯</td></tr>
<tr><td>软聚氯乙烯</td><td>2.5d</td></tr>
<tr><td>有机玻璃</td><td>0.25</td><td></td><td></td><td>2.5d</td></tr>
<tr><td rowspan="7">注射成型</td><td>氯化聚醚</td><td rowspan="3">0.30</td><td rowspan="5">3d</td><td rowspan="5">8d</td><td rowspan="5">2d</td></tr>
<tr><td>聚甲醛</td></tr>
<tr><td>聚苯醚</td></tr>
<tr><td>硬聚氯乙烯</td><td>0.25</td></tr>
<tr><td>改性聚苯乙烯</td><td>0.30</td></tr>
<tr><td>聚碳酸酯</td><td rowspan="2">0.35</td><td rowspan="2">2d</td><td rowspan="2">6d</td><td>2.5d</td></tr>
<tr><td>聚砜</td><td>2d</td></tr>
</table>

(1)通孔

成型通孔用的型芯，其安装方法如图 2-12 所示。(a)图结构简单，但孔端易生成飞边，孔深时型芯易弯曲。(b)图的型芯长度缩短了一半，抗弯曲能力增加，但仍有飞边，而且不易保证两型芯的同心度。这时应将其中一个型芯设计成比另一个大 0.5～1mm。这样即使稍有不同心，也不会引起安装和使用上的困难。(c)图的结构刚性好，又能保证同心，在模具设计中被广泛采用，但其导向部分易因导向误差而磨损，引起溢料，在塑件孔端产生毛刺。

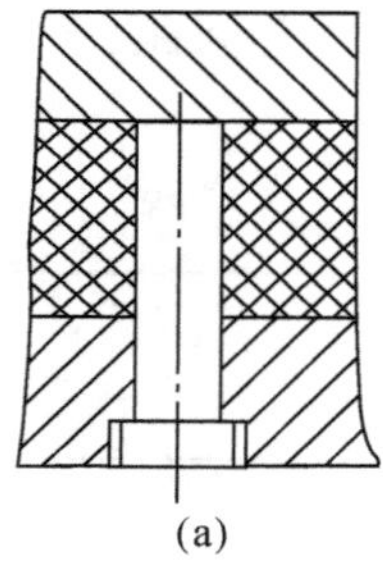
(a)

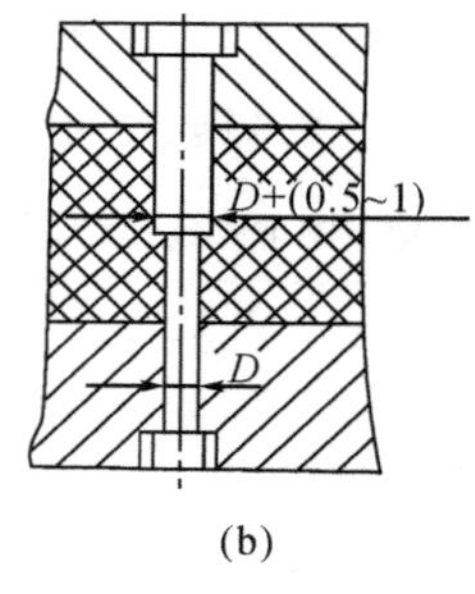

(b)

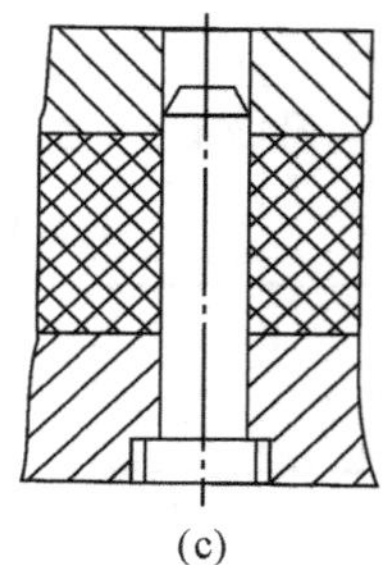
(c)

图 2-12　通孔的成形方法

(2)盲孔

盲孔只能用一端固定的型芯来成型，这种结构刚性差，其孔深应比通孔浅。由于成型的塑料在型腔中流动时，对型芯的侧向作用力和轴向压缩力，易使型芯产生弯曲和失稳。所以塑件上的孔深不宜过大，如果塑件上的孔深与直径之比的数值较大时，模具的型芯很容易损坏，这时，用成型后再钻孔的方法是可取的。

(3)异形孔

塑件有些异形孔的成形方法，可见图 2-13。从图中可以看出用异形截面的型芯互相拼接。能成型各种异形孔。

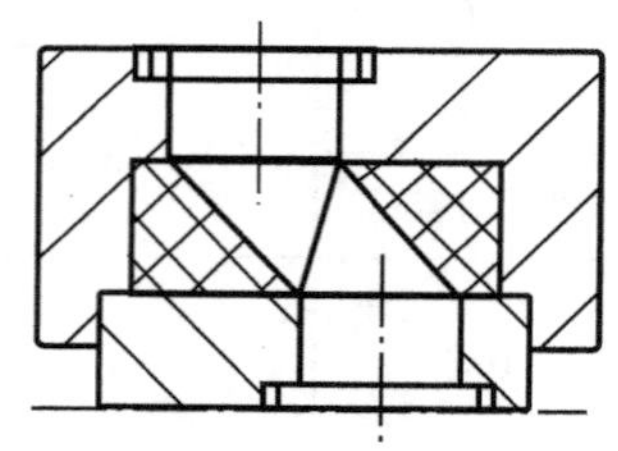

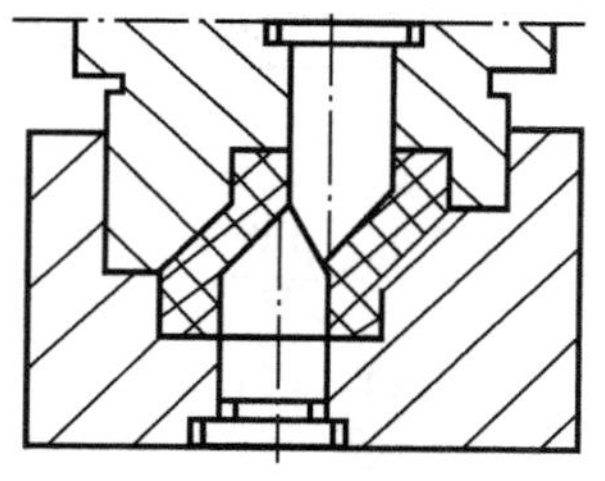

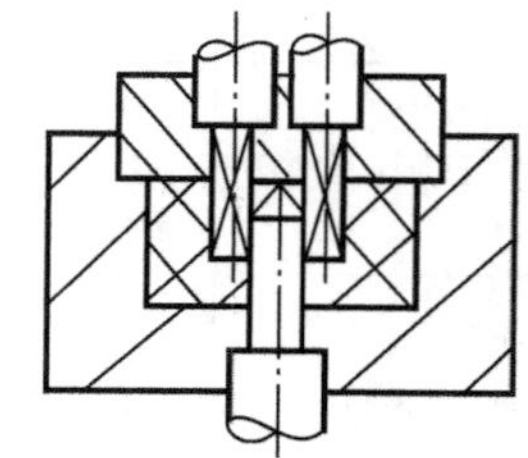

图 2-13　异形孔成形方法

2.2.5　嵌件设计

在塑件中嵌入嵌件的目的是为了增加塑件的强度、硬度、耐磨性、导电性或延长塑件的使用寿命等。嵌件大多数是金属结构件，嵌件嵌入塑件的基本原理是利用嵌件与金属的熟膨胀系数不同，在塑件注射成型后的冷却过程中热膨胀系数大的塑件将嵌件紧紧抱住而固定牢靠。

在设计嵌件时应尽量满足以下要求。

(1)嵌件的材料应选择那些线膨胀系数与塑料线膨胀系数相近的材料。这样可以避免因线膨胀系数误差过大引起开裂的现象。同时在装模时将嵌件进行预热亦可使线膨胀系数的差距得到一些弥补，即增加它们的牢靠程度。

(2)嵌件周边的壁厚应保持一定的厚度以保证在成型冷却后收缩而不至于开裂，同时还可以保证塑件的使用强度，表 2-12 是嵌件周边的最小壁厚尺寸，供使用时参考。

表 2-12　金属嵌件周围壁厚尺寸

金属嵌件直径 D	周围最小壁厚 C	顶部最小厚度 H
<4	1.5	1
4～8	2.0	1.5
8～12	3.0	2.0
12～16	4.0	2.5
16～25	5.0	3.0

(3)为有利于塑料流动，避免应力集中，应将金属嵌件嵌入部分的边沿加工成圆角，而它的形状尽可能采用对称的形状，以保证冷却时能均匀收缩。

(4)嵌件设计时应考虑便于安装，并准确而牢固地定位，防止因合模时的震动或受料流冲击时，嵌件产生位移。

(5)嵌件的定位面应是可靠的密封面，防止成型时熔料的渗入。一般采用 H_8/h_8 的配合精度。

(6)嵌件的嵌入部分应采取双向固定，即在嵌件受力时，即不纵向窜动，又不能转动。

常用的结构形式归纳如下。

(1)轴头类的嵌件往往采用开槽和滚花结构以保证嵌件牢固地固定在塑件时，即不能滑动又不能转动，如图 2-14 所示。其中图 2-14(a)、(b)、(c)均采用网纹滚花的形式，而图 2-14(d)采用直纹滚花的形式，底部的端面凸台则起防止纵向窜动的作用。

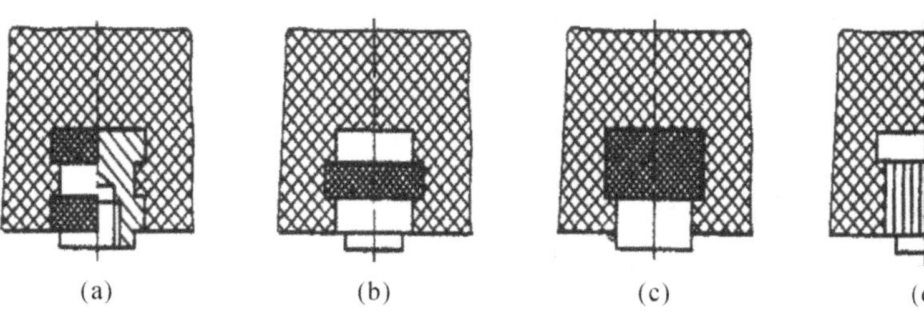

图 2-14　轴头类嵌入形式

(2)螺纹类嵌件的结构应着重考虑嵌件的模具中的安装定位准确牢固和防止飞边跑料问题，内外螺纹嵌件的嵌入形式如图 2-15 所示。嵌件与型腔壁及外螺纹嵌件高出塑件应有一定的距离 h，一般地 $h>0.05$，以免在合模时压坏型腔，同时其支撑杆的颈部应有 H_8/f_8 的一段配合精度，以防止从颈部跑料引起飞边。对于盲孔的嵌件，为防止从底部跑料，嵌件的内螺纹的一端应做成盲孔，但为了嵌件加工上的方便，通常将内螺纹做成通孔，为了防止从内端跑料，应在嵌件内端另加一帽盖。

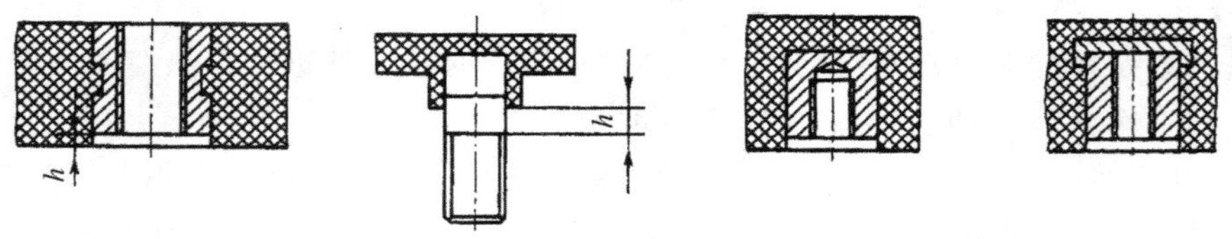

图 2-15　螺纹类嵌中的嵌入形式

(3)片状类的嵌件大多采用一些起障碍作用的形状,如钻孔、冲凸苞、压扁、缺口、压弯等形式,以防止嵌件在使用时的松动或拨出,其结构形式如图 2-16 所示。对于厚度小于0.5mm的片状嵌件最好不受取钻孔的固定方法,因为它起厚碍作用的截面较小,容易将塑件拨出。

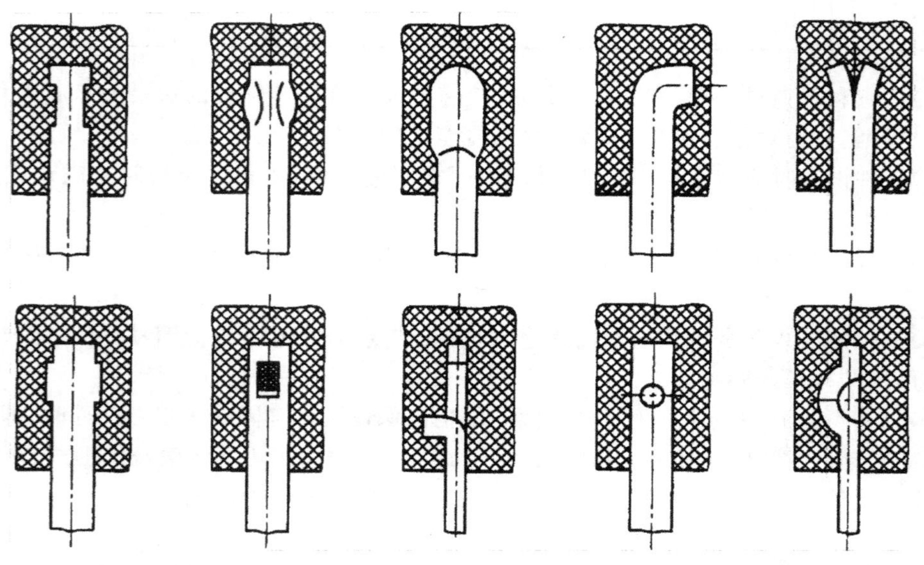

图 2-16　片状类的嵌入形式

2.2.6　图案、文字及标记设计

塑件上的文字或符号,可以直接成型,可用凸字的,也可凹字。见图 2-17(a)、(b),但参虑到模具型腔加工的难易程度,最好在塑件上采用凸字。如果塑件表面不允许有凸起,或需对文字、符合涂色时,可采用图 2-17(c)的形式,将凸字或符合设在凹坑内,这样既可使模具制造方便,又能使塑件上的凸起文字、符号免受摩擦碰损。

为了提高制品表面质量,增加制品外形美观,常对制品表面加以装饰。如在轿车内的装饰面板表面上作出凹槽纹、皮车纹、桔皮纹、木纹等装饰花纹,可遮掩成型过程中的制品表面上形成的疵点、波纹等缺陷,在手柄、旋钮等制品表面设置花纹,便于使用中增大摩擦力。塑料侧壁上的花纹、图案,其凹凸程度不能太深,否则影响脱模。此外,侧壁的斜度也要作相应的变化,如皮纹、布纹等浅花纹图案,侧壁斜度 $\alpha=3°\sim5°$就可。而对文字、符号之类标志,$\alpha=8°\sim10°$才能使脱模不受影响。

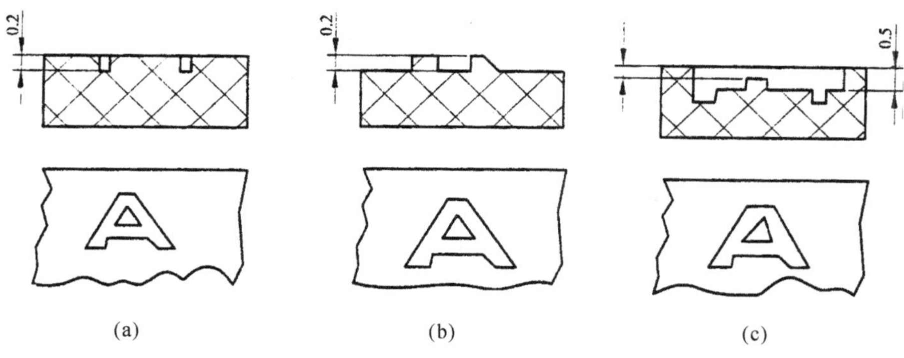

图 2-17　塑件上的标记符号

外表有花纹的手轮、旋钮、瓶盖等塑件，其花纹不得影响制品脱模，尽可能与脱模方向一致。

如图 2-18 所示，(a)为网状花纹影响脱模；(b)为穿通式花纹去毛边难；(c)为与脱模方向一致的条纹应用之强。

图案、文字及标记尺寸推荐如下：凸出的高度不小于 0.2mm，线条宽度不小于 0.3mm，通常以 0.8mm 为宜。两条线间距离不小于 0.4mm，边框可比图案纹高出 0.3mm 以上。标记符号的脱模斜度应大于 10°。

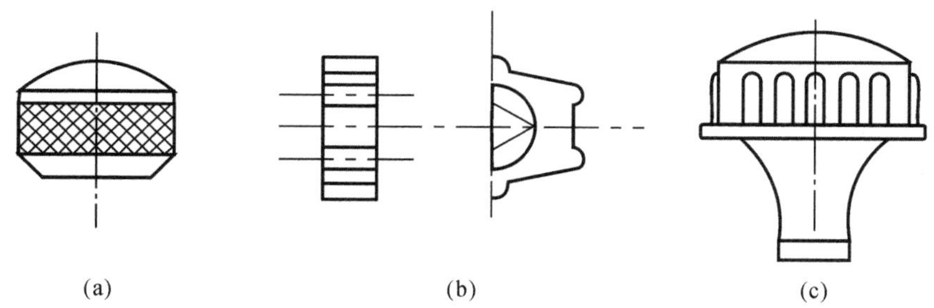

图 2-18　塑件上的花纹

2.2.7　塑件的螺纹与齿轮设计

1. 塑件螺纹设计

塑件上的螺纹可以直接模塑成型，也可以用机械加工方法制成。经常装卸或受力较大部位的螺纹，宜采用金属的螺纹嵌件。直接模塑成型的螺纹，生产方便，但它的螺纹强度要比金属小 5～10 倍，所以螺纹直径不宜太小。常用在螺距较大，精度低的场合。

设计要点如下：

(1)为便于脱模以及在使用中有较好的旋合性，模塑件螺纹外径大于 3mm，螺纹的螺距应大于等于 0.75mm，螺纹配合长度小于等于 12mm，超过时宜采用机械加工。

(2)塑料螺纹与金属螺纹，或与异种塑料螺纹相配合时，螺牙会因收缩不均互相干涉，产生附加应力而影响联接性能。解决办法有：

1)限制螺纹的配合长度,其值小于或等于 1.5 倍螺纹直径。

2)增大螺纹中径上的配合间隙,其值视螺纹直径而异,一般增大的量为 0.1～0.4mm。

(3)塑料螺纹的第一圈易碰坏或脱扣,应设置螺纹的退刀尺寸。(见图 2-19 及表 2-13 所示)。

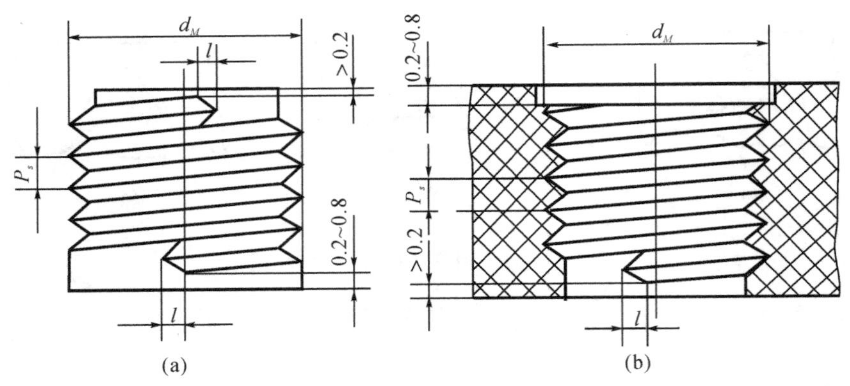

图 2-19　螺纹始端和末端的过渡结构

(4)为了便于脱模,螺纹的前后端都应有一段无螺纹的圆柱面。

(5)同一制品上前后两段螺纹的螺距应相等,旋向相同,目的是便于脱模(见图 2-20(a))。若不相同,其中一段螺纹则应采用组合型芯成型(图 2-20(b))。

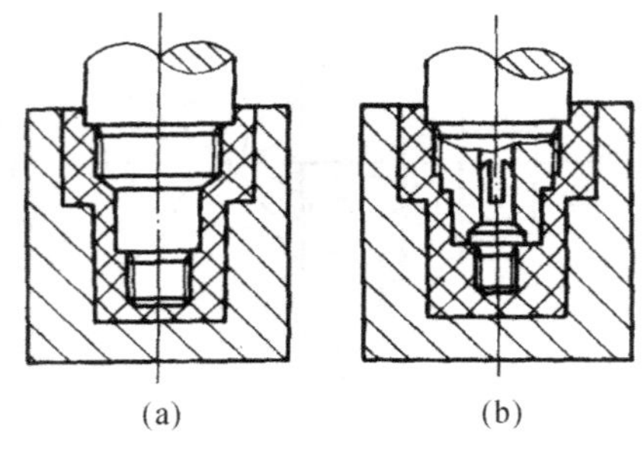

图 2-20　具有两段同轴螺纹的塑料制品

表 2-13　塑料制品上螺纹始末部分长度

螺纹直径 d/mm	螺距 Pa/mm		
	<0.5	>0.5	>1
	始末部分长度尺寸 l/mm		
≤10	1	2	3
>10～20	2	2	4
>20～34	2	4	6
>34～52	3	6	8
>52	3	8	10

注:始末部分长度相当于车制金属螺纹时的退刀长度。

（6）塑料制品瓶口螺纹的结构及尺寸见表 2-14 至表 2-17。

表 2-14　圆弧瓶口螺纹（瓶收口 No. 400）　　单位：mm

公称尺寸	T	E	H	S		
18	17.63±0.25	15.50±0.25	9.04+0.20 −0.18	0.86+0.33 −0.30		
20	19.63±0.25	17.50±0.25	9.04+0.20 −0.18	0.86+0.33 −0.30		
22	21.64±0.25	19.50±0.25	9.04+0.20 −0.18	0.86+0.33 −0.30		
24	23.62±0.25	21.49±0.25	9.78+0.20 −0.18	1.17+0.41 −0.38		
28	27.35+0.33 −0.30	24.92+0.33 −0.30	9.78+0.20 −0.18	1.17+0.41 −0.38		
30	28.30+0.33 −0.30	25.91+0.33 −0.30	9.86±0.25	1.17+0.41 −0.38		
33	31.80+0.33 −0.30	29.41+0.33 −0.30	9.86±0.25	1.17+0.41 −0.38		
38	36.98±0.51	34.60±0.51	9.86±0.25	1.17+0.41 −0.38		
43	41.05±0.51	39.12±0.51	9.86±0.25	1.17+0.41 −0.38		

表 2-15　圆弧瓶口螺纹（瓶收口 No. 400）　　单位：mm

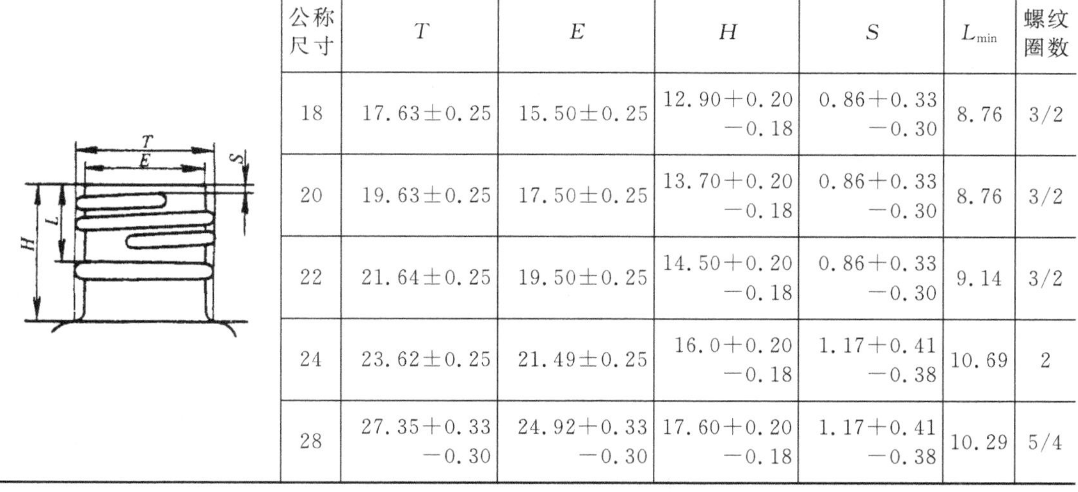

公称尺寸	T	E	H	S	L_{min}	螺纹圈数
18	17.63±0.25	15.50±0.25	12.90+0.20 −0.18	0.86+0.33 −0.30	8.76	3/2
20	19.63±0.25	17.50±0.25	13.70+0.20 −0.18	0.86+0.33 −0.30	8.76	3/2
22	21.64±0.25	19.50±0.25	14.50+0.20 −0.18	0.86+0.33 −0.30	9.14	3/2
24	23.62±0.25	21.49±0.25	16.0+0.20 −0.18	1.17+0.41 −0.38	10.69	2
28	27.35+0.33 −0.30	24.92+0.33 −0.30	17.60+0.20 −0.18	1.17+0.41 −0.38	10.29	5/4

表 2-16 圆弧瓶口螺纹(瓶收口 No. 400) 单位:mm

公称尺寸	T	E	H	S	L_{min}
13	12.85+0.20 −0.18	11.33+0.20 −0.18	11.10+0.20 −0.18	0.86+0.33 −0.30	7.37
15	14.55+0.20 −0.18	13.03+0.20 −0.18	13.70+0.20 −0.18	0.86+0.33 −0.30	8.43
18	17.63±0.25	15.50±0.25	15.29+0.20 −0.18	0.86+0.33 −0.30	10.49
20	19.63±0.25	17.50±0.25	18.47+0.20 −0.18	0.86+0.33 −0.30	11.18
22	21.64±0.25	19.50±0.25	20.88+0.20 −0.18	0.86+0.33 −0.30	13.46
24	23.62±0.25	21.49±0.25	23.93+0.20 −0.18	1.17+0.41 −0.38	13.84
28	27.35+0.33 −0.30	24.92+0.33 −0.30	27.10+0.20 −0.18	1.17+0.41 −0.38	16.23

表 2-17 圆弧瓶口螺纹(瓶收口 No. 400) 单位:mm

公称尺寸	T	E	H	S
18	17.63±0.25	15.50±0.25	15.34±0.25	7.32+0.20 −0.18
20	19.63±0.25	17.50±0.25	15.34±0.25	7.32+0.20 −0.18
22	21.64±0.25	19.50±0.25	15.34±0.25	7.32+0.20 −0.18
24	23.62±0.25	21.49±0.25	16.43±0.25	8.10+0.20 −0.18
28	27.35+0.33 −0.30	24.92+0.33 −0.30	18.39+0.33 −0.30	8.92+0.20 −0.18
30	28.30+0.33 −0.30	25.91+0.33 −0.30	19.30+0.33 −0.30	9.58+0.41 −0.38
33	31.80+0.33 −0.30	29.41+0.33 −0.30	19.69+0.33 −0.30	9.58+0.41 −0.38
38	37.11±0.38	34.72±0.38	24.03±0.38	14.02±0.25

2. 塑件齿轮设计

塑料齿轮早已在机械工业中应用,但以前大多是用酚醛压层塑料板坯、经机械加工而成,用于低噪音、小振动要求的场合。随着新型工程塑料的不断出现,电子仪表工业的发展,

直接模塑成型的塑料齿轮已在仪器仪表行业大量使用。用增强塑料制成的一些齿轮，还可在机械结构中作为承受一定负荷的传动件。

从齿面摩擦情况来看，塑料齿轮最好和钢制齿轮相互啮合工作。塑料齿轮的成型工艺以注射成型为佳。根据注射成型的工艺特性，对塑件的各部分尺寸，建议参照表 2-18 选用，以保证轮缘、辐板和轮毂能保持必要的厚度。

表 2-18 塑料齿轮的形状及尺寸

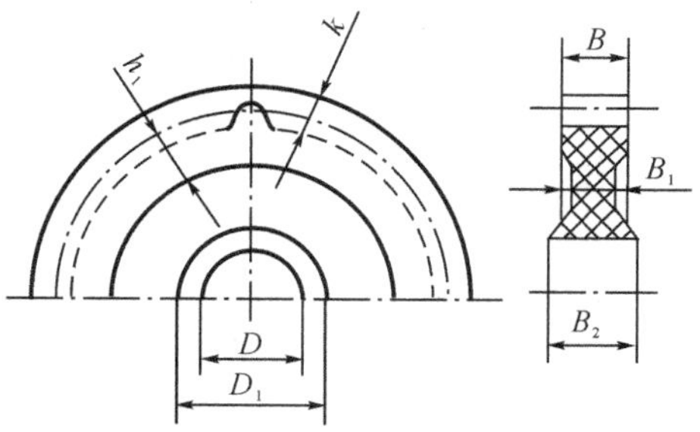

轮缘宽度 h_1	≥3h(h 为齿高)
辐板厚度 B_1	≤B
轮毂厚度 B	≥B
轮毂外径 D_1	≥(1.5－3)D

考虑到成型后的脱模问题，塑料圆柱齿轮的结构状况，最好是直齿形，若因工作需要，必须取斜齿结构时，则其螺旋角尽量控制在 18°以下，否则模具的脱模机构结构复杂，制造困难。为了防止应力集中及收缩率变化的影响，对塑料齿轮也应尽量避免截面的突然变化，所以要尽可能加大截面变化处外的圆角和过渡弧线。齿轮孔与轴装配时，尽量不受用过盈配合，而采用过渡配合；图 2-21(a)表示孔与轴采用月形孔配合；图 2-21(b)表示齿轮和轴用两个销钉固定，前者较为理想。

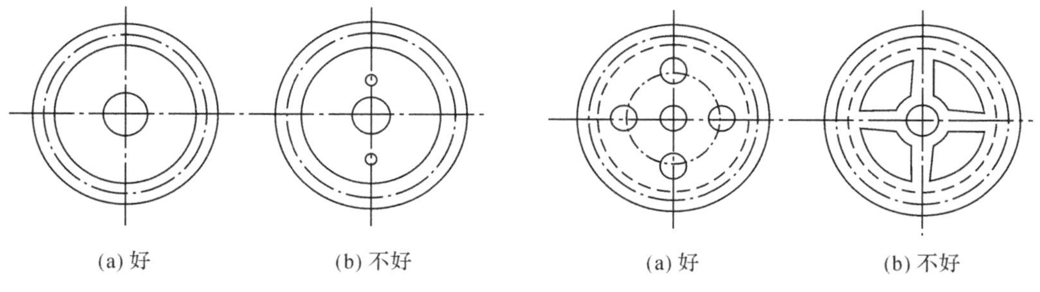

(a) 好　(b) 不好

图 2-21 塑料齿轮与轴承的装备

(a) 好　(b) 不好

图 2-22 塑料齿轮轮辐形式

对于薄型齿轮，厚度不均匀能引起齿形歪斜。宜用整体厚薄一致的形状。若轮辐板上有大孔时，见图 2-22(a)，因孔在成型后很少向中心收缩，结果引起齿轮歪斜。而采用图 2-22(b)的形式，即轮毂和轮缘之间采用薄筋时，则能保证轮缘均匀向中心收缩。

在工作中运转的尼龙、聚甲醛等塑料齿轮，由于热膨胀量比断续工作的齿轮大，设计时应适当修整齿高、齿厚，以免工作中因热膨胀而被挤坏。

2.3 常用塑料简介

2.3.1 热塑性塑料

1. 聚乙烯(PE)

(1)基本特性

聚乙烯是使用较早,应用范围很广,消费量很大的塑料。在世界上,聚乙烯的产量居各种塑料产量之首。用高压法生产的叫高压聚乙烯(低密度聚乙烯);用低压或中压法生产的叫低压聚乙烯(高密度聚乙烯),其中高压聚乙烯的用量较大。

聚乙烯的比重一般在 0.91～0.97g/cm³ 之间,软化点在 120℃以上,制品能在 80～100℃范围内使用。在－70℃条件下仍有柔软性。耐化学腐蚀和抗有机溶解的能力很强,但质地柔软,机械强度不高,成型收缩率大(约为 1.5%～3.6%)。

(2)主要用途

聚乙烯除了广泛用作各种日用轻工业品中各种瓶、管、板类之外,在化学工业中可用作耐腐蚀的容器、管道;在电器工业用作电缆外皮和高绝缘性材料;在机械工业中用作承载不高的包装材料、密封材料、表面防腐耐磨喷涂材料。

(3)成型特点

成形收缩率范围及收缩值大,方向性明显,容易变形、翘曲。应控制模温,保持冷却均匀、稳定;流动性好且对压力变化敏感,分型面应研磨。宜用高压注射,料温均匀,填充速度应快,保压充分;冷却速度慢,因此必须充分冷却,模具应设有冷却系统;质软易脱模,塑件有浅的侧凹槽时可强行脱模。

2. 聚丙烯(PP)

(1)基本特性

在热塑性塑料中,聚丙烯也是一种后起之秀的塑料。它的比重仅为 0.90～0.91g/cm³,在机械性能方面,如屈服强度、抗拉强度、压缩强度、硬度等均优于低压聚乙烯。聚丙烯的刚性、耐热性较好,可在 100℃的温度下使用,如果不受外力作用,即使温度升高到 150℃也不变形。尤其是通用塑料中唯一能在水中煮沸且在 135℃蒸气中,消毒而不被破坏的塑料。耐化学腐蚀性和电绝缘性能和聚乙烯相似,加上成型性能好,所以有广阔的应用前途。但是耐磨性不够高;成型收缩率较大(通常在 2%左右);低温逞脆性;室外耐老化性较差。

(2)主要用途

聚丙烯可用作各种机械零件,如法兰、接头、泵叶轮、汽车零件和自行车零件等;可用作冷热水、蒸汽、各种非强酸、碱等的输送管理,化工容器和其他设备的衬里、表面涂层等;可制造各种绝缘零件以及自带铰链的盖体合一的箱壳类制件。广泛应用在医疗工业中。

(3)成型特点

成型收缩范围大,易发生缩孔,凹痕及变形;聚丙烯热容量大,注射成型模具必须设计能充分冷却的冷却回路;聚丙烯成型的适宜模温为 80℃,温度过低会造成制品表面光泽差或产生熔接痕等缺陷。温度过高会产生翘曲现象。

3. 聚氯乙烯(PVC)

(1)基本特性

聚氯乙烯也是一种使用较早,应用较广泛的塑料,产量仅居聚乙烯之后。纯聚氯乙烯树脂无色透明,使用时加入不同数量的增塑剂和稳定剂,可制得各种硬质或软质制品及透明的塑料制品。硬质聚氯乙烯的比重为 1.38～1.43g/cm^3;强度和综合性能好,而抗冲击强度和耐化学腐蚀性能更突出。软质聚氯乙烯的机械强度低于硬质聚氯乙烯,但有不同的柔软性能(视增塑剂含量而定),其他性能和硬质聚氯乙烯相近。聚氯乙烯的主要缺点是耐热性低(只能在-15～55℃温度范围内使用);热稳定性差(温度超过熔点后塑料易分解)。

(2)主要用途

由于聚氯乙烯的化学稳定性高,所以可用于制造防腐管道、管件、输油管、离心泵、鼓风机等;由于电气绝缘性能优良而在电气、电子工业中用于制造插座、插头、开关、电缆;在日常生活中用于制造凉鞋、雨衣、玩具、人造革等。

(3)成型特点

它的流动性差,过热时极易分解,所以必须加入稳定剂和润滑剂,并严格控制成形温度及熔料的滞留时间。成形温度范围小,必须严格控制料温,模具应有冷却装置;采用带用带预塑料化装置的螺杆式注射机。模具浇注系统应粗短,浇口截面宜大,不得有死角滞料。模具应冷却,其表面应镀铬。

4. 聚苯乙烯(PS)

(1)基本特性

聚苯乙烯是由苯乙烯聚合而成。为无色、无味、无毒的透明塑料,密度为 1.05g/cm^3,易燃烧,燃烧时带有很浓的黑烟,并有特殊气味。具有较好的化学稳定性。能耐碱、硫酸、磷酸、10%～30%的盐酸、稀醋酸及其他有机酸,但不耐硝酸及氧化剂的作用。能溶于苯、甲苯、四氯化碳、酮类和脂类等,对水、乙醇、汽油、植物油及各种盐溶液有足够的抗蚀作用。聚苯乙烯具有优良的光学性能,透光率为 88%～92%,易于着色,能染成各种鲜艳的颜色。聚苯乙烯具有良好的电学性能,尤其是高频绝缘性。但热变形温度低,一般在 70～98℃之间,质地硬而脆,并具有较高的热膨胀系数。

(2)主要用途

聚苯乙烯在工业上可制造仪器仪表零件、灯罩、透明模型、绝缘材料、接线盒、电池盒等;在日用品方面可用于制造包装材料、装饰材料、各种容器、玩具等。

(3)成型特点

聚苯乙烯性脆易裂,易出现裂纹,所以成型塑件脱模斜度不宜过小,顶出要受力均匀;热胀系数大,塑件中不宜有嵌件,否则会因两者热胀系数相差太大导致开裂;由于流动性好,应注意模具间隙,防止成形飞边,且模具设计中大多采用点浇口形式;宜用高料温、高模温、低注射压力成形并延长注射时间,以防止缩孔及变形,降低内应力,但料温过高容易出现银丝;料温低或脱模剂多,则塑件透明性差。

5. 丙烯腈—丁二烯—苯乙烯共聚物(ABS)

(1)基本特性

ABS 是由丙烯腈(A)、丁二烯(B)、苯乙烯(S)共聚生成的三元共聚物,具有良好的综合力学性能。丙烯腈使 ABS 有较高的耐热性、耐化学腐蚀性及表面硬度;丁二烯使 ABS 具有良好的弹韧性、冲击强度、耐寒性以及较高的抗拉强度;苯乙烯使 ABS 具有良好的成型加工性、着色性和介电特性,使 ABS 制品的表面光洁。由于 ABS 三种共聚单体的比例可以很大的范围内调节,故可由此得到性能和用途不一的多种 ABS 品种,如通用级、抗冲级、耐寒级、耐热级、阻燃级等。

ABS 无毒、无味、不透明,色泽微黄,可燃烧,密度为 1.02～1.20g/cm^3。有良好的机械强度和极好的抗冲击强度,有一定的耐油性和稳定的化学性和电气性能。但在酮、醛、酯、氯代烃中会溶解而形成乳浊液。

(2)主要用途

ABS 广泛用于家用电子电器、工业设备及日常生活用品等领域,如计算机、电视机、录音机、电冰箱、洗衣机、电话、电风扇、净水加热器等的壳体;工业机械中的齿轮、泵叶轮、轴承、把手、仪器仪表盘等;玩具、包装容器、家具、安全帽、农用喷雾器等。

(3)成型特点

ABS 易吸水,使成型塑件表面出现斑痕、云纹等缺陷。为此,成型加工前应进行干燥处理;在正常的成形条件下,壁厚、熔料温度对收缩率影响极小;要求塑件精度高时,模具温度可控制在 50～60℃,要求塑件光泽和耐热时,应控制在 60～80℃;ABS 比热容低,塑化效率高,凝固也快,故成形周期短;ABS 的表观粘度对剪切速率的依赖性很强,因此模具设计中大都采用点浇口形式。

6. 聚甲基丙烯酸甲酯(PMMA)

(1)基本特性

简称有机玻璃,它有极好的透光性能,可以透过 90%～92%的阳光,比普通玻璃好。

现用的有机玻璃材料有型材和模塑料两种。供模塑成型用的有机玻璃料,按国内工厂称号有 372 有机玻璃和 373 有机玻璃等,实际上这些都是以甲基丙烯酸甲酯为基础的共聚体。

372 有机玻璃是甲基丙烯酸甲酯与少量苯乙烯的共聚体,主要是为了改善成型时的工艺性能。373 塑料是在 372 塑料的基础上再加少量的丁腈橡胶的混合料,目的是提高 372 塑料的抗冲击性能。目前 372 塑料的应用较广泛。

372 有面玻璃的特点是透光性能很好,机械强度较高,有一定的耐热抗寒性,耐化学腐蚀和电绝缘性能也很好。在一般条件下制品尺寸稳定,成型容易。缺点是抗冲击性尚差,抗有机溶剂能力低,作为透明材料,表面耐磨性差,容易擦毛。价格较高。从总的方面来看,372 塑料的综合性能还是超过聚苯乙烯塑料的。

(2)主要用途

有机玻璃塑料主要用作有透明要求的制品,如油标、油杯、光学镜片、观察镜、标牌、透明管道、汽车灯具、仪器仪表零件、电器绝缘件、文具用品等。

(3)成形特点

为了防止塑件产生气泡、混浊、银丝和发黄等缺陷,影响塑件质量,原料在成形前要很好地干燥;为了得到良好的外观质量,防止塑件表面出现流动痕迹、熔接线痕和气泡等不良现象,一般采用尽可能低的注射速度;模具浇注系统对料流的阻力应尽可能小,并应制出足够的脱模斜度。

7. 聚酰胺(PA)

(1)基本特性

通称尼龙,是一种应用广泛的工程塑料。它的品种很多,有尼龙 6、尼龙 8、尼龙 9、尼龙 11、尼龙 12、尼龙 66、尼龙 610、尼龙 1010 等。聚酰胺的种类虽然很多,但主要性能相似,即抗拉强度和抗冲击韧性好,有一定的耐热性,可在 80~100℃之间使用。用尼龙制作的传动零件,不仅运转时噪音小,而且耐寒性良好,耐油性能极好。

缺点是热变形温度较低,热膨胀量大,对强酸、强碱、酚类的抗腐蚀能力差。有些尼龙品种的吸湿性、蠕变性及成型收缩率较大。

(2)主要应用

尼龙广泛用于工业上制作各种机械、化学和电器零件,如轴承、齿轮、滚子、辊轴、滑轮、泵叶轮、风扇叶片、蜗轮、高压密封扣圈、垫片、阀座、输油管、储油容器、绳索、传动带、电池箱、电器线圈等零件,还可将粉状尼龙热喷到金属零件表面上,以提高耐磨性或作为修复磨损零件之用。

(3)成形特点

尼龙原料成形加工前必须进行干燥处理。尼龙的热稳定性差,干燥时为避免氧化,最好采用真空干燥法;尼龙的溶融粘度低,流动性好,有利于制成强度特别高的薄壁塑件,但容易产生飞边,故模具必须选用最小间隙;熔融状态的尼龙热稳定性较差,易产生降解使塑件性能下降,因此不允许尼龙在高温料筒内停留过长时间;尼龙成形收缩率范围及收缩率大,方向性明显,易产生缩孔、凹痕、变形等缺陷,因此应严格控制成形工艺条件。

8. 聚甲醛(POM)

(1)特性

聚甲醛也是一种重要的工程塑料,它的抗疲劳强度较高,尺寸稳定,吸湿性远比尼龙小。制品可在－40℃～100℃范围内长期使用,并能保持较高的硬度、耐磨性、刚度和强度。和其他塑料对比,聚甲醛还能反复扭曲,而且有突出的回弹能力,故还可用作塑料弹簧制品。缺点是热稳定性较差,成型过程中易因温度控制不当而分解。此外,收缩率较大,约为 1%～2.5%,长期于大气中曝晒会加速聚甲醛老化。

(2)主要用途

聚甲醛特别适合于制作轴承、凸轮、滚轮、辊子、齿轮等耐磨传动零件,还可用于制造汽车仪表板、汽化器、各种仪器仪表外壳、罩盖、箱体、化工容器、泵叶轮、鼓风机叶片、配电盘、线圈座、各种输油管、塑料弹簧等。

(3)成形特点

聚甲醛的收缩率大;它的熔融温度范围小,热稳定性差,因此过热或在允许温度下长时间受热,均会引起分解,分解产物甲醛对人体和设备都有害。聚甲醛的熔融或凝固十分迅速,熔融速度快有利于成形,缩短成形周期,但凝固速度快会使熔料结晶化速度快,塑件容易产生熔接痕等表面缺陷。所以,注射速度要快,注射压力不宜过高。其摩擦系数低、弹性高,浅侧凹槽可采用强制脱出,塑件表面可带有皱纹花样。

9. 聚碳酸酯(PC)

(1)基本特性

聚碳酸酯是一种透明而略带浅黄色的塑料,具有突出的抗冲击强度和抗蠕变能力。耐热耐寒性能优良，能在120℃下长期工作，低温脆化温度可达－100℃，成型收缩率仅为0.5%～0.8%，故制品的尺寸稳定性好。其他如耐磨性、抗老化性能、电绝缘性能也很好，有一定的抗化学腐蚀能力。但对某些化学物品和有机溶剂的抵抗能力较差，制品在成型后和使用中都易产生内应力，严重的可引起开裂。塑料制品本身虽然吸湿性小，但在成型时材料却对水分极为敏感。

(2)主要用途

在机械上主要用做各种齿轮、蜗轮、蜗杆、齿条、凸轮、轴承、各种外壳、盖板、容器、冷冻和冷却装置零件等。在电气方面，用作电机零件、风扇部件、拨号盘、仪表盘、仪表壳、接线板等。聚碳酸酯还可制作照明灯、高温透镜、视孔镜、防护玻璃等光学零件。

(3)成形特点

PC吸水性小。但高温时对水分比较敏感，会出现银丝、气泡及强度下降现象，所以加工前必须干燥处理，而且最好采用真空干燥法；熔融温度高，熔体粘度大，流动性差，所以成形时要求有较高的温度和压力；熔体粘度对温度十分敏感，一般用提高温度的方法来增加熔融塑料的流动性。

10. 聚砜(PSF)

(1)基本特性

在众多的塑料品种中，聚砜可算是一种较新颖的工程塑料。它的比重为1.24左右，外观呈透明琥珀色。耐热性和高温抗蠕变性很好，长期使用温度可达150℃，高于聚碳酸酯、聚甲醛等工程塑料。低温脆化温度为－100℃。机械性能良好，有一定的抗化学腐蚀能力。另一个突出的特点是热稳定性好，材料可以经多次回用加工而性能不降低，塑料制品的表面也可以电镀金属。

缺点是熔融粘度高，流动性差，成型加工困难。此外，成型时对水分也很敏感。

(2)主要应用

聚砜主要应用在工业上，用以制作耐热和强度要求较高的塑料制品，如汽车减速器盖、风扇罩、护板等零件及电子仪表中的零件。如断路元件、恒温容器、绝缘电刷、开关、插头，也用来制造对尺寸精度、热稳定性、刚性要求高的电子电讯零件，如天线罩、齿轮、骨架等及汽车部件，还可以代替金属和玻璃用于宇宙航天、人造卫星、飞机等各个方面。

(3)成型特点

PSF易产生银纹、剥层、气泡及开裂，故成型前应充分干燥。流动性差，对温度敏感，凝固速度快，成型收缩小，成型温度高，宜用高压注射成型。模具流道阻力应小，模具要加热，要严格控制模温。

11. 氯化聚醚(CPT)

(1)基本特性

又名聚氯醚，它有突出的化学稳定性，对各种酸、碱和有机溶剂均有良好抵抗力，在这方面可以说是仅次于“塑料王”聚四氟乙烯。氯化聚醚的耐热性好，可在120℃以下使用。机械性能较好，制品吸水率仅为0.01%，用它制成的零件有很高的尺寸稳定性。成型收缩率为0.4%～0.6%，而且成型后的制品没有残留内应力。但成本高且冲击强度低。

(2)主要应用

在化工设备和精密机械方面可以代替有色金属及不锈钢，用作电影放映机齿轮、水表齿

轮、导轨、耐腐蚀泵、阀门零件、轴承、保持架、密封件、透明观察镜及化工摩擦传动件，管道、塔衬里、设备涂层。

(3)成型特点

流动性一般，热敏性较强。成型温度为 180～220℃，分解温度为 270℃，宜采用高压注射、模温控制严格，常用 98～100℃，最低为 50～60℃。浇注系统的流道宜短而粗。模具成型件应淬硬模具腔表面应抛光、镀铬。

12. 聚苯醚(PPO)

(1)基本特性

又名聚苯掌氧，它和聚砜、氯化聚醚等同属新颖工程塑料。在机械性能方面，抗拉强度、抗拉弹性模量和硬度都较高，抗冲击韧性和抗蠕变性能突出，能在－127～121℃间长期使用。无负荷时，能间断地在 204℃以下工作。此外，化学元素稳定性和电绝缘性都好，收缩率为 0.7%～0.9%。缺点是制品于成型后有内应力，成型流动性差，价格高，而且成型加工比一般工程塑料困难。

(2)主要用途

由于聚苯醚有优良的综合性能，用于潮湿、有负荷以及电绝缘的场合。如机电工业上的齿轮、轴承、凸轮、运输设备零件、化工设备零件、电子仪表、汽车零件。

(3)成型特点

流动性差，热稳定性差，易分解。料温为 280～300℃，模温为 100～150℃。宜用高速及高压注射。模具流道的阻力应小、粗而短，模具要加热。成型前干燥处理。

13. 聚对苯二甲酸乙二醇酯(PET)

(1)基本特性

PET 简称聚酯。近几年 PET 料被用作制造各类瓶子以来，得到了极广泛的应用，PET 的产量约占塑料总产量的六分之一。PET 属结晶性塑料，当此塑料受拉伸时，晶体会整齐排列，强度因此增加。单向拉伸能增加 PET 薄膜的一维强度，而双向拉伸增加 PET 维强度。注拉吹工艺能将 PET 料拉吹时双向拉伸且壁厚减薄，另外 PET 采光性好，清澈透明。力学性能优良，阻隔性中等，用玻璃纤维增强反光幅度，提高强度、刚度、硬度、耐蠕变、尺寸稳定等优点。但冲击性、成型性、脱模性差。

(2)主要用途

未增强 PET 主要用于瓶类、薄膜、片材、拉链、包装材料等。增强的 PET 主要用于汽车零件、熔断器开关，电视机和电动机零件、齿轮、叶轮、泵体、电容器、磁带等。

(3)成型特性

易吸水，成型前应干燥处理，常用料干燥器，室内的空气被吸入后加热到 160℃左右，从料斗底部往上吹，干燥时时间为 5 小时。流动性中等，热稳定性较差，应严格控制料温与模温，料温常为 265～300℃，模温为 85～100℃，超过 300℃易分解。浇注系统宜粗而短，宜高压注射，当瓶胚注射后冷却到约 110℃时做拉吹工艺。

14. 氟塑料(PVF)

(1)基本特性

氟塑料是系列含氟塑料的总称，其中以聚四氟乙烯(PTFE 或简称 F4)较为典型。聚四氟乙烯俗称“塑料王”，与其他塑料相比，它有优异的耐高温、耐低温性能，在－195～250℃范围内可连续工作 200 小时以上，耐化学腐蚀性能可说是诸塑料之冠，甚至在强腐蚀性的“王水”中煮沸数小进后，其重量和性能均无变化，所以有“塑料王”之称。此外，电绝缘性能和抗老化性能也很好。聚四氟乙烯的吸湿性极低，摩擦系数只有 0.04，是塑料中最低的一种。缺点是机械强度一般，成型时由于熔融物的黏度很大，充模困难，不能用通常的热塑性塑料成型方法来制造零件，只能采用类似粉末冶金的成型方法，经冷压、烧结而成。但聚三氟氯乙烯 PCTFE 可以采用绝大多数热塑性塑料的成型方法，但主要性能不及聚四氟乙烯。

(2)主要用途

适于制作耐腐蚀件、减摩耐磨件、密封件，绝缘件和医疗器械零件。如油缸活塞环、机床导轨贴面、填料密封圈，低转速摩擦轴承等。

(3)成型特点(PCTFE)

具有热敏性，易分解温度为 260℃，流动性差，熔融温度高，成型温度范围窄，需要高温高压成型。模具需要加热，并应具有足够的强度和刚度，浇注系统的流动阻力应尽量小，浇注系统和模腔表壁应淬硬、镀铬，不得有死角滞料现象。

2.3.2 热固性塑料

1. 酚醛塑料(PF)

(1)基本特性

以酚醛树脂为主体，加入各种组分和改性材料后制成的塑料统称酚醛塑料。它是热固性塑料的主要品种，产量居热固性塑料的首位。

酚醛塑料大致可分为五类，即：压塑粉、层压塑料、纤维状压塑料、碎屑状压塑料和能注射成型的注射用粉料。

和热塑性工程塑料制品相比，酚醛塑料制品的刚性好、耐热性高，能在 150～200℃范围内长期使用，即使温度过高，也仅是表面发生烧焦现象，制品不会软化变形。如果用水润滑，酚醛塑料制品的摩擦系数可低达 0.01～0.03，能作为特殊工作条件下的轴承材料。从成型工艺来看，配合醛塑料制品的生产率比热塑性塑料低。生产中的劳动强度大，材料损耗多。

(2)主要用途

布质层压及玻璃布层压酚醛塑料具有优良的力学性能、耐油性能和一定的介电性能，用于制造齿轮、轴瓦、导向轮、轴承及电工结构材料和电气绝缘材料；石棉布层压塑料主要用于高温下工作的零件；木质层压塑料适用于作水润滑冷却下的轴承及齿轮等。

酚醛纤维状压塑料具有优良的电气绝缘性能和耐热、耐磨性能，可制作各种线圈架、接线板、电动工具外壳、齿轮、凸轮等。

(3)成型特点

成型性能好，特别适用于压缩成型；模温对流动性影响较大，一般当温度超过 160℃时流动性迅速下降；硬化是，放出大量热，厚壁大型制品易发生硬化不匀及过热现象。

2. 氨基塑料(UF 与 MF)

(1)基本特性

氨基塑料也是热固性塑料，由氨基化合物与醛类(主要是甲醛)经缩聚反应而得到，主要包括脲-甲醛(UF)、三聚氰胺-甲醛等(MF)。

脲-甲醛塑料经染色后具有各种鲜艳的色彩，外观光亮，部分透明，表面硬度较高，耐电

弧性能好，耐矿物油，但耐水性较差，在水中长期浸泡后电气绝缘性能下降。

三聚氰胺-甲醛可制成各种色彩，耐光、耐电弧、无毒，在－20～100℃的温度范围内性能变化小，重量轻不易碎，能耐茶、咖啡等污染性强的物质。

(2)主要用途

脲-甲醛大量用于压制日用品及电气照明设备的零件、电话机、收音机、钟表外壳、开关插座及电气绝缘零件；三聚氰胺-甲醛主要用作餐具、航空茶杯及电器开关、灭弧罩及防爆电器在的配件。

(3)成型特点

压注成型收缩率大；含水分及挥发物多，使用前需预热干燥，且成型时有弱酸性分解及水分析出；流动性好，硬化速度快。因此，预热及成型温度要适当，装料、合模及加工速度要快；带嵌件的塑料制品易产生应力集中，尺寸稳定性差。

3. 环氧树脂(EP)

(1)基本特性

环氧树脂在未固化前是热塑性类型，只有加入固化剂(常用胺类或酸酐类)后，才具有作为塑料的实用价值。环氧树脂有很强的粘结能力，固化后收缩率小，纯树脂的收缩率约为1%～2%，加入填料后的收缩率可降至0.1%。环氧树脂制品的机械强度和电绝缘性能优良，常温下能耐一般的酸、碱、盐和有机溶剂的侵蚀，但制品的抗冲击韧性低，质地脆，需要加入适量填充剂、增塑剂来改善性能。

除了塑料层压板等型材外，目前还很少用环氧树脂直接作模压成型材料。主要以黏接、浇注、涂敷等方法广泛地应用于电器、电机、化工、造船等工业部门。除了在产品生产中使用外，也可以在工艺装备中使用。例如用环氧树脂制成的简易式冲压模，在汽车、拖拉机、飞机的新产品试制和小批量生产中，效果显著。

(2)主要用途

环氧树脂可用作金属和非金属材料的粘合剂，用于封闭各种电子元件；用环氧树脂配以石英粉等来浇铸各种模具；还可以作为各种产品的防腐涂料。

(3)成型特点

流动性好，硬化速度快。环氧树脂热刚性差，硬化收缩小，难于脱模用于浇注时的场合在浇注前应加脱模剂；硬化时不析出任何副产物，成型是不需排气。

4. 聚邻苯二甲酸二丙烯脂(DAP)

(1)基本特性

简称电酯塑料，密度为1.27g/cm^3。是一种新颖的热固性工程塑料，可以在－60～200℃的温度范围内使用。该塑料的耐热性、电绝缘性、耐化学腐蚀良好，吸湿性低，制品尺寸稳定。由于DAP塑料的价格较高，但因它有优良的综合性能，将是塑料工业部门的重要材料之一。

(2)主要用途

DAP塑料可用作精密复杂的耐高温绝缘零件。如大型雷达罩、核设备中的电子元件、化工设备、航天工业器材等。如接线器、配电盘、印制电路板、仪表板、线圈骨架、泵叶轮、化工槽、食品柜、家具、装饰板、箱柜等。

(3)成型特点

可压塑、挤塑及注射成型。流动性差,易发生填充、熔接不良等弊病,成型时宜用高温、高压、高速,浇注系统截面应大,流程应平直而短,收缩率为0.5%~0.8%,模具温度为140~150℃,料筒温度为90℃左右。不易脱模,脱模斜度应大一些,模具应淬硬、抛光、易磨损部位应便于修换,并选用适当的脱模剂。模具应有排气槽。

第 3 章 注塑模具常用钢材及其性能

3.1 常用塑料模具钢材及性能

3.1.1 常用塑料模具钢材

1. C45 中碳钢

美国标准编号：AISI 1050～1055；日本标准编号：S50C～S55C；德国标准编号：1.1730。中碳钢或 45＃ 钢香港称为王牌钢，此钢材的硬度为：170～220HB，价格便宜，加工容易，在模具上用作模架，立柱，及一些不重要的零件；市场上一般标准模架是采用此种钢材。

2. 40 CrMn Mo 7 预硬塑胶模具钢

美国、日本、新加坡、中国香港、中国标准编号：AISI P20；德国及有些欧洲国家编号：DIN：1.2311、1.2378、1.2312。此种钢是预硬钢，一般不适宜热处理，但是可以氮化处理，此钢种的硬度差距也很大，一般 HRC 为 28～40 之间，由于已作预硬处理，机械切削也不太困难，所以很合适做一些中下价模具的镶件，有些生产大批量的模具模架也采用此钢材（有些客户指定要用此钢作模架），好处是硬度比中碳钢高，变形也比中碳钢稳定，P20 钢由于在塑胶模具被广泛采用，所以品牌也很多，其中在华南地区较为普遍的品牌有：ASSAB 一胜百牌，瑞典产的有两种不同硬度：718S 290～330HB（33～34HRC）、718H 330～370HB（34～38HRC）。

大同钢厂，日本产：NAK 80（硬度 37～42HRC）及 NAK55（硬度 37～42HRC）两种，一般情况下，NAK 80 做定模镶件，NAK55 做动模镶件，要留意 NAK55 不能直接做 EDM 皮纹，据钢材代理解释是含硫的关系，所以 EDM 后留有条纹的。

德胜钢厂 THYSSEN，德国产，有好几种编号：GS-711（硬度 34～36HRC）、GS738（硬度 32～35HRC）、GS808VAR（硬度 38～42HRC）、GS318（硬度 29～33HRC）、GS312（硬度 29～33HRC），GS312 含硫不能做 EDM 纹，在欧洲做模架较为普遍，GS312 的 Code 为 40 Cr MN Mo S8，百禄（BOHLER）奥地利产，编号有：M261（38～42HRC）、M238（36～42HRC）、M202（29～33HRC），M202 不能做 EDM 纹，也是含硫。

3. X 40 CrMo V51 热作钢

美国、中国、中国香港、新加坡、标准编号：AISI H13；DIN：（欧洲）1.2344；日本 SKD61，此种钢材出厂硬度是：185～230HB 须热处理。

用在塑胶模具上的硬度一般是 48～52HRC，也可氮化处理，由于须要热处理，加工较为困难，故在模具的价格上比较贵一些，若是须要热处理到40HRC以上的硬度，模具一般用机械加工比较困难，所以在热处理之前一定要先做工件的粗加工，尤其是：运水孔，螺钉孔，及攻牙必须先做好才进行热处理，否则要退火重做，那么是费时失事的，此种钢材也很普遍用在塑胶模具上，所以也有很多的品牌，常用的品牌是：一胜百(ASSAB)编号是：8407；德胜(THYSSEN)编号是GS344ESR或GS344EFS。(一般用在定模件的是GS344ESR，用在动模件的是GS344EFS)；

4. X45 Ni Cr Mo 4 冷作钢

美国标准编号：AISI 6F7 ；欧洲编号：DIN 1.2767，此种钢材出厂硬度260HB，须要热处理，一般应用硬度为500～54HRC，欧洲比较常用此钢，此钢韧性好，打光效果也非常好，由于此钢在华南地区不普遍，所以品牌不多，一般选用是德胜(THYSSEN)GS767。

5. X42 Cr 13(不锈钢)

美国标准编号：AISI 420 STAVAX DIN：1.2083 出厂硬度为180～240HB，须要热处理，应用硬度48～52HRC，不适合氮化热处理(锐角的地方会龟裂)。此钢耐腐蚀及抛光的效果良好，所以一般透明胶件及有腐蚀性的胶料，例如：PVC及防火料、V2、V1、V0类的塑料很合适用此种钢材，此钢材也很普遍用在塑胶模具上，故此品牌也很多。常用的有：一胜百(ASSAB) S-136ESR、德胜(THYSSEN) GS083-ESR、GS083 GS083VAR；如果采用德胜的要注意，如果是透明件，那么定模及动模镶件都要GS083ESR(据钢厂资料ESR电渣重溶是提高钢材的晶体均匀，抛光效果更佳)，不是透明胶件动模件一般不须要高光洁度的，可选用普通的GS083，因为钢材价格比较便宜一些，也不影响模具的质量，此钢料有时客户也会要求用作模架，因为防锈关系，可以保证冷却管道的运水畅顺，以达到生产周期稳定。

6. X 36 Cr Mo 17(预硬不锈钢)

DIN：1.2316、AISI 420 STAVAX、出厂硬度265～380HB，如果是透明胶件一般不采用此钢材，因为抛光到高光洁度时，由于硬度不够很容易有坑纹，同时在啤塑也很易有花痕，要经常再抛光，所以还是用1.2083 ESR经过热处理调质硬至48～52HRC省却很多的麻烦(虽然此钢硬度不高，机械切削较易，模具完成周期短一些)。

采用此钢大多数是防锈功能的中等价格模具上，例如有腐蚀塑胶料，如上提及的PVC、V1、V2、V0类，此钢用在塑胶模具上也很普遍，品牌也多，常用的品牌：一胜百(ASSAB)S-136H、出厂硬度为290～330HB、德胜钢厂(THYSSEN)GS316(265～310HB)、GS316ESR(30～34HRC)、GS083M(290～340HB)、GS128H(38～42HRC)、日本大同(DAIDO)PAK90(300～330HB)。

7. X 38 Cr Mo 51 热作钢

美国标准编号：AISI H11；欧洲标准：DIN 1.2343 ，此钢出厂硬度为：210～230HB，须要热处理，一般应用硬度为：50～54 HRC ，据钢厂的资料，此钢比1.2344(H13)韧性略高，在欧洲比较多采用，常用此钢做定模及动模镶件，一般采用的是：德胜钢厂(THYSSEN)的GS343 EFS，此钢可氮化处理。

8. S7 重负荷工具钢

出厂硬度为：200～225HB，须要热处理，应用硬度为：54～58 HRC，此钢一般是美国客户要求采用在定模及动模镶件及行位也有，欧洲及华南地区不太普遍。采用的品牌有：一胜百(ASSAB) COMPAX-S7 、及德胜钢厂(THYSSEN) GS307 。

9. X 155 Cr VMo 121 冷作钢

AISI D2,欧洲编号：DIN 1.2379 、日本 JIS SKD11,出厂硬度为：240～255HB、应用硬度:56～60HRC,可氮化处理,此钢多数用在模具上的行位上(日本客户比较多用)。品牌有:一胜百(ASSAB) XW-41、大同钢厂(DAIDO) DC-53/DC11,德胜钢厂(THYSSEN) GS-379。

10. 100 Mn Cr W4 & 90 Mn Cr V 8 油钢

AISI 01,DIN 1.2510 & AISI 02,DIN 1.2842 出厂硬度:220～230HB,要热处理,应用硬度 58～60HRC,此钢用在塑胶模具上一般是行位的垫片及垃圾钉上,品牌有:一胜百(ASSAB),DF2,德胜(THYSSEN)GS-510 及 GS-842,龙记(LKM)2510。UG 网,首选 ug-proe. 10. Be Cu 铍铜

此材料一般用在塑胶模具难于做冷却的位置上,因为铜的散热效果比钢快很多,品牌有:MOLDMAX 30/40,硬度分别为:26～32HRC 及 36～42HRC,德胜(B2)出厂硬度为 35HRC。

12. AMPCO 940 合金铜

此材料出厂硬度为:HB 210,用在模具上也是难于做冷却的地方上,散热效果也很理想,只是相对铍铜硬度软一些,强度没有铍铜那么好,一般适用产量也不是那么大的模具。

3.1.2 塑料模具钢材性能

随着塑料工业发展的突飞猛进,塑料模具钢的需求量急剧增加。据报道,不少工业发达国家塑料模具的产值已跃居模具制造业的首位。为了适应塑料制品尺寸的日趋大型化、形状的复杂化和表面装饰的美观化,塑料模具正朝着大型化、复杂化、精密化和多腔化方向发展。在塑料模具的设计过程中,对于塑料模具钢的性能要求设计人员应该熟知。

1. 具有一定的综合力学性能

成型模具在工作过程中要承受温度、压力、侵蚀和磨损,因而要求具有一定的强度和塑、韧性。具体体现以下两点:

(1)要求材料的纯洁度高,组织均匀致密,无网状、带状碳化物,无孔洞、疏松等缺陷;

(2)材料的淬透性好,热处理后应具有较高的强韧性、硬度和耐磨性,并要求等向性好。

2. 切削加工性好

塑料模形状往往比较复杂,切削加工成本常占到模具的绝大部分(一般约 75%),因而要求具有良好切削性能。具体体现在:

(1) 为提高切削性能,通常要适当降低模具的硬度,但会影响抛光性和耐磨性;

(2) 要求材料预硬化后还具有良好的切削加工性;

(3) 加入 S、Ca 等元素发展易切削钢,或采用时效硬化钢;

(4) 在硬化状态下材料仍具有良好的电加工性和镜面抛光性、花纹图案蚀刻性。

3. 材料具有良好的导热性和低的热膨胀系数

塑料模具钢材料具有良好的热加工工艺性,如热处理变形小、尺寸稳定性好、在 150～250℃的温度下长期工作不变形以及较好的焊接性。

3.2　模具钢材的选用

3.2.1　选用模具钢材的依据

选用何种模具钢材取决于模具的总寿命、成品表面粗糙度及塑料的品种。

模具的总寿命越高，则钢材在耐磨性及硬度方面要求越好。

透明胶件，要求型腔镜面抛光，则应选择 NAK90 或 S136H 等优质钢材。

在塑料的品种方面，热敏性塑料 PVC、POM、EVA 等必须选用耐腐蚀性的钢材，如 S136H 或 PAK90 等。

相对滑动零件使用不同钢材及硬度要求，硬度相差 2HRC。

表 3-1　根据模具寿命选用钢材

模具寿命	20 万次以下	20 万 ～ 50 万次	50 万 ～ 100 万次	100 万次以上
模仁钢材	P20/PX5 CALMAX 635	NAK80 718H	SKD61(热处理) TDAC(DH2F)	AIAS420 S136
模仁硬度	30±2HRC	38±2HRC	52± 2HRC	60±2HRC
模架钢材	S 5 5 C	S 5 5 C	S 5 5 C	S 5 5 C
模架硬度	18±2HRC	18±2HRC	18±2HRC	18±2HRC

3.2.2　模具各零件常用钢材

(1) 镶件材料与模仁材料一样，镶件硬度应低于模仁硬度 4HRC 左右。

(2) 定位销使用材质为：SKD61(52HRC)。

(3) 滑块系列各部分材质：

① 滑块入子使用材质与模仁材质相同，硬度要不一样。

② 滑块座使用材质为：P 2 0

③ 压块使用材质为：S 5 5 C(需热处理至 40HRC)

④ 耐模块使用材质为：DF2(油钢需热处理至 52HRC)

⑤ 斜道导柱使用材质为：SKD61(52HRC)

⑥ 铲基使用材质为：S 5 5 C

⑦ 导向块使用材质为：DF2(油钢需热处理至 52HRC)

(4) 斜顶钢材。斜顶与内模所用的钢材不可使用相同，避免摩擦而被烧坏。钢材之配合可参考表 3-2。

斜顶氮化前，斜顶与斜顶孔之间应留有适当的间隙，斜顶的钢材硬度及是否氮化可参照表 3-2。

表 3-2 斜顶杆钢材

内模钢材	斜顶钢材
H-13 48～52HRC	S-7 54～56HRC
S-7 54～56HRC	H-13 48～52HRC（需气氮）
420 SS 48～50HRC	H-13 48～52HRC（需气氮） 420SS 50～52HRC（需液氮） 440SS 56～58HRC（需液氮）
P-20 35～38HRC	H-13 48～52HRC（需气氮）

注：斜顶也可选用铍铜（Be-Cu）

其他零件各部分材质。

① 标准浇口套部分材质按厂商标准。

② 三板模浇口套部分材质使用 S 5 5 C，（需热处理至 HRC 40）。

③ 拉杆、限位块、支撑柱、先复位机构 等，使用材质为：S 5 5 C。

④ 其他零件如无特殊要求，均使用材质为：S 5 5 C。

在模具开发过程中，很难说哪种材料最适合何种零件，通常是根据模具制造者的经验，或是根据库存、供应商处获得的品种，来选择合适的材料。注塑模具常用材料见表 3-3 所示（仅供参考）。

表 3-3 注塑模具常用材料

钢厂名称	钢厂编号出	出厂状态	钢材特性	钢材一般用途	后处理
ASSAB（瑞典一胜百）	STAVSX S136	退火到 17HB	高纯渡，高镜面度，抛光性能好，抗绣防酸能力极佳，热处理变形少	需要硬模要求的前后模（包括模玉、镶件，斜顶）	淬硬到 52～54HB
	STAVSX S136H	预硬到 30～35HB			
	ORVAR 8407	退火到 10HB	热模钢，高韧性及耐热性能良好	硬模镶件，斜顶（应客户要求使用）	淬硬到 48～52HB
	CALMAX 635	退火到 14HB	极佳的韧性及耐磨性，淬透及焊接性好，淬硬层达 5mm 厚	需硬模要求的前，后模（包括模玉镶件，斜顶	淬硬至 55～60HB
	IMPAX 718S	预硬至 30～35HB	预加硬纯洁均匀，含镍约 1.0%	撑头限位柱等	
DAIDO（日本大同）	PX88	预硬至 30～35HB	以焊接裂开敏感性低的合金成分设计，大幅度改善焊接性能	对模具要求不高的前、后模（包括模玉，镶件，斜顶）	
	NAK55	预硬至 40～43HB	高硬度，易切削，加厚焊接性良好	模玉，镶件，斜顶	
	NAK80	预硬至 40～43HB	高硬度，镜面效果特佳，放电加工良好，焊接性能极佳	非硬模前，后模（包括模玉，镶件，斜顶）	
	DC11	退火至 25HB	优秀的耐磨铬工具钢	管位，加锁，入水镶件	淬硬至 58～62HB
	DC53	退火至 25HB	高韧性铬钢，热处理后再加工开裂现象低	管位，加锁，入水镶件	淬硬至 60HB
LKM（龙记）	LKM738	预硬至 30～40HB	优质预硬，硬度均匀易切削加工	唧嘴，行位，撑头，限位柱等高韧性用件	可氮化使用
	LKM2316A	退火至 21HB	可加硬至约 47HB，抗腐蚀性效果特佳	适合高酸性塑料模具（应客户要求使用）	需硬化处理
	LKM2510	退火至 21HB	淬透性和耐磨性良好	铲鸡，行位压板，耐磨板，其他耐磨活动性	氮化使用或淬火至 50～54HB

续表

钢厂名称	钢厂编号出	出厂状态	钢材特性	钢材一般用途	后处理
SINTO（日本新东）	PM～35（透气的）	预硬至330～380HB（预硬至35～40HB）	优质预硬，透气功能，抗锈防酸能力极佳，易切削，放电加工性能良好	解决困气位置的部分模玉镶件	
BRUSH WELLMAN（美国）	MOLDMAX 30（铍铜）	预硬至26～32HB	高强度铍铜合金，优良导热性，减少注塑的周期时间及散热效果好	解决冷却困难或需快速冷却的模芯及镶件	
黄牌	S50C～S55C	预硬至6～18HB	良好机械加工及切削性特佳	司筒针压板，运水连接块等固定用模胚镶块	
国产	舞阳718	预硬至30～37HB	预加硬塑胶模具钢	行程档块，锁模扣	
日立	HPM38		镜面模具钢，耐腐蚀，热处理变形小	镜片模（前，后模玉，镶件）	淬硬至53HB

3.3 模具钢材的热处理

3.3.1 模具钢材的常用热处理

一般情况下，注塑模用预硬钢（经过硬化及回火）即可，钢材在出厂前已经过热处理，模具制造过程中不必再热处理，能保证加工后获得较高的形状和尺寸精度，也易于抛光。但如果模具寿命和精度要求都很高时，一般采用镶拼形式，对型芯及型腔进行渗碳等表面处理或对镶件进行热处理。

1. 模具钢的表面热处理

（1）表面淬火：是将钢件的表面通过快速加热到临界温度以上，但热量还未来得及传到心部之前迅速冷却，这样就可以把表面层被淬在马氏体组织，而心部没有发生相变，这就实现了表面淬硬而心部不变的目的。适用于中碳钢。

（2）化学热处理：是指将化学元素的原子，借助高温时原子扩散的能力，把它渗入到工件的表面层去，来改变工件表面层的化学成分和结构，从而达到使钢的表面层具有特定要求的组织和性能的一种热处理工艺。按照渗入元素的种类不同，化学热处理可分为渗碳、渗氮、氰化和渗金属法等四种。

渗碳：渗碳是指使碳原子渗入到钢表面层的过程。也是使低碳钢的工件具有高碳钢的表面层，再经过淬火和低温回火，使工件的表面层具有高硬度和耐磨性，而工件的中心部分仍然保持着低碳钢的韧性和塑性。

渗氮：又称氮化，是指向钢的表面层渗入氮原子的过程。其目的是提高表面层的硬度与耐磨性以及提高疲劳强度、抗腐蚀性等。目前生产中多采用气体渗氮法。

氰化：又称碳氮共渗，是指在钢中同时渗入碳原子与氮原子的过程。它使钢表面具有渗

碳与渗氮的特性。

渗金属：是指以金属原子渗入钢的表面层的过程。它是使钢的表面层合金化，以使工件表面具有某些合金钢、特殊钢的特性，如耐热、耐磨、抗氧化、耐腐蚀等。生产中常用的有渗铝、渗铬、渗硼、渗硅等。

2. 模具钢材热处理

(1) 退火处理。将工件加热到临界温度(固态金属发生相变的温度)以上某一温度，经保温一段时间后，随暖炉缓慢冷却至500℃以下，然后在空气中冷却的一种热处理工艺。

目的：降低钢的硬度，改善切削性能，细化晶粒，减少组织不均匀性。同时可消除内应力，稳定工件尺寸，减少工件的变形与开裂。

(2) 正火处理。将工件加热到临界温度以上的某一温度值，保温一段时间后从炉中取出在空气中自然冷却的一种热处理工艺。

目的：与退火相似，区别在于冷却速度比退火快，同样的工件正火后的强度、硬度比退火后要高。

注：低碳正火可适当提高其硬度，改善切削加工性能。对于性能要求不高的零件，正火可作为最终热处理。一些高碳钢件可利用正火来消除网状渗碳体，为以后热处理做好组织准备。

(3) 淬火处理。将工件加热到临界温度以上的某一温度，保持一定时间后，在水、盐水或油中急剧冷却的一种热处理工艺。

目的：提高钢的硬度和耐磨性。(淬硬性、淬透性)

(4) 回火处理。把淬火后的工件重新加热到临界温度以下的某一温度，保温后再以适当冷却速度冷却到室温的热处理工艺。

目的：稳定组织和尺寸，减低脆度，消除内应力：调整硬度，提高韧性，获得优良的力学性能和使用性能。

(5) 表面淬火处理。利用快速加热的方法，将工件表面温度迅速升温至淬火温度，待热量传至心部之前立即给予冷却使得表面得以淬硬。

目的：获得高硬度和耐磨性，而心部仍保持原来的组织结构，使其具有良好的塑性和韧性。

3.3.2 模具钢材的分类及热处理

塑料模具钢根据化学成分和使用性能，可以分为：渗碳型、预硬化型、耐蚀型、时效硬化型和冷挤压成形型等。

1. 渗碳型塑料模具钢的热处理

受冲击大的塑料模具零件，要求表面硬而心部韧，通常采用渗碳工艺、碳氮共渗工艺等来达到此目的。

一般渗碳零件可采用结构钢类的合金渗碳钢，其热处理工艺与结构零件基本相同。对于表面质量要求很高的塑料模具成型零件，宜采用专门用钢。热处理的关键是选择先进的渗碳设备，严格控制工艺过程，以保证渗碳层的组织和性能要求。

渗碳或碳氮共渗工艺规范可参考热处理行业工艺标准：JB/T3999-1999《钢的渗碳与碳氮共渗淬火回火处理》。

常用渗碳型橡塑模具钢有20、20Cr、12CrNi2、12CrNi3、12Cr2Ni4、20Cr2Ni4钢等。

(1) 12CrNi3钢　12CrNi3钢是传统的中淬透性合金渗碳钢,冷成形性能属中等。该钢碳含量较低,加入合金元素镍、铬,以提高钢的淬透性和渗碳层的强韧性,尤其是加入镍后,在产生固溶强化的同时,可明显提高钢的塑性。该钢的锻造性能良好,锻造加热温度为1200℃,始锻温度1150℃,终锻温度大于850℃,锻后缓冷。

12CrNi3钢主要用于冷挤压成形复杂的浅型腔塑料模具,或用于切削加工成形的大、中型塑料模具。采用切削加工制造塑料模具,为了改善切削加工性能,模坯需经正火处理。采用冷挤压成形型腔,锻后必须进行软化退火工艺。

12CrNi3钢采用气体渗碳工艺时,加热温度为900～920℃,保温6～7h,可获得0.9～1.0mm的渗碳层,渗碳后预冷至800～850℃直接油冷或空冷淬火,淬火后表层硬度可达56～62HRC,心部硬度为250～380HBS。

(2) 20Cr2Ni4钢　20Cr2Ni4钢为高强度合金渗碳钢,有良好的综合力学性能,其淬透性、强韧性均超过12CrNi3钢。该钢锻造性能良好,锻造加热温度为1200℃始锻温度为1150℃,终锻温度大于850℃,锻后缓冷。

2. 预硬化型塑料模具钢的热处理

预硬型塑料模具钢是指将热加工的模块,预先调质处理到一定硬度(一般分为10、20、30、40HRC四个等级)供货的钢材,待模具成形后,不需再进行最终热处理就可直接使用,从而避免由于热处理而引起的模具变形和开裂,这种钢称预硬化钢。预硬化钢最适宜制作形状复杂的大、中型精密塑料模具。常用的预硬型橡塑模具钢有3Cr2Mo(P20)、3Cr2NiMo(P4410)、8Cr2MnWMoVS、4Cr5MoSiVl、P20SRe、5NiSCa等。

(1) 3Cr2Mo钢　3Cr2Mo(现为SM3Cr2Mo)钢是最早被列入标准的预硬化塑料模具钢,相当于美国P20钢,同类型的还有瑞典(ASSAB)的718、德国的40CrMnMo7、日本的HPM2钢等。3Cr2 Mo钢是GB/T 1299-1985中唯一的塑料模具钢,主要用于聚甲醛、ABS塑料、醋酸丁酸纤维素、聚碳酸酯(PC)、聚酯(PEF)、聚乙烯(DPE)、聚丙烯(PP)、聚氯乙烯(PVC)等热塑性塑料的注射模具。

我国某厂推荐的3Cr2Mo钢的强韧化热处理工艺:淬火温度840～880℃,油冷;温度600～650℃,空冷,硬度28～33HRC。

美国标准(AISI, SAE)推荐的P20钢渗碳后的热处理工艺:淬火温度820～870℃,回火温度150～260℃,空冷,硬度58～64HRC(渗碳层表面硬度)。

(2) 8Cr2MnWMoVS (8Cr2S)钢　为了改善预硬化钢的切削加工性,在保证原有性能的前提下添加一种或几种易切削合金元素,成为一种易切削型的预硬化钢。

8Cr2S钢是我国研制的硫系易切削预硬化高碳钢,该钢不仅用来制作精密零件的冷冲压模具,而且经预硬化后还可以用来制作塑料成型模具。此钢具有高的强韧性、良好的切削加工性能和镜面抛光性能,具有良好的表面处理性能,可进行渗氮、渗硼、镀铬、镀镍等表面处理。

8Cr2S钢热处理到硬度为40～42HRC时,其切削加工性相当于退火态的T10A钢(200HBS)的加工性。综合力学性能好,可研磨抛光到Ra0.025μm,该钢有良好的光刻浸蚀性能。

8Cr2S钢的淬火加热温度为860～920℃,油冷淬火、空冷淬火或在240～280℃硝盐中

等温淬火都可以。直径 100mm 的钢材空冷淬火可以淬透，淬火硬度为 62～64HRC。回火温度可在 550～620℃温度范围内选择，回火硬度为 40～48HRC。因加有 S，预硬硬度为 40～48HRC 的 8Cr2S 钢坯，其机械加工性能与调质到 30HRC 的碳素钢相近。

3. 时效硬化型塑料模具钢的热处理

对于复杂、精密、高寿命的塑料模具，模具材料在使用状态必须有高的综合力学性能，为此，必须采用最终热处理。但是，采用一般的最终热处理工艺，往往导致模具的热处理变形，模具的精度就很难达到要求。而时效硬化型橡塑模具钢在固溶处理后变软（一般为 28～34HRC），可进行切削加工，待冷加工成形后进行时效处理，可获得很高的综合力学性能。时效热处理变形很小，而且该类钢一般具有焊接性能好，可以进行渗氮等优点。适合于制造复杂、精密、高寿命的塑料模具。

时效硬化型塑料模具钢有马氏体时效硬化钢和析出（沉淀）硬化钢两大类。

（1）马氏体时效硬化钢　马氏体时效硬化钢有屈强度比高、切削加工性和焊接性能良好、热处理工艺简单等优点。典型的钢种是 18Ni 系列，屈服强度可高达 1400～3500MPa。这一类钢制造模具虽然价格昂贵，但由于使用寿命长，综合经济效益仍然很高。

（2）析出（沉淀）硬化钢　析出硬化型钢也是通过固溶处理和沉淀析出第二相而强化，硬度在 37～43HRC，能满足某些塑料模具成型零件的要求。市场以 40HRC 级预硬化供应，仍然有满意的切削加工性。这一类钢的冶金质量高，一般都采用特殊冶炼，所以纯度、镜面研磨性、蚀花加工性良好，使模具有良好的精度和精度保持性。其焊接性好，表面和心部的硬度均匀。

析出硬化型塑料模具钢的代表性钢号有 25CrNi3MoAl，属低碳中合金钢，相当于美国 P21 钢。析出硬化型钢制的模具零件还可通过渗氮处理进一步提高耐磨性、抗咬合能力和模具使用寿命。

4. 耐腐蚀型塑料模具钢的热处理

生产对金属有腐蚀作用的塑料制品时，工作零件采用耐蚀钢制造。常用钢种有 Crl3 型和 9Crl8 钢等可强化的马氏体型不锈钢。

需要指出的是，用现有不锈钢标准的钢号制作高镜面要求的塑料模具钢成型零件，其表面质量的要求是难以满足的。因此开发了耐腐蚀镜面塑料模具钢。例如已进入中国市场的法国 CLC2 316 H 钢（同类型的德国 X36CrMol7），是预硬化型的抗腐蚀镜面塑料模具钢。

耐腐蚀塑料模具钢零件的热处理与一般不锈钢制品的热处理基本相同，其热处理工艺可以参考我国行业标准：热处理工艺标准在 ZB/T36017-1990《不锈钢和耐热钢热处理》。

表 3-4　耐腐蚀塑料模具钢的热处理规范

序号	钢号	热处理	硬度	备注
1	Cr13 系列	980～1050℃油冷，650～700℃回火，油冷。可进行渗氮提高表面硬度和耐磨性，但耐蚀性会下降	229～341HBS	
2	9cr18	850℃预热，1050～1100℃奥氏体化油冷，－80℃冷处理，160～260℃回火 3h，130～140℃去应力退火 15～20h	58～62HRC	
3	S-STAR	第一次预热 500℃，第二次预热 80℃，奥氏体化温度1020～1070℃，空冷、油冷或气冷均可，回火：①要求耐蚀性，200～400℃回火，按 60～90min/25mm；②要求高硬度，490～510℃回火，按 50～90min/25mm 精度保持要求高的模具零件需进行冷处理	以预硬化钢交货，31～34HRC；淬火回火态交货，≤229HBS	日本大同特特钢公司

第 4 章　热塑性塑料制品常见缺陷分析及解决方法

4.1　概　述

在注塑成型加工过程中可能由于原料处理不好、制品或模具设计不合理、技术人员没有掌握合适的工艺操作条件，或者因机械方面的原因，常常使制品产生注不满、凹陷、飞边、气泡、裂纹、翘曲变形、尺寸变化等缺陷。

4.1.1　评价塑料制品质量的指标

质量包括外观质量和内部质量。

外观质量包括完整性、颜色和光泽。完整性是指模具注射成型得到的塑料制品，要满足产品设计图纸中要求的结构形状完全相符，并且不能有熔接痕，注射不满和收缩凹陷等缺陷。颜色是指成型制品的颜色必须和客户的色板一致，对于透明塑料制品，透明度要很好，不允许有白雾、黑点、银纹等缺陷。光泽是指成型制品表面的粗糙度要符号客户的要求，皮纹和喷砂都要符合客户的规格。

内部质量包括组织是否疏松，内部是否有气泡、裂纹及银纹等缺陷。

对塑料制品的评价主要有三个方面：

第一是外观质量，包括完整性、颜色、光泽等；

第二是尺寸和相对位置间的准确性；

第三是与用途相应的机械性能、化学性能、电性能等。这些质量要求又根据制品使用场合的不同，要求的尺度也不同。

4.1.2　造成制品缺陷的原因

塑料制品出现质量问题的种类很多，原因也很复杂，有设备方面的问题，模具方面的问题，有塑料方面飞问题以及成型工艺条件方面的问题。

(1) 设备方面。例如：注塑机合模力不足，选择注塑机时，机器的额定合模力必须高于注射成型制品纵向投影面积在注射时形成的张力，否则将造成胀模，出现飞边。

(2) 模具方面。即使是模具设计高手，再加上高水平的模具制造师傅，也很难保证模具在试模时没有任何问题。模具问题包括模具设计，制造及磨损。

(3) 工艺方面。成型工艺三要素包括注射压力、温度和成型周期等。试模时，调机师傅在三者之间找合适的值，使模具能够在最短的时间内，得到合格的制品。但往往很多的产品缺陷都是由于调机不当造成的。

四、原料方面　塑料问题包括塑料质量、配料及烘料等。塑料品种不良不纯，配料比例不当或者烘料的塑料（如 ABS、PC、PA）没有烘料，都会造成产品内部疏松，强度差，内部气泡，表面银纹等缺陷。

4.1.3　解决问题的一般方法

制品的缺陷大多都在试模时出现，在这些缺陷中，虽然说模具问题常常是主要问题，但是由于变更塑料和调整成型工艺参数相对于修理模具要简单得多，所以解决问题往往先从变更塑料和调整工艺参数开始。只有当变更塑料和调整成型工艺参数不能解决问题时，才考虑修理模具。

修模应该非常谨慎，没有十分把握不可轻举妄动。因为一旦变更了模具条件，就不能再恢复原状。因此在修模前，根据制品出现的缺陷的情况，进行细致飞分析，找出造成缺陷的真正原因，再提出详细的修模方案。

4.2　热塑性塑料制品常见产生缺陷的原因及解决方法

4.2.1　制品常见产生缺陷

1. 短射(Short Shots)

短射是指由于模具型腔填充不完全，造成生产得到不完整制品的质量缺陷，即熔体在完成填充之前就已经凝结。

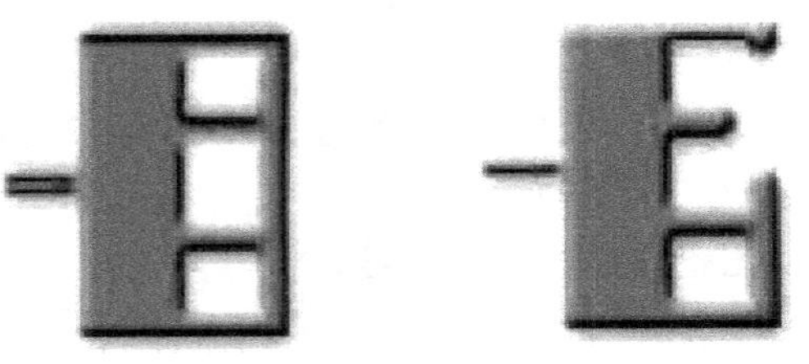

图 4-1　完整制品与短射

2. 气穴

气穴是指由于熔体前沿汇聚而在塑件内部或者型腔表层形成的气泡。

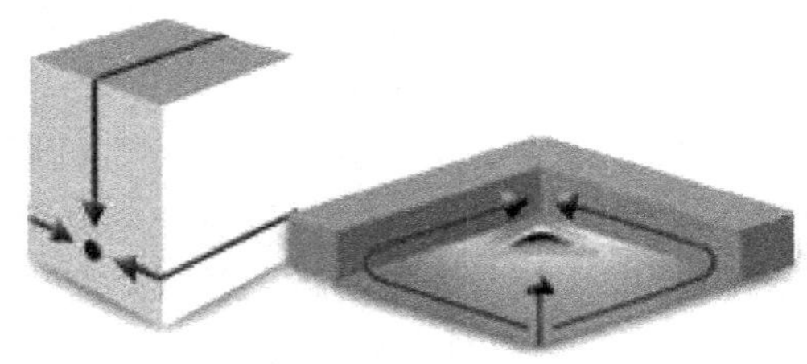

图 4-2　气穴形成示意图

气穴的出现有可能导致短射的发生，造成填充不完全和保压不充分，形成最终制件的表面瑕疵，甚至可能由于气体压缩产生热量出现焦痕(burn mark)。

3. 熔接痕和熔接线

当两个或多个流动前沿融合时，会形成熔接痕和熔接线。两者的区别在于融合的流动前沿的夹角大小。

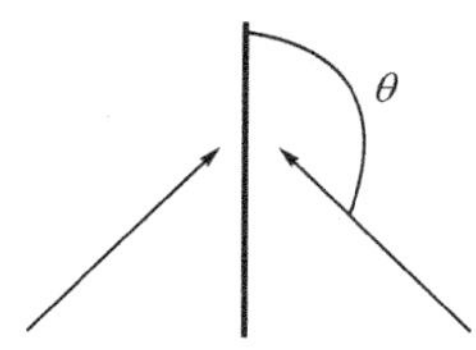

图 4-3　夹角定义图示

图 4-4 中，两个箭头为流动前沿方向，若图中标注的 θ 角大于 135°，则形成熔接线，若 θ 角小于 135°，则形成熔接痕。

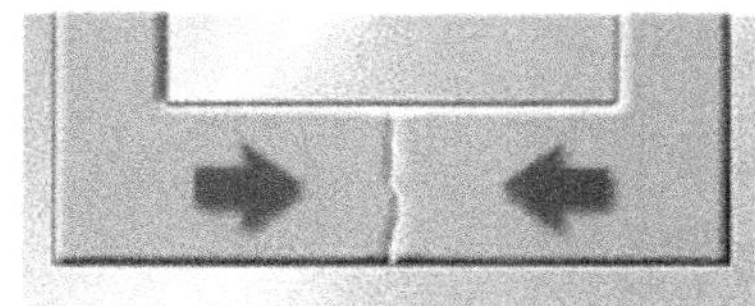

图 4-4　熔接线和熔接痕

熔接线位置上的分子趋向变化强烈，因此该位置的机械强度明显减弱。熔接痕要比熔接线的强度大，视觉上的缺陷也不如熔接线明显。熔接痕和熔接线出现的部位还有可能出现凹陷、色差等质量缺陷。

4. 滞流

滞流是指某个流动路径上的流动变缓甚至停止。

(1) 滞流成因

如果流动路径上出现壁厚差异，熔体会选择阻力较小的厚壁区域首先填充，这会造成薄壁区域填充缓慢或者停止填充，一旦熔体流动变缓，冷却速度就会加快，粘度增大，从而使流动更加缓慢，形成循环。滞流通常出现在筋、制件上与其他区域存在较大厚度差异的薄壁区域等。

滞流会产生制件表面变化，导致保压效果低劣、高应力和分子趋向不均匀，降低制件质量。如果滞流的熔体前沿完全冷却，那么成型缺陷就由滞流变为短射。

5. 飞边

飞边是指在分型面或者顶杆部位从模具型腔溢出的一薄层材料。飞边仍然和制件相连，通常需要手工清除。

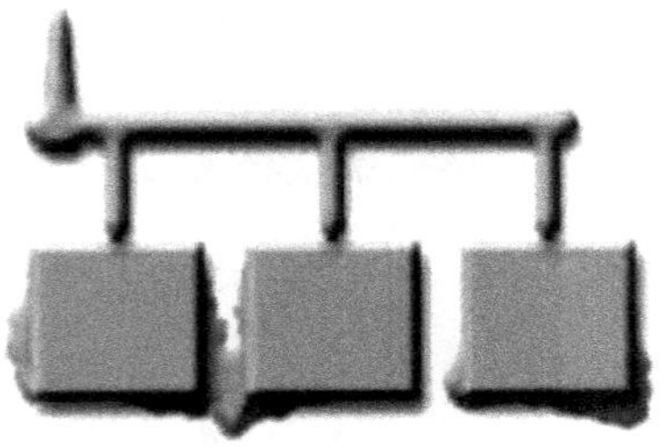

图 4-5　飞边

6. 色差

色差是指由于成型材料颜色发生变化而出现的制件色彩缺陷。

7. 喷射

当熔体以高注射速率经过流动受限的区域，如喷嘴、浇口，进入面积较大的厚壁型腔时，会形成蛇形喷射流。

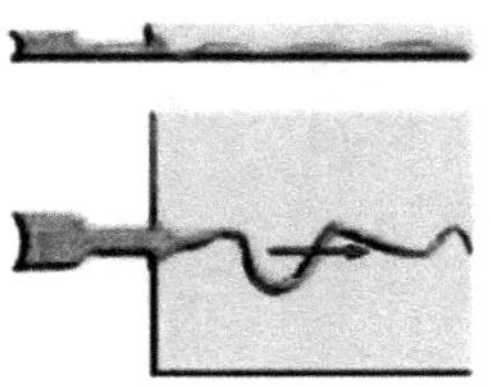

图 4-6　喷射

喷射会降低制件质量，形成表面缺陷，同时造成多种内部缺陷。

8. 不平衡流动

不平衡流动指在其他流程还未填满之前，某些流程已经完全充满。平衡流动是指模具的末端在同一时间完成填充。

4.2.2　注射成型问题原因分析

通过注射成型问题分析，以此来预设、优化注塑工艺参数及对试模问题点的有效解决。注射成型中出现的主要问题和原因，见表 4-1 所示。

表 4-1 注射成型中出现的主要问题和原因

原因 问题	注射机	模具	成型材料
填充不良	(1)材料温度过 (2)注射压力过低 (3)材料供应不足 (4)喷嘴孔径过小 (5)油缸.喷嘴堵塞	(1)浇口.流道过小 (2)浇口位置不合适 (3)排气槽位置不合适或没有 (4)模具温度过低 (5)冷料在流道或浇口处发生堵塞	(1)流动性差 (2)润滑不足
毛刺	(1)合模压力不够 (2)注射压力过高 (3)材料供应过多 (4)材料温度过高	(1)分型面有伤.异物 (2)相对于注射机机械能力，成型品投影面积过大 (3)模具温度过高	(1)流动性过好
缩痕	(1)注射压力过低 (2)注射速度过慢 (3)材料温度过高 (4)保压时间过短 (5)材料供应不足	(1)模具温度过高 (2)塑料件壁厚不均 (3)浇口过小 (4)冷却时间过短 (5)顶出不平衡	(1)材料过软 (2)收缩率过大
夹水纹	(1)材料温度过低 (2)注射压力过低 (3)注射速度慢	(1)浇口.流道过小 (2)模具温度过低 (3)浇口位置不合适 (4)排气槽位置不合适	(1)硬化过快 (2)干燥不充分 (3)润滑不好
表面光泽度不良.阴影	(1)喷嘴堵塞或是喷嘴口径太小 (2)材料供应不足	(1)排气槽不合适 (2)浇口.流道过细 (3)防腐蚀对策不到位 (4)脱模剂用得过多	(1)干燥不充分 (2)挥发性太强 (3)材料中有异物
冲射纹	(1)材料温度过低 (2)注射压力过低 (3)注射速度慢 (4)喷嘴口径过小	(1)模具温度过低 (2)塑料件壁厚不均 (3)浇口.流道过小 (4)冷料穴过小或没有	(1)流动性差 (2)润滑不良
银丝纹 气泡	(1)注射速度过快 (2)注射压力过低 (3)注射容量太小 (4)保压时间过短 (5)材料温度过高	(1)排气槽不合适 (2)浇口.流道过小 (3)塑料件壁厚不均 (4)冷料穴过小或没有 (5)模温低易出真空泡	(1)干燥不充分 (2)挥发性不好
黑条纹 烧伤	(1)材料温度过高 (2)油缸内停留时间过长 (3)油缸内有擦伤	(1)排气槽不合适或是过小 (2)冷料穴过小 (3)上模型腔粘有油等东西	(1)润滑油过多 (2)干燥不充分
主流道或是塑料件脱模不良	(1)注射压力过高 (2)材料供应过剩	(1)喷嘴孔与浇口孔有错位 (2)模具温度过高 (3)主流道的出模角过小 (4)上模内有倒扣或是出模角小	(1)润滑剂不够
弯曲变形	(1)注射压力过高 (2)保压时间太长 (3)退火不充分	(1)顶出机构不良 (2)模具温度过高 (3)浇口过大 (4)冷却不均	(1)流动性差 (2)收缩率过大 (3)材料刚性不足
熔接不良	(1)材料温度低 (2)注射速度慢，压力小	(1)模具温度过低，冷却不当 (2)浇口位置不合适 (3)排气槽位置不合适 (4)塑料件壁厚不均 (5)模具内有冷料，其他杂物 (6)有水分，润滑剂.脱模剂过多	(1)流动性差 (2)材料中有异物 (3)润滑油过多

第5章　注塑模设计理论基础知识

5.1　注塑模概论

注塑成型又称为注塑模具，是热塑性塑料制件的一种主要成型方法，并且能够成功地将某些热固性塑料注塑成型。注塑成型可成型各种形状的塑料制品，其优点包括成型周期短，能一次成型外形复杂、尺寸精密、带有嵌件的制品，且生产效率高，易于实现自动化，因而广泛应用于塑料制品生产当中。图5-1是一款常见的注塑模的立体图。

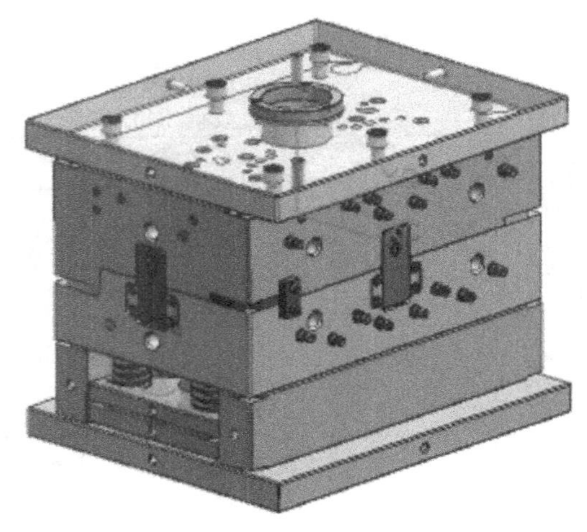

图5-1

5.1.1　注塑模概述

由于注塑模具有塑件成型适用性广、成型制品精度高、成型周期短、生产效率高、便于实现自动化操作、便于大批量生产等多种特点，使它得到广泛的应用。

在塑料原材料、塑料制品设计及注射成型工艺确定以后，注射模对制品质量与产量就起着决定性的影响。决定塑件质量的优劣及生产效率的高低中，模具因素约占80%。模具的设计水平与制造水平，常可标志一个国家工业化的发展程度。

1. 注射模的简单定义

塑料注射成型所用的模具称为注射成型模，简称注射模(注塑模)。它是实现注射成型工艺的重要工艺装备。它由注射机的螺杆或活塞，使料筒内塑化熔融的塑料，经喷嘴、浇注

系统，注入型腔，固化成形所用的模具。见图 5-2 简单注射模立体图。

图 5-2　简单注射模立体图

成型产品尺寸、形状的模具型腔由型腔与型芯组成。一般型腔为产品的外表面，型芯为产品的内表面。注射模安装在注射机上，通常的注射成型过程如下：

(1)合模(由注射机的合模机构来保证模具分型面的闭合)；

(2)注射(由注射机的塑化装置将塑料高温熔化，再由注射装置施加压力将熔化后的塑料通过模具的浇注系统填充模腔)；

(3)保压(为了弥补由于塑料收缩特性带来的缺料问题)；

(4)冷却(由注射机的控温装置通过模具的冷却系统来保证产品顺利脱模所需的顶出温度)；

(5)开模(由注射机开合模装置提供所需开模力)；

(6)顶出(由注射机的顶出装置驱动模具顶出系统将塑料制品顶出)；

(7)开模停留时间(有时为了下个成型周期做准备，需要延长开模时间)。

通常对冷却系统定义其实并不是很准确。因为有些塑料的模具成型温度很高，需要加热装置才能满足成型要求，应该定义为了保证特定模具成型温度的温度调节系统。

以上的冷却阶段仅描述有此特定的时间段为了冷却。其实在接通模具温度调节系统开始，模具上的冷却通道是一直在流动的，也就是说模具不管处在注射成型过程中的哪个阶段都一直在冷却。

成型周期可定义为从一次注射的合模瞬间到下一次合模瞬间之间的时间间隔长短，通常以秒为单位。但人们在衡量产品生产率时，通常以每分钟(或每小时)生产的数量来表示，而不是秒。成型周期的长短是衡量模具性能好坏的重要因素之一。

2. 特种工艺的注射模

随着人们对塑料制品使用要求、性能要求、经济要求等不断提高，传统普通的注射成型工艺很难满足实际特定的要求。随着工业化整体技术水平的不断提高，注射模相继出现了很多新工艺、新技术，如：

- 气体辅助注射成型
- 热固性注射模
- 共注射成型
- 反应注射成型
- 低发泡塑料注射成型

由于在实际生产中，特种工艺注射模主要针对特定的条件，一般都具有自己的个性，使用不是很普遍。本书主要针对注射模共性的问题展开讨论、分析，也就是传统介绍普通的注射模。

5.1.2 注塑模现状与发展趋势

1. 注塑模现状

(1)产品水平

随着生产量的高速增长，我国塑料注射模水平有很大提高。国内目前已能生产单套重量达 60 吨的大型模具、型腔精度达 0.5μm 的精密模具、一模 7800 腔的多腔模具等。模具寿命也有很大改善，已可以达到 100 万模次以上。比较能反映水平的典型例子如下：

- 大型模具：整体仪表盘、汽车保险杠、大屏幕彩色电视机、大容量洗衣机等。
- 精密模具：手机、小模数齿轮、光盘、导光板、车灯、音像设备等。
- 复杂模具：气体辅助注射成型、热流道、多色注射、多层注射、低压注射、模内转印、蒸汽注射等。

(2)技术水平

除了产品水平有很大提高外，目前我国模具企业生产技术水平的也得到很大提高，如：

- CAD/CAM 技术已在行业中得到基本普及；
- CAE 技术及 CAD/CAE/CAM 一体化技术已在部分企业中应用；
- PDM、CAPP、ERP 等信息化技术已在部分重点骨干企业中应用；
- RP/RT、高速加工、复合加工、逆向工程、并行工程、虚拟网络等技术已在少数企业开始应用。
- pdm：产品数据管理
- capp：计算机辅助工艺过程设计
- erp：企业资源计划
- rp/rt：快速原型(RP)与快速模具(RT)

2. 注塑模发展趋势

(1)生产周期的重要性

模具的质量、周期、价格、服务四要素中，已有越来越多的用户将周期放在首位，要求模具尽快交货，因此模具生产周期将继续不断缩短，更侧重于效率之争。

(2)技术的发展

模具 CAD/CAE/CAM/PDM 正向集成化、三维化、智能化、网络化和信息化方向发展。快捷高速的信息化时代将带领模具行业进入新时代。

(3)大力提高研发能力

将研发工作尽量往前推,直至介入到模具用户的产品开发中去,甚至在尚无明确的用户对象之前进行开发,变被动为主动。

(4)加工工艺水平的提高

高速加工、复合加工、精益生产、敏捷制造及新材料、新工艺、新技术将不断得到发展。

(5)整个模具工业水平的提高

随着模具企业设计和加工水平的提高,过去以钳工为核心,大量依靠技艺的现象已有了很大变化。在某种意义上说,"模具是一种工艺品"的概念正在被"模具是一种高新技术工业产品"所替代,模具"上下模单配成套"的概念正在被"只装不配"的概念所替代。模具正从长期以来主要依靠技艺而变为今后主要依靠技术。这不但是一种生产手段的改变,也是一种生产方式的改变,更是一种观念的改变。这一趋向使得模具标准化程度不断提高,模具精度越来越高,生产周期越来越短,钳工比例越来越低,最终促使整个模具工业水平不断提高。

(6)企业的发展方向

模具产品将向着更大型、更精密、更复杂及更经济快速方向发展;模具生产将朝着信息化、无图纸化、精细化、自动化方向发展;模具企业将向着技术集成化、设备精良化、产品品牌化、管理信息化、经营国际化方向发展。

5.2 注射机与模具

5.2.1 注塑模基本组成

注射模的结构是由塑件的复杂程度和注射机的形式等因素决定的。注射模具都由动模和定模两大部分组成,定模部分安装在注射机的固定模板上,动模部分安装在注射机的移动模板上。注射时动模与定模闭合构成浇注系统和型腔;开模时动模与定模分离,取出塑件。图 5-3 和图 5-4 分别是一副支架模的动模和定模组立图。

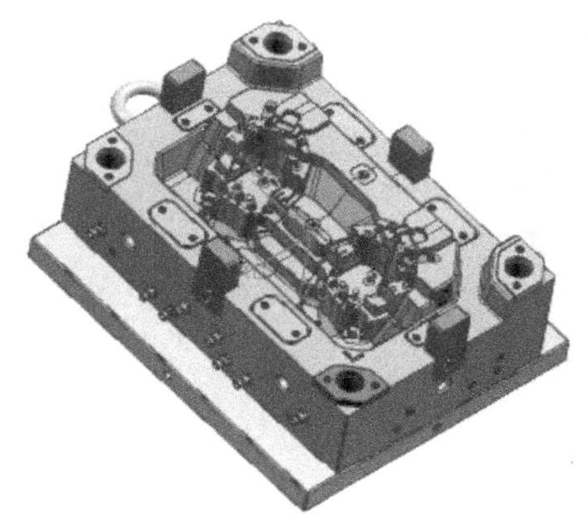

图 5-3 定模部分

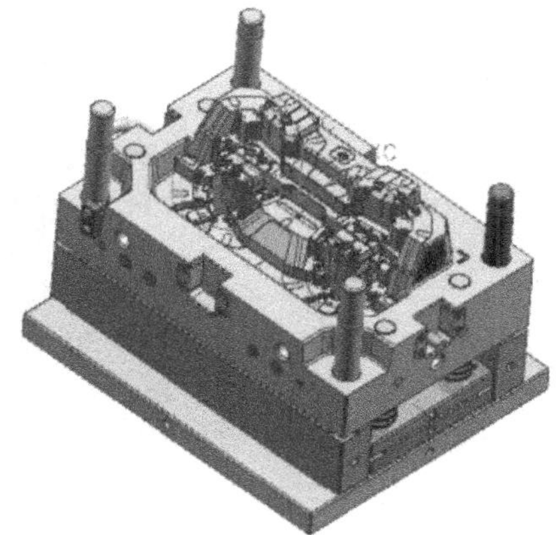

图 5-4 动模部分

不管模具结构如何复杂,结构如何的多,注射模具的总体结构大致有以下几个部分或系统组成。

1. 成型部分

成型部分是指与塑件直接接触,成型塑件内表面和外表面的模具部分。它由凸模(型芯)、凹模(型腔)以及嵌件和镶块等组成。作为塑件的几何边界,包容塑件,完成塑件的结构和尺寸等的成型。如图 5-5 动模成型零件和图 5-6 定模成型零件。

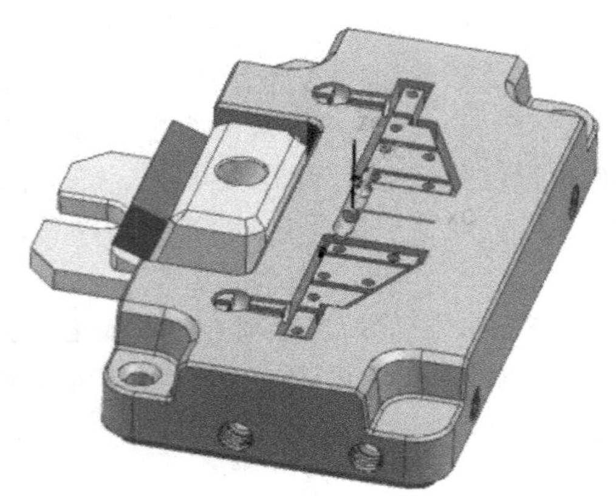

图 5-5　动模成型零件

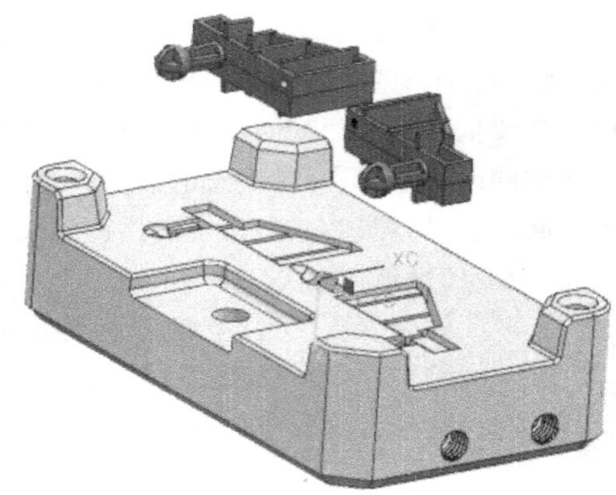

图 5-6　定模成型零件

2. 排气系统

在注射成型过程中,为了将型腔内的气体排出模外,通常需要开设排气系统。排气系统通常是在分型面上有目的地开设几条排气槽,另外许多模具的推杆或活动型芯与模板之间的配合间隙可起排气作用。对于一些高精度大型模具需要开设排气槽。如图 5-7 镶件排气槽。

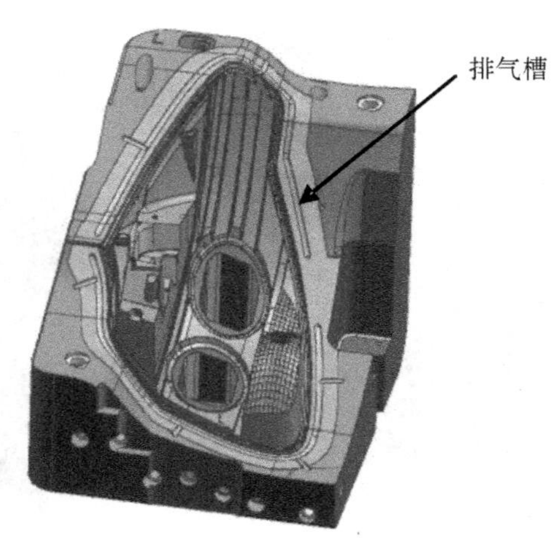

图 5-7

3. 结构件

结构件包括模架、支承柱、限位钉等。模架分为定模和动模，其中定模包括面板、热流道板、定模板(A 板)；动模包括动模板(B 板)、推板、托板、方铁、面针板、底针板、底板、支承柱等。限位件如定距分型机构、限位块、先复位机构、复位弹簧、复位杆等。

4. 导向定位系统

为了保证动模、定模在合模时的准确定位，模具必须设计有导向机构。导向机构分为导柱、导套导向机构与内外锥面定位导向机构两种形式。如图 5-8 和图 5-9 所示导柱、导套。

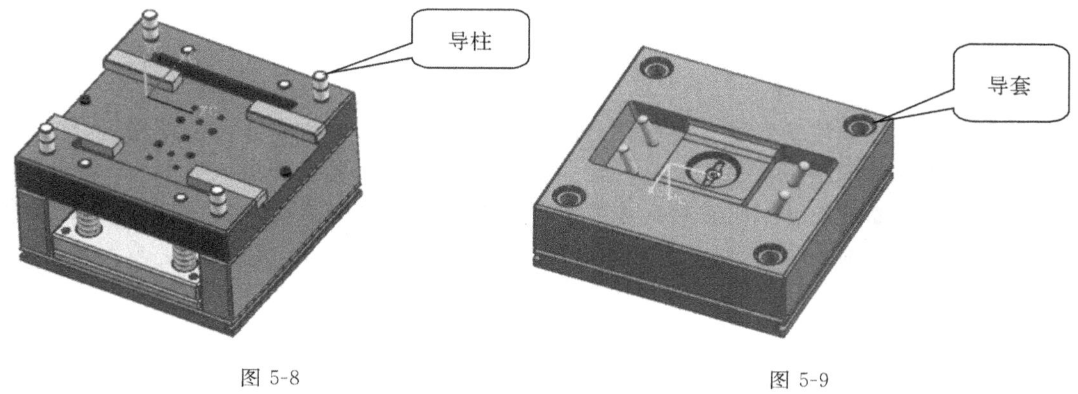

图 5-8　　图 5-9

5. 侧向分型与抽芯机构

塑件上的侧向如有凹凸形状及孔或凸台，就需要有侧向的型芯或成型块来成型。在塑件被推出之前，必须先推出侧向型芯或侧向成型块，然后才能顶离脱模。带动侧向型芯或侧向成型块移动的机构称为侧向分型与抽芯机构。

6. 浇注系统

浇注系统是熔融塑料在压力作用下充填模具型腔的通道(熔融塑料从注射机喷嘴进入模具型腔所流经的通道)。浇注系统由主流道、分流道、浇口及冷料穴等组成。浇注系统对塑料熔体在模内流动的方向与状态、排气溢流、模具的压力传递等起到重要作用。

如图 5-10 浇注系统(侧浇口)

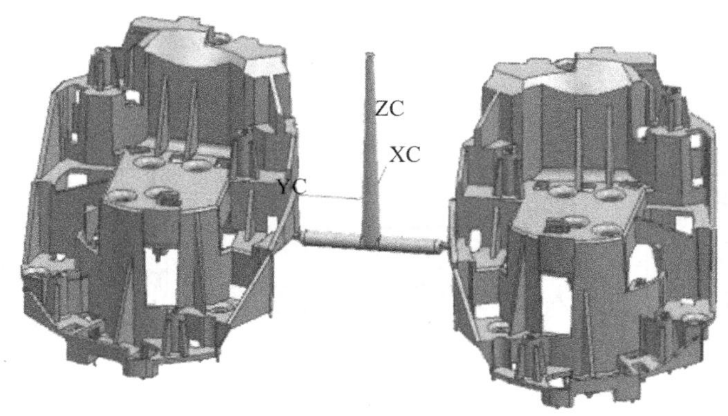

图 5-10

7. 推出机构

推出机构是将成型后的塑件从模具中推出的装置。推出机构由推杆、复位杆、推杆固定板、推板、主流道拉料杆、推板导柱和推板导套等组成。

8. 温度调节系统

为了满足注射工艺对模具的温度要求，必须对模具的温度进行控制，模具结构中一般都设有对模具进行冷却或加热的温度调节系统。模具的冷却方式通常是在模具上开设冷却水道；加热方式通常是在模具内部或四周安装加热元件。

5.2.2 注射成型工艺

1. 注射成型工艺过程

注射成型是热塑性塑料的主要成型方法。随着材料的改进和成型设备的完善，部分热固性塑料也用注射成型工艺生产制品。注射成型的原理和工艺过程见图 5-11 以及图 5-12 所示。即将颗粒状或粉状塑料在塑料注射机料筒内加热熔融至流动状态，然后以快速度和高压力将熔融料注射入模具型腔，经一定时间的保压冷却凝固之后，开启模具，取出塑料。

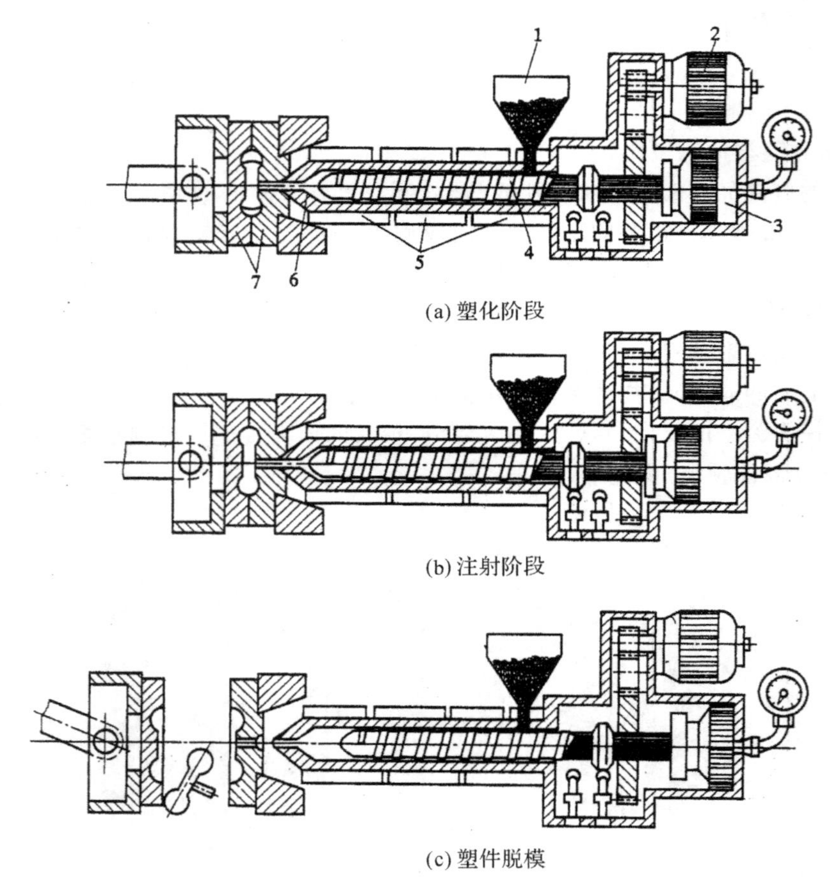

(a) 塑化阶段

(b) 注射阶段

(c) 塑件脱模

1-材料；2-螺杆传动装置；3 注射液压缸；4-螺杆；5-加热器；6-喷嘴；7-模具

图 5-11　螺杆式注射机注射成形原理

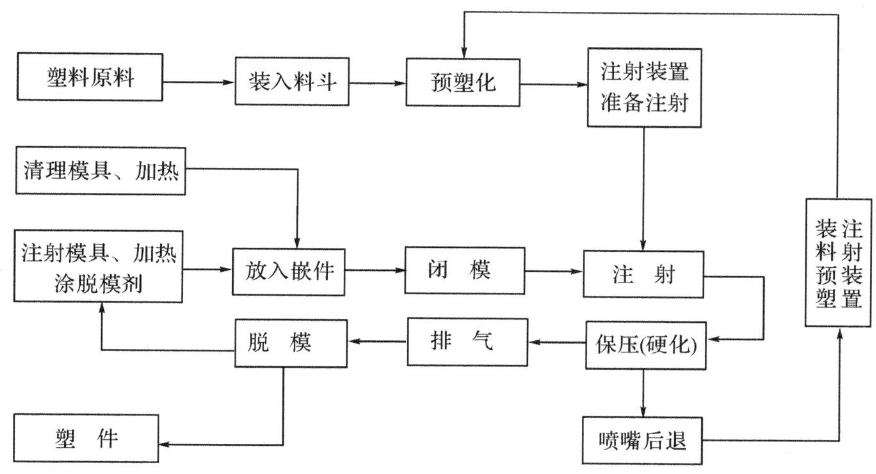

图 5-12 注射成型工艺过程

注射成型工艺过程包括：成形前的准备、注射成型过程以及塑件的后处理三个阶段。

(1) 成形前的准备

为使注射过程能顺利进行并保证塑料制件的质量，在成形前应进行一系列必要的准备工作。

①原料外观的检验和工艺性能的测定。检验内容包括对色泽、粒度及均匀性、流动性(熔体指数、粘度)、热稳定性及收缩率的检验。

②物料的预热和干燥。对于吸水性强的塑料、在成形前必须进行干燥处理，除去物料中过多的水分和挥发物，以防止成形后塑件表面出现斑纹和气泡等缺陷，甚至发生降解，严重影响塑料制件的外观和内在质量。

各种物料干燥的方法应根据塑料的性能和生产批量等条件进行选择。小批量生产用塑料大多数采用热风循环烘箱或红外线加热烘箱进行干燥；大批量生产用塑料宜采用沸腾干燥或真空干燥，其效率较高。

③嵌件的预热。在成形带金属嵌件，特别是带较大嵌件的塑件时，嵌件放入模具之前必须预热，以减少物料和嵌件的温度差，降低嵌件周围塑料的收缩应力，保证塑件质量。

④料筒的清洗。当改变产品、更换原料及颜色时均需清洗料筒。通常，柱塞式料筒可拆卸清洗，而螺杆式料筒可采用对空注射半清洗。

⑤脱模剂的选用。塑料制件的脱模，主要依赖于合理的工艺条件和正确的模具设计。在生产上顺利脱模，通常使用脱模剂。常用的脱模剂有硬脂酸锌、液态石蜡和硅油等。

(2) 注射成型过程

塑料在注射机料筒内经过加热、塑化(指塑料在料筒内加热由固体颗粒转换成粘流态，并具有良好可塑性的全过程)达到流动状态后，由模具的浇注系统进入模具型腔，其过程可分为充模、保压、冷却定型、脱模等几个阶段。

①充模。将塑化好的塑料熔体在柱塞或螺杆的推挤下，经注射机喷嘴及模具浇注系统而注入模具型腔并充满型腔，这一阶段称为充模。

②保压。保压是自熔体充满模具型腔起到柱塞或螺杆开始回退止的这一阶段的施压过程。其目的除了防止模内熔体倒流外，更重要的是确保模内熔体冷却收缩时继续保持施压状态以得到有效的熔料补充，确保所得制品形状完整而致密。

③倒流。如果在保压结束，柱塞或螺杆开始后退时，浇口处熔料还未冻结，则会因型腔内压力高于流道内压力而发生腔内熔体的倒流现象。倒流将一直持续到浇口冻结或浇口两侧压力相等为止。如果在保压结束时浇口已冻结，则倒流现象不会出现。

④浇口冻结后的冷却。浇口冻结后通过冷却介质对模具的进一步冷却，使模内塑料制品的温度低于该塑料的热变形温度，达到工艺所要求的脱模温度。实际上冷却过程从塑料注入型腔起就开始了，它包括从充模完成、保压到脱模前的这一段时间。

⑤脱模。当制品在模内冷却到一定温度以后，在注射机开合模机构的作用下，开启模具，并在模具推出机构作用下，将制品从模具中推出。

(3) 塑件的后处理

在制品脱模后，通常还需进行适当的后处理，以消除制品内存在的内应力，改善制品的性能、提高制品的尺寸稳定性。后处理的方法主要是指退火和调湿处理。

①退火处理。退火处理是将制品放在定温的加热液体介质(如水、热矿物油、甘油、乙二醇等)或热空气循环箱中静置一段时间，然后，再缓慢冷却的过程。其目的是减小由于塑化不均或制品在型腔中冷却不均而带来的制品内应力。存在内应力的制品在贮存和使用过程中常会发生力学性能下降，表面出现裂纹，甚至产生变形而开裂等。

退火温度应控制在制品使用温度以上 10～20℃，或者控制在塑料的热变形温度以下 10～20℃。温度过高会使制品发生翘曲或变形；温度过低又达不到目的。退火时间取决于塑料品种、介质温度、制品的形状、尺寸及其成型条件等。退火处理后冷却速度不能太快，以避免重新产生内应力。退火后应使制品缓冷至室温。

②调湿处理。调湿处理是将刚脱模的塑件放入热水中，以隔绝空气，防止对塑料制件的氧化，加快吸湿平衡速度的后处理方法。其目的是使制件颜色、性能以及尺寸保持稳定，防止塑件使用中尺寸变化，制品尽快达到吸湿平衡。调湿处理主要用于吸湿性强的聚酰胺等塑料。

2. 注射成形的工艺参数

正确的注射成形工艺可以保证塑料熔体良好塑化，顺利充模、冷却与定型，从而生产出合格的塑料制件。温度压力和时间是影响注射成形工艺的重要参数。

(1) 温度

在注射成形中需控制的温度有料筒温度、喷嘴温度和模具温度等。前两种温度主要影响塑料在塑化和流动，而后一种温度主要是影响塑料的充模和冷却定型。

①料筒温度。料筒温度是保证塑化质量的关键工艺参数之一。合理的料筒温度应保证塑料塑化良好，能顺利实现注射而又不引起塑料分解。确定料筒温度时应考虑的因素主要有塑料的热性能、塑料对温度的敏感性、注射机类型、制品的壁厚及形状尺寸、模具结构等。

根据塑料的热性能，应将料筒温度控制在塑料的流动温度 T_f(或熔点温度 T_m)与热分解温度 T_d 之间。螺杆式注射机由于有螺杆转动的搅拌作用，传热效率高且有摩擦热产生；而柱塞式注射机仅靠料筒壁和分流梭表面的塑料传热，传热效率低，故前者应比后者的料筒温度低 10～20℃。

对于热敏性塑料(如 PVC、POM 等),若料筒温度过高,时间过长,塑料的热氧化降解量就会变大,因此,除严格控制料筒的最高温度外,同时还应严格控制塑料在料筒中的停留时间。

制品结构复杂、壁薄、尺寸较大时,熔体注射的阻力大、冷却快,料筒温度宜取高些;相反,注射壁厚制品时,料筒温度可降低些。料筒温度的分布,一般是从料斗一侧至喷嘴止逐步提高,对含量湿度较大的塑料可适当提高料筒靠料斗侧的温度以利于排出水气;若采用螺杆式注射机,由于其剪切摩擦热有助于塑料塑化,故料筒前端温度可略低些,以防止塑料的过热分解。

料筒温度的选择还应考虑注射机的注射压力,若选用较低的注射压力时,为保证塑料流动,应适当提高料筒温度;反之,料筒温度偏低时就需要较高的注射压力。一般在成型前可通过"对空注射法"或"制品的直观分析法"来确定最佳的料筒以及喷嘴温度。

②喷嘴温度。喷嘴温度通常略低于料筒最高温度,这是为了防止熔料在喷嘴处产生流涎现象。喷嘴低温产生的影响可从熔料注射时所产生的摩擦得到一定程度的补偿。但是,喷嘴温度不能过低,否则熔料在喷嘴处会出现早凝而将喷嘴堵塞,或者有早凝料注入模腔而影响塑件的质量。

料筒温度和喷嘴温度的最佳值一般通过试模来确定。

③模具温度。模具温度对塑料熔体在型腔内的流动和塑料制品的内在性能与表面质量影响很大。模具温度的高低决定于塑料的特性、塑料尺寸与结构、性能要求及其他工艺条件等。

模具温度由通入定温的冷却介质来控制,也有的靠熔料注入模具自然升温和自然散热达到平衡而保持一定的模温。在特殊情况下,可采用电阻加热圈和加热棒对模具加热而保持定温。不管是加热或冷却,对塑料熔体来说进行的都是冷却降温过程,以使塑件成形和脱模。

(2) 压力

注射成型工艺过程中的压力,包括塑化压力和注射压力。塑化压力的大小影响着塑料在料筒内的塑化质量和塑化能力;注射压力的大小与注射速率相辅相成,对塑料熔体的流动充模起决定性作用。

①塑化压力。塑化压力又称背压,是指螺杆式注射机在预塑物料时,螺杆前端塑化室内的熔体对螺杆所产生的反压力。该压力的大小可通过注射机液压系统中的溢流阀来调整。

注射成型过程中塑化压力大小的选择随螺杆结构、塑料品种、塑化质量等的不同而不同。塑化压力增大,塑化室内的熔体反作用压力增大,从而塑化时的剪切作用增强,摩擦热增多,熔体温度提高,物料能更好地混匀,熔体的温差缩小,同时也有利于物料中气体的排除并提高熔体的密度。但背压增加会增大熔体在螺槽中的逆流和在料筒与螺杆间的漏流,从而使塑化速率下降、延长成型周期,甚至导致塑料的降解。这种现象对粘度低的塑料和热敏性塑料尤其应引起注意,如尼龙、聚氯乙烯、聚甲醛等。通常,塑化压力的确定应在保证塑化质量的前提下越低越好,一般很少超过 6MPa。

②注射压力。注射压力是指注射机注射时,柱塞或螺杆头部对塑料熔体所施加的压力。在注射机上常用表压指示注射压力的大小,一般在 40~130MPa。其作用是克服塑料熔体从料筒流向型腔的流动阻力,确保熔体以一定的充模速率充填模具型腔并得以压实。

注射压力的大小取决于塑料的品种及塑化质量、注射机类型、浇注系统的结构、制品的壁厚及尺寸等。通常，对流动充型能力差的塑料，如高粘度塑料、带玻璃纤维增强的塑料等，采用较高的注射压力；对尺寸较大、形状复杂、薄壁的制品或精度要求较高的制品，应采用较高的注射压力；当模具温度偏低时，也应采用较高的注射压力；柱塞式注射机所采用的注射压力比螺杆式注射机高等。

(3) 时间(成形周期)

完成一次注射成形所需要的时间，称为成形周期，它是决定注射成形生产率及塑件质量的一个重要因素。它包括以下几部分：

成形周期
- 注射时间
  - 充模具时间(柱塞或螺杆前进时间)
  - 保压时间(柱塞或螺杆停留在前进位置的时间)
- 闭模冷却时间(柱塞后退或螺杆转动后退的时间均包括在这段时间内)
- 其他时间(指开模、脱模涂拭脱模剂、安放嵌件和闭模模等时间)

成形周期直接影响生产效率和设备利用率，应在保证产品质量的前提下，尽量缩短成形周期中各阶段的时间。在整个成形周期中，注射时间和冷却时间是基本组成部分，注射时间和冷却时间的长短对塑料制品的质量有决定性影响。注射时间中的冲模时间不长，一般不超过 10s；保压时间较长，一般为 20～120s(特厚塑件可达 5～10min)。通常以塑料制品收缩率最小为保压时间的最佳值。

冷却时间主要决定于塑料制品的壁厚、模具温度、塑料的热性能和结晶性能。冷却时间长短应保证塑料制品脱模时不引起变形为原则，一般为 30～120min。此外在形成过程中应尽可能缩短开模、脱模等其他时间，以提高生产率。

常用热塑性塑料注射成形的工艺参数见表 5-1。

表 5-1　常用热塑性塑料注射成形的工艺参数

项目 \ 塑料		低压聚乙烯 LDPE	高压聚乙烯 HDPE	乙丙共聚 PP	聚丙烯 PP	玻璃纤维增强 PP	软聚氯乙烯 PVC	硬聚氯乙烯 PVC	聚苯乙烯 PS	HIPS	ABS
注射机类型		柱塞式	螺杆式	柱塞式	螺杆式	螺杆式	柱塞式	螺杆式	柱塞式	螺杆式	螺杆式
螺杆转速/(r/min)		—	30～60	—	30～60	30～60	—	20～30	—	30～60	30～60
喷嘴	形式	直通式	直通式	直通式	直通式	直通式	直通式	直通式	直通式	直通式	直通式
	温度/℃	150～170	150～180	170～190	170～190	180～190	140～150	150～170	160～170	160～170	180～190
料筒温度/℃	前段	170～200	180～190	180～200	180～200	190～200	160～190	170～190	170～190	170～190	200～210
	中段	—	180～200	190～220	200～220	210～220	—	165～180	—	170～190	210～230
	后段	140～160	140～160	150～170	160～170	160～170	140～160	160～170	140～160	140～160	180～200
模具温度/℃		30～45	30～60	50～70	40～80	70～90	30～40	30～60	20～60	20～50	50～70
注射压力/MPa		60～100	70～100	70～100	70～120	90～130	40～80	80～130	60～100	60～100	70～90
保压压力/MPa		40～50	40～50	40～50	50～60	40～50	20～30	40～60	30～40	30～40	50～70
注射时间/s		0～5	0～5	0～5	0～5	2～5	0～8	2～5	0～3	0～3	3～5
保压时间/s		15～60	15～60	15～60	20～60	15～40	15～40	15～40	15～40	15～40	15～30
冷却时间/s		15～60	15～60	15～50	15～50	15～40	15～30	15～40	15～30	10～40	15～30
成形周期/s		40～140	40～140	40～120	40～120	40～100	40～80	40～90	40～90	40～90	40～70

续表

项目＼塑料		高抗冲击ABS	耐热ABS	阻燃ABS	透明ABS	PMMA		共聚POM	尼龙PA6	尼龙PA11	尼龙PA66
注射机类型		螺杆式	螺杆式	螺杆式	螺杆式	螺杆式	柱塞式	螺杆式	螺杆式	螺杆式	螺杆式
螺杆转速/(r/min)		30～60	30～60	30～60	30～60	20～30	—	20～40	20～50	20～50	20～50
喷嘴	形式	直通式	直通式	直通式	直通式	直通式	直通式	直通式	直通式	直通式	自锁式
	温度/℃	190～200	190～220	180～190	190～200	180～200	180～200	170～180	200～210	180～190	250～260
料筒温度/℃	前段	200～210	200～220	190～200	200～220	180～210	210～240	170～190	220～230	185～200	255～265
	中段	210～230	220～240	200～220	220～240	190～210	—	180～200	230～240	190～220	260～280
	后段	180～200	190～200	170～190	190～200	180～200	180～200	170～190	200～210	170～180	240～250
项目＼塑料		高抗冲击ABS	耐热ABS	阻燃ABS	透明ABS	PMMA		共聚POM	尼龙PA6	尼龙PA11	尼龙PA66
模具温度/℃		50～80	60～85	50～70	50～70	40～80	40～80	90～100	60～100	60～90	60～120
注射压力/MPa		70～120	85～120	60～100	60～100	50～120	80～130	80～120	80～110	90～120	80～130
保压压力/MPa		50～70	50～80	30～60	30～60	40～60	40～60	30～50	30～50	30～50	40～50
注射时间/s		3～5	3～5	3～5	3～5	0～5	0～5	2～5	0～4	0～4	0～5
保压时间/s		15～30	15～30	15～30	15～30	20～40	20～40	20～90	15～50	15～50	20～50
冷却时间/s		15～30	15～30	10～30	10～30	20～40	20～40	20～60	20～40	20～40	20～40
成形周期/s		40～70	40～70	30～70	30～80	50～90	50～90	50～160	40～100	40～100	50～100
项目＼塑料		玻璃纤维增强PA66	PA610	PA1010	玻璃纤维增强PA1010	透明 PA	PC		玻璃纤维增强PC	PC/PE	
注射机类型		螺杆式	螺杆式	螺杆式	柱塞式	螺杆式	螺杆式	柱塞式	螺杆式	螺杆式	柱塞式
螺杆转速/(r/min)		20～40	20～50	20～50	—	20～50	20～40	—	20～30	20～40	—
喷嘴	形式	直通式	自锁式	直通式	直通式	直通式	直通式	直通式	直通式	直通式	直通式
	温度/℃	250～260	200～210	190～210	180～190	220～240	230～250	240～250	240～260	220～230	230～240
料筒温度/℃	前段	260～270	220～230	200～210	240～260	240～250	240～280	270～300	260～290	230～250	250～280
	中段	260～290	230～250	220～240	—	250～270	260～290	—	270～310	240～260	—
	后段	230～260	200～210	190～200	190～200	220～240	240～270	260～290	260～280	230～240	240～260
模具温度/℃		100～120	60～90	40～80	40～80	40～60	90～110	90～110	90～110	80～100	80～100
注射压力/MPa		80～130	70～120	70～100	100～130	80～130	80～130	110～140	100～140	80～120	80～130
保压压力/MPa		40～50	30～50	20～40	40～50	40～50	40～50	40～50	40～50	40～50	40～50
注射时间/s		3～5	0～5	0～5	2～5	0～5	0～5	0～5	2～5	0～5	0～5
保压时间/s		20～50	20～50	20～50	20～40	20～60	20～80	20～80	20～60	20～80	20～80
冷却时间/s		20～40	20～50	20～40	20～40	20～40	20～50	20～50	20～50	20～50	20～50
成形周期/s		50～100	50～110	50～100	50～90	50～110	50～130	50～130	50～110	50～140	50～140

5.2.3 注射机的选用与校核

注射模只有安装在相应的注射机上，才能正常工作。因此在设计注射模时，除了必须了解注射成形工艺外，应先了解所选用的注射机的技术规格与使用性能。例如：注射机的型号、结构型式、最大注射量、最大注射压力、最大锁模力、最大成型面积、模板间的最大间距和最小间距、最大开模行程、顶出方式以及注射机模板上安装模具用的定位孔、螺孔等的尺寸位置。只有这样，才能正确处理注射模与注射机之间的关系，使设计出的模具便于在机器上安装和使用。

1．注射机的结构组成

注射机是塑料注射成形所用的设备。注射机按其外形可分为立式、卧式、直角式三种，图 5-13 所示为最常用的卧式螺杆注射机。

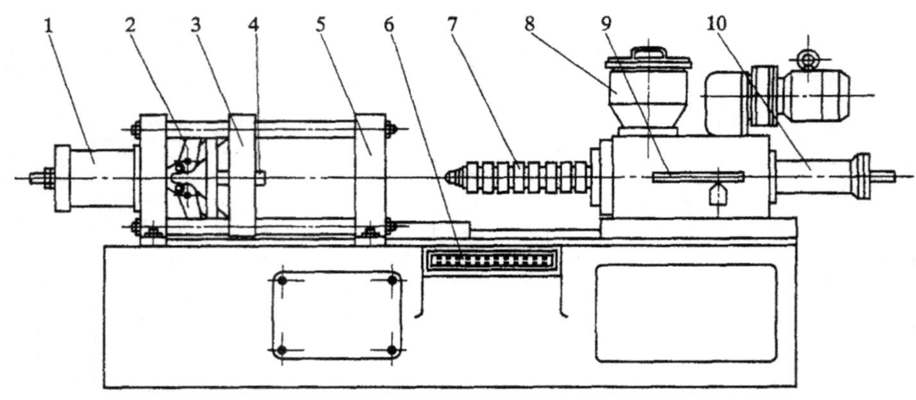

1-锁模液压缸；2-锁模机构；3-移动模板；4-顶杆；5-固定模板；6 控制台；7-料筒及加热器；8-料斗；9 定量供料装置；10 注射液压缸

图 5-13

塑料注射模具被安装在移动模板 3 与固定模板 5 之间，由油缸 1 将模具锁紧。塑料原料放在料斗 8 中，经计量后流入料筒 7 中，经加热塑化后，由注射液压缸 10 将塑料熔体注入模具中(料经模具浇口进入模具型腔)。再保压、冷却塑料制品固化后，由油缸 1 打开模具，并由顶出装置推出制品。注射机主要由注射装置、锁模装置、液压传动与电器控制组成。

(1) 注射装置

注射装置的主要作用是使固态的塑料颗粒均匀地塑化呈熔融状态，并以足够的压力和速度将塑料熔体注入闭合的型腔内。注射装置包括料斗、料筒、加热器、计量装置、螺杆(柱塞式注射机为柱塞和分流梭)及其驱动装置、喷嘴等部件。

(2) 锁模装置

锁模装置的作用有三点，第一是实现模具的开闭动作；第二是在成型时提供足够的夹紧力使模具锁紧；第三是开模时推出模内制品，锁模装置可以是机械式、液压式、或者液压机械联合作用方式。推出机构也有机械式推出和液压式推出两种，液压式推出既有单点推出，又有多点推出。

(3) 液压传动和电器控制

由注射型工艺过程可知，注射成型由塑料熔融、模具闭合、熔体充模、压实、保压、冷却定型、械模推出制品等多道工序组成。液压传动和电器控制系统是保证注射成型按照预定的工艺要求(压力、速度、时间、温度)和动作程序准确进行而设置的。液压传动系统是注射机的动力系统，而电器控制系统则是完成各个动力液压缸开启、闭合和注射、推出等动作的控制系统。

1. 注射机的分类

(1) 按外形特征可分三类。即立式注射机、卧式注射机、直角式注射机。如表 5-2 所示。

表 5-2　注射机按外形特征的分类

类别	简　图	说　明
立式注射机	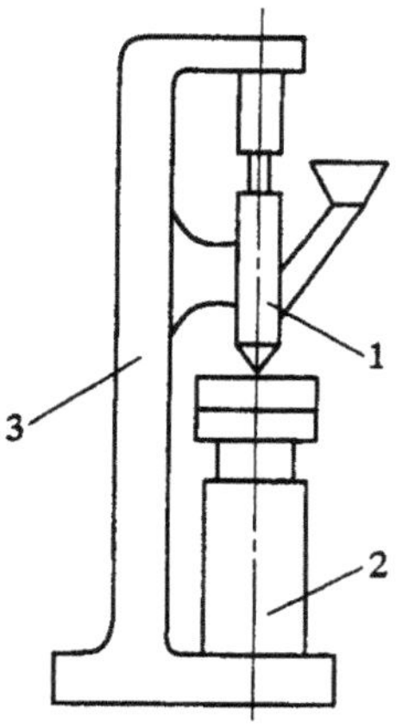 1-注射装置;2-机身;3-锁模装置	注射装置与锁模机构的轴线呈一直线垂直排列。 优点:占地少,模具拆装方便,易于安放嵌件。 缺点:重心高,加料困难;推出的塑件要由手工取出,不易实现自动化;容积较小。
卧式注射机	见图 5-13	注射装置与锁模装置的轴线呈一直线水平排列,使用广泛。 优点:重心低,稳定;加料、操作及维修方便;塑件可自动脱落,易实现自动化。 缺点:模具安装麻烦,嵌件安放不稳,机器占地较大
角式注射机	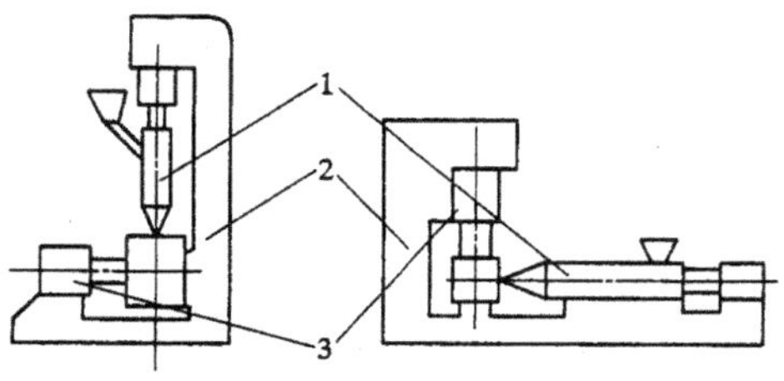	注射装置与锁模装置的轴线相互垂直排列。 优点、缺点介于立式注射机和卧式注射机之间。特别适用于成形中心不允许有浇口痕迹的平面塑件。

（2）按塑化方式可分两类。即柱塞式注射机、螺杆式注射机，如表 5-3 所示。

表 5-3 注射机按塑料在料筒的塑化方式分类

类别	示意图	说明
柱塞式注射机	1-注射模；2-喷嘴；3-料筒；4-分流梭；5-料木；6-注射柱塞	注射柱塞直径为 20～100mm 的金属圆杆，当其后退时物料自料斗定量地落入料筒内，柱塞前进，原料通过料筒与分流梭的腔内，将塑料分成薄片，均匀加热，并在剪切作用下塑料进一步混合和塑化，并完成注射。 多为立式注射机，注射量小于 30～60g，不易成形流动性差、热敏性强的塑料
螺杆式注射机	1-喷嘴；2-料筒；3-螺杆；4-料木	螺杆在料筒内旋转时，将料斗内的塑料卷入，逐渐压实、排气和塑化，将塑料熔体推向料筒的前端，积存在料筒顶部和喷嘴之间，螺杆本身受熔体的压力而缓慢后退。当积存的熔体达到预定的注射量时，螺杆停止转动，在液压缸的推动下，将熔体注入模具。 卧式注射机多为螺杆式

3. 注射机的规格及主要技术参数

目前，在注射机的标准中，有用注射量为主参数的，也有用合模力为主参数的，但大多以注射量/合模力来表示注射机的主要特征。国内标准主要有轻工部标准、机械部标准和国家标准。注射机型号中的字母 S 表示塑料机械，Z 表示注射机，X 表示成形，Y 表示螺杆式（无 Y 表示柱塞式）等。

表 5-4 与表 5-5 列出了部分国产常用注射机的主要技术参数。

表中型号意义：如 XS-ZY-125，XS—塑料成型；Z—注射；Y—螺杆式；125—注射机的最大注射量。

4. 注射机的选用

注射模只有安装到注射机上才能进行工作，故选用的注射机必须与成型模具相匹配。为此，在注射模设计时必须对注射机的基本参数进行校核。

表 5-4 国产注射机部分主要技术参数

型号	XS-ZS-22	XS-Z-30	XS-Z-60	XS-ZY-125	G54-S-200/400	SZY-300	XS-ZY-500	XS-ZY-1000	SZY-2000	XS-ZY-4000	T-S-Z-7000
一次注射量/cm^3	20,30	30	60	125	200～400	320	500	1 000	2 000	4 000	3 980,5 170 7 000
螺杆直径/mm	20,25	28	38	42	55	60	65	85	110	130	110,130,150
注射压力/MPa	75,117	119	122	119	109	77.5	104	121	90	106	85,113,153
注射方式	双柱塞(双色)	柱塞式	柱塞式	螺杆式	螺杆式	螺杆式	螺杆式	螺杆式	螺杆式	螺杆式	螺杆式
锁模力/kN	250	250	500	900	2 540	1 400			6 000	10 000	18 000
最大注射面积/cm^2	90	90	130	320	645	—	1 000	1 800	2 600	3 800	7 200～7 400
最大开(合)模行程/mm	160	160	180	300	260	340	500	700	750	1 100	1 500
模具最大厚度/mm	180	180	200	300	406	355	450	700	800	1 000	1 200
模具最小厚度/mm	60	60	70	200	165	130	300	300	500	700	600
动、定模固定板尺寸 $a \times b$(mm×mm)	250×280	250×280	330×440	420×450	532×634	520×620	750×850	750×850	1 500×1 590	1 180×1 180	1 800×1 900
拉十空间 a 或 $a \times b$(mm 或 mm×mm)	235	235	190×300	260×290	290×363	300×400	440×560	550×650	700×760	950×1 050	1 200×1 800

表中型号意义：如 XS-ZY-125，XS—塑料成型；Z—注射；Y—螺杆式；125—注射机的最大注射量。

表 5-5 定位圈尺寸及推出形式

型号	XS-ZS-22	XS-Z-30	XS-Z-60	XS-ZY-125	G54-S-200/40	XS-ZY-500	XS-ZY-1000	XS-ZY-4000
定位圈尺寸/mm	φ63.5	φ63.5	φ55	φ100	φ125	φ150	φ150	φ300
推出形式	两侧推出，中心距为 70mm	两侧推出，中心距为 70mm	中心推出	两侧推出，中心距为 230mm	中心推出	两侧推出，中心距为 530mm	两侧推出，中心距为 350mm	两侧推出，中心距为 1 200mm

(1) 注射模的安装

如图 5-14 所示，注塑模具的动模板 4 与注塑机动模座 2 用压板螺钉相联，定模板 7 和定模座 8 用螺钉与注塑机相联。

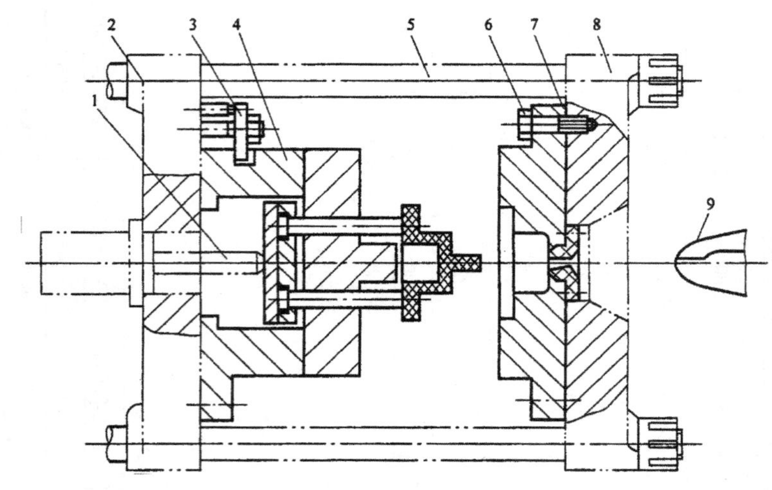

1-注塑机顶杆；2-注塑机动模座；3-压板螺钉；4-动模板；5-注塑机拉杆；
6-螺钉；7-定模板；8-注塑机定模座；9-喷嘴

图 5-14 注塑模具与注塑机的关系

(2) 注射量的校核

注射机的注射量有两种表示方法，一是用容量(cm^3)表示；一是用质量(g)表示。国产的标准注射机的注射量均以容量(cm^3)表示。

模具设计时，必须使制品所需注射的塑料熔体的容量或质量在注射机额定注射量的80%以内。

在一个注射成型周期内，需注射入模具内的塑料熔体的容量或质量，应为制品和浇注系统两部分容量或质量之和，即

$$V=nV_z+V_3\leqslant V_g$$

或

$$M=nM_z+M_j\leqslant M_g$$

式中：V——一个成型周期内所需注射的塑料容积(cm^3)；

n——型腔数目；

V_z——单个制品的容量(cm^3)；

V_j——浇注系统凝料和飞边所需的塑料容量(cm^3)；

M——一个成型周期内所需注射的塑料质量(g)；

M_z——单个制品的质量(g)；

M_j——浇注系统凝料和飞边所需的塑料质量(g)；

V_g——注射机额定注射量(cm^3)；

M_g——注射机额定注射量(g)。

(3) 锁模力的校核

由于高压塑料熔体充满型腔时，会产生一个沿注射机轴向的很大的推力，这个力应小于注射机的公称锁模力，否则将产生溢料现象，即

$$F_{锁} \geqslant PA_{分} \tag{5-3}$$

式中：$F_{锁}$——注射机公称锁模力；

P——注射时型腔的压力，它与塑料品种和塑件有关，表 5-6 为型腔压力的推荐值；

$A_{分}$——塑件和浇注系统在分型面上的垂直投影面积之和。

表 5-6　塑件形状和精度不同时可选用的型腔压力

条　件	型腔平均压力/MPa	举　例
易于成形的制品	25	聚乙烯、聚苯乙烯等厚壁均匀用品、容器类
普通制品	30	薄壁容器类
高粘度、高精度制品	35	ABS、聚甲醛等机械零件、高精度制品
粘度和精度特别高制品	40	高精度的机械零件

(4) 最大注射压力的校核

最大注射压力是指注射机料筒内柱塞或螺杆施加于熔融塑料的单位面积上的压力，它用于克服熔料流经喷嘴、浇道和型腔时的流动阻力。成型制品所需的注射压力一般很难确定，它与塑料品种、注射机类型、喷嘴结构形式、制品形状的复杂程序、制品的壁厚、精度、塑化方式、塑化温度、模具温度及浇注系统的压力损失等因素有关。在确定制品成型所需的注射压力时可利用类比法或参考各种塑料的注射成型工艺等数据，一般制品的成型压力在 70～150MPa 范围内。注射机的最大注射压力必须大于成型制品所需要的注射压力。

(5) 安装部分的尺寸校核

模具在塑料注射机上安装部分尺寸包括：模具闭模高度、模具长度与高度、喷嘴、定位圈及模板上的螺孔。

①模具用合高度。注射机规定的模具最大与最小厚度是指动模板闭合后达到规定锁模力时动模板和定模板间的最大与最小距离，因此所设计模具闭合高度应处在注射机规定的模具最大与最小厚度范围内，即

$$H_{min} < H < H_{max} \tag{5-4}$$

式中：H——模具闭合高度(mm)；

H_{min}——注射机允许的最小模厚，即动、定模之间的最小开距(mm)；

H_{max}——注射机允许的最大模厚(mm)。

如果模厚太大，则无法安装在注射机上，反之如果模厚太小，需要增加垫板。

②模具的长度与宽度。模具的长度及宽度要与注射机拉杆间距相适应，使模具安装时可以穿过拉杆空间在动、定模固定板上固定。

③喷嘴尺寸。注射机的喷嘴头部的球面半径 R_1 应与模具主流道始端的球面半径 R_2 吻合，以免高压熔体从狭缝处溢出。一般应比 R_1 大 1～2mm，否则主流道内的塑料凝料无法脱出(图 5-15)。

④定位圈尺寸。为了使模具的主流道的中心线与注射机喷嘴的中心线相重合，模具定模板上的定位圈或主流道衬套与定位圈的整体式结构(图 5-15)的外尺寸 d 应与注射机固定模板上的定位孔呈较松动的间隙配合。

⑤螺孔尺寸。注射模具的动模板、定模板应分别与注射机动模板、定模板上的螺孔相适应。模具在注射机上的安装方法有螺栓固定和压板固定，如图 5-16 所示。

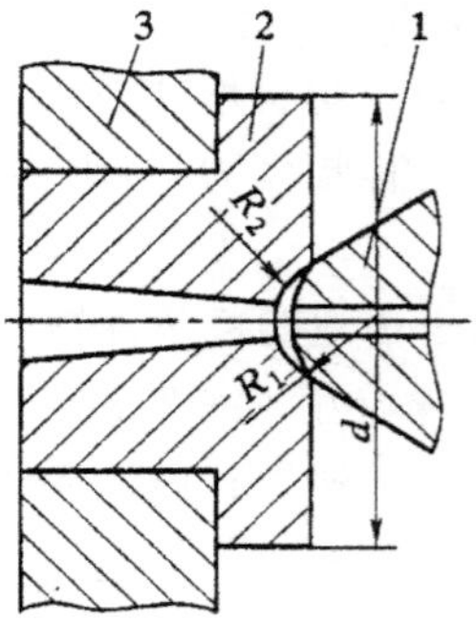

图 5-15 主流道始端与注射机喷嘴的不正确配合模具的固定

(6) 开模行程的校核

开模行程 s(也称合模行程)指模具开合过程中动模固定板的移动距离。注射机的开模行程是有限制的，制品从模具中取出时所需的开模距离必须小于注射机的最大开模距离，否则制品无法从模具中取出。下面分三种情况加以讨论。

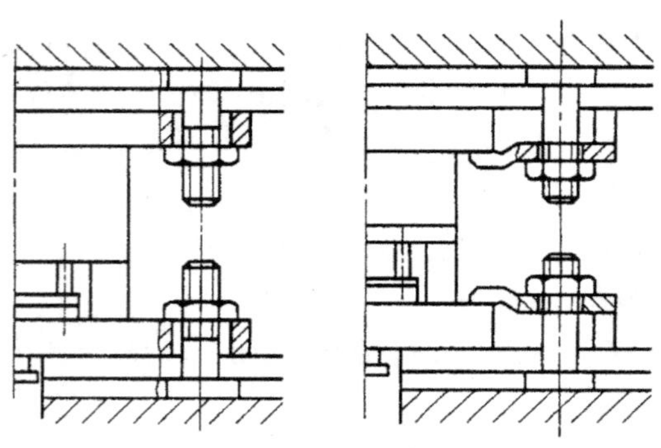

(a)用螺钉固定　　　(b)用压板固定

1-喷嘴；2-主流道衬套；3-定模板

图 5-16

①单分型面注射模具，见图 5-17 所示。

当注射机最大开模行程与模具厚度无关时，

$$S \geqslant H_1 + H_2 + (5 \sim 10)\text{mm} \tag{5-5}$$

式中：S——注射机的最大开模行程；

H_1——塑料脱模距离

H_2——包括流道凝料在内的塑件的高度。

当注射机最大开模行程与模具厚度有关时，

$$S \geqslant H_m + H_1 + H_2 + (5 \sim 10)\text{mm} \tag{5-6}$$

式中：H_m——模具的厚度

②双分型面注射模具，见图 5-18 所示。

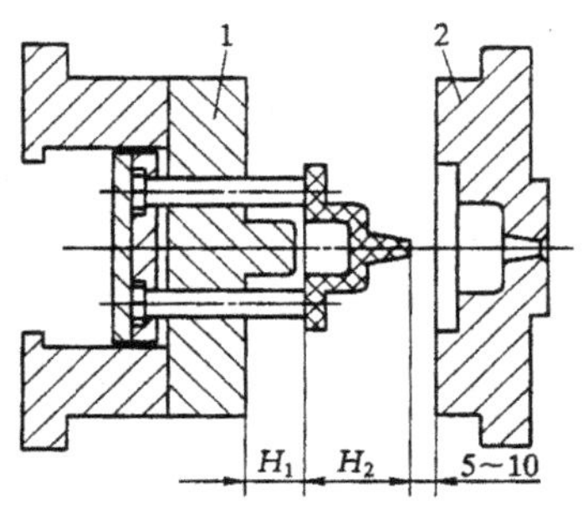

1-动模板 2-定模板

图 5-17 单分型面注射模

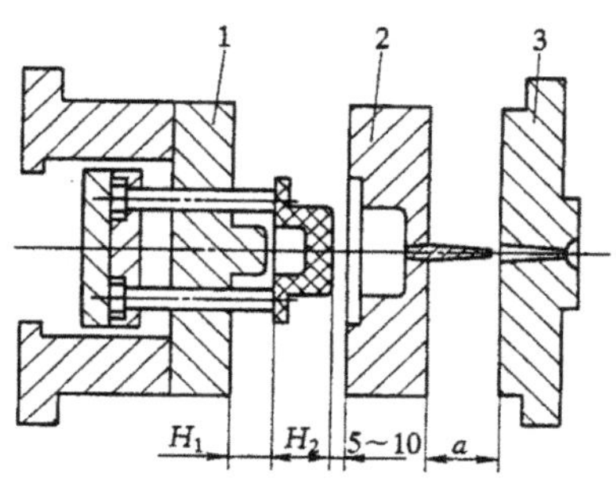

1-动模板；2-凹模板(中间板)；3-定模板

图 5-18 双分型面注射模

当注射机最大开模行程与模具厚度无关时，

$$S \geqslant H_1 + H_2 + A + (5 \sim 10)\text{mm} \quad (5\text{-}7)$$

式中：A——中间板与定模板之间的分开距离(流道凝料的长度)。当注射机最大开模行程与模具厚度有关时，

$$S \geqslant H_m + H_1 + H_2 + A + (5 \sim 10)\text{mm} \quad (5\text{-}8)$$

③有侧向抽芯的注射模具，见图 5-19 所示

当注射机最大开模行程与模具厚度无关时，分两种情况：

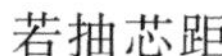

若抽芯距

$Hc > H_1 + H_2$(mm)，则 $S \geqslant Hc + (5 \sim 10)$mm (5-9)

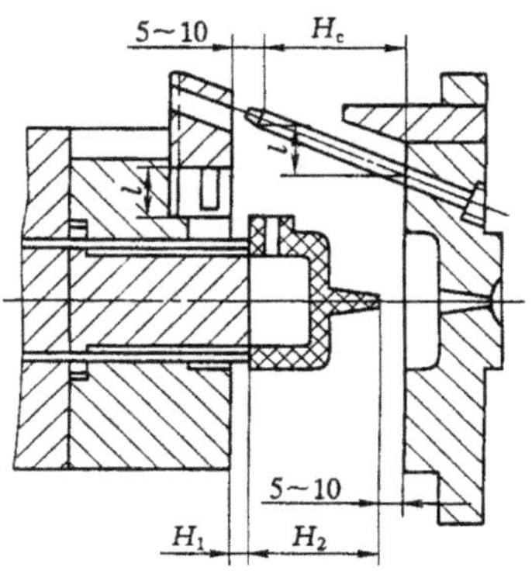

图 5-19 有侧向抽芯机构的

若抽芯距

$Hc < H_1 + H_2$(mm)，则 $S \geqslant H_1 + + H_2 + (5 \sim 10)$mm (5-10)

当注射机最大开模行程与模具厚度有关时，也分两种情况：

若抽芯距 $Hc > H_1 + H_2$(mm)，则 $S \geqslant H_m + Hc + (5 \sim 10)$mm (5-11)

若抽芯距

$Hc < H_1 + H_2$(mm)，则 $S \geqslant H_m + H_1 + H_2 + (5 \sim 10)$mm (5-12)

(7) 顶出装置的校核

注塑机顶出装置的主要形式有机械顶出、液压顶出和气压吹出。常用的是机械、液压顶出两种。

对机械顶出装置，注塑机顶杆可放在动模座的中心，也可放在动模座的两侧；对液压顶出装置，顶杆放在动模座的中心部位，对液压机械式的顶出装置，一般机械顶杆放在动模座的两侧，液压顶杆放在动模座的中心。

气压吹出需要增设气源和气路，故少用。

注塑机动模座顶杆大小、位置与模具顶出装置相适应，注塑机顶出装置的顶出距离应大于或等于塑件顶出距离 H_1。

5.3 注射模具的基本结构

在注射模实际生产应用中，按浇注系统不同类型的分类方法最普遍。常分为两板模、三板模和热流道模。

5.3.1 单分型面注射模

单分型面注射模又称二板式注射模，是注射模中最简单、最常见的一种结构形式。单分型面注射模只有一个分型面，典型结构如图 5-20 所示。

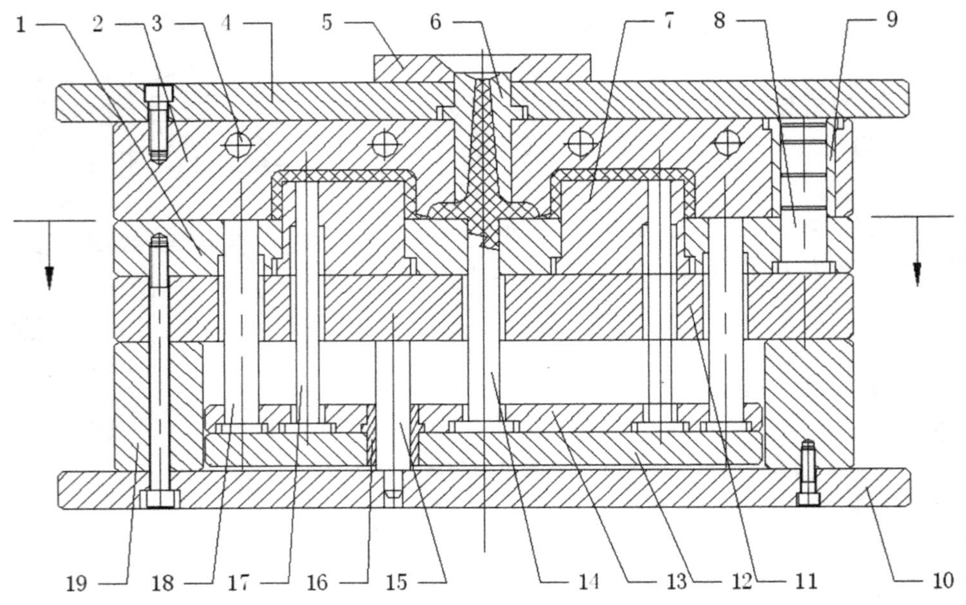

1-动模板；2-定模板；3-水路孔；4-面板；5-定位圈；6-浇口套；7-凸模；8-导柱；9-导套；10-底板；11-托板；12-底针板；13-面针板；14-拉料杆；15-推板导柱；16-推板导套；17-顶针；18-复位杆；19-模脚

图 5-20

其工作原理如下所述：合模时，在导柱 8 和导套 9 的导向和定位作用下，注射机的合模系统带动动模部分向前移动，使模具闭合，并提供足够的锁模力锁紧模具。在注射液压缸的作用下，塑料熔体通过注射机喷嘴经过模具浇注系统进入型腔，待熔体充满型腔并经过保压、补缩和冷却定型后开模；开模时，注射机合模系统带动动模向后移动，模具从动模和定模分型面分开，塑料包在凸模 7 上随动模一起后移，同时拉料杆 14 将浇注系统主流道凝料从浇口套中拉出，开模行程结束，注射机液压顶杆推动顶出底针板 12，推出机构开始工作，推杆 17 和拉料杆 14 分别将塑件及浇注系统凝料从凸模 7 和冷料穴中推出，至此完成一次注射过程。合模时，复位杆使推出机构复位，模具准备下一次注射。

5.3.2 双分型面注射模

双分型面注射模具又称三板式注射模，其结构特点是有两个分型面，通常用于点浇口浇注系统的模具，如图 5-21 所示。

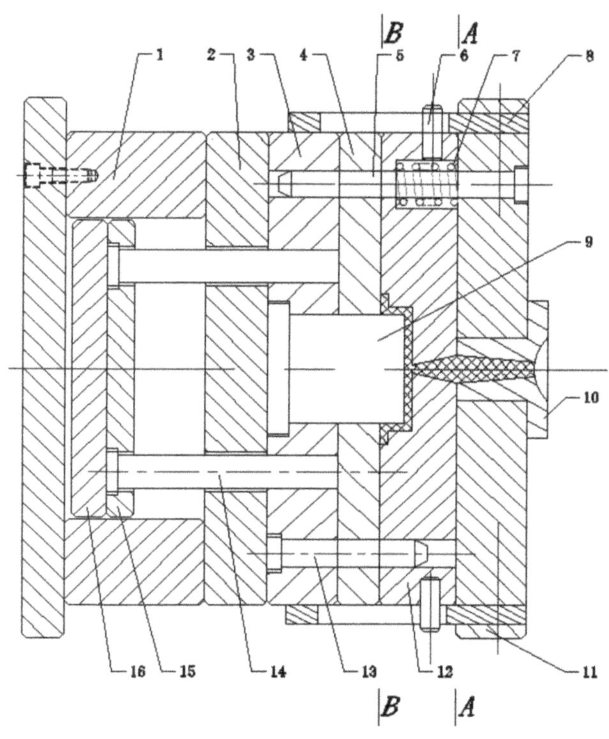

1-模脚；2-托板；3-动模板；4-推板；5-拉杆导柱；6-限位销；7-弹簧；8-定距拉板；
9-型芯；10-浇口套；11-面板；12-定模板；13-导柱；14-复位杆；15-面针板；16-底针板；

图 5-21

其工作原理如下所述：开模时，动模部分向后移动，由于弹簧 7 的作用，模具首先在 A 分型面分型，中间板（定模板）12 随动模一起后退，主流道凝料从浇口套 10 中随之拉出。当动模部分移动一定距离后，固定在定模板 12 上的限位销 6 与定距拉板 8 左端接触，使中间板停止移动，A 分型面分型结束。动模继续后移，B 分型面分型。因塑件抱紧在型芯 9 上，这时浇注系统凝料在浇口处拉断，然后在 B 分型面之间自行脱落或人工取出。动模部分继续后移，当注射机的顶杆接触顶出底针板 16 时，推出机构开始工作，脱料板在推杆 14 的推动下将塑件从型芯 9 上推出，塑件在 B 分型面自行落下。

5.3.3 热流道注塑模具

由于快速自动化注射成型工艺的发展，热流道注塑模具正被逐渐推广使用，如图 5-22、图 5-23 所示。它与一般注塑模具的区别是注射成型过程中浇注系统内的塑料是不会凝固的，也不会随塑件脱模，所以这种模具又称为无流道模具。

这种模具的主要优点有两个：其一是基本上实现了无废料加工，既节约了原材料，又省

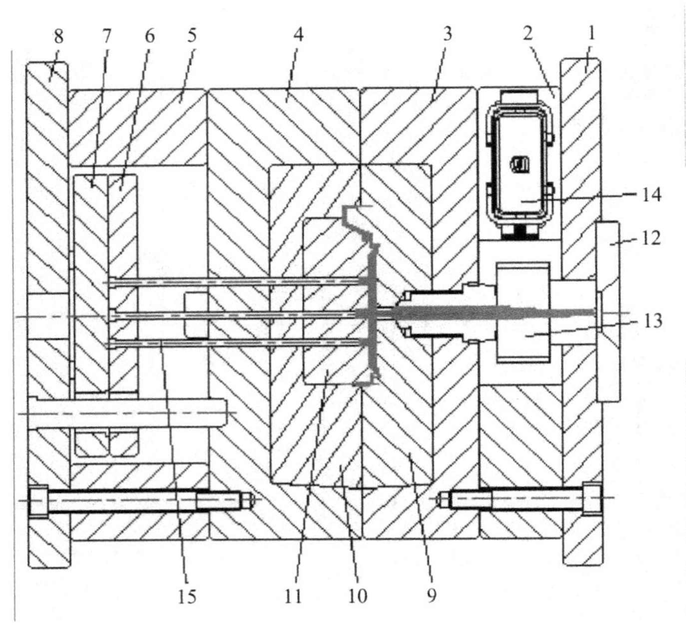

图 5-22　合模状态

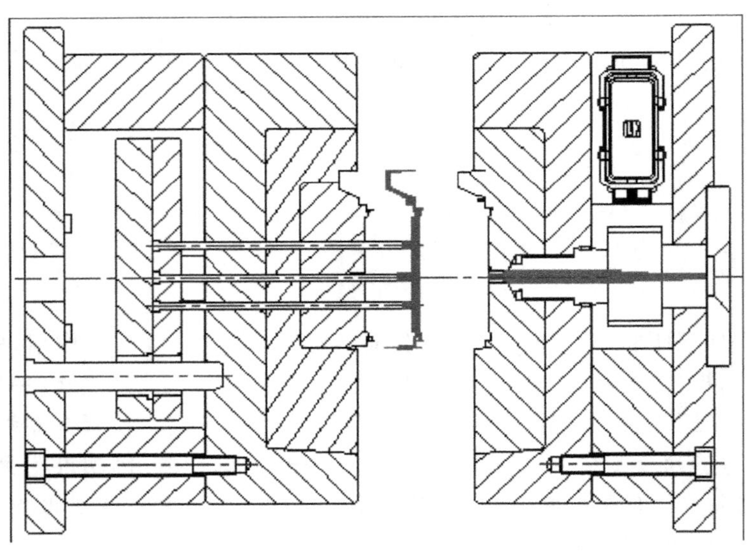

1-定模座板；2-热流道板；3-定模板；4-动模板；5-模脚；6-顶针固定板；7-顶针垫板
8-动模座板；9-型腔；10-型芯；11-型芯镶块；12-定位圈；13-热流道系统；14-插座；15-顶针

图 5-23　开模状态

去了切除冷料工序；其二是减少进料系统压力损失，充分利用注射压力，有利于保证塑件质量。因此，热流道注塑模具结构复杂、成本高，对模温的控制要求严格，适合于大批量生产。

如图 1-4 典型热流道模所示。除了浇注系统采用热流道形式外，其他的系统机构组

成与

两板模完全一样。同样由于热流道模有很多优缺点，从而决定采用它的影响因素也很多。其中在实际生产应用中模具成本、塑件成本和成型产品质量要求等因素起着决定性的作用。

5.4 注塑模设计知识点

5.4.1 成型零件、型腔布局设计

1. 成型零件概念

注塑模可分成动模和定模两部分，见图 5-24 定模部分和图 5-25 动模部分。而模具中按零件作用可分为成型零件与结构零件。一般常常将模架与内模成型零件分开，目的是为了加工和维修方便，降低成本，并保证模具有足够的寿命。模架采用普通钢材(45＃)，以降低成本；成型零件采用优质模具钢，以提高模具强度、刚度和耐磨性，保证模具使用寿命。

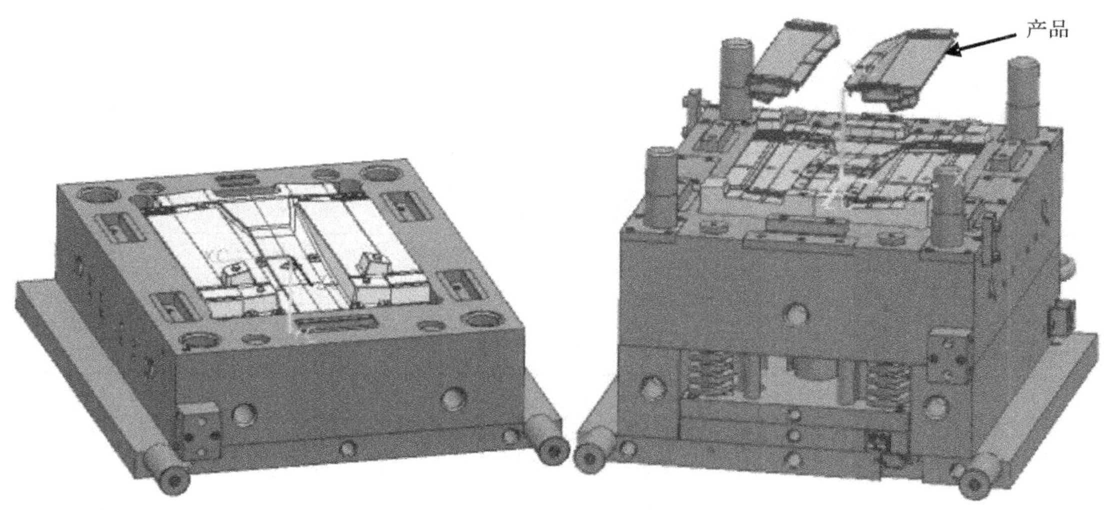

图 5-24　定模部分　　图 5-25　动模部分

模具生产时用来填充塑料熔体，成型制品的空间叫型腔，构成注塑模模具型腔的模具零件通称为成型零件，又叫内模镶件。成型零件具体包括由型芯(成型塑件内部形状)，型腔(成型塑料外部形状)，成型杆，镶块等构成。除此之外，成型零件还包括侧向抽芯机构、斜顶块及推出机构等。

2. 成型零件设计

(1)成型零件工作条件

成型零件工作时，直接与塑料熔体接触，承受熔体料流的高压冲刷、脱模摩擦等。

(2)成型零件基本要求

成型零件不仅要求有正确的几何形状,较高的尺寸精度和较低的表面粗糙度,而且还要求有合理的结构,较高强度、刚度及较好的耐磨性。

(3)成型零件设计一般步骤

①确定模具型腔数量。

②确定制品分型线和分型面。

③确定是否要侧向抽芯机构。

④计算型芯、型腔的成型尺寸,确定脱模角度。

⑤排位确定成型零件的大小。

⑥确定成型零件的组合方式和固定方式。

3. 型腔布局设计

(1) 型腔数量的确定

型腔数量的确定主要有以下影响因素:

①制品重量(包括浇注系统凝料)与注塑机的额定注塑量:(各腔塑料制品总重+浇注系统凝料)≤注塑机额定注塑量 * 80%(用于校核)

注意:算出的数值不能四舍五入,只能向大取整数。

②由注塑机的额定锁模力确定:各产品(包括凝料)在分型面上的投影面积 * 型腔平均压力≤注塑机额定锁模力 * 80%(用于校核)

注意:型腔平均压力需要查表 5-7 塑料形状和精度不同时可选用的型腔压力得到

表 5-7 塑料形状和精度不同时可选用的型腔压力

条　件	型腔平均压力/MPa	举　例
易于成型的制品	25	聚乙烯、聚苯乙烯等厚壁均匀用品、容器类
普通制品	30	薄壁容器类
高黏度、高精度制品	35	ABS、聚甲醛等机械零件、高精度制品
黏度和精度特别高制品	40	高精度的机械零件

③制品的生产批量:根据客户提供的生产批量,决定型腔的个数

④制品精度、颜色:每增加一个型腔,其成型制品的尺寸精度就下降 5%

⑤经济效益(每模的生产值):模具中型腔数量越多,其制造费用越高,制造难度也越大,模具质量很难保证。

⑥成型工艺:型腔数量增多后,分流道长度必然增加,这样会导致注射压力及熔体热量会有较大损失。

⑦保养和维修:型腔数量越多,故障发生率也越高,而任何一腔出了问题,都必须立即修理,否则将会破坏模具原有的压力平衡和温度平衡。

(2) 型腔布局原则

①保证模具的压力平衡和温度平衡。型腔压力分为两个部分,一是指平行于开模方向的轴向压力;二是指垂直于开模方向的侧向压力,如图 5-26 所示。

保证模具的压力和温度平衡,可以采用将制品对称排位或对角排位。

A 对称排位

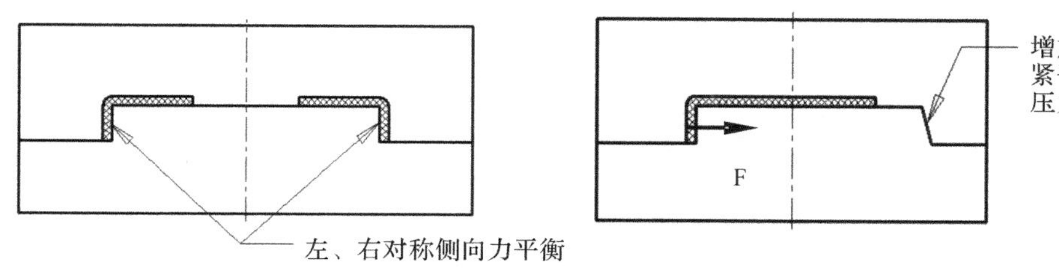

图 5-26

- 一模出一件，制品形状完全对称或近似对称
- 一模出多件，制品相同，腔数位双数
- 一模出多件，制品不同，腔数均为双数，见图 5-27 所示

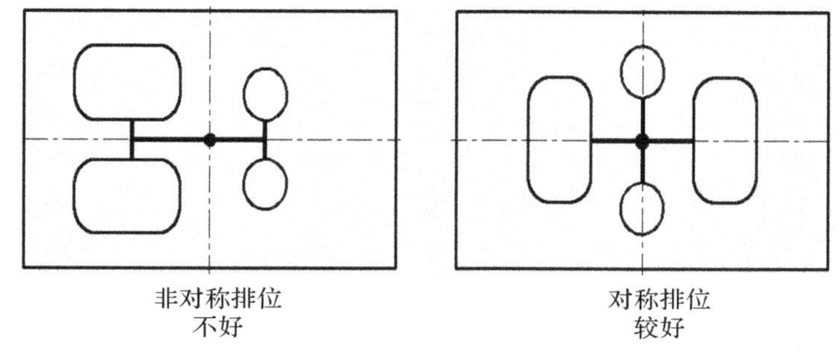

图 5-27

B 对角排位

- 一模出两件，制品相同，但制品不对称，俗称鸳鸯模
- 一模出两件，制品大小形状不同
- 一模出多腔(两腔以上)，各腔大小形状不同，尽量采用较大的和较大的对角摆放，较小的和较小的对角摆放

②浇口位置统一原则。浇口位置统一原则是指一模多腔中，相同制品要从相同的位置进胶。目的就是保证各制品收缩率一致，使其具有互换性。

③进料平衡原则。进料平衡原则是指熔体在基本相同的条件下，同时充满各型腔，以保证各腔制品的精度。

A 采用平衡式(如图 5-28 所示)。主流道到各型腔的分流道长度相等。适用于制品相同或近似。

B 按大制品靠近主流道、小制品远离主流道排位，再调整流道、浇口尺寸。适用于各制品不同或差异较大。

注意：当大小制品质量之比大于 8 时，应同客户协商调整。

④分流道最短原则

浇注系统的分流道越短，流道凝料越少，模具排气负担越轻，熔体在分流道内的压力和

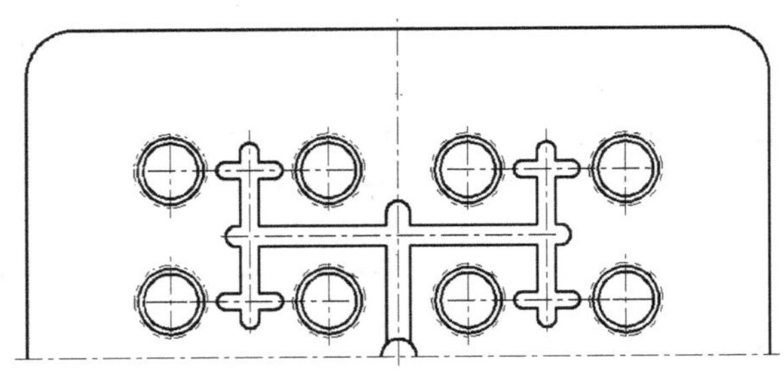

图 5-28

温度损失越少，成型周期也越短。可以通过计算流程比，检查是否满足注射工艺要求。

⑤成型零件尺寸最小原则

成型零件的尺寸越小，模架的尺寸就越小，模具的制造成本就越低，与之匹配的注射机就越小。小型的注射机运转费用低，且运转速度快。

5.4.2 分型面设计

1. 模具分模面(PL 面)的定义

为了将成品与凝固流道从模穴中取出，模穴必须分一个或几个主要部分，这些可以分离部分的接触表面通称为分模面。

从使用功能角度出发，模具分模面(PL 面)通常由五部分组成：

- 封胶面
- 定位面
- 承压面
- 撬模位
- 排气槽

设计时在充分考虑到模具动态精度的条件下要有机灵活的进行组合。

2. 分型面设计一般原则

分模面除受排位的影响外，还受塑件的形状、外观、精度、浇口位置、行位、顶出、加工等多种因素影响。合理的分模面是塑件能否完好成型的先决条件。一般应从以下几个方面综合考虑：

(1)符合胶件脱模的基本要求，就是能使胶件从模具内取出，分模面位置应设在胶件脱模方向最大的投影边缘部位。

(2)确保胶件留在后模一侧，并利于顶出且顶针痕迹不显露于外观面。

(3)分模线不影响胶件外观，分模面应尽量不破坏胶件光滑的外表面。

(4)确保胶件质量。例如，将有同轴度要求的胶件部分放到分模面的同一侧等

(5)分模面选择应尽量避免形成侧孔、侧凹，若需要行位成形，力求行位结构简单，尽量避免前模行位。

(6)合理安排浇注系统，特别是浇口位置。

(7)满足模具的锁紧要求，将胶件投影面积大的方向，放在前、后模的合模方向上，而将

投影面积小的方向作为侧向分模面；另外，分模面是曲面时，应加斜面锁紧。

(8)有利于模具加工。

3. 分型面设计注意事项及要求

(1)台阶型分模面

一般要求台阶顶面与根部的水平距离 $D \geqslant 0.25$，如图 5-29 所示。为保证 D 的要求，一般调整夹角“A”的大小，当夹角影响产品结构时，应同相关负责人协商确定。当分模面中有几个台阶面，且 $H_1 \geqslant H_2 \geqslant H_3$ 时，角度“A”应满足 $A_1 \leqslant A_2 \leqslant A_3$，并尽量取同一角度方便加工。角度“$A$”尽量按下面要求选用：当 $H \leqslant 3\text{mm}$，斜度 $A \geqslant 5°$；$3\text{mm} \leqslant H \leqslant 10\text{mm}$，斜度 $A \geqslant 3°$；$H > 10\text{mm}$，斜度 $A \geqslant 1.5°$；某些胶件斜度有特殊要求时，应按产品要求选取。

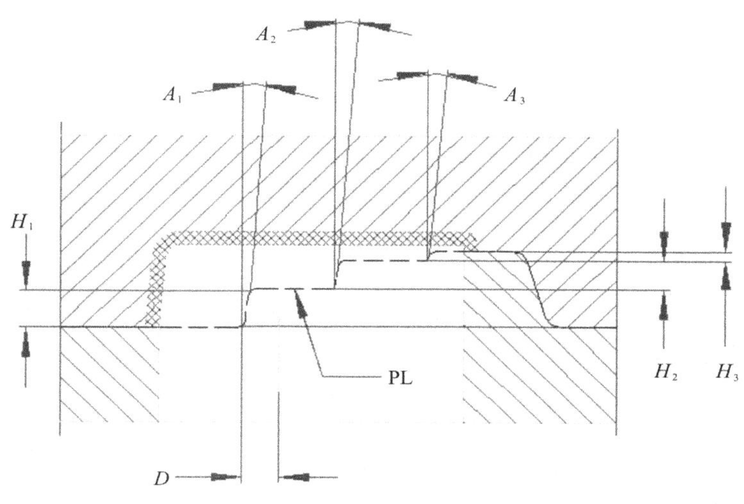

图 5-29

(2)曲面型分模面

当选用的分模面具有单一曲面(如柱面)特性时，要求按图 5-30 不合理结构所示的型式即按曲面的曲率方向伸展一定距离建构分模面。否则，则会形成如图 5-31 所示的不合理结构，产生尖钢及尖角形的封胶面，尖形封胶位不易封胶且易于损坏。

当分模面为较复杂的空间曲面，且无法按曲面的曲率方向伸展一定距离时，不能将曲面直接延展到某一平面，这样将会产生如图 5-32 所示的台阶及尖形封胶面，而应该延曲率方向建构一个较平滑的封胶曲面，如图 5-33 所示。

(3)避免设计成尖角

如图 5-34 所示避免设计成尖角，因尖角不利于加工，钳工 FIT 模及容易损坏，须作圆弧过渡化处理。

图 5-30　不合理结构

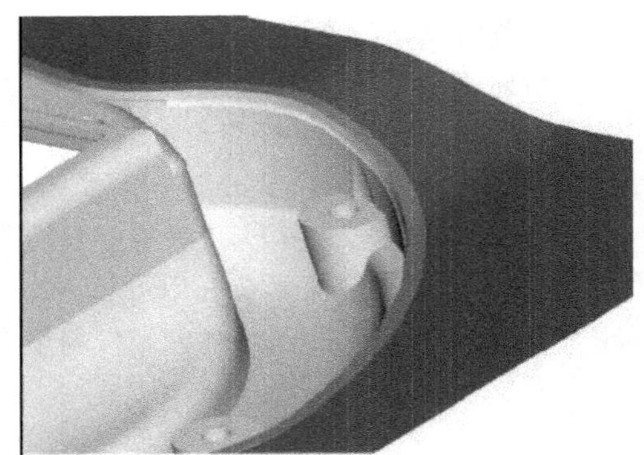

图 5-31

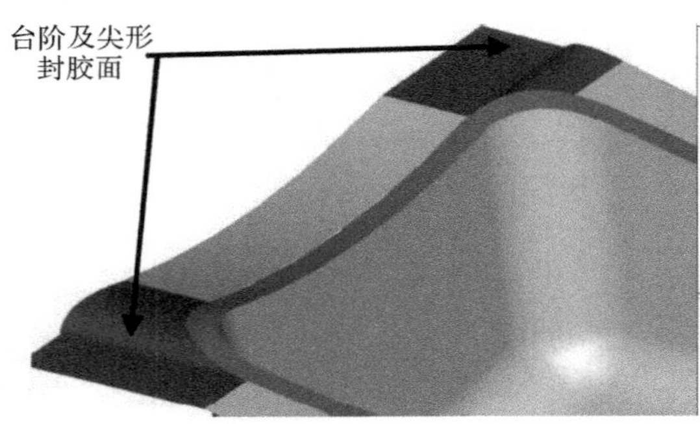

图 5-32

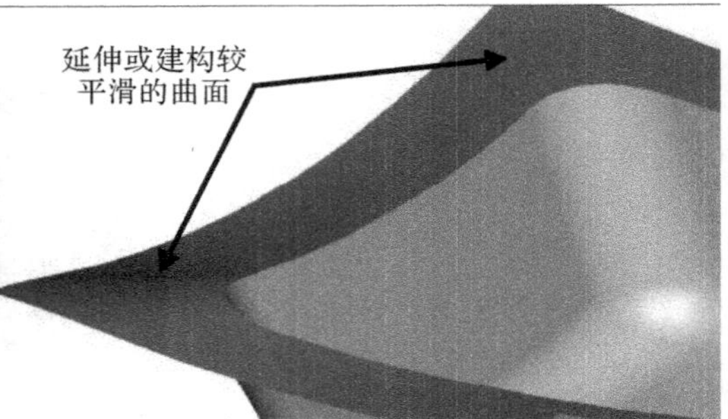

图 5-33

图 5-34

(4)封胶距离

通常封胶面宽度 b 设计为 30mm,外侧作避空 1.5mm 处理,减小接触面积以减小钳工的 FIT 模时间,如图 5-35 所示。

注意:避空面一般设置在定模侧。

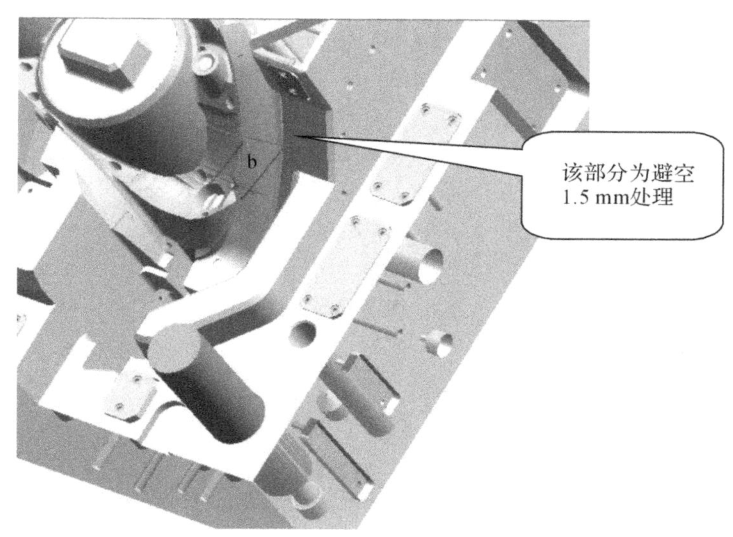

图 5-35

(5)平衡侧向压力-定位面

由于型腔产生的侧向压力不能自身平衡,容易引起前、后模在受力方向上的错动,一般采用增加斜面锁紧,利用前后模的刚性,平衡侧向压力,如图 5-36 所示,锁紧斜面在合模时要求完全贴合。

定位面的角度 A 一般为 10°,斜度越大,平衡效果越差。

(6)承压面

承压面的作用:因模具长期在锁模力的周期作用下,为保持 PL 面的接触间隙在许用溢边值范围内,在模面须设置足够的承压面来承担塑机锁模力。不能由 PL 面来承担锁模力而出现变形破坏失效。

承压面的计算:根据模具生产用的塑机的锁模力,确定模具的最小承压面积。

考虑到表面承担长期脉动载荷容易产生接触疲劳,钢材表面许用压力常取抗拉强度的 1/12;

例 2312 钢表面许用压力取 79MPa;S50C 钢表面许用压力取 50MPa;

案例:一套在 450TON 塑机上生产的模具,其模架钢材为 P20(2312),请计算该套模具所需的最小承压面积。

计算得:

$$最小承压面积=450000\times9.8\div79=55823(\text{mm}^2)=558(\text{cm}^2)$$

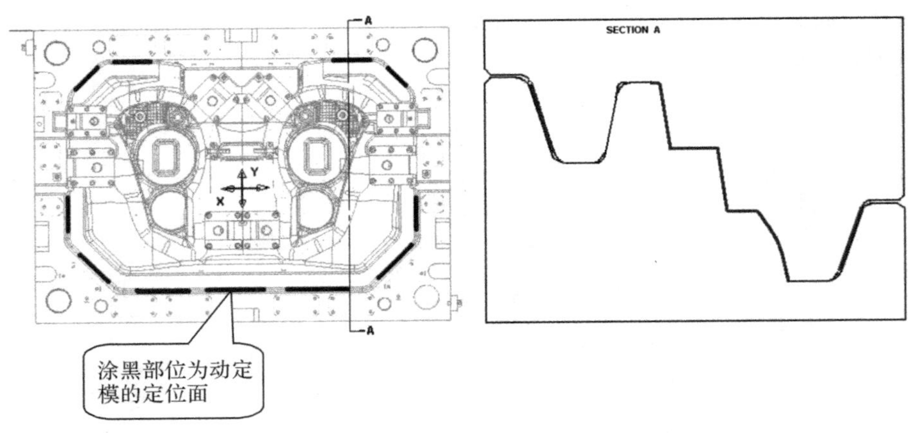

图 5-36

(7)分型面避空设计

分型面避空位按表 5-8 避空部位设计。

表 5-8　避空部位

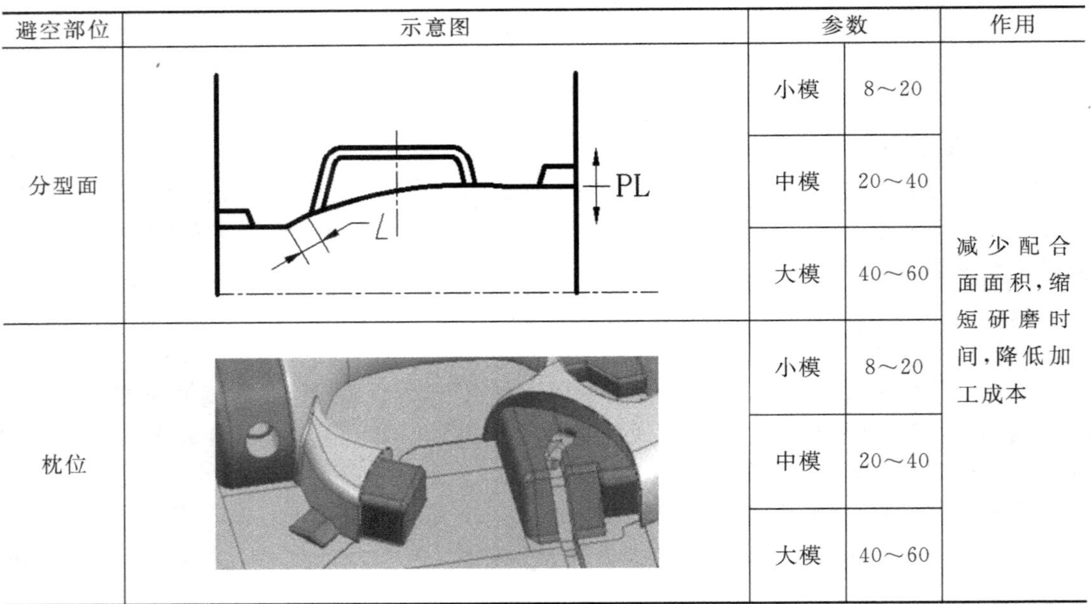

避空部位	示意图	参数		作用
分型面	PL、L	小模	8～20	减少配合面面积，缩短研磨时间，降低加工成本
		中模	20～40	
		大模	40～60	
枕位		小模	8～20	
		中模	20～40	
		大模	40～60	

5.4.3　浇注系统设计

1. 浇注系统概述

浇注系统设计包括主流道的选择、分流道截面形状及尺寸的确定、浇口的位置的选择、浇口形式及浇口截面尺寸的确定，当利用点浇口时，为了确保分流道的脱落还应注意脱浇口装置的设计。

2. 浇注系统设计思路

根据产品的结构、大小、形状以及制品批量大小，首先确定是采用冷流道浇注系统还是热流道浇注系统。

(1)冷流道浇注系统设计思路

①浇口的设计：确定浇口的形式、位置、数量及大小。

②分流道的设计：确定分流道的形状、截面尺寸及长短。

③主流道的设计：确定主流道的位置及尺寸。

④冷料穴的设计：确定冷料穴的位置及尺寸。

(2)热流道浇注系统设计思路

①热流道选择：确定开放式还是针阀式热喷嘴。

②进料方式：确定单点进料还是多点进料。

③选择热流道组件：单点进料确定热喷嘴；多点进料确定热喷嘴及热流道板。

3. 热流道浇注系统与冷流道浇注系统的区别

热流道浇注系统与冷流道浇注系统的区别如表 5-9 所示。

表 5-9

热流道浇注系统与冷流道浇注系统的区别		
流道系统	优点	缺点
热流道浇注系统	①注射周期短 ②制件的表面质量较好 ③材料的剪切少 ④消除流道废料 ⑤降低模具磨损 ⑥对平衡流道的敏感度较低 ⑦浇口位置能灵活选择	①(一般)模具结构更为复杂 ② 一般模具成本更高 ③更高的维修成本 ④工艺建立程序较难 ⑤材料可能会发生热降解 ⑥更难改变颜色 ⑦温度控制苛刻
冷流道浇注系统	①模具结构较简单 ②模具成本较低 ③塑料较稳定 ④颜色更改较热流道方便	①注射周期长 ②流道凝料多 ③材料的剪切力大，压力损失较多 ④成型制品质量相对于热流道较低

4. 冷流道浇注系统设计及经验数据

(1)浇口设计

参考表 5-10 浇口设计

表 5-10 浇口设计

<table>
<tr><th colspan="4">浇口设计</th></tr>
<tr><th>类型</th><th>适用场合</th><th colspan="2">经验数据</th></tr>
<tr><td>侧浇口</td><td>细而长的桶形制品不宜用</td><td>1.5-4
h
a
t
25-35°
b</td><td>$h=nt$
$b=\frac{n\sqrt{A}}{30}$
n—胶料系数
A—型腔投影面积
$h=\frac{1}{3}\sim\frac{1}{2}t$
<table><tr><th>胶料</th><th>n</th></tr><tr><td>PE、PS</td><td>0.6</td></tr><tr><td>PC、PP、POM</td><td>0.7</td></tr><tr><td>PA、PMMA</td><td>0.8</td></tr><tr><td>PVC</td><td>0.9</td></tr></table></td></tr>
<tr><td>点浇口</td><td>应用于三板模，对于平板制品可设置多个入水</td><td>D
a
c
b
E
1.5-2
R4-R8
d
E
1.5-5
2:1</td><td>$d=0.8\sim2$
$a=1^\circ\sim3^\circ$
$b=20^\circ\sim40^\circ$
$c=0.2^\circ\sim0.4^\circ$
$E=0.8\sim1.2$</td></tr>
</table>

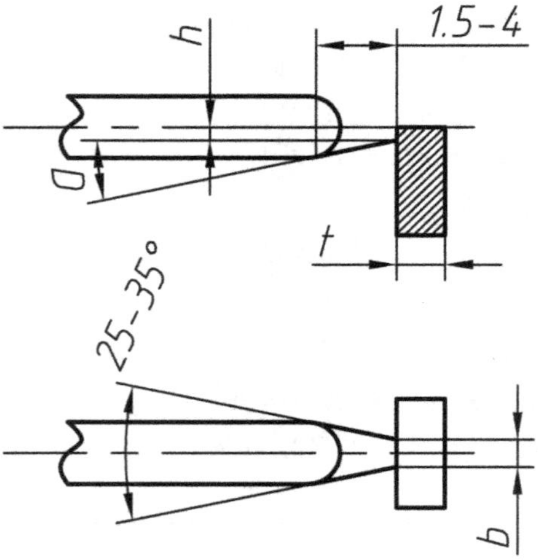

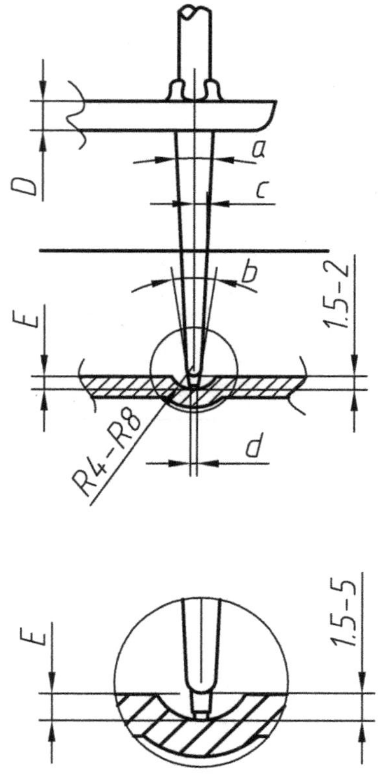

续表

浇口设计			
类型	适用场合	经验数据	
潜伏式浇口	适用于高度不大的盒形、壳形、桶形等制品	潜后模 潜前模 推板潜水口形式	$d=0.3-2$ $a=15°-20°$ $e=1-3$ $L=10°-15°$ $A=25°-60°$

续表

浇口设计			
类型	适用场合	经验数据	
护耳式浇口	制品表面不允许留下明显喷痕和气纹；高透明度平板类制品；要求变形很小的制品	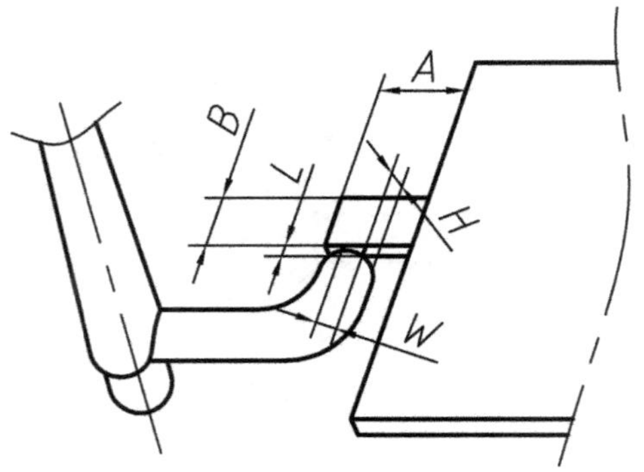	$A=10\sim13$mm， $B=6\sim8$mm， $L=0.8\sim1.5$mm， $H=0.6\sim1.2$mm， $W=2\sim3$mm
搭接式浇口	适用于平板类制品，浇口表面不允许产生气纹、震纹、蛇纹等留痕	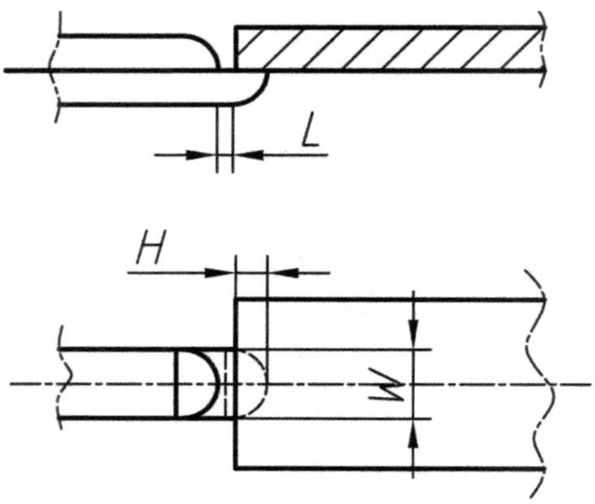	W=分流道直径 $L=0.5\sim2$mm $H=0.5t$（t 为产品的壁厚）
直接浇口	适用于单型腔、深腔壳形箱形制品。	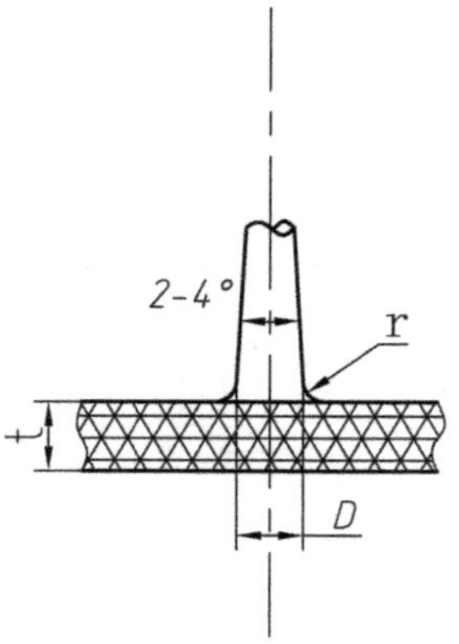 2-4° r t D	$D\leqslant2t$ $r=1\sim2$

续表

浇口设计			
类型	适用场合	经验数据	
扇形浇口	适用于平板类、壳形或盒形制品,可减少流纹和定向应力	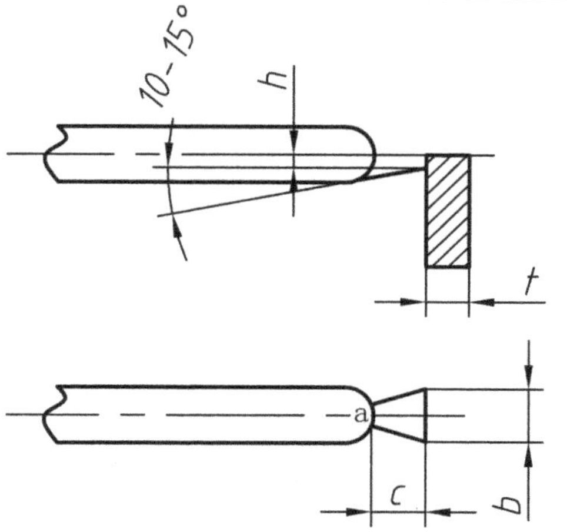	$b \geqslant 8$mm $h=1/3 \sim 1/2t$ $a=20° \sim 30°$ $c=1.5 \sim 4$
圆弧形浇口	外表面不允许有进浇口,而内表面又无筋、柱且无顶杆。	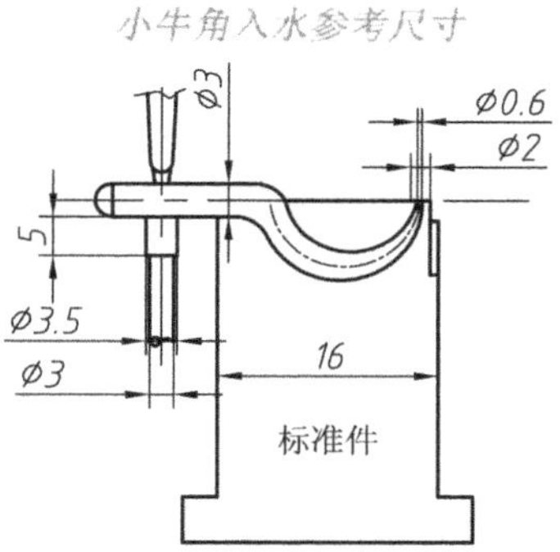 小牛角入水参考尺寸	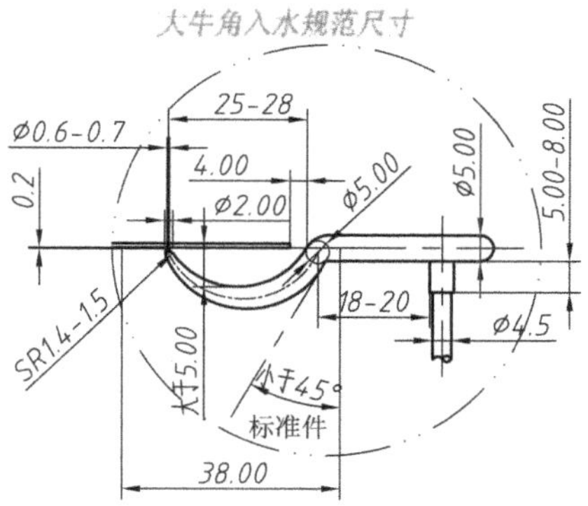 大牛角入水规范尺寸
备注:(以上数据仅供参考)	浇口数量确定	①浇口数量取决于熔体流程 L 与制品胶位厚度 T 的比值,一般每个进料点应控制 L/T 不大于 150。 ②在实际设计工作中,浇口数量还得根据制品结构形状,塑料熔融后的粘度等因素加以调整。 ③在满足注塑要求的情况下,浇口的数量越少越好。	
	浇口位置确定	①浇口位置尽量选择在分型面上。 ②浇口位置距型腔各部位距离尽量相等,并使流程最短。 ③浇口位置应有利于模具排气。 ④浇口位置不能影响制品外观和功能。	

(2)分流道设计

①分流道的布置形式

对于多腔布置,要尽量用平衡式分流道,即保证每个型腔浇口位置相同且分流道长短一致。图 5-37 分流道的布置形式所示为多腔模的分流道的常见布置形式。

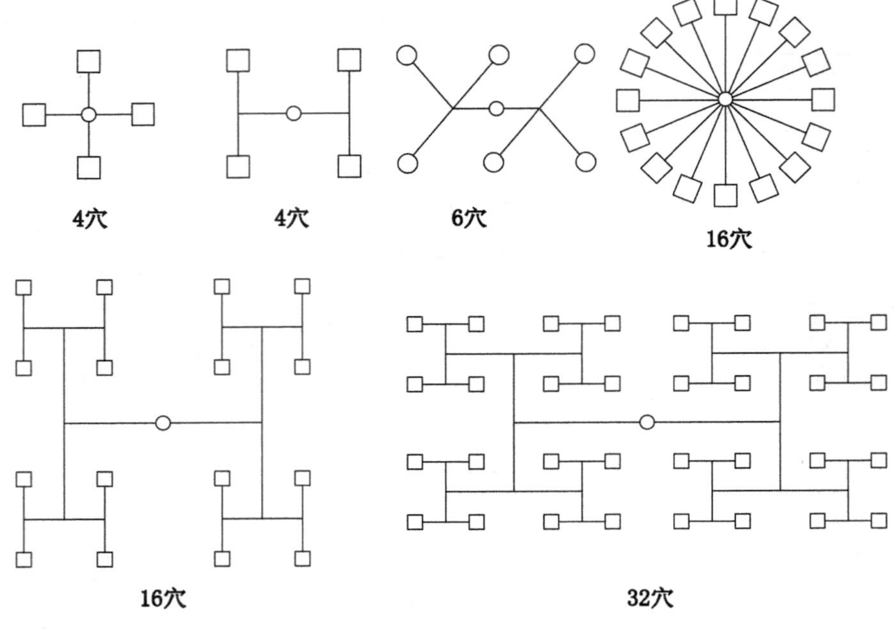

图 5-37　分流道的布置形式

②分流道截面尺寸的确定

对于 PS、ABS、SAN 等塑料制品，其分流道直径根据制品的重量及壁厚由表 5-11 查得。

表 5-11

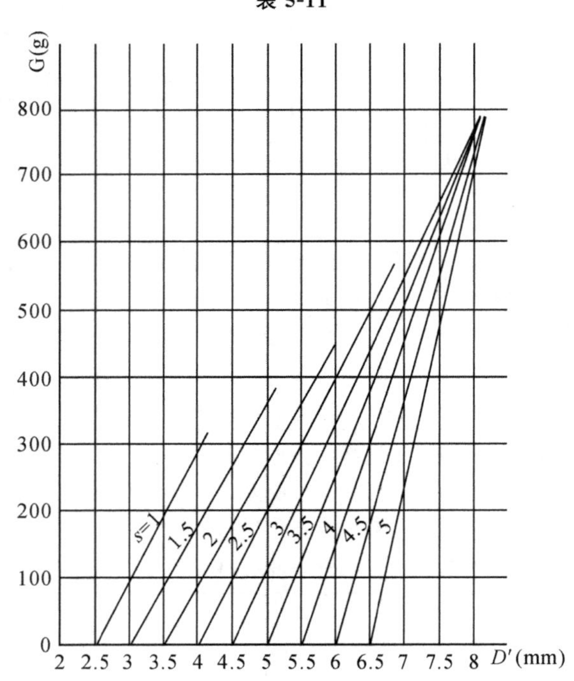

分流道直径尺寸曲线

D′—分流道直径　G—制品重量　S—制品壁厚

PE、PP、PA、PC、POM、等塑料制品，其分流道直径根据制品的重量及壁厚由中表 5-12 查得。

表 5-12

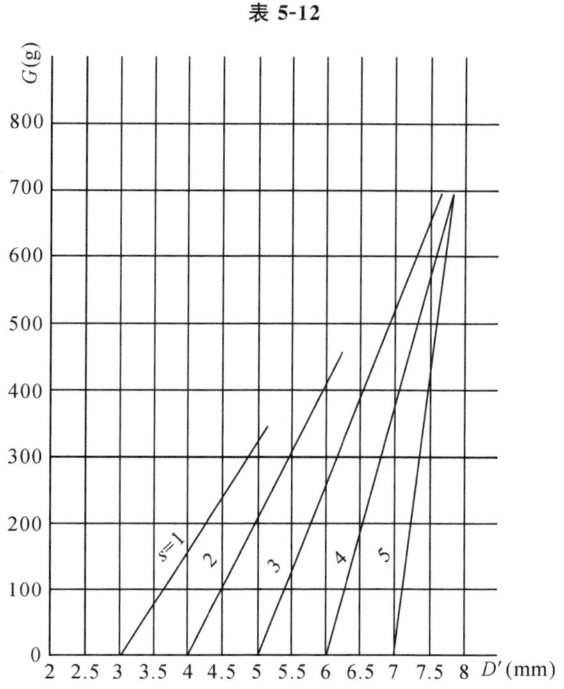

分流道直径尺寸曲线

D'—分流道直径　G—制品重量　S—制品壁厚

从表 15 和表 16 中查出分流道截面直径后，再根据分流道长度 L，从表 5-13 中查出修正系数 fL，则分流道直径 $D=D*fL$。

表 5-13

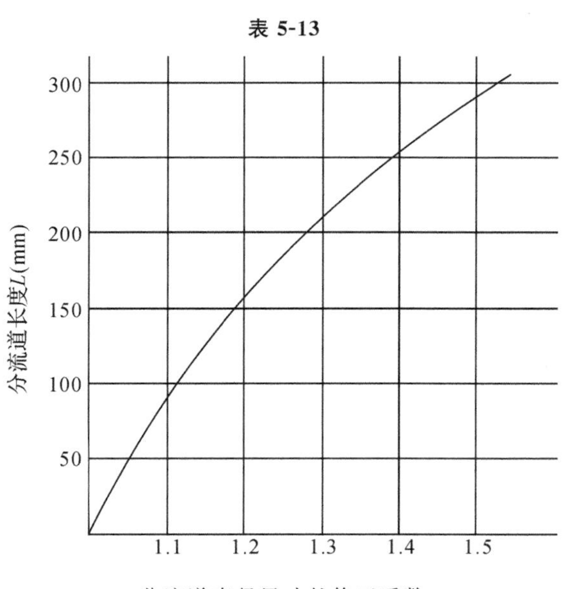

分流道直径尺寸的修正系数

(3)主流道设计

主流道形状由浇口套决定，为了便于脱模，主流道在设计上大多采用圆锥形，两板模主流道锥度 2°～4°，三板模主流道锥度可取 5°～10°，如表 5-14 主流道设计经验数据所示。

表 5-14　主流道设计经验数据

	经验数据	
主流道设计	1-料筒喷嘴；2-浇口套；3-定位圈	①D2 比 D1 要大 0.5～1mm ②一般情况，D2 = 3.2～4.5mm ③大端直径比分流道最大直径大 10%～20% ④一般浇口套大端设置圆角 R1～R3

(4)冷料穴设计

表 5-15　冷料穴设计

	经验数据	
主流道冷料穴设计	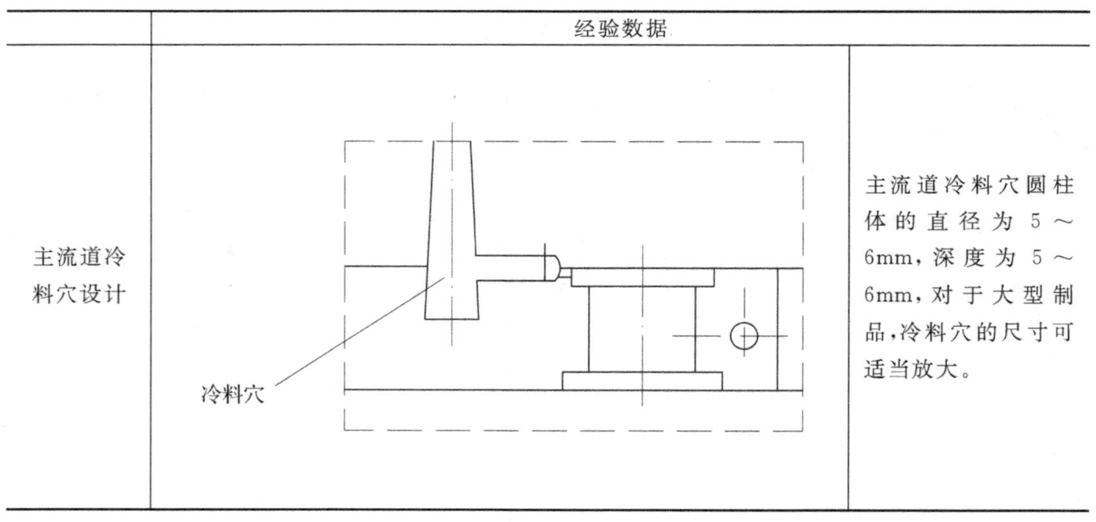	主流道冷料穴圆柱体的直径为 5～6mm，深度为 5～6mm，对于大型制品，冷料穴的尺寸可适当放大。

续表

	经验数据	
分流道冷料穴设计	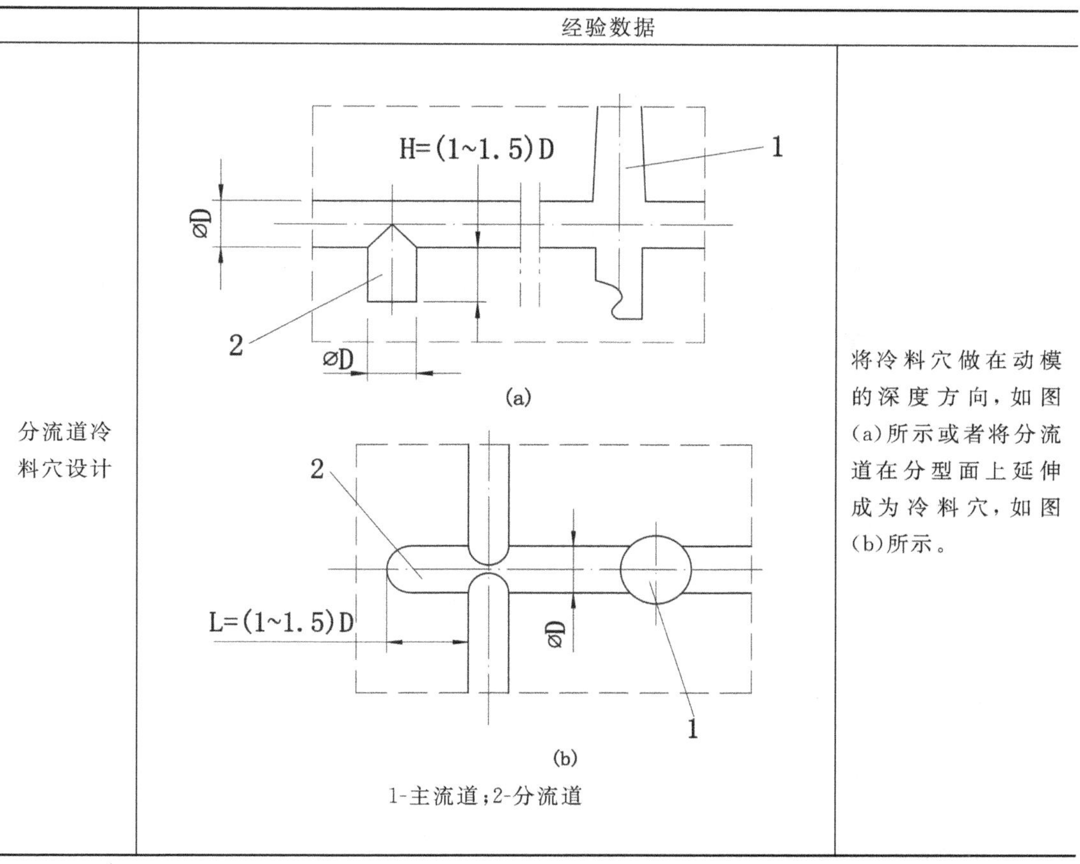 1-主流道;2-分流道	将冷料穴做在动模的深度方向,如图(a)所示或者将分流道在分型面上延伸成为冷料穴,如图(b)所示。

5. 热流道浇注系统设计

(1)热流道系统的基本组成

热流道浇注系统一般由热嘴、分流板、温控箱和附件等几部分组成。图 5-38 所示为多点式热流道浇注系统的结构图。

(2)热流道常见供应商

- MOLD-MASTERS 加拿大(一般应用于高档次的模具)
- SYNVENTIVE 荷兰(一般应用于高档次的模具)
- INCOE 美国(一般应用于高档次的模具)
- YUDO 韩国(一般应用于中等档次的模具)

(3)热流道热射嘴的分类

热流道的热射嘴分为针阀式热射嘴和开放式热射嘴。

①针阀式热射嘴具有以下特点:

- 阀针由气动或液压控制,能有效缩短成型周期,提高注塑速度,
- 制品无浇口痕迹,能有效提高表面质量,广泛应用于精细表面的加工,
- 对注塑材料有良好的适应性,能加工难成型材料,并达到最佳注塑效果。

②开放式热射嘴主要通过温度来控制,成型周期相对于针阀式的长,对塑料的成型性能

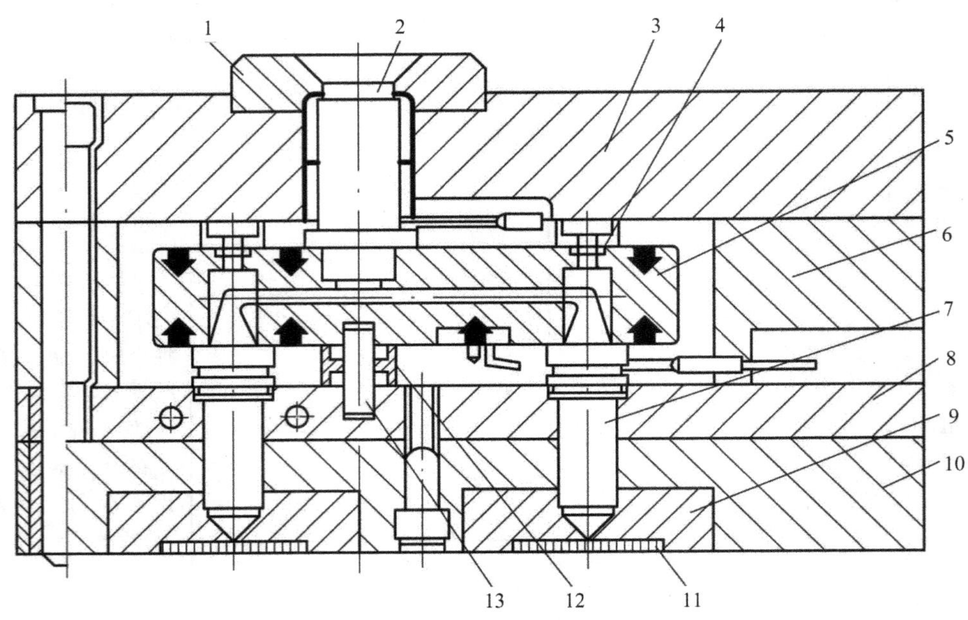

1-定位图;2-一级热射嘴;3-面板;4-隔热垫片;5-热流道板;6-撑板;7-二级热射嘴;
8-垫板;9-凹模;10 定模 A 板;11-制品;12-中心隔热垫片;13-中心定位稍

图 5-38

有较高的要求。

6. 浇注系统标准件的选用

(1)定位圈的选用

定位圈可采用自制或外购标准件,常用的规格有 100mm,120mm,150mm 规格。

定位圈的其中一种安装方式如图 5-39 所示。

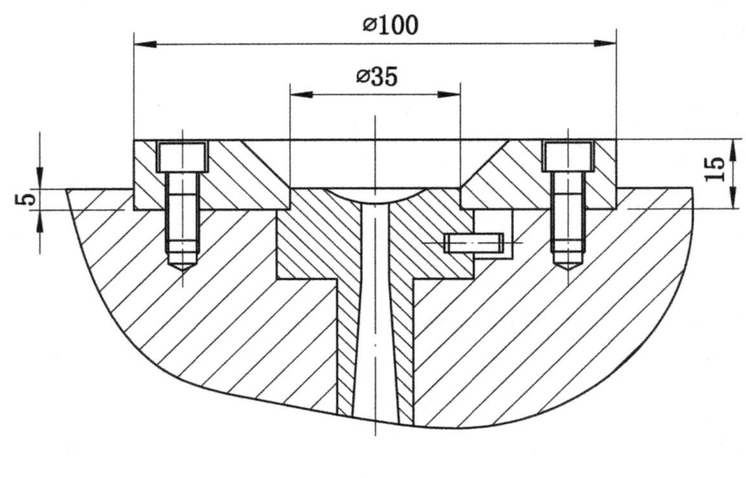

图 5-39

(2)浇口套的选用

①二板模浇口套的选用

二板模浇口套是标准件,通常根据模具所成型制品所需塑料重量的多少、所需浇口套的长度来选用。浇口套的锥度根据浇口套的长度的不同来选取,二板模浇口套的锥度一般为2°~4°,如图 5-40 所示。

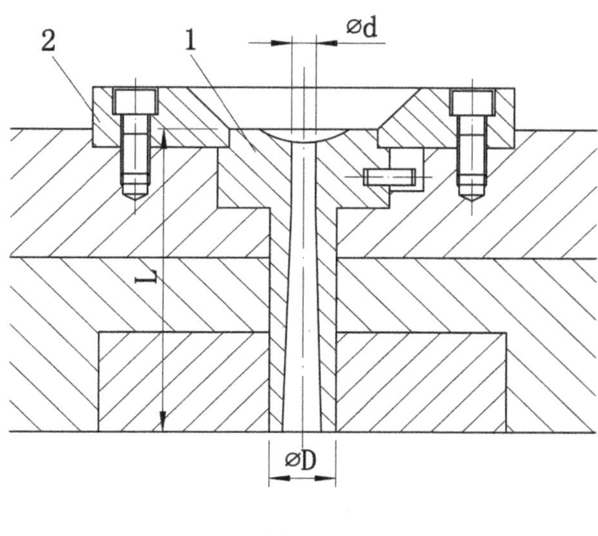

图 5-40

②三板模浇口套的选用

三板模浇口套较大,主流道较短,浇口套与流道推板的锥面配合角度为 90°。主流道的锥度一般为 5°~10°,如图 5-41 三板模浇口套所示。直径 D 和二板模定位圈的直径相同。

5.4.4 侧向分型机构设计

1. 侧向分型机构设计分类

当注射成型侧壁带有孔、凹穴、凸台等的塑料制件时,模具上成型该处的零件一般都要制成可侧向移动的零件,以便在脱模之前先抽掉侧向成型零件,否则就可能无法脱模。带动侧向成型零件做侧向移动(抽拔与复位)的整个机构称为侧向分型与抽芯机构。常见侧向分型机构分类:1 滑块设计、2 斜顶机构设计。

2. 滑块设计

(1) 基本分类

①典型滑块+斜导柱侧抽机构的设计要点

A. 工作原理是利用成型的开模动作用,使斜撑梢与滑块产生相对运动趋势,使滑块沿开模方向及水平方向的两种运动形式,使之脱离倒勾。如图 5-42 所示:

上图中:

$\beta=\alpha+2°\sim3°$(防止合模产生干涉以及开模减少摩擦)

$\alpha\leqslant25°$(α 为斜撑销倾斜角度)

$L=1.5D$ (L 为配合长度)

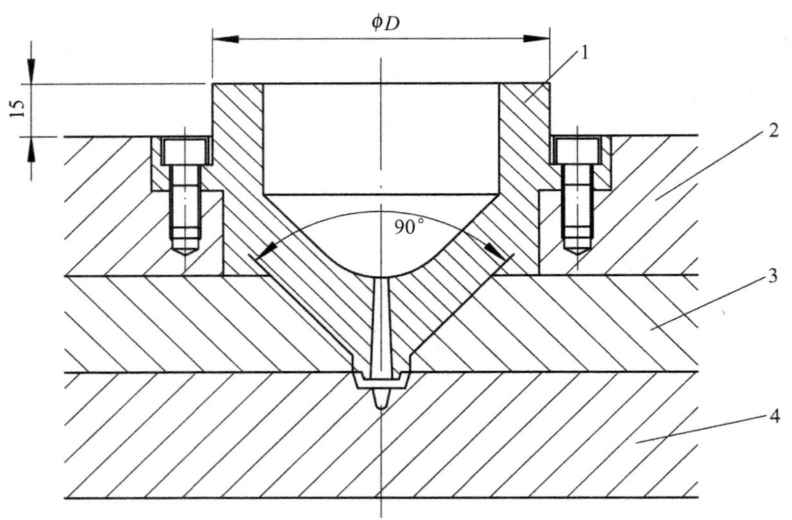

1-浇口套；2-面板；3-分流道板；4-定模板

图 5-41　三板模浇口套

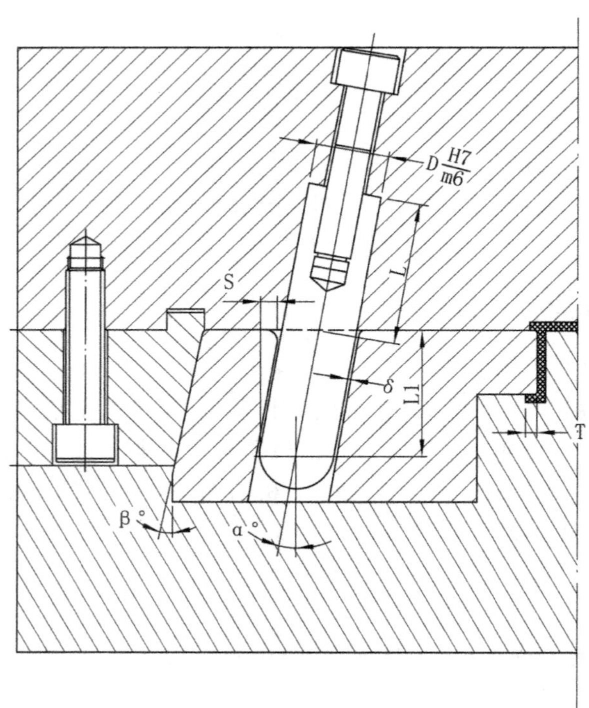

图 5-42

$S=T+2\sim3\text{mm}$（S 为滑块需要水平运动距离；T 为成品倒勾）

$S=(L_1 \text{xsina}-\delta)/\cos\alpha$（$\delta$ 为斜撑梢与滑块间的间隙，一般为 0.5mm；L_1 为斜撑梢在滑块内的垂直距离）

B. 斜导柱锁紧方式及使用场合

表 5-16 斜导柱锁紧方式及使用场合

简 图	说 明
D H7/m6, L	适宜用在模板较薄且上固定板与母模板不分开的情况下配合面较长，稳定较好。
L	适宜用在模板厚、模具空间大的情况下且两板模、三板板均可使用。 配合面 $L\geqslant1.5D$（D 为斜撑销直径） 稳定性较好
D H7/m6, L	适宜用在模板较厚的情况下且两板模、三板板均可使用，配合面 $L\geqslant1.5D$（D 为斜撑销直径） 稳定性不好，加工困难。

续表

简　图	说　明
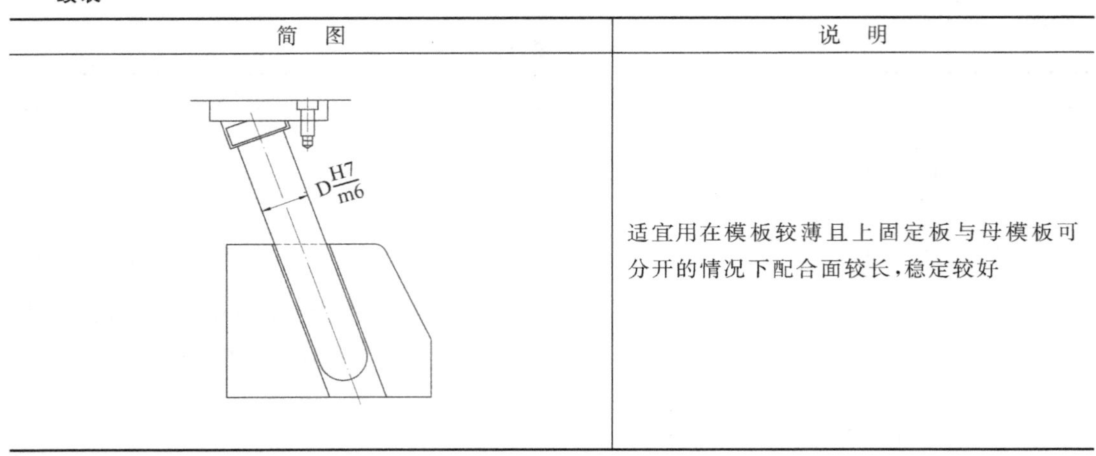	适宜用在模板较薄且上固定板与母模板可分开的情况下配合面较长，稳定较好

②拔块侧抽机构动作原理及设计要点

动作原理是利用成型机的开模动作，使拔块与滑块产生相对运动趋势，拨动面 B 拨动滑块使滑块沿开模方向及水平方向的两种运动形式，使之脱离倒勾。

如图 5-43 所示：

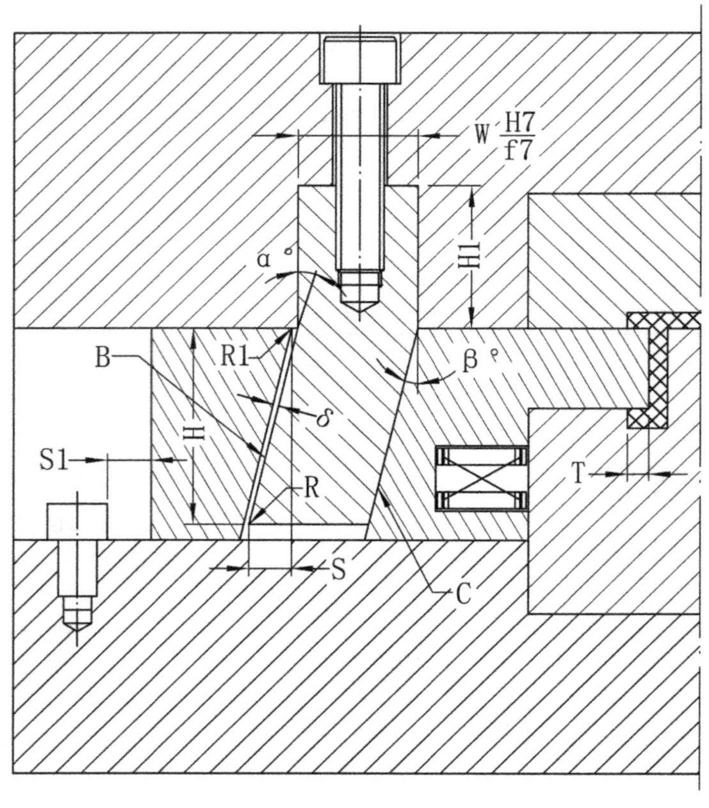

图 5-43

上图中：

$\beta=\alpha\leqslant 25^\circ$　（α 为拔块倾斜角度）

$H1\geqslant 1.5W$　　（$H1$ 为配合长度）

$S=T+2\sim 3\text{mm}$　　（S 为滑块需要水平运动距离；T 为成品倒勾）

$S=H*\sin\alpha-\delta/\cos\alpha$

（δ 为斜撑梢与滑块间的间隙，一般为 0.5mm；

H 为拔块在滑块内的垂直距离）

C 为止动面，所以拨块形式一般不须装止动块。（不能有间隙）

③滑块设计注意要点

如图 5-44 所示：

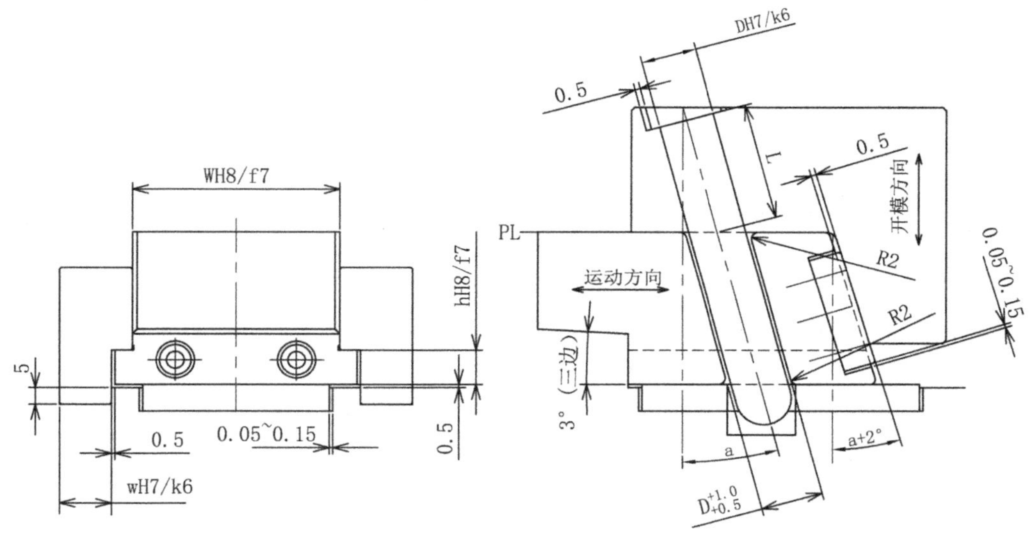

图 5-44

A. 斜导柱和滑块运动法线方向的夹角 $\alpha<25^\circ$，最大不得超过 30°。锁紧面的角度比斜导柱大 2°。

B. 斜导柱固定部长度 $L=1.5D$，其配合为过渡配合，配合公差为 $H7/k6$。

C. 滑块滑动的配合(除封胶位)为间隙配合，其配合公差均为 $H8/f7$。

D. 滑块封胶面(分型面除外)均为 3°斜度。如图所示：如是隧道滑块则封胶面均为 3°斜度。

E. 滑块压板与固定槽的配合为过渡配合，其配合公差为 $H7/k6$。定位配合深 5。如图所示：

F. 滑块配合面表面糙度 Ra 不大于 0.8。非配合面但有接触相互移动的面的表面粗糙度 Ra 不大于 1.6。其余 Ra 不大于 6.3。

G. 滑块非配合面的间隙为 0.5。

H. 耐磨板的单边间隙 0.05～0.15。

I. 滑块的滑动配合面均需作耐磨处理。

J. 斜导柱与滑块斜导柱孔的配合间隙0.5～1.0。如图所示。

K. 滑块斜导柱孔两端均倒 $R2$ 圆角。如图所示。

(2) 常用计算与校核

典型滑块＋斜导柱侧抽机构的计算与校核通常包括斜导柱直径计算、斜导柱工作长度计算、锁模块强度校核以及弹簧设计校核等内容。下面对其进行探讨。

①斜导柱直径和数量的确定

斜导柱直径的确定。通常有理论计算和经验数据两种方法，在实际的设计应用中普遍使用经验数据的方式。经验数据又有两种方式，分别是根据滑块重量和滑块宽度，到底选择哪种方式根据实际情况而定。下面分别列出斜导柱直径的经验数据值供设计参考。

A. 根据滑块宽度的斜导柱直径经验数据，具体见表5-17根据滑块宽度的斜导柱直径经验数据所示。

表5-17　根据滑块宽度的斜导柱直径经验数据

滑块宽度(mm)	20～30	30～50	50～100	100～150	150～200	200～250
斜导柱直径(mm)	8～12	12～16	16～20	20～25	25～30	30～35

通常情况下当滑块宽度≥150mm时，就应加中心导向条；当滑块宽度≥250mm，且宽度小于导向长度时，就应设计两根斜导柱；当滑块宽度≥350mm时，除用两根斜导柱外，还需用两个导向条，来防止滑块的转动，保证滑动精度、稳定性、可靠性。

B. 根据滑块重量的斜导柱直径经验数据，具体见表5-18根据滑块重量的斜导柱直径的经验数据所示。

表5-18　根据滑块重量的斜导柱直径的经验数据

滑块重(kg)	≤2	≤6	≤12	≤22	≤40	≤60	≤80	≤100
斜导柱直径(mm)	12	16	20	25	30	35	40	50

表5-18根据滑块重量的斜导柱直径的经验数据说明：

①当滑块重量大于100kg时，斜导柱直径 $D=5\sqrt{G}$(G：滑块重量kg)，并取跟它接近的标准供应商规格(mm)；

②当滑块用两根斜导柱时，斜导柱直径 $D=3.5\sqrt{G}$，(G：滑块重量kg)，并取跟它接近的标准供应商规格(mm)；

③主要针对中型和大型模具。

注意：当斜导柱数量为两根(需采用两根)时，可用小一档的斜导柱规格；当滑块高度很高时(例如大于120mm)，最好用高一档的斜导柱规格。

(2)限位弹簧设计经验数据

弹簧弹力设计与滑块抽芯方向关系的经验数据见表5-19弹簧弹力与滑块抽芯方向关系的经验数据所示，供设计参考。

表5-19　弹簧弹力与滑块抽芯方向关系的经验数据

滑块抽芯方向	模具天侧	模具操作侧或非操作侧	模具地侧
弹力与滑块重量(G)的关系式	(1.5～2)G	(1.2～1.5)G	(1～1.2)G

注意：上述弹力指的是滑块滑到位后保持的力。在计算弹簧的弹力时，必须严格按照供应商提供的技术参数去设计。

(3) 滑块的锁紧及定位方式

由于制品在成型机注射时产生很大的压力，为防止滑块与活动芯在受到压力而位移，从而会影响成品的尺寸及外观（如跑毛边），因此滑块应采用锁紧定位，通常称此机构为止动块或后跟块。常见的锁紧方式如表 5-20 所示。

表 5-20 常见的锁紧方式

简图	说明	简图	说明
	滑块采用镶拼式锁紧方式，通常可用标准件，可查标准零件表，结构强度好，适用于锁紧力较大的场合。		采用嵌入式锁紧方式，适用于较宽的滑块
	滑块采用整体式锁紧方式，结构刚性好但加工困难脱模距小适用于小型模具。		采用嵌入式锁紧方式适用于较宽的滑块.
	采用拔动兼止动稳定性较差，一般用在滑块空间较小的情况下		采用镶式锁紧方式，刚性较好一般适用于空间较大的场合。

(4) 滑块的定位方式

滑块在开模过程中要运动一定距离，因此，要使滑块能够安全回位，必须给滑块安装定位装置，且定位装置必须灵活可靠，保证滑块在原位不动，但特殊情况下可不采用定位装置，如左右侧跑滑块，但为了安全起见，仍然要装定位装置。

常见的定位装置如表 5-21 所示。

表 5-21

简图	说明
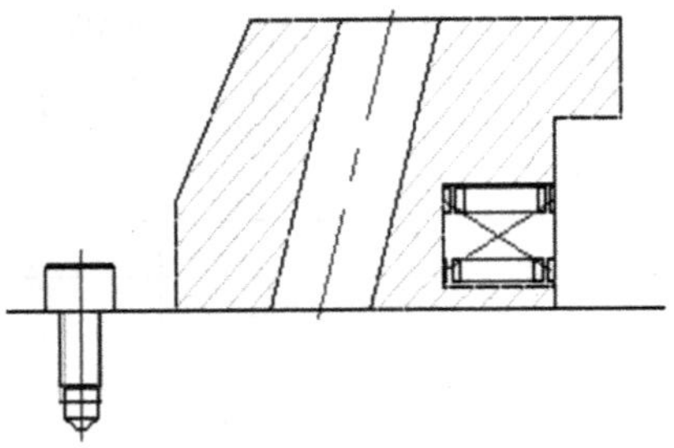	利用弹簧螺钉定位,弹簧强度为滑块重量的 1.5～2 倍,常用于向上和侧向抽芯。
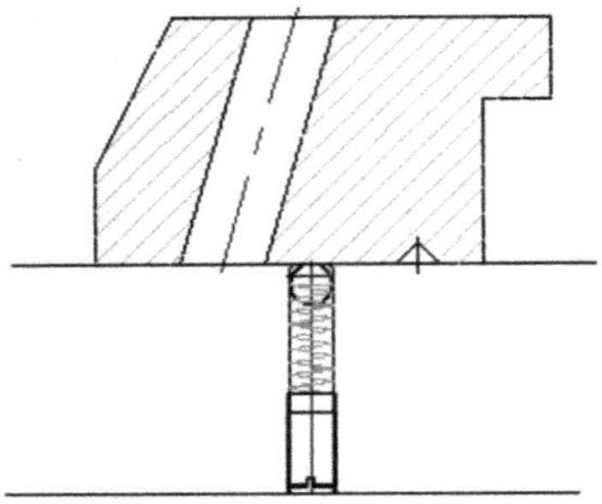	利用弹簧钢球定位,一般滑块较小的场合下,用于侧向抽芯。
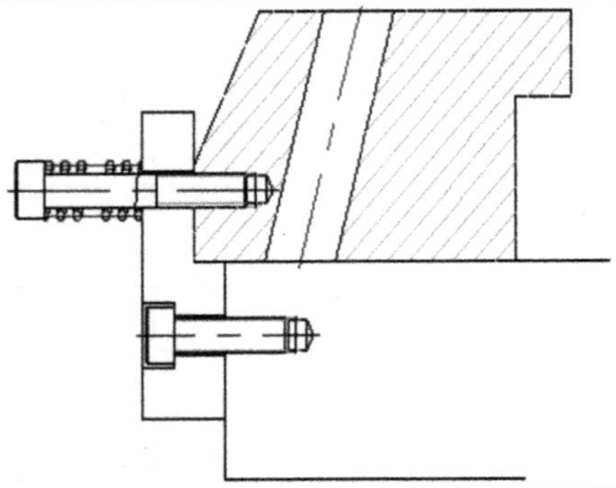	利用弹簧螺钉和挡板定位,弹簧强度为滑块重量的 1.5～2 倍,适用于向上和侧向抽芯。
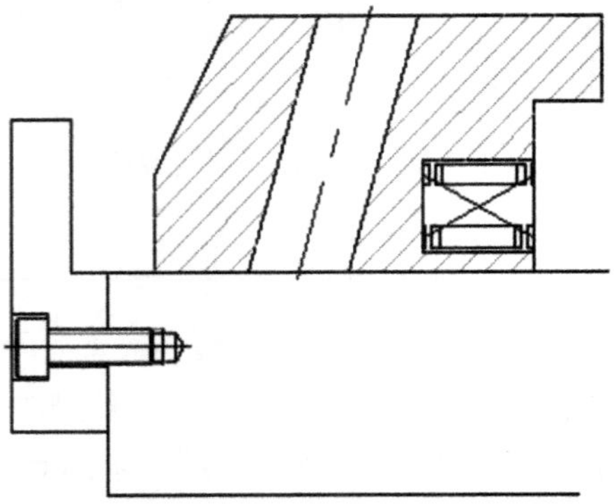	利用弹簧挡板定位,弹簧的强度为滑块重量的 1.5～2 倍,适用于滑块较大,向上和侧向抽芯.

(五)滑块入子的连接方式

滑块头部入子的连接方式由成品决定,不同的成品对滑块入子的连接方式可能不同,具体入子的连接方式大致如表 5-22 所示。

表 5-22

简图	说明	简图	说明
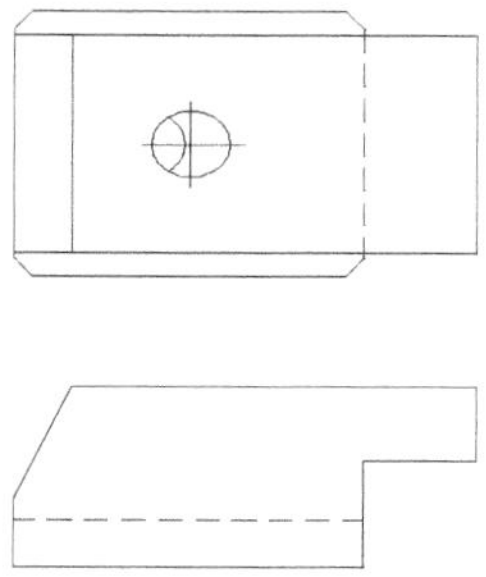	滑块采用整体式结构,一般适用于型芯较大,强度较好的场合。	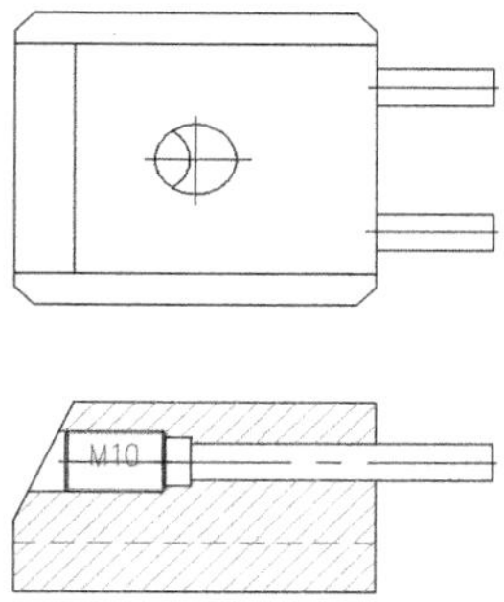	采用螺钉固定,一般型芯或圆形,且型芯较小场合。
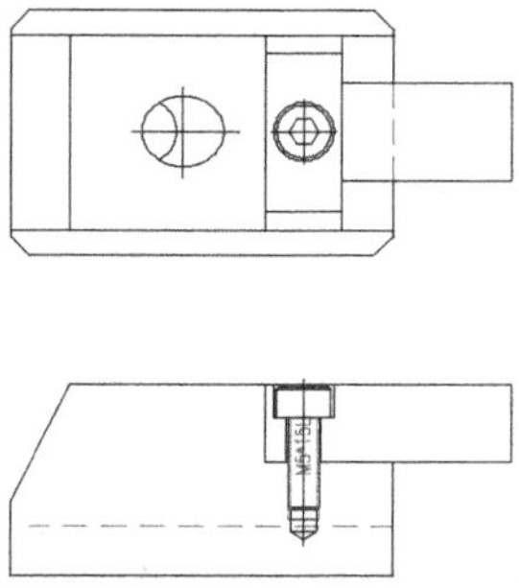	采用螺钉的固定形式,一般型芯成方形结构且型芯不大的场合下。	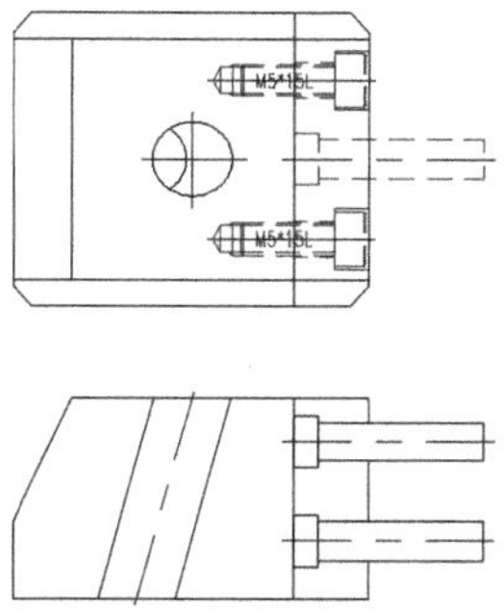	采用压板固定适用固定多型芯。

(6) 滑块的导滑形式

滑块在导滑中,活动必须顺利、平稳,才能保证滑块在模具生产中不发生卡滞或跳动现象,否则会影响成品质品,模具寿命等。

常用的导滑形式如下表 5-23 所示。

表 5-23

简图	说明	简图	说明
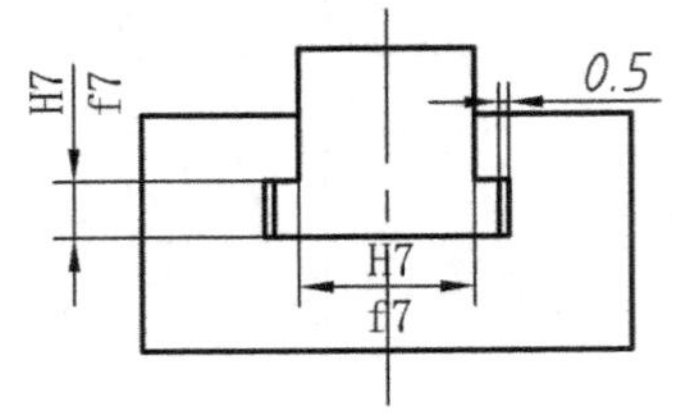 H7/f7　0.5　H7/f7	采用整体式加工困难，一般用在模具较小的场合。	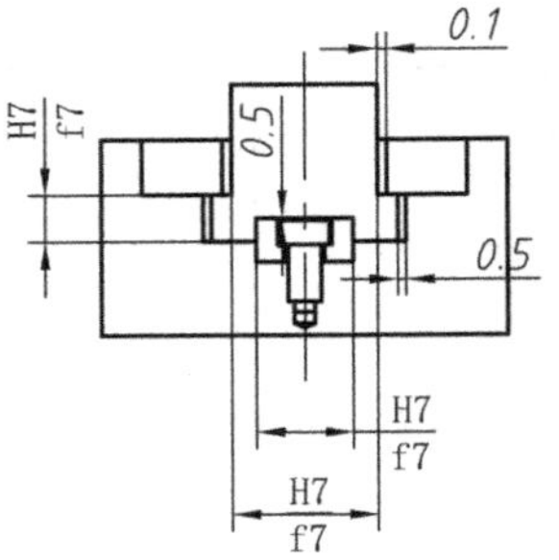 H7/f7　0.1　0.5　0.5　H7/f7　H7/f7	采用压板，中央导轨形式，一般用在滑块较长和模温较高的场合下。
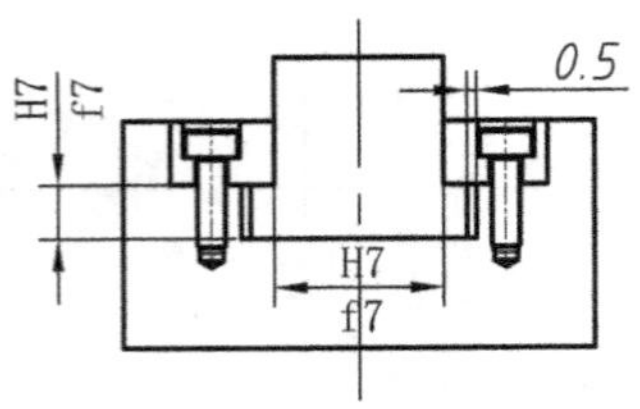 H7/f7　0.5　H7/f7	用矩形的压板形式，加工简单，强度较好，应用广泛，压板规格可查标准零件表。	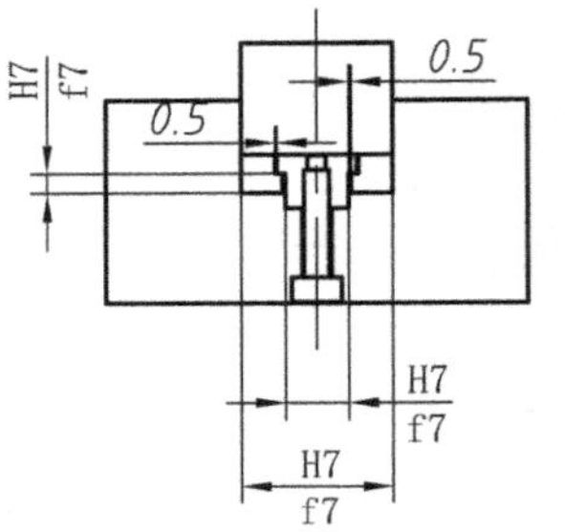 H7/f7　0.5　0.5　H7/f7　H7/f7	采用“T”形槽，且装在滑块内部，一般用于容间较小的场合，如跑内滑块。
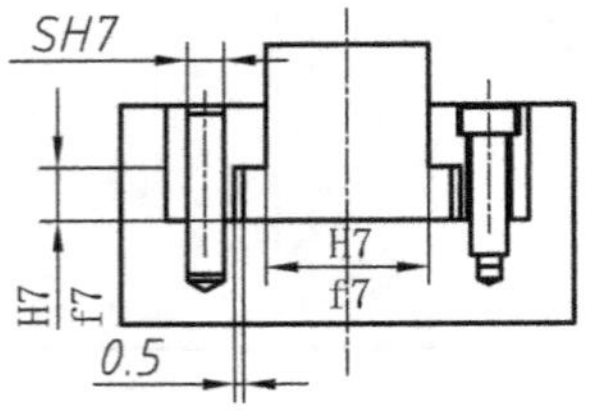 SH7　H7/f7　H7/f7　0.5	采用“7”字形压板，加工简单，强度较好，一般要加销孔定位。	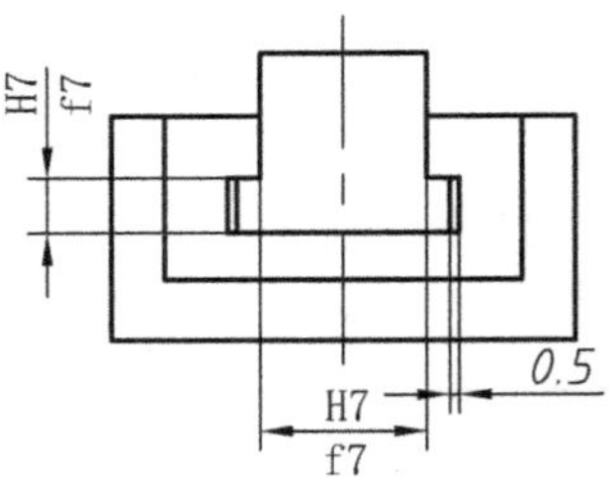 H7/f7　0.5　H7/f7	采用镶嵌式的T形槽，稳定性较好，加工困难。

（7）倾斜滑块参数计算

由于成品的倒勾面是斜方向，因此滑块的运动方向要与成品倒勾斜面方向一致，否侧会拉伤成品。

①滑块抽芯方向与分型面成交角的关系为滑块抽向动模．如图 5-45 所示。

②滑块抽芯方向与分型面成交角的关系为滑块抽向定模．如图 5-46 所示。

3．斜顶机构设计

斜顶主要是用于成形制品内侧的倒勾。

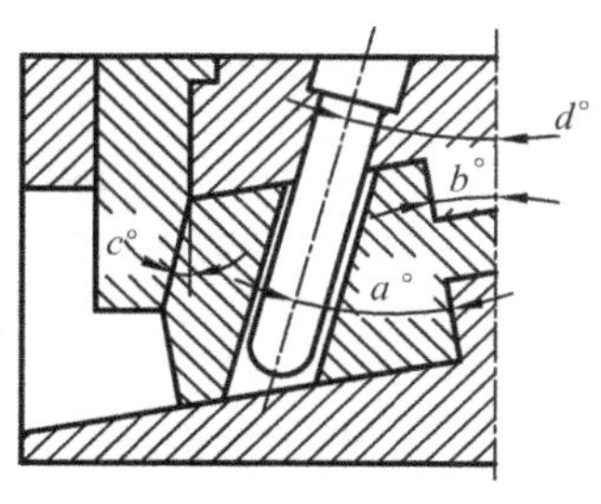

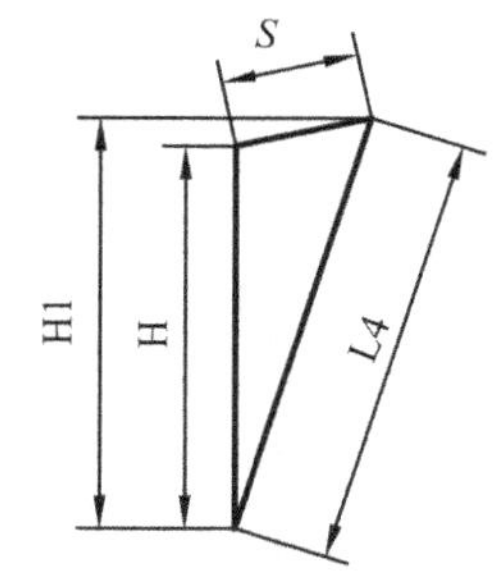

$a° = d° - b°$

$d° + b° \leqslant 25°$

$c° = a° + (2° - 3°)$

$H = Hl - S * \sin b°$

$S = Hl * \tan gd° / \cos b°$

$L4 = Hl / \cos d°$

图 5-45

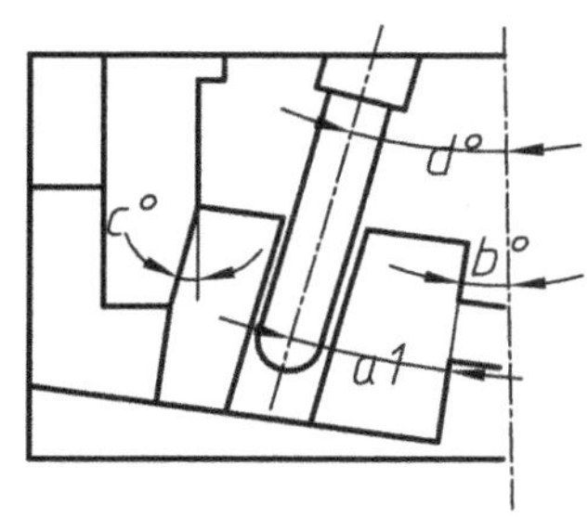

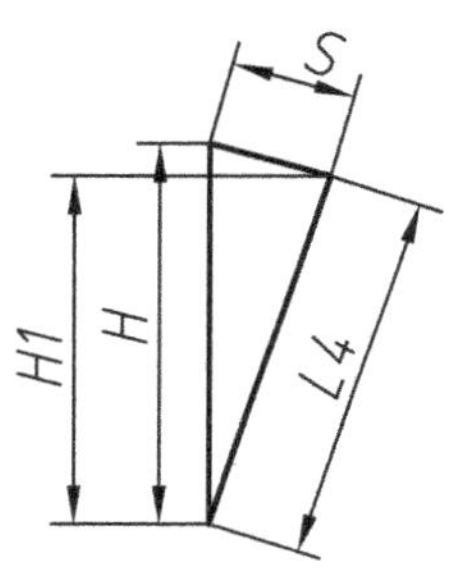

$a° = d° - b°$

$d° + b° \leqslant 25°$

$c° = a° + (2° + 3°)$

$H = Hl + S * \sin b°$

$S = Hl * \tan gd° / \cos b°$

$L4 = Hl / \cos d°$

图 5-46

(1)基本结构

(2)设计要点

斜顶各参数如图 5-48 所示。

①根据斜顶的运动方向，可行空间决定斜度。斜顶角度不要大于 12°，一般取 5°左右。

②注意防止方向，避免挂斜顶。

③注意行程，在可行空间内，行程＝扣位＋1.5mm 以上。

④斜顶过长时(通过 B 板)要加青铜导滑板。

⑤斜顶太过细小时要尽量做短及淬火加硬。

⑥做短斜顶用推杆连顶针板时，B 板的推杆孔及斜顶底面不可避空。

⑦滑动面需加工油槽(油槽不要超出顶出范围，避免带出油垢，如图 5-49 所示)。

⑧成品顶出过程中斜顶同时横向移动，存在的脱模力可能连带产品一起走动，致使倒扣位不能完全脱离，此时需要做成品的定位设计，如图 5-50 所示。可做凸高顶针定位成品(一般凸 0.15mm～0.3mm)。

⑨使用斜顶扣、销时须注意高度与顶出量的关系。如图 5-51 所示，确保可安装。

⑩斜顶顶针(当斜顶较大，成品有粘斜顶趋势时采用)，如图 5-52 所示。

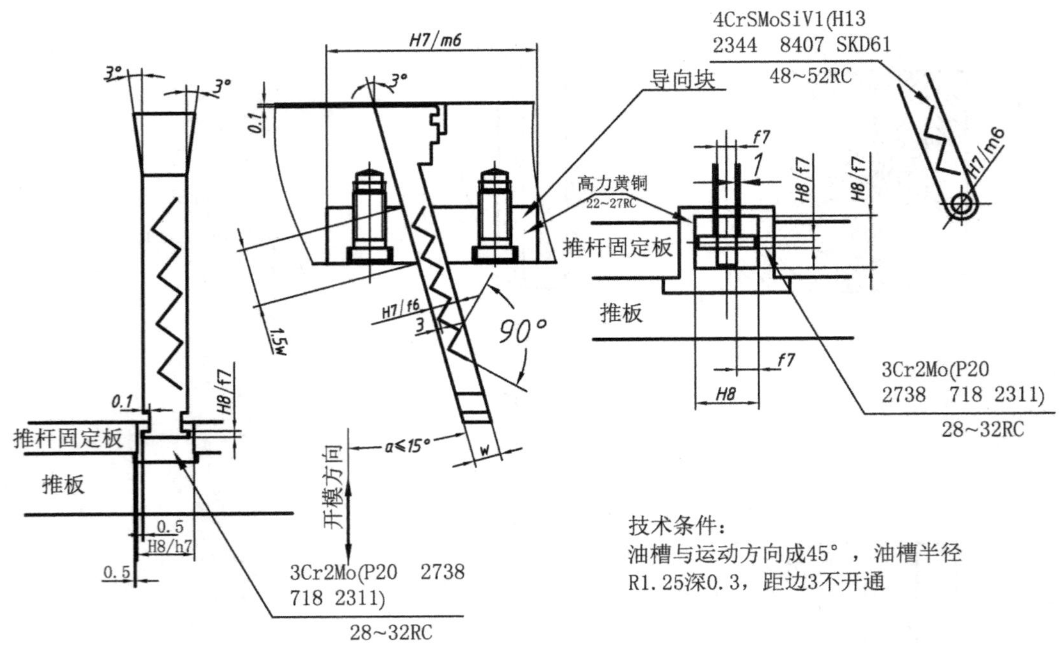

图 5-47 斜顶基本结构

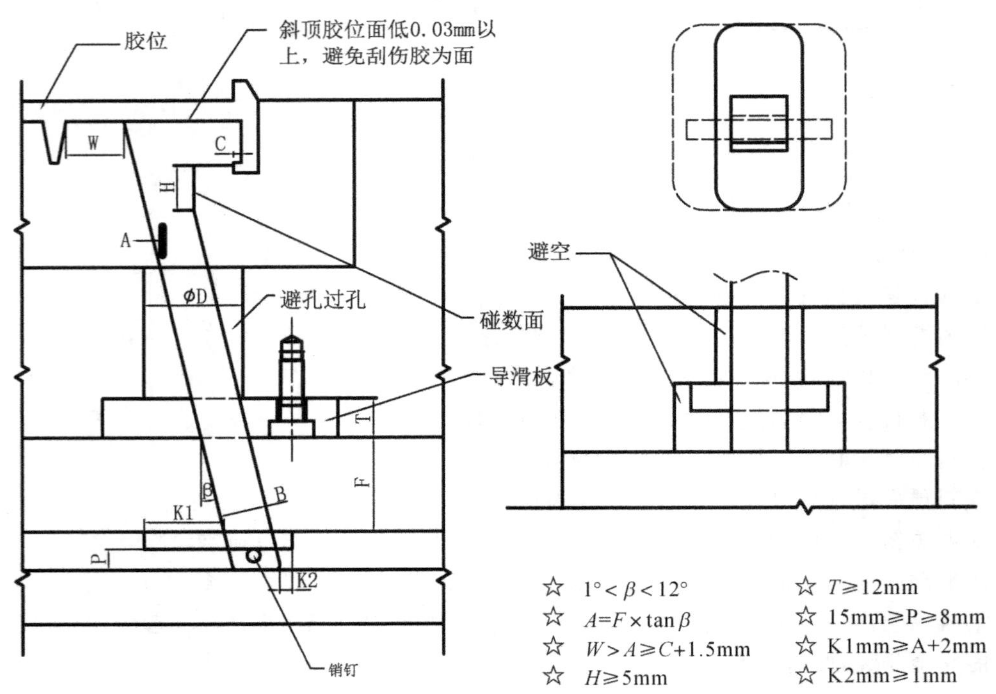

图 5-48

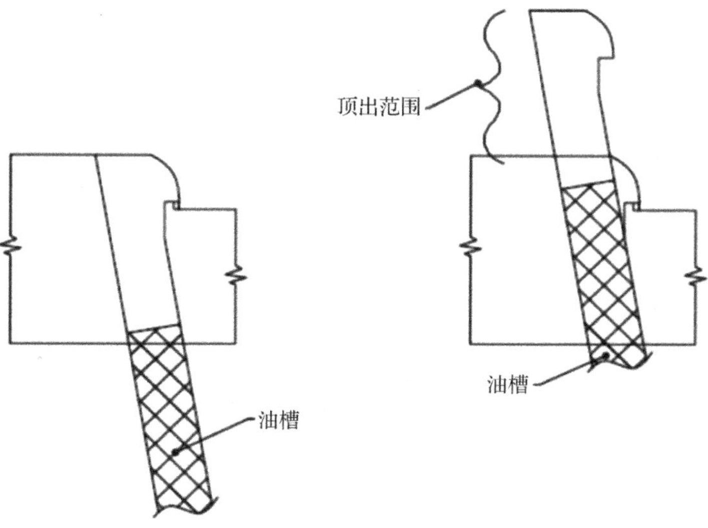

图 5-49

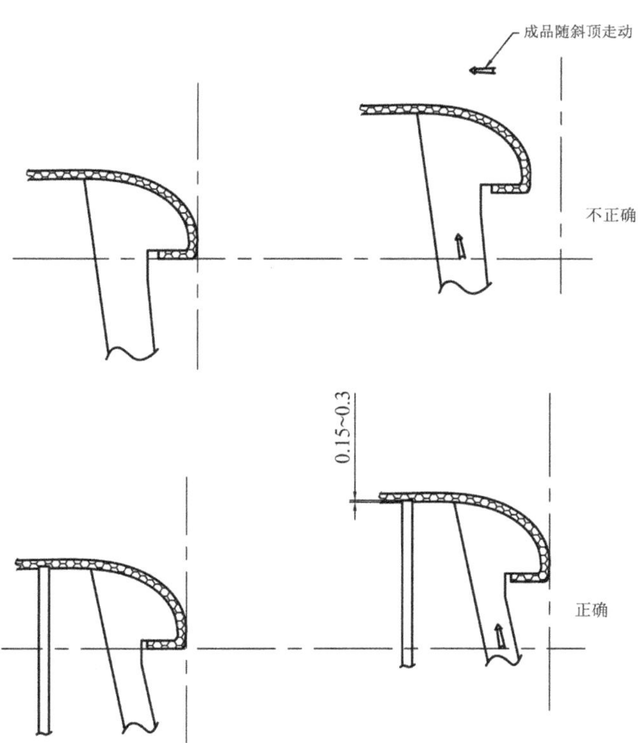

图 5-50

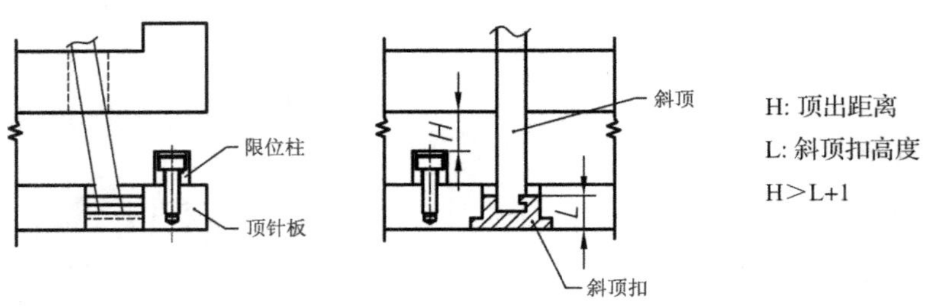

图 5-51

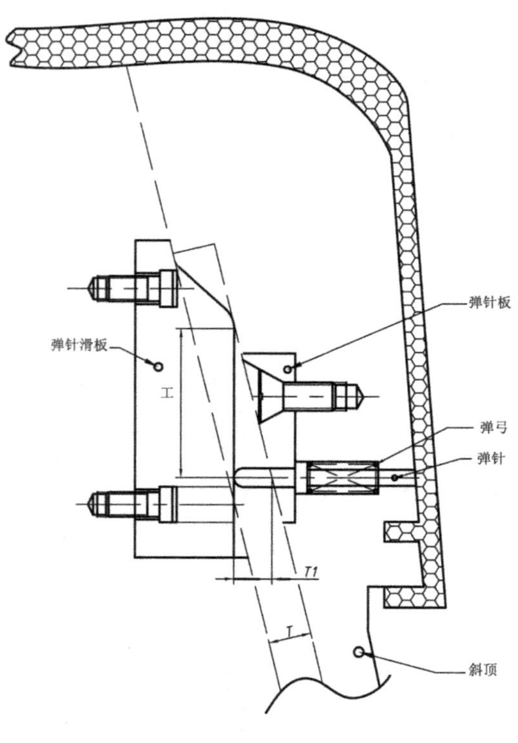

图 5-52

5.4.5 温度调节系统设计

1. 目的

满足塑料成型要求。

缩短成型周期。

控制模具热膨胀不均。

2. 设计原则

模具各部温度均匀(成型面温差±10°)

3. 设计思路

根据塑料的特性等，先确定是采用冷却系统还是加热系统，最后再确定冷却系统（加热系统）中的各个参数。

4. 冷却系统设计

确定采用怎样的冷却形式（普通冷却、铍铜冷却、水井冷却等）。

根据产品壁厚选择合适的水路直径。

确定水路的分布位置。

进出水口的设计。

对应标准零部件的选用（堵头、快速接头等）。

（1）方式确定

根据实际情况，选择合适的冷却类型如表 5-24 所示。

表 5-24

类别	示意图	备注
普通冷却	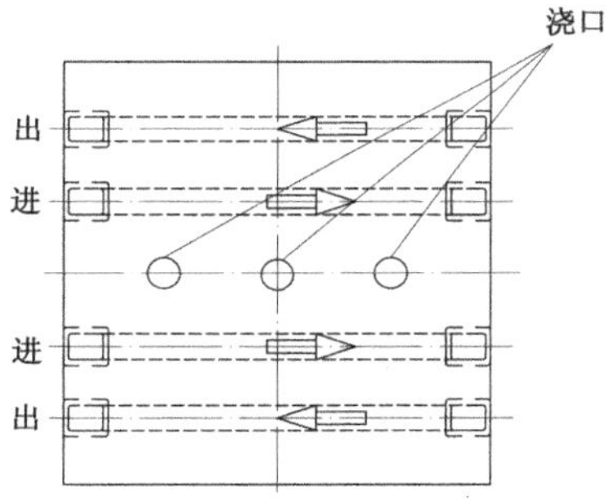	最常见的冷却方式，分为平行冷却和连续冷却。
内模转模坯冷却	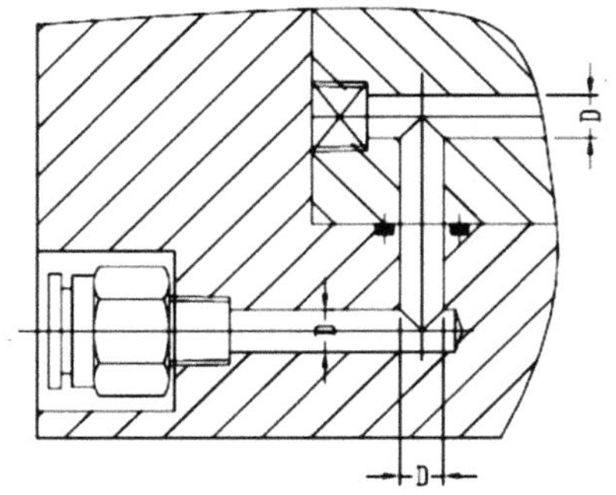	当内模镶件冷却时，可采用此法；镶件之间不要通冷却水。

续表

类别	示意图	备注
隔水片冷却	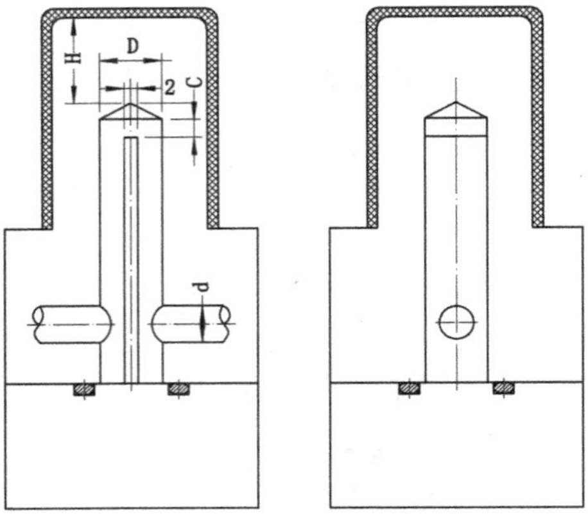	深腔模具和大型型芯（型芯直径 30～40mm）
喷泉式冷却	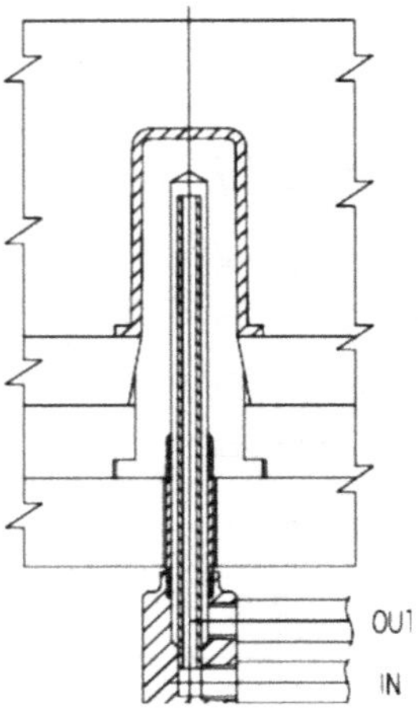	与隔水片冷却方式类似
平面环形冷却	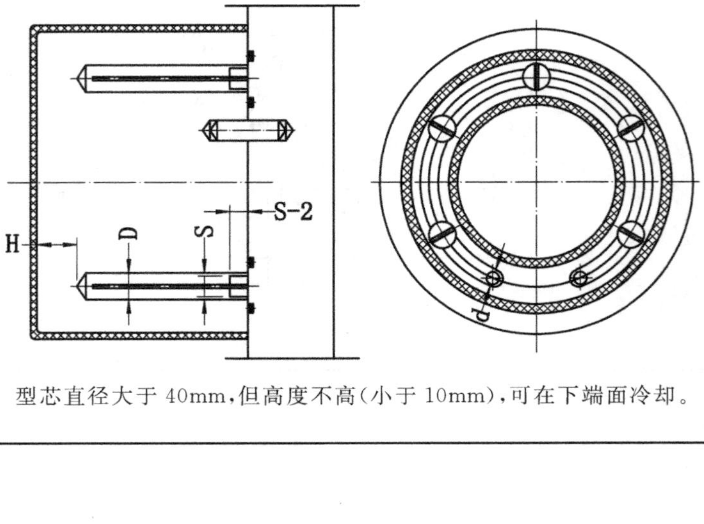 型芯直径大于 40mm，但高度不高（小于 10mm），可在下端面冷却。	

续表

类别	示意图	备注
立体环形冷却	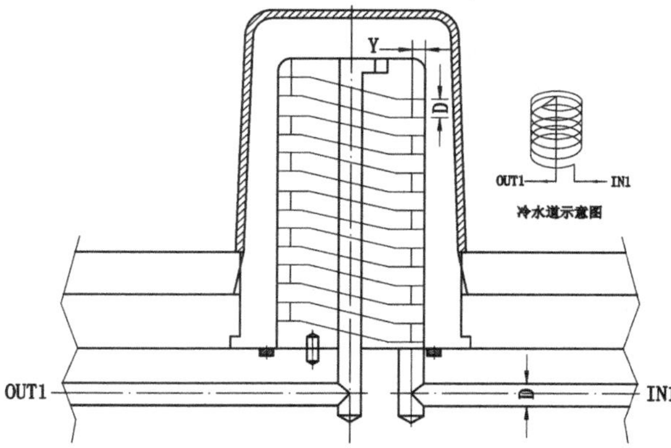 Y D OUT1 IN1 冷水道示意图 OUT1 IN1 D	深腔模具和大型型芯
铍铜冷却	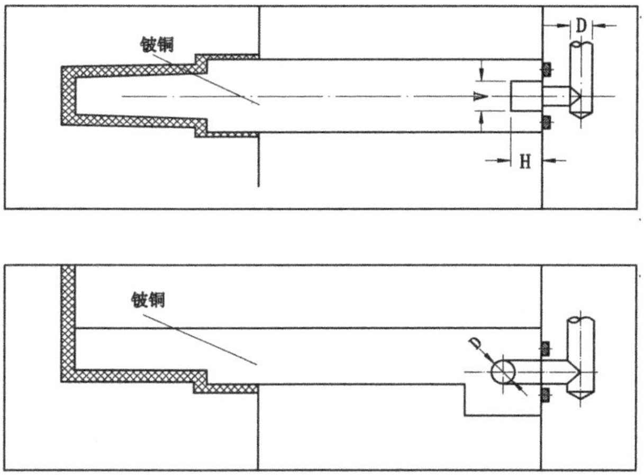 铍铜 D H 铍铜 D	对于细长的型芯，不能加工冷却水孔；加工冷却水孔后严重影响型芯强度
螺旋式冷却	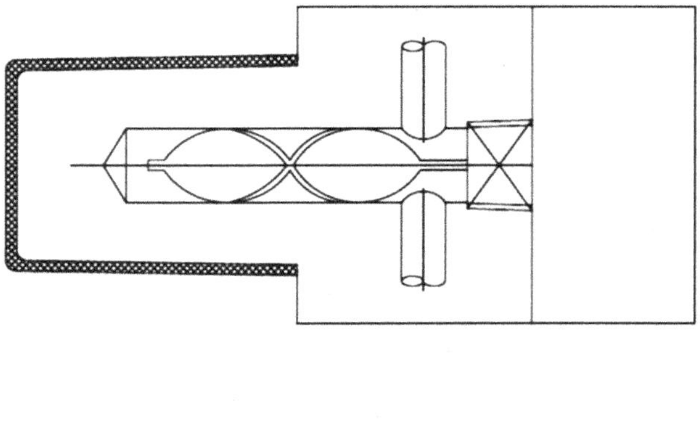	用于细长型芯的冷却，效果极佳

续表

类别	示意图	备注
型芯内钻削冷却水孔	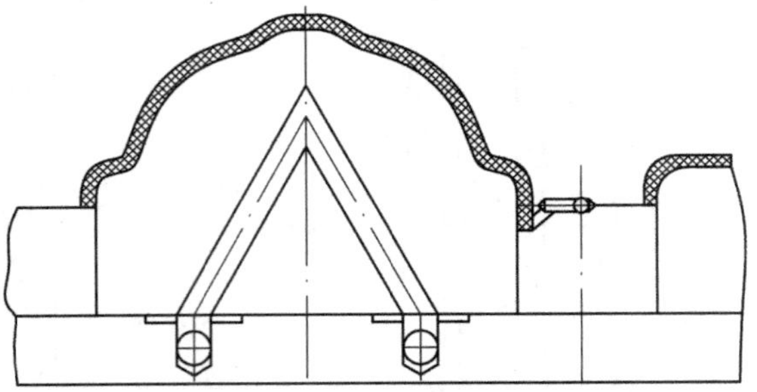	型芯直径大于50mm，水路走向按制品形状
滑块/斜顶等水路	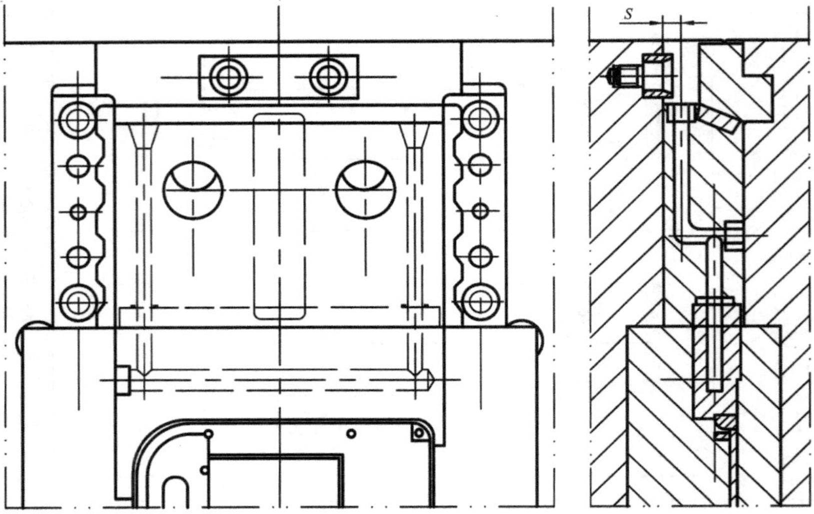 用于成型接触面积过大(滑块大于100mm)；S应大于15mm，便于安装水管。	

(2)水孔设计

① 水孔直径选用

② 水孔直径参照表5-25选用。

表5-25

产品壁厚 mm(inch)	冷却水路直径 mm(inch)	水路直径优先系列 mm
1.5(0.06)	5—8(0.19—0.31)	6、8、11、14
2(0.08)	8—10(0.31—0.40)	
2—4(0.08—0.16)	10—12(0.40—0.47)	
4—6(0.16—0.24)	12—14(0.47—0.55)	

② 水孔位置确定

表 5-26

示意图	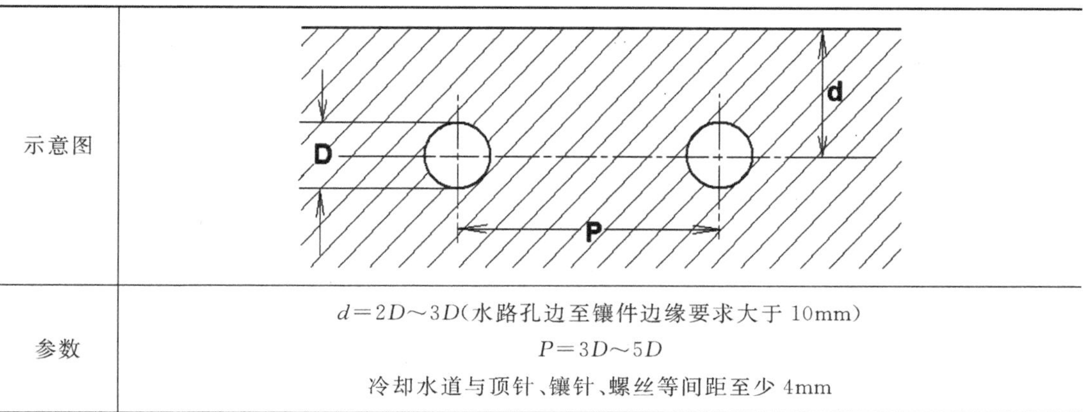
参数	$d=2D\sim3D$(水路孔边至镶件边缘要求大于 10mm) $P=3D\sim5D$ 冷却水道与顶针、镶针、螺丝等间距至少 4mm

③ 水路布置

水路按表 5-27 布置。

表 5-27

示意图	说　明
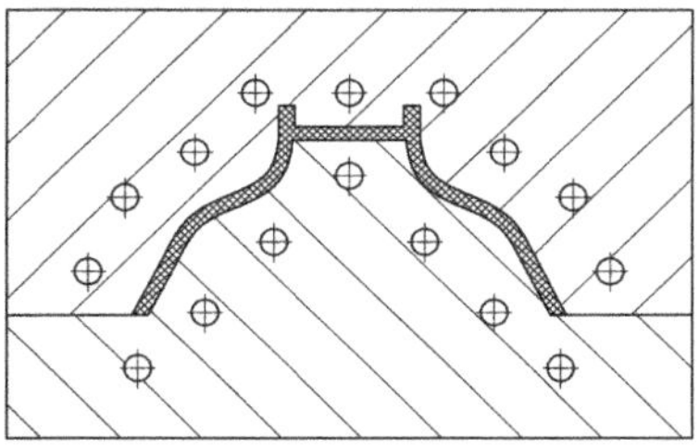	制品壁厚均匀时，水路布置按产品轮廓形状布置，间距相等；制品壁厚不均时，壁厚处应加强冷却。
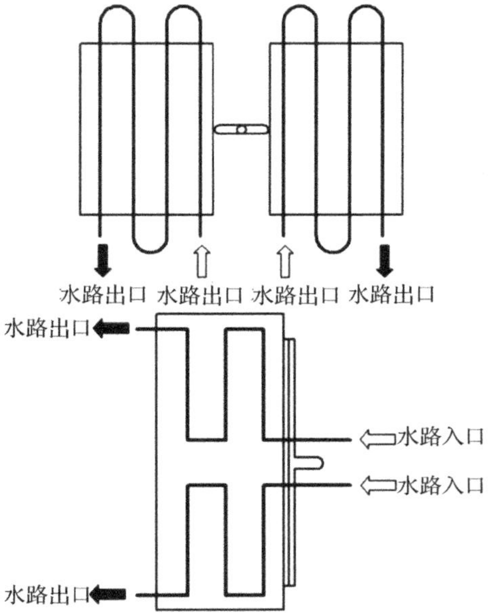 水路出口 水路出口 水路出口 水路出口 水路出口 水路入口 水路入口 水路出口	浇口附近应加强冷却。

续表

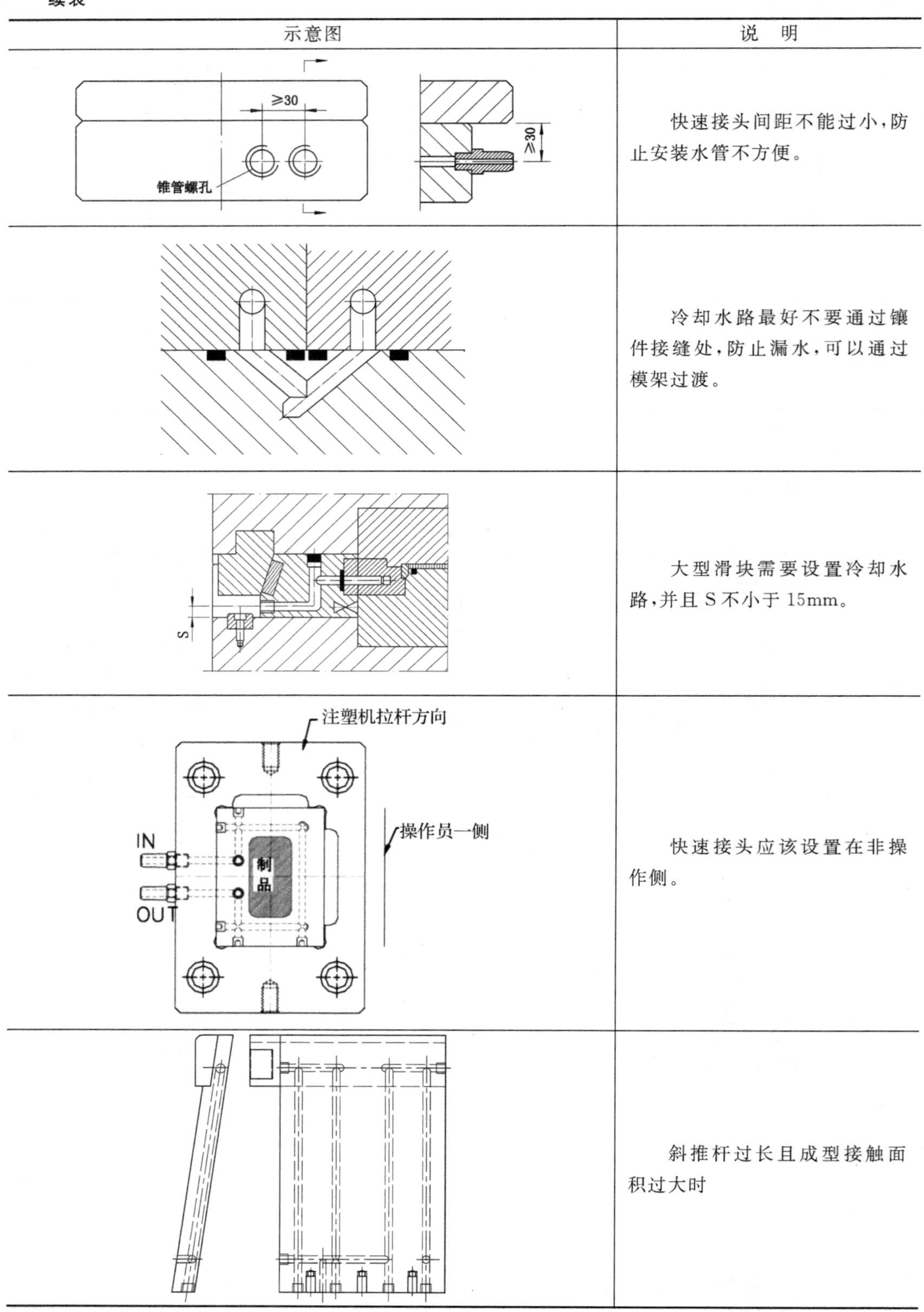

示意图	说明
	快速接头间距不能过小，防止安装水管不方便。
	冷却水路最好不要通过镶件接缝处，防止漏水，可以通过模架过渡。
	大型滑块需要设置冷却水路，并且 S 不小于 15mm。
	快速接头应该设置在非操作侧。
	斜推杆过长且成型接触面积过大时

(3)零件设计

①水井与隔水片

水井与隔水片规格如表 5-28 所示。

表 5-28　水井与隔水片

d	D	C	H
8	14	3	1.5D
11	16	4	
14	20	5	

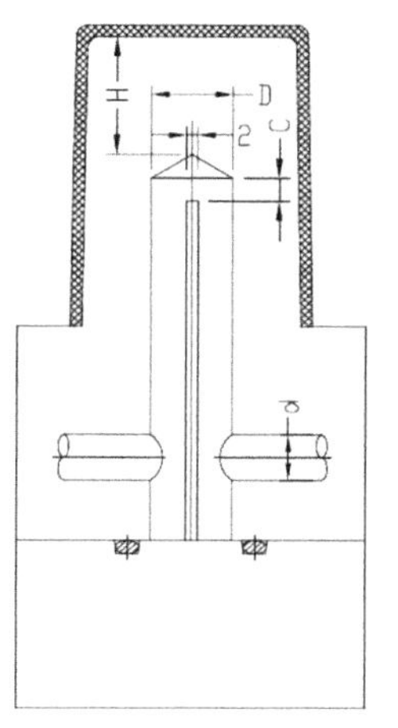

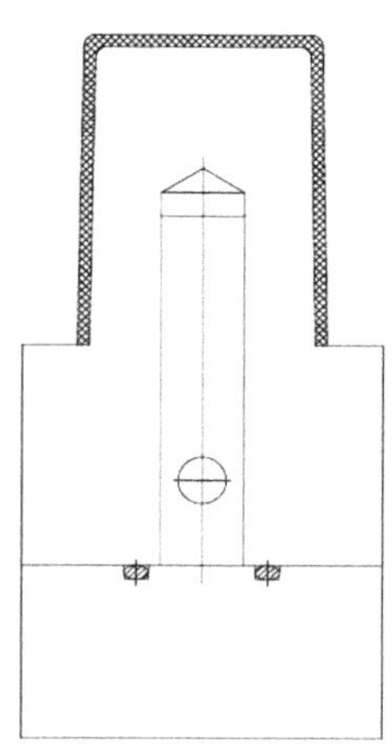

②快速接头

快速接头规格如表 5-29 所示。

表 5-29　快速接头

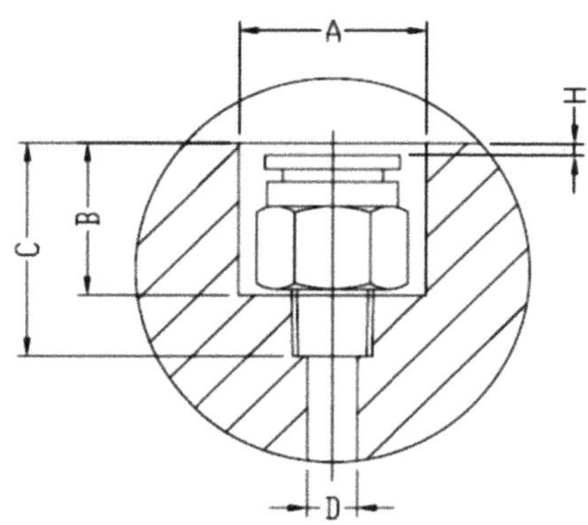

螺纹规格	A	B	C	D	H
1/8"PT	25	25	32	8	2
1/4"PT	30	25	35	11	
3/8"PT	30	25	36	14	

③喉塞和中途喉塞。

喉塞和中途喉塞规格如表 5-30、5-31 所示。

表 5-30

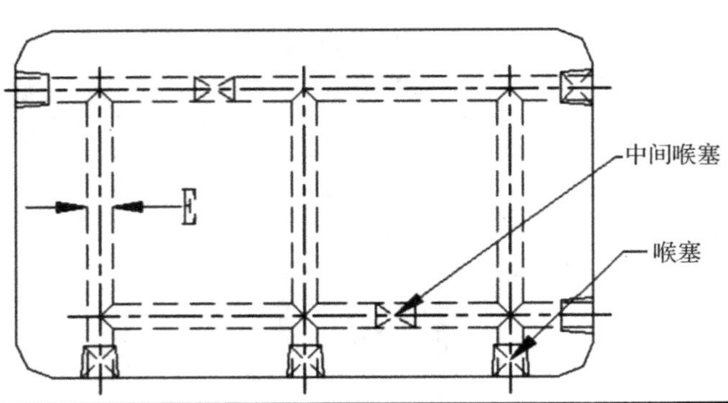

喉塞						
示意图	名称	螺纹规格	每英寸螺纹数	S	L	E
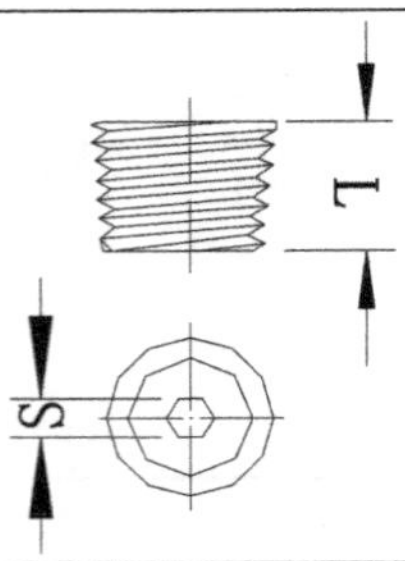	BP-10	1/8"NPT	27	4.76	6.35	5/16"
	BP-20	1/4"NPT	18	6.35	10.31	7/16"
	BP-40	3/8"NPT	18	7.94	10.31	9/16"

表 5-31

中途喉塞						
示意图	名称	螺纹规格	D	S	L	E
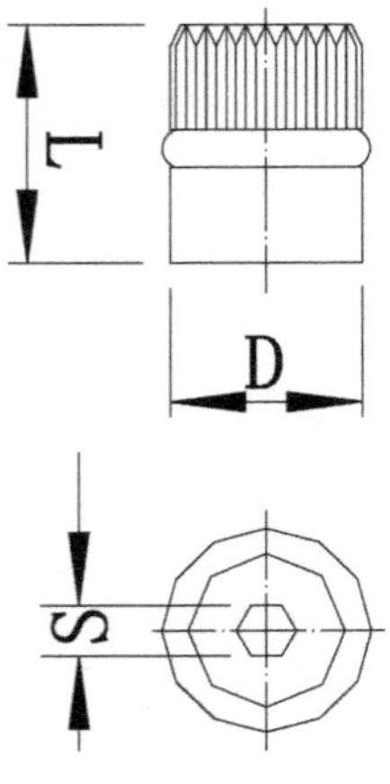	TBP-10	1/8"NPT	8.73	1.98	12.7	5/16"
	TBP-10-0S	1/8"NPT	9.13	1.98	12.7	5/16"
	TBP-20	1/4"NPT	11.11	3.18	14.22	7/16"
	TBP-20-0S	1/4"NPT	11.51	3.18	14.22	7/16"
	TBP-40	3/8"NPT	14.29	3.18	15.75	9/16"
	TBP-40-0S	3/8"NPT	14.68	3.18	15.75	9/16"

④密封圈

密封圈规格如表 5-32 所示。

表 5-32

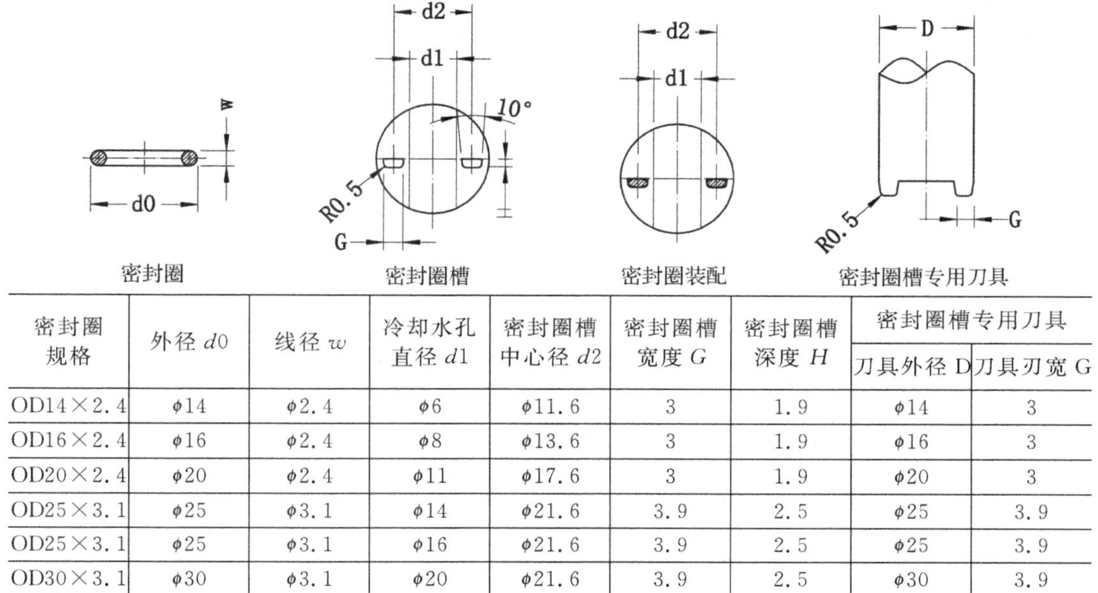

密封圈规格	外径 $d0$	线径 w	冷却水孔直径 $d1$	密封圈槽中心径 $d2$	密封圈槽宽度 G	密封圈槽深度 H	密封圈槽专用刀具	
							刀具外径 D	刀具刃宽 G
OD14×2.4	φ14	φ2.4	φ6	φ11.6	3	1.9	φ14	3
OD16×2.4	φ16	φ2.4	φ8	φ13.6	3	1.9	φ16	3
OD20×2.4	φ20	φ2.4	φ11	φ17.6	3	1.9	φ20	3
OD25×3.1	φ25	φ3.1	φ14	φ21.6	3.9	2.5	φ25	3.9
OD25×3.1	φ25	φ3.1	φ16	φ21.6	3.9	2.5	φ25	3.9
OD30×3.1	φ30	φ3.1	φ20	φ21.6	3.9	2.5	φ30	3.9

⑤相关螺纹标准资料

表 5-33

GB	英制	美制	日本	ISO	螺纹形式
R2	R		PT		与圆锥内管螺纹配合的 55°密封圆锥外管螺纹
Rc	Rc(BSPT)		PT		55°密封圆锥内管螺纹
R1					与圆柱内管螺纹配合的 55°密封圆锥外管螺纹
Rp	Rp(BSPP)BSP			Rp	55°密封圆柱内管螺纹
G　A	G　A		PF		55°非密封圆柱外管螺纹
G	G		PF		55°非密封圆柱内管螺纹
NPT		NPT			60°密封圆锥管螺纹
NPS		CNP			SC60°密封圆柱内管螺纹

5. 加热系统

加热冷却功率的计算：

由于塑胶材料不一致，因此对生产时模具温度的要求也不一致，有一部分塑料在成型前模具需加温，而有一部分塑料在成型时通入冷却水即可。

(1)成型前需加热的模具，只计算成型前需加热模具所需模温机(或用加热棒，不含外加热器的计算)的功率。

$$P=K\times M\times(T-20)/(140\times t)$$

P：功率(W)。

K:每千克模具所需加热功率(W/kg),见图 1-40。

M:隔热板内模具质量(kg)。

T:正常成型时的模温(C°)。

t:达到成型温度所需时间(小时)。

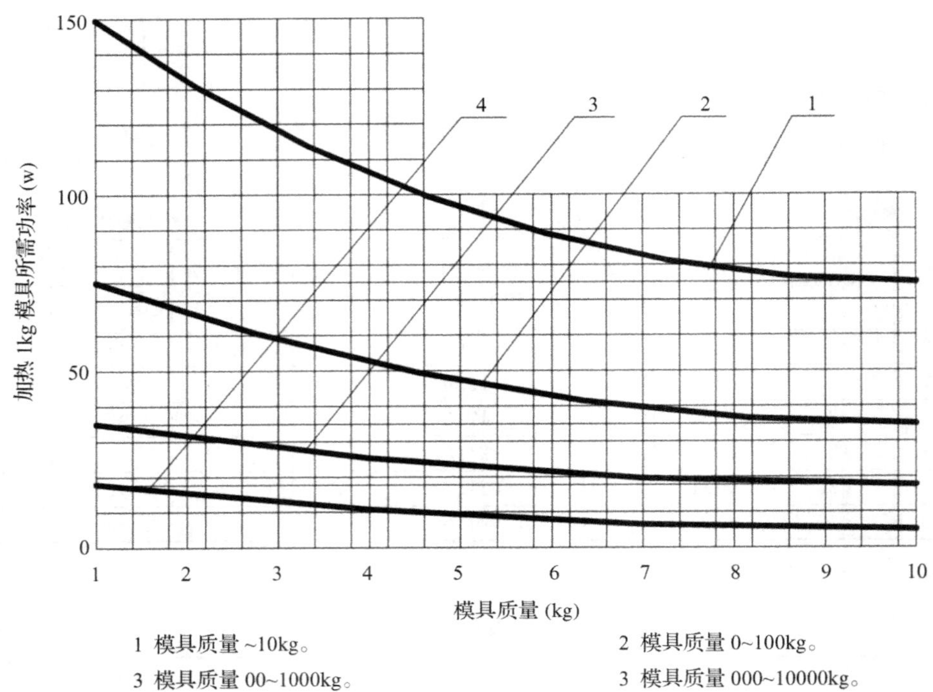

图 5-53

(2)而在成型后开模温机冷却的模具,则计算模具需带走的热量。

$Q=0.75\times G\times q/t$

Q:成型时塑料制品每秒释放的热量(kJ/s)。

G:每次注塑质量(kg)。

q:单位质量塑料熔体在成型过程中放出的热量(kJ/kg)。

t:成型周期(s)。

表 5-34

塑料品种	q:kJ/kg	塑料品种	q:kJ/kg
ABS	310～400	LDPE	590～690
POM	420	HDPE	690～810
PMMA	290	PP	590
醋酸纤维素	390	PC	270
PA	650～750	PVC	160～360

5.4.6 脱模系统设计

1. 脱模系统概述

在塑胶模具中，为使产品、流道和废料从模具中顺利脱出，保证生产的持续进行所设置的相关机构。（如侧向分型抽芯、推杆、拉料杆、推块、推管及为脱模所作的皮纹、抛光等。）

设计基本要求：

(1)设置推杆、推块、推管等的位置要符合产品要求，如外观、标记、刻字等。

(2)推杆、推块等设置的数量和规格要使产品顶出受力基本平衡，保持产品不因顶出而变形。

(3)脱模机构的导向复位可靠。

(4)各脱模机构零件尽可能选用标准系列的优选系列。

(5)设置位置应是塑件包紧力较大及塑件刚度和强度较大的位置。

(6)顶针和司筒外径尽可能选$\geqslant \phi 8$。

(7)推杆长度$L<500\phi/\sqrt{P}$(P:成型压力，单位 MPa。ϕ推杆直径。)

2. 设计思路

目的：合理设计模具的顶出系统，保证成型后的制品及浇注系统凝料安全无损坏地被推出模具。

设计思路：

(1)确定顶出方向。

(2)确定顶出距离。

(3)估算顶出力。

(4)选择顶出方式。

(5)设计顶出零部件。

3. 顶出系统设计

(1)顶出方向

模具的顶出方向可以分为：定模顶出、动模顶出或动、定模同时顶出。

①定模顶出。

如图 5-54 所示。

a. 制品外表面不允许有任何进料口的痕迹，此类产品包括托盘、茶杯、DVD、电脑或收音机的面盖等。

b. 动模成型内表面、定模成型外表面，但外表面结构比内表面结构复杂，开模后由于定模侧的抱紧力大于动模侧而留在定模的。

②动模顶出

大部分产品都采用动模顶出。

a. 塑件成型冷却后动模侧的包紧力大于定模侧的包紧力。

b. 采用动模顶出，模具的结构相对于定模顶出简单。

③动、定模同时顶出

当定模推出后，产品还留在动模侧型腔内时，则需要动、定模同时顶出，如图 5-55 所示。

工作原理：开模时，在弹簧的作用下，首先使面板与推板弹开 L 距离，型芯固定在面板不动，使啤件留在后模。PL2 开模后，在啤机顶杆的作用下，推动底针板，带动顶针把啤件

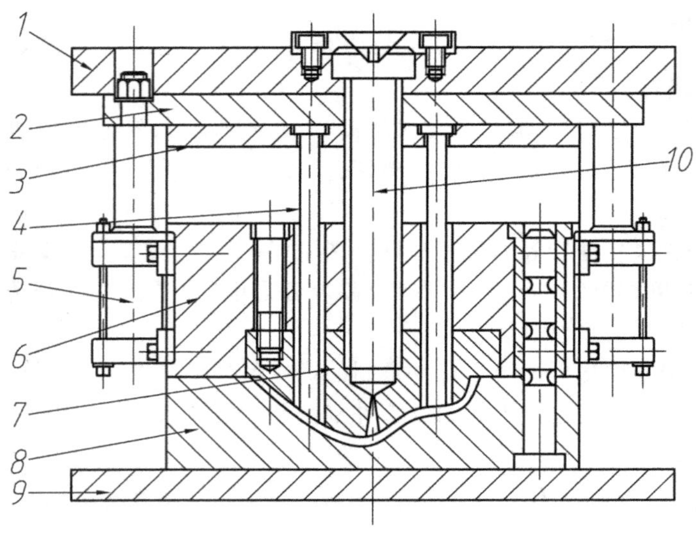

1-面板；2-推杆底板；3-推杆固定板；4-推杆；5-液压缸；6-定模板；7-定模型芯；8-动模板；9-底板；10-热射嘴

图 5-54

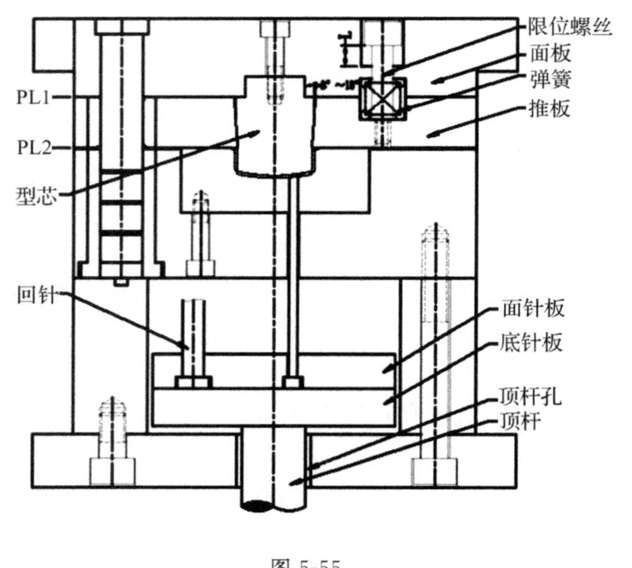

图 5-55

顶出。

(2)顶出距离

顶出行程一般规定被顶出的制品脱离模具 5～10mm，如图 5-56 所示。

在成型一些形状简单且脱模角度较大者的桶形制品也可使顶出行程为成品深度的2/3，如图 5-57 所示。

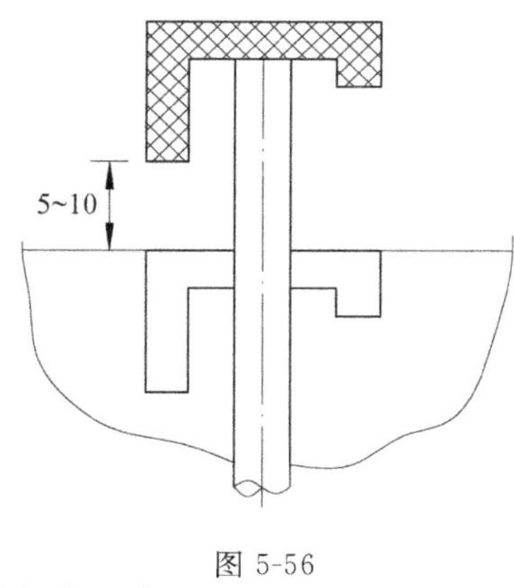

图 5-56

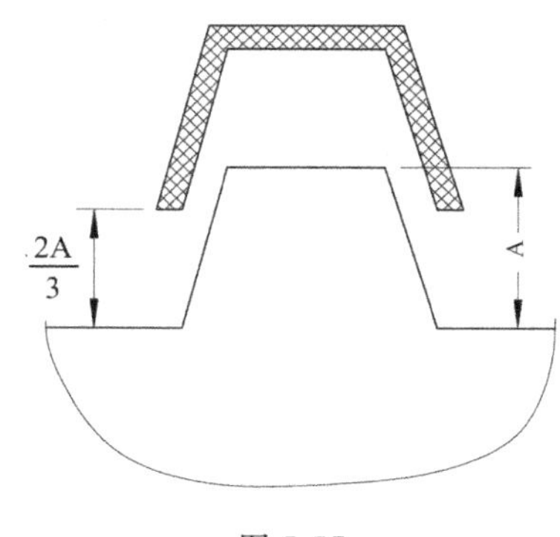

图 5-57

(3)顶出力预估

①制品壁厚越厚,型芯长度越长,垂直于推出方向制品的投影面积越大,则脱模力越大。

②制品收缩率越大,弹性模量 E 越大,则脱模力越大。

③制品与型芯摩擦力越大,则推出阻力越大。

④推出斜度越小的制品,则推出阻力越大。

⑤透明制品模制品对型芯的包紧力较大。

(4)顶出方式选用

顶出装置的种类有以下几种:

- 圆顶杆:圆顶杆为最普遍最简单的顶出装置,圆顶杆及圆顶杆孔都易加工,因此已被作为标准件而广泛使用,顶针需淬火处理,使其具有足够的强度和耐磨性。
- 扁顶杆:在成品内部有加强筋时,常需采用扁顶杆的方法比较有效。
- 推管:推管用于细长螺丝柱处的推出最多,但对于柱高小于 15mm 或壁厚小于 0.8mm的螺丝柱,则不宜用推管,尽量采用双推杆。
- 顶出块:在中大型的模具中为使成品易于脱模经常使用顶出配合顶针的顶出机构。
- 斜顶:当成型制品的内表面有倒扣时,通常采用斜顶杆顶出。
- 气顶:气顶方式不论是在公模侧或母模侧部分,其顶出都很方便,需要安装推板。在顶出过程中,整个制品的底部均受同样的压力,所以即便是软的塑料,也可以在不发生变形的条件下脱模。

4. 顶出零部件设计

(1)圆推杆设计

①圆推杆位置设计

a. 推杆应布置在制品包紧力大的地方,推杆不能太靠边,要保持 1～2mm 的钢厚,如图 5-58 所示。

b. 长度大于 10mm 的实心柱下应加推杆,如图 5-59 所示。

c. 顶螺丝柱:低于 15mm 以下的螺丝柱,如果旁边可以设置推杆的话可以不用推管,如图 5-60 所示。

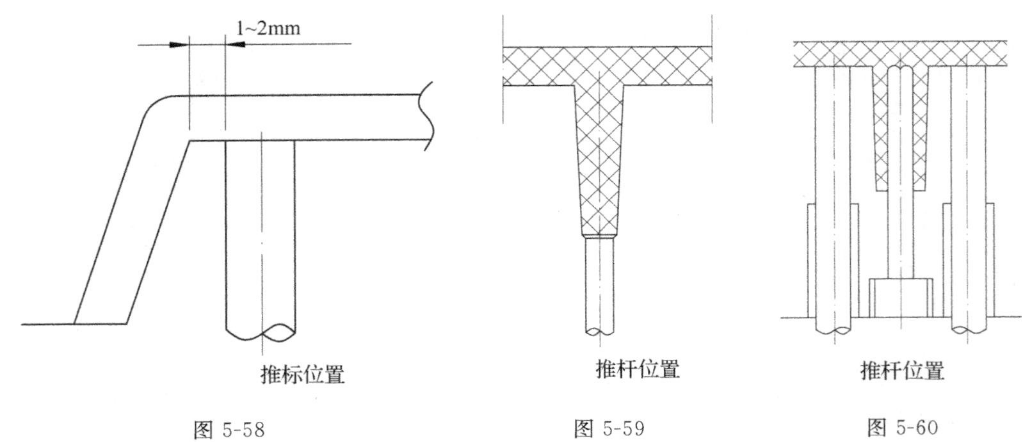

图 5-58　　图 5-59　　图 5-60

d. 推杆可以推加强筋。

e. 尽量避免在斜面上布置推杆。

②圆推杆规格大小设计

圆推杆直径应尽量取大些，这样脱模力大而平稳，尽量避免使用 1.5mm 以下的推杆。推杆直径在 2.5mm 以下而且位置足够时要做有托推杆（使用时要注明托长），大于 2.5mm 都做无托推杆。

(2)扁顶杆设计

如图 5-61 所示是扁顶杆的装配图，其配合长度 B 如图 5-35 所示。

表 5-35　配合长度　(mm)

扁推杆宽	B	扁推杆宽	B
<0.8	10	1.5～1.6	18
0.8～1.2	12	1.8～20.0	20
1.2～1.5	15		

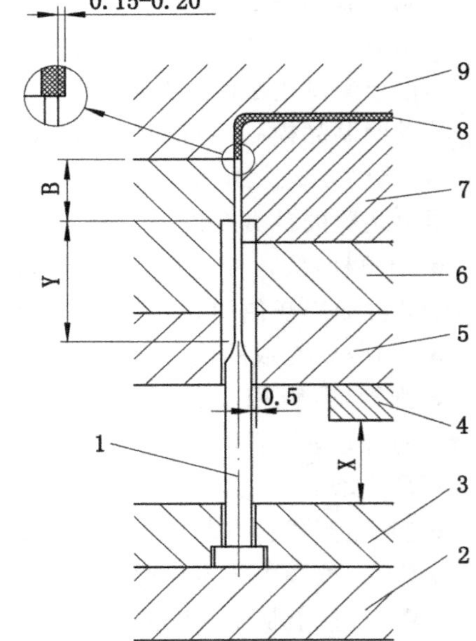

1-扁推杆；2-推杆底板；3-推杆固定板；4-限位块；5-B 板；6-凸模；7-动模镶件；8-制品；9. 凹模

图 5-61

(3)推管设计

①推管直径确定

推管型芯直径要大于或等于螺丝柱位内孔直径，推管外径要小于或等于螺丝柱外径，并取标准。即见图 5-62。

②推管长度 L

推管长度取决于模具大小和制品的结构尺寸，外购时在装配图的基础上加 5mm 左右，取整数。

(4)推块设计

推块周边必须做 3°～5°斜度；推块离胶位内边必须有 0.1～0.3mm 以上距离（一般为 0.2mm），以免顶出时推块与型芯摩擦，如图 5-63 所示。

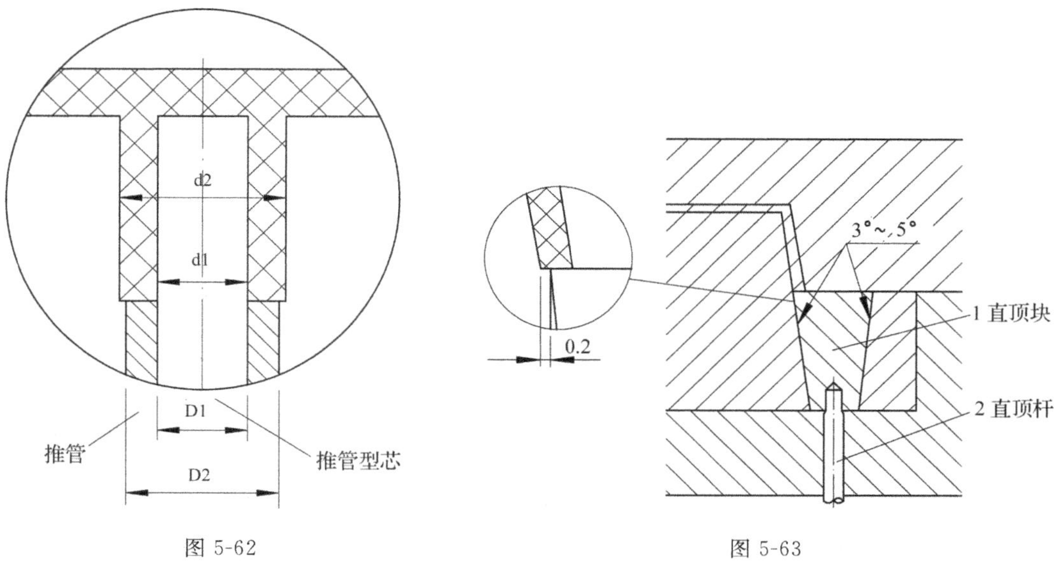

图 5-62　　　　图 5-63

5. 顶出系统导向

顶出系统里面的导向系统主要包括推板导柱及推板导套，推板导柱及导套在导向定位系统设计的课程中讲解。

6. 顶出系统复位

我们通常顶出系统复位主要是指弹簧辅助回位杆使顶针快回位。

模具中常用的弹簧是矩形弹簧，矩形弹簧压缩比与寿命如表 5-36 所示。

表 5-36　矩形弹簧压缩比与寿命

	弹簧＼作动	100 万次(自由长(*L*)之%)	50 万次(自由长(*L*)之%)	30 万次(自由长(*L*)之%)	最大型缩量(自由长(*L*)之%)
1	轻小荷重 TF（黄）	40%	45%	50%	58%
2	轻荷重 TL　（蓝）	32%	36%	40%	48%
3	中荷重 TH　（红）	25.6%	28.8%	32%	38%
4	重荷重 TH　（绿）	19.2%	21.6%	24%	28%
5	极重荷重 TE（棕）	16%	18%	20%	24%

弹簧长度的确定：

自由长(*L*) * *P*(压缩比)＝压缩量

顶出行程(S)＝压缩量－预压量

7. 其他标准件

(1)支撑柱

当成型较大制品时由于顶板的尺寸较大，使得模脚之间的间距随之增大，当射出压力较高时公模板可能会变形而导致模具产生溢料，甚至会导致顶针运动不顺畅或卡死，为解决此问题，除增加动模板厚度外，可以在动模板及动模固定板之间增加支撑柱。

支撑柱的数量越多、直径越大，效果越好。直径大小一般在 25～60mm 之间。

(2)顶针固定板

顶针固定板按照标准模架进行设计。

(3)推板

推板与顶针固定板相同,按照标准模架设计。

(4)垃圾钉

垃圾钉大端直径一般取ϕ10mm,ϕ15mm 和ϕ20mm。限位钉的数量设计则取决于模具大小,模长小于350mm 以下取 4 个,模长在 350~550mm 之间取 6~8 个,模长在 550mm 以上时宜取 10~12 个。当限位钉数量为 4 个时,其位置就在复位杆下面;当数量大于 4 个时,限位杆除复位杆下 4 个外,其余尽量平均布置于推杆底板的下面。

(5)K. O 孔

K. O 孔就是模具的顶棍孔,顶辊孔大小的设计一般按客户提供的资料加工,正常情况下顶辊孔为 1 个,有时也可以设计多个。

8. 标准件选用

顶出系统里选择的标准件通常有:直推杆、阶梯推杆、扁推杆、推管。上述标准件的长度由实际情况决定。

- 圆推杆大小:直径为 4~6mm 的推杆用得较多,制品较大时可用 12mm,或使用更大的推杆。
- 阶梯推杆:当圆推杆直径较小时,为了增加顶杆的强度,通常选用阶梯推杆,其直径一般小于 3mm。
- 扁推杆:扁推杆一般用于产品加强筋的推出,扁顶杆头部宽度大小一般比加强筋的壁厚小 0. 3~0. 4mm。
- 推管:推管的大小主要由推管型芯的直径决定。

顶出系统的标准件可参考 PUNCH 公司的标准件,详细参见标准件数据。

5. 4. 7 模架、成型镶件、结构件

1. 模架设计

(1)模架设计思路

选用何种模架应由制品的特点和模具型腔的数量来决定。模架选用之前首先得确定成型镶件的尺寸。

模架选用的基本原则有以下几点:

①在满足强度的条件下应尽量选择较小的规格。

②选择时应考虑所用注塑的容模量,一般情况下优先选择工字模架,如果大于注塑机容模量时可选择直身模架。

③根据制品进浇方式和模具结构需求来选择合理的模架类型,优先选用大水口模架,不能满足要求时选择细水口或简化型细水口模架。

④模架选择时尽量用标准型号,对于非标准模架一定要在图纸中注明。

(2)模架型号的选用

①中小型模架的选用

a. A/B 板尺寸的确定

A/B 板各种尺寸如图 5-64、图 5-65 所示。

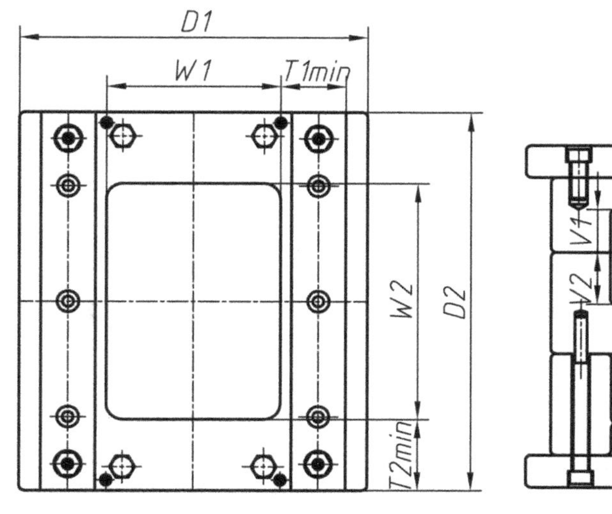

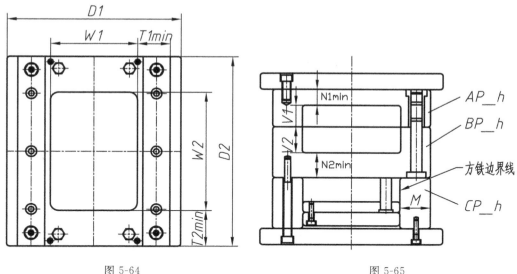

图 5-64

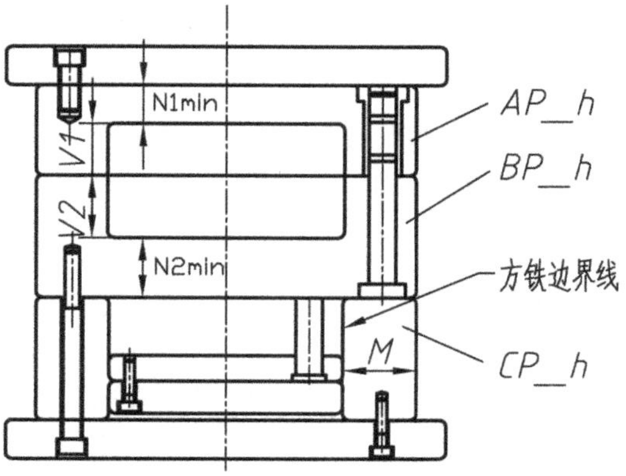

图 5-65

A/B 板各种尺寸

$D1=W1+2T1$　　$D2=W2+2T2$　　$H1=V1+N1$　　$H2=V2+N2$

$D1$：A/B 板宽度尺寸　　$D2$：A/B 板长度尺寸

$H1$：A 板厚度尺寸　　$H2$：B 板厚度尺寸

$W1$：内模的宽度尺寸　　$W2$：内模的长度尺寸

$T1_{min}$：模架宽向最小壁厚　　$T2_{min}$：模架长向最小壁厚

$V1$：定模板的开框深度尺寸　　$V2$：动模板的开框深度尺寸

$N1_{min}$：A 板开框深度方向最小壁厚　　$N2_{min}$：B 板开框深度方向最小壁厚

注意：一般情况下，内模宽度 W1 不宜超过模脚边界线；模脚的尺寸"M"可查标准模架相关资料。

A/B 板各尺寸的经验参考值如表 5-37 所示。

表 5-37

$W1$	$T1_{min}$	$W2$	$T2_{min}$	$V1$	$N1_{min}$	$V2$	$N2_{min}$
<150	40	<200	50	<30	20	<30	30
150～250	50	200～300	60	30～40	35	30～40	40
>250	65	>300	70	>40	40	>40	50

b. C 板尺寸的确定

模脚的高度 H 必须能顺利推出制品，并使推杆固定板离定模板或托板间有 10mm 左右的间隙，不可以当推杆固定板碰到动模板时才能推出制品。

方铁高度 H＝顶针面板厚度＋顶针底板厚度＋限位钉高度＋顶出距离＋10～15mm

注：顶针面板厚度和顶针底板厚度由模架大小确定，限位钉高度通常为 5mm。

顶出距离≥制品需顶出高度＋5～10mm

上式中 10～15mm 和 5～10mm 都是安全距离。

②大型模架的选择

a. 模架与镶块尺寸的确定

模具的大小主要取决于塑件的大小和结构，对于模具而言，在保证足够强度的前提下，结构越紧凑越好。如图 5-66 模架与镶块尺寸的确定所示。

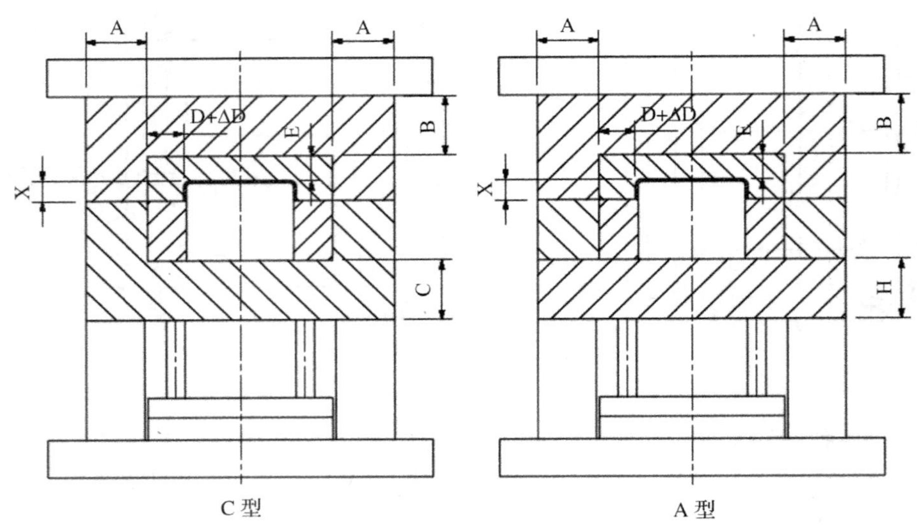

A：镶件侧边到模板侧边的距离；B：定模镶件底部到定模板底面的距离

C：动模镶件底部到动模板底面的距离；D：产品到镶件侧边的距离 E：产品最高点到镶件底部的距离；

H：表示动模支承板的厚度(当模架为 A 型时)X：表示产品高度。

图 5-66

根据产品的外形尺寸(平面投影面积与高度)，以及产品本身结构(侧向分型滑块等结构)可以确定镶件的外形尺寸，确定好镶件的大小后，可大致确定模架的大小了。

普通塑件模具模架与镶件大小的选择，可参考表 5-38 中的经验数据。

表 5-38

产品投影面积 S(mm^2)	A	B	C	H	D	E
100－900	40	20	30	30	20	20
900－2500	40－45	20－24	30－40	30－40	20－24	20－24
2500－6400	45－50	24－30	40－50	40－50	24－28	24－30
6400－14400	50－55	30－36	50－65	50－65	28－32	30－36
14400－25600	55－65	36－42	65－60	65－80	32－36	36－42
25600－40000	65－75	42－48	80－95	80－95	36－40	42－48
40000－62500	75－85	48－56	95－115	95－115	40－44	48－54
62500－90000	85－95	56－64	115－135	115－135	44－48	54－60

续表

产品投影面积 $S(mm^2)$	A	B	C	H	D	E
90000—122500	95—105	64—72	135—155	135—155	48—52	60—66
122500—160000	105—115	72—80	155—175	155—175	52—56	66—72
160000—202500	115—120	80—88	175—195	175—195	56—60	72—78
202500—250000	120—130	88—96	195—205	195—205	60—64	78—84

以上数据，仅作为一般性结构塑件摸架参考，对于特殊的塑件应注意以下几点：

- 当产品高度过高时(产品高度 $X \geqslant D$)，应适当加大"D"，加大值 $\Delta D=(X-D)/2$；
- 有时为了冷却水道的需要对镶件的尺寸做以调整，以达到较好冷却效果；
- 结构复杂需做特殊分型或顶出机构，或有侧向分型结构需做滑块时，应根据不同情况适当调整镶件和模架的大小以及各模板厚度，以保证模架的强度。

b. 方铁高度尺寸的确定

大型模架方铁高度尺寸的确定与小型模架方铁高度尺寸的确定一样。

(3)模架整体结构的确定

在基本选定模架之后，应对模架整体结构进行校核，看所确定的模架是否合适所选定或客户给定的注塑机，包括模架外形的大小、厚度、最大开模行程、顶出方式和顶出行程等。

2. 成型镶件设计

(1)镶拼运用情况和注意事项

①要镶拼的情况符合客户意愿，合理的加工工艺设计，以得到良好的产品品质。

以下情况需要镶件(针)

- 客户要求
- 表面特别处理的位置
- 产品边角要求利口
- 胶位细、薄、深(如筋板)无法做电极或无法抛光
- 顶出困难须做扁顶针
- 困气
- 胶位狭窄无法粘胶纸进行喷沙蚀纹
- 容易损坏的小型芯或高出分型面很多不易合模时，应该做镶件

②镶件制作注意事项

- 尽量采用直身镶法，非特殊情况下不用斜镶法
- 镶件材料一般与模仁材料相同
- 镶件尽量不做在产品边口

(2)成型镶件的安装方式

①内模镶件的固定

内模镶件一般采用以下几种形式与模架板固定连接：

- A 型　A、B 板用于装配内模镶件的孔不通，内模镶件通过螺钉紧固在动、定模板上，见图 5-67。这种形式最常用。

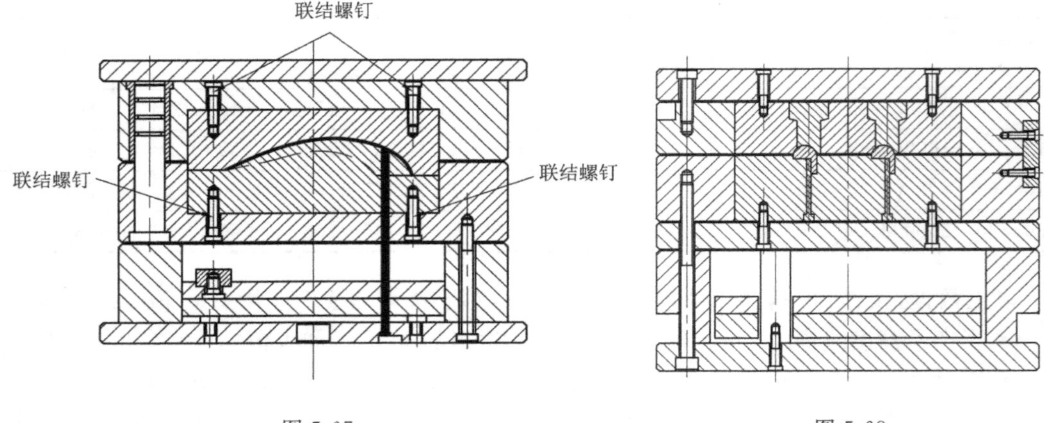

图 5-67　　　　图 5-68

● B 型　动、定模板采用开方形通框形式，常用于开框深度很深的模具。见图 5-68。开框深度很深时，需要两边加上，或线切割加工，否则，开框时因让刀会导致方框出现喇叭口现象。

● C 型　采用台阶(又称介子脚)固定，常用于圆形镶件，或尺寸较小的方形镶件。圆形镶件开通框便于加工和防转，见图 5-69。

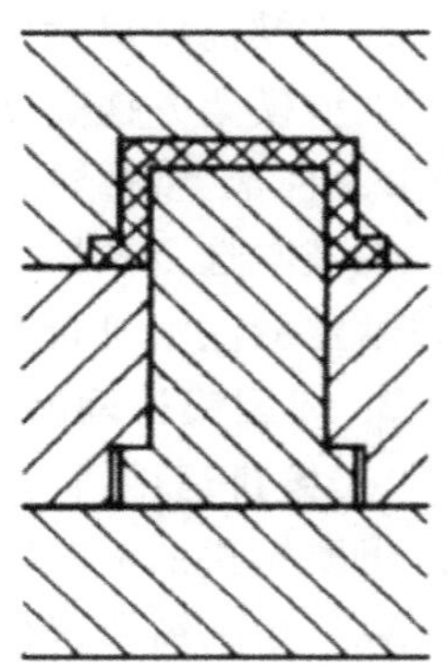

图 5-69

● D 型　内模镶件采用压块固定，常用于内模镶件比较大. 比较重的模具，以方便拆装。详见图 5-70。

②内模镶件压块的设计要点：

● 动、定模都要设置压块。

● 模板与压块之间不能留有间隙。

● 在压块和模板的相应位置上扣上记号，防止装错。

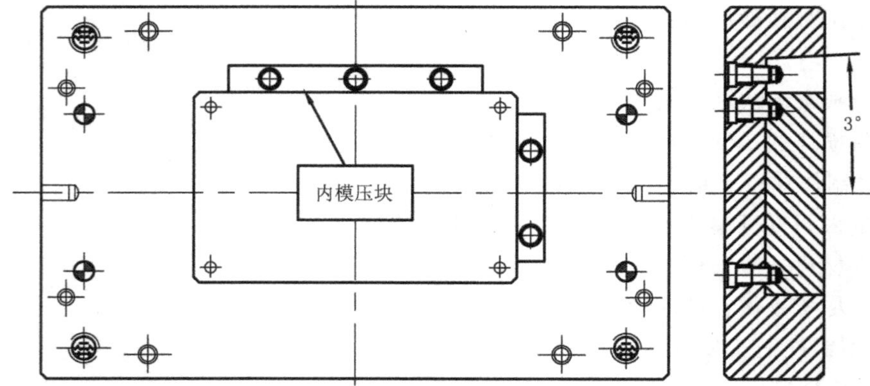

图 5-70

- 内模镶件压块一侧为 3°度。
- 压块底下不能有间隙。
- 固定压块的螺钉从分模面装拆。
- 在压块的正面要有螺孔,便于压块的取出。
- 在基准面的两个对面设置。

(3)成型镶件设计的经验值

内模的大小主要取决于塑料制品的大小和结构。对于内模而言,在保证足够强度的前提下,内模越紧凑越好。

根据产品塑料制品的外形尺寸,以及产品塑料制品本身高度,可以确定内模的大致外形尺寸,可参考表 5-38 数据。

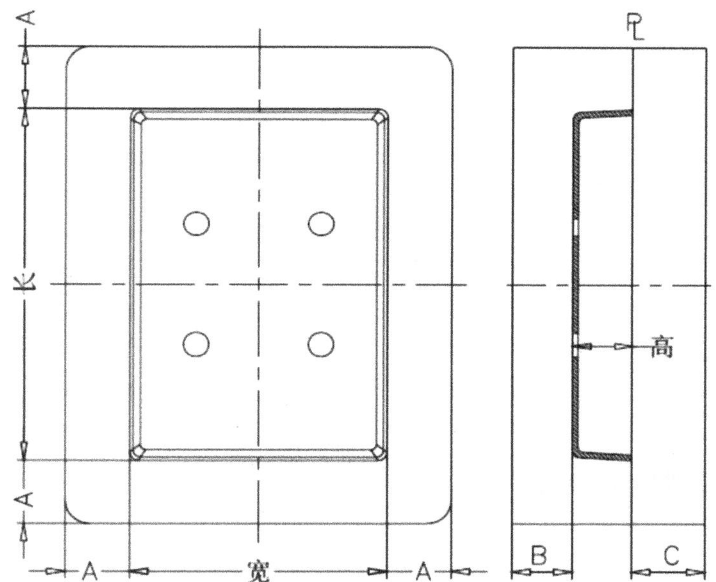

“长”-表示塑料制品最大长度方向尺寸;
“宽”-表示塑料制品最大宽度方向尺寸(宽≤长);
“高”-表示塑料制品最大高度方向尺寸;
“A”-表示塑料制品最大外形边到模芯边的距离;
“B”-表示塑料制品最高点到前模芯底面的距离;
“C”-表示塑料制品到后模芯底面的距离。

表 5-39

长	高	A	B	C
0－150	0－30	20－25	20－25	20－30
150－250		25－30		
100－350		25－30		
0－200	30－80	25－30	25－35	30－40
200－250		25－30		
250－300		30－35		
0－300	45－60	35－40	35－40	35－45
300－450		35－45		
400－450		40－50		
0－500	60－75	45－60	40－55	50－70
500－550				
550－600				

3. 结构件

(1)承压块

承压块如表 5-40 所示。

表 5-40

安装示意及尺寸	校核最小承压面积
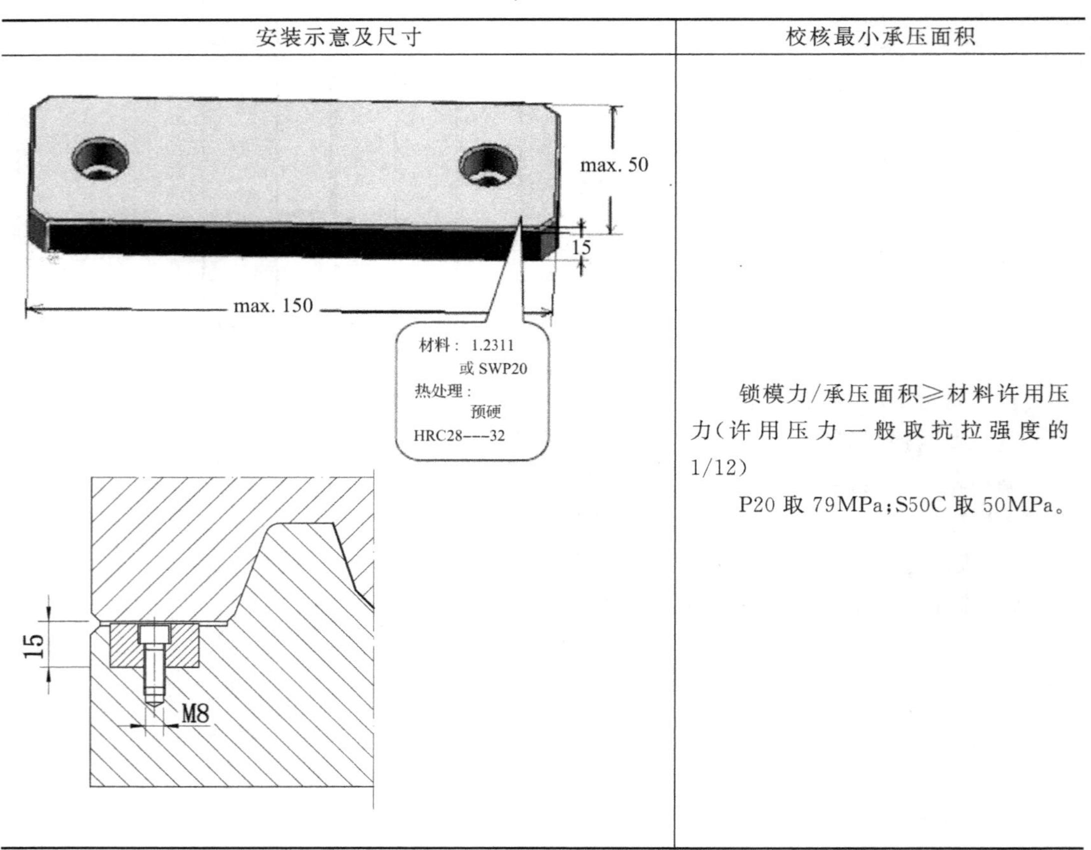	锁模力/承压面积≥材料许用压力(许用压力一般取抗拉强度的1/12) P20 取 79MPa；S50C 取 50MPa。

(2)吊环

吊环如表 5-41 表示。

表 5-41

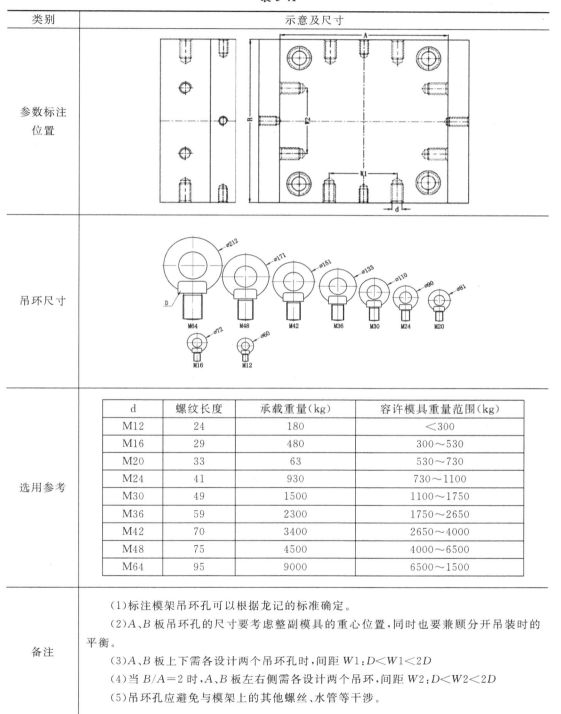

<table>
<tr><th>类别</th><th>示意及尺寸</th></tr>
<tr><td>参数标注位置</td><td></td></tr>
<tr><td>吊环尺寸</td><td></td></tr>
<tr><td>选用参考</td><td>
<table>
<tr><th>d</th><th>螺纹长度</th><th>承载重量(kg)</th><th>容许模具重量范围(kg)</th></tr>
<tr><td>M12</td><td>24</td><td>180</td><td>＜300</td></tr>
<tr><td>M16</td><td>29</td><td>480</td><td>300～530</td></tr>
<tr><td>M20</td><td>33</td><td>63</td><td>530～730</td></tr>
<tr><td>M24</td><td>41</td><td>930</td><td>730～1100</td></tr>
<tr><td>M30</td><td>49</td><td>1500</td><td>1100～1750</td></tr>
<tr><td>M36</td><td>59</td><td>2300</td><td>1750～2650</td></tr>
<tr><td>M42</td><td>70</td><td>3400</td><td>2650～4000</td></tr>
<tr><td>M48</td><td>75</td><td>4500</td><td>4000～6500</td></tr>
<tr><td>M64</td><td>95</td><td>9000</td><td>6500～1500</td></tr>
</table>
</td></tr>
<tr><td>备注</td><td>(1)标注模架吊环孔可以根据龙记的标准确定。
(2)A、B 板吊环孔的尺寸要考虑整副模具的重心位置,同时也要兼顾分开吊装时的平衡。
(3)A、B 板上下需各设计两个吊环孔时,间距 W1:D＜W1＜2D
(4)当 B/A=2 时,A、B 板左右侧需各设计两个吊环,间距 W2:D＜W2＜2D
(5)吊环孔应避免与模架上的其他螺丝、水管等干涉。</td></tr>
</table>

(3)螺钉

螺钉如表 5-42 所示。

表 5-42

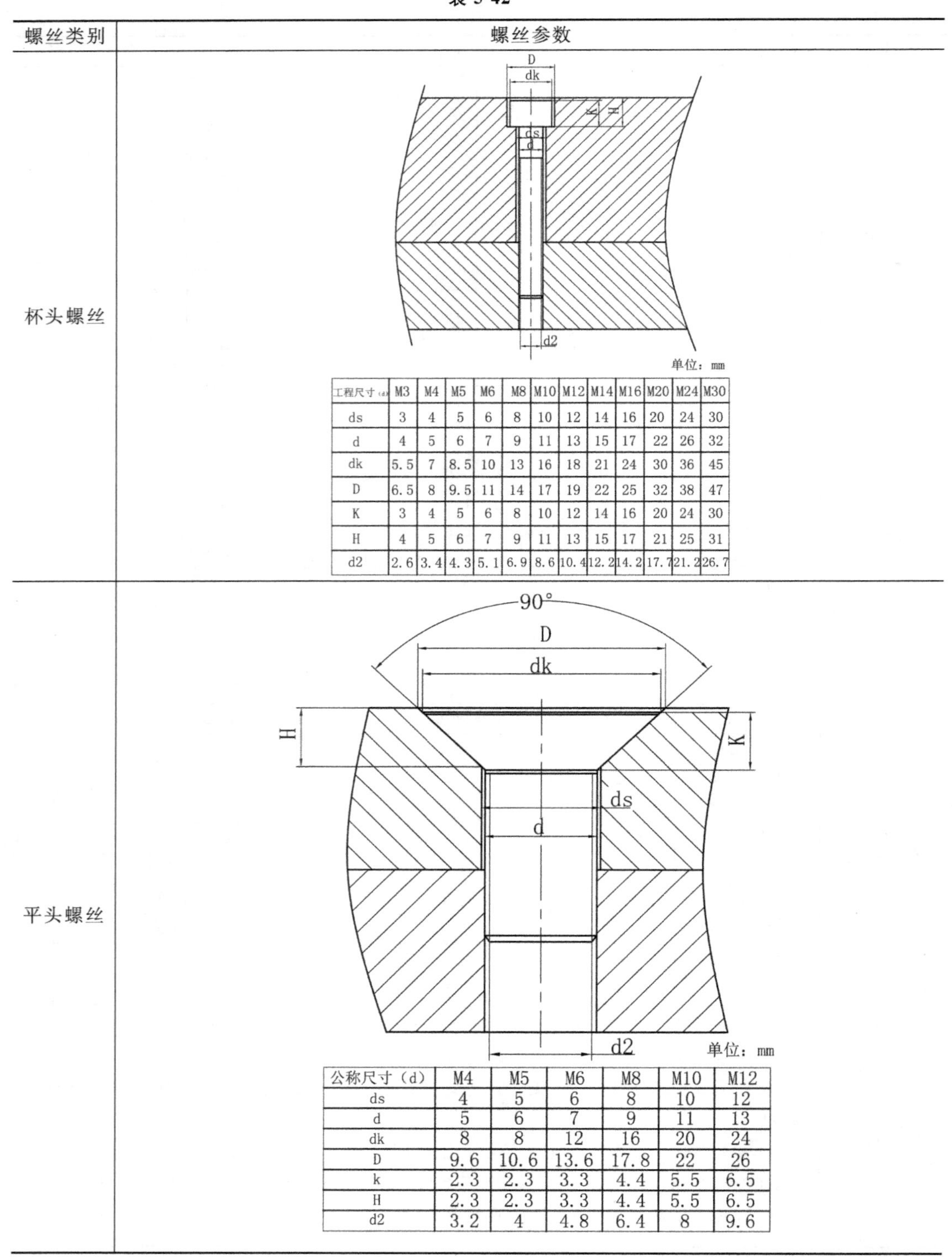

杯头螺丝（单位：mm）

工程尺寸（d）	M3	M4	M5	M6	M8	M10	M12	M14	M16	M20	M24	M30
ds	3	4	5	6	8	10	12	14	16	20	24	30
d	4	5	6	7	9	11	13	15	17	22	26	32
dk	5.5	7	8.5	10	13	16	18	21	24	30	36	45
D	6.5	8	9.5	11	14	17	19	22	25	32	38	47
K	3	4	5	6	8	10	12	14	16	20	24	30
H	4	5	6	7	9	11	13	15	17	21	25	31
d2	2.6	3.4	4.3	5.1	6.9	8.6	10.4	12.2	14.2	17.7	21.2	26.7

平头螺丝（单位：mm）

公称尺寸（d）	M4	M5	M6	M8	M10	M12
ds	4	5	6	8	10	12
d	5	6	7	9	11	13
dk	8	8	12	16	20	24
D	9.6	10.6	13.6	17.8	22	26
k	2.3	2.3	3.3	4.4	5.5	6.5
H	2.3	2.3	3.3	4.4	5.5	6.5
d2	3.2	4	4.8	6.4	8	9.6

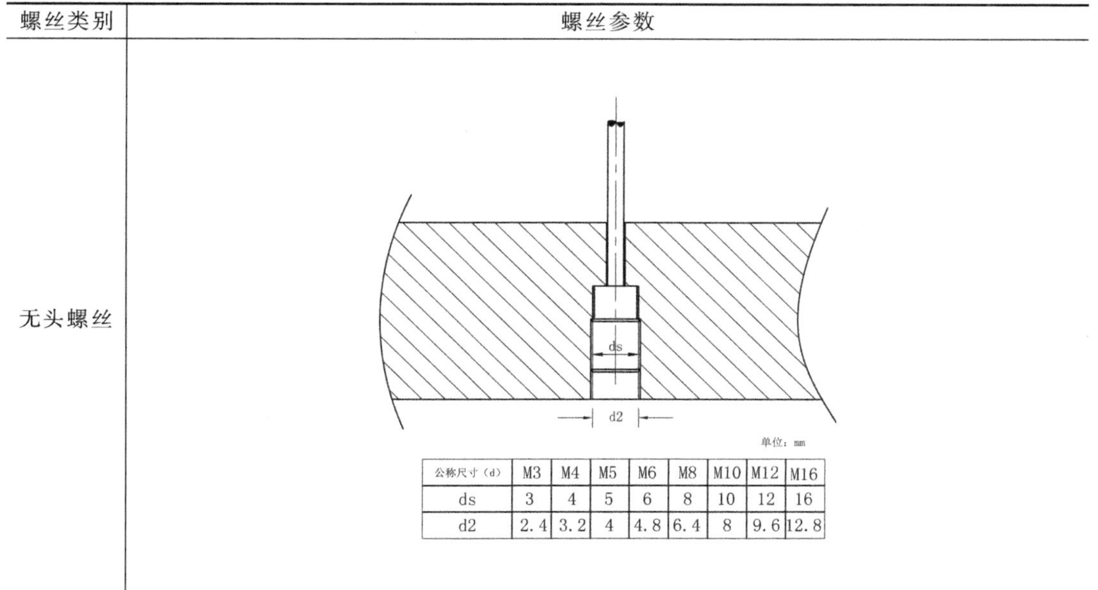

续表

螺丝类别	螺丝参数
无头螺丝	（见图）

单位：mm

公称尺寸（d）	M3	M4	M5	M6	M8	M10	M12	M16
ds	3	4	5	6	8	10	12	16
d2	2.4	3.2	4	4.8	6.4	8	9.6	12.8

(4)限位柱

限位柱如表 5-43 所示。

表 5-43

示意图	参数(直径 D)	备注
	20、25、30、35、40	(1)材料为 45 或 40Cr (2)限位块尽量放在顶出孔相对位置上 (3)未注倒角 1×45°

(5)定位销

表 5-44

示意图	设计参数
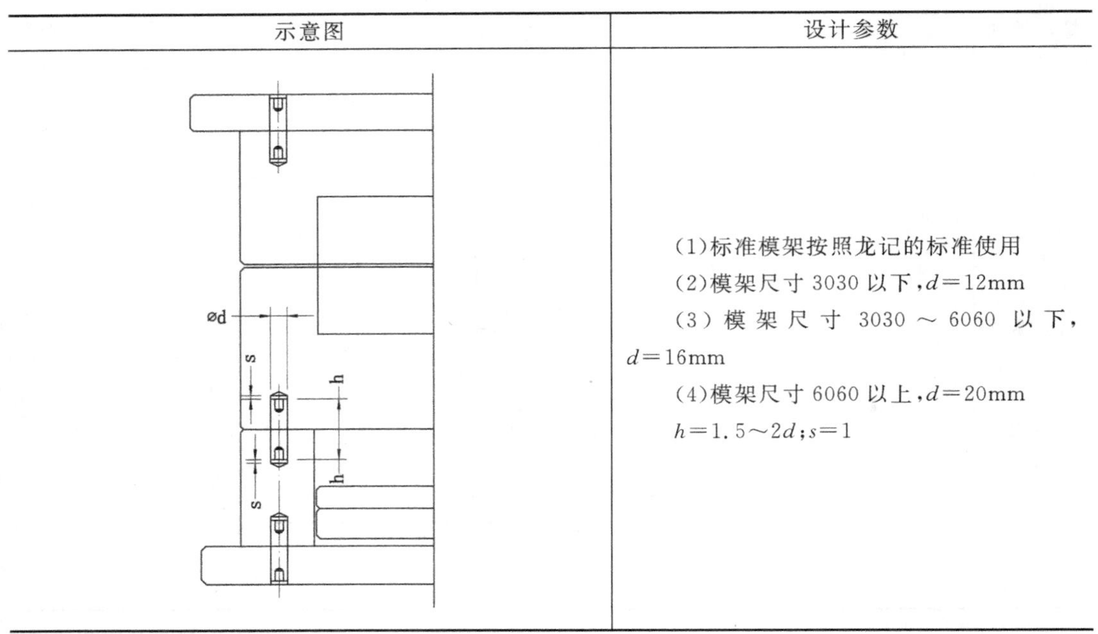	(1)标准模架按照龙记的标准使用 (2)模架尺寸 3030 以下，$d=12$mm (3)模架尺寸 3030～6060 以下，$d=16$mm (4)模架尺寸 6060 以上，$d=20$mm $h=1.5\sim2d$；$s=1$

(6)锁模板

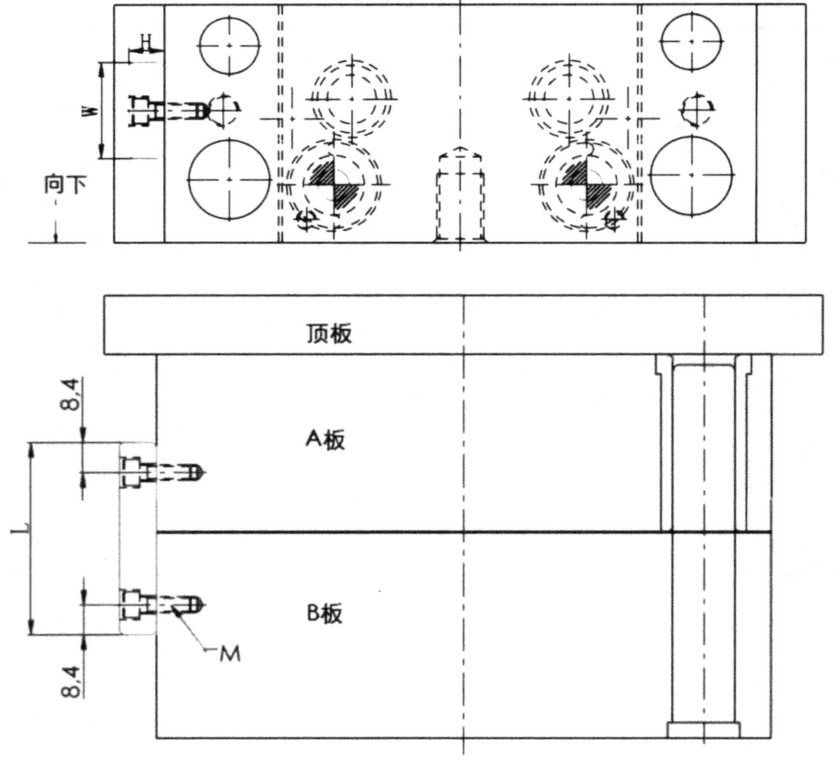

表 5-45

模宽(mm)	技术参数(mm)	备　注
<300	H=15,W=25,M=M8,L=80,L1=15	选用标准件,可以参考此参数选择标准锁模板
≥300,<650	H=20,W=35,M=M12,L=120,L1=20	
≥650	H=25,W=40,M=M16,L=120,L1=20	

5.4.8 注塑模导向定位系统

1. 学习目的

根据模架规格,掌握导向定位系统的设计,包括导柱、推板导柱、边锁、导柱辅助器、斜导位定位器、模架原身定位的设计。

2. 设计思路

先确定模架的规格,选择导向定位零部件的类型,然后选择规格并决定尺寸大小。

3. 注塑模导向定位系统基础知识

(1)导向定位系统的定义

①导向系统:使模具上的活动零(部)件按照既定的轨迹运动的结构。模具上的活动零部件包括:侧向抽芯机构、二板模模架中的动模部分、三板模中除定模座板以及固定于座板上的浇口套、导柱和拉料杆以外的全部零件。

②定位系统:注塑模中承受侧向力,保证动、定模之间及各种活动零件之间相对位置精度,防止模具在生产过程中变形错位的结构。

③导向定位系统:注塑模中用于保证各活动零件在开、合模时准确复位,以及在注射过程中不会错位变形的那部分机构。

(2)导向定位系统的重要性

①模具要反复开、合。开合模时,模具都要有精确的导向和定位,以保证成型零件每次合模后的配合精度,最终保证成型制品精度的稳定性和延续性。

②模具要承受高压。模具在生产过程中,受到强大的锁模压力和熔体胀型力的作用,没有良好的导向定位机构则无法保证其强度和刚度。

③模具要承受高温。在生产过程中,模具温度会升高,会带来热胀冷缩的变形,需要导向定位机构保证成型零件在温度升高后仍能保持其相对位置。

④模具是一种精度要求很高的生产工具。为了保证模具的装配精度,必须有良好的导向定位机构。

⑤模具寿命要求高。为了保证模具的长寿命要求,必须有良好的导向定位机构。

(3)注塑模导向定位机构的分类

①导向系统

a. 导柱导套类导向机构(见图 5-71)。

b. 侧向抽芯机构中的导向槽(见图 5-72)。

②定位系统(见图 5-73)

a. 定模板、动模板之间的定位机构。

b. 内模镶件之间的定位机构。

c. 侧向抽芯机构的定位机构。主要有:弹簧+滚珠;弹簧+斜销;斜顶的定位。

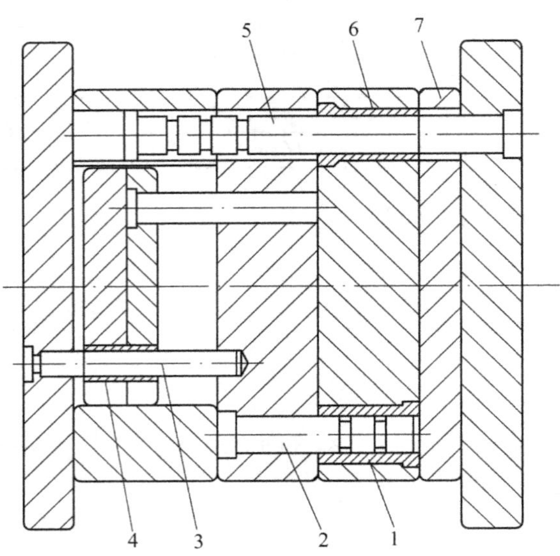

1-A、B板导套；2-定模板、动模板导柱；3—推杆板导柱；4-推杆板导套；5-流道推板导柱；6-板导套；7-流道推板导套

图 5-71

(4)注塑模中导向定位机构的作用

①定位作用：模具闭合后，保证动、定模位置正确，保证型腔的形状和尺寸精度；便于模具的装配和调整。

②导向作用：合模时，首先是导向零件接触，引导动、定模准确闭合，避免型芯先进入型腔造成成型零件的损坏。

③承受一定的侧向压力：塑料熔体在充模过程中可能产生单向侧向压力或受成型设备精度低的影响，导柱将承受一定的侧向压力，以保证模具的正常工作。

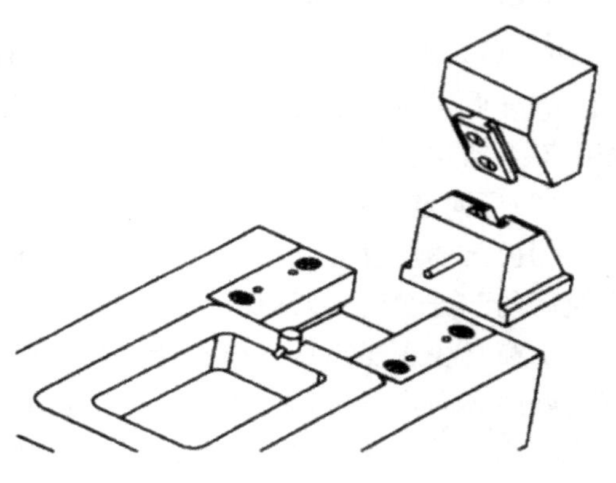

图 5-72

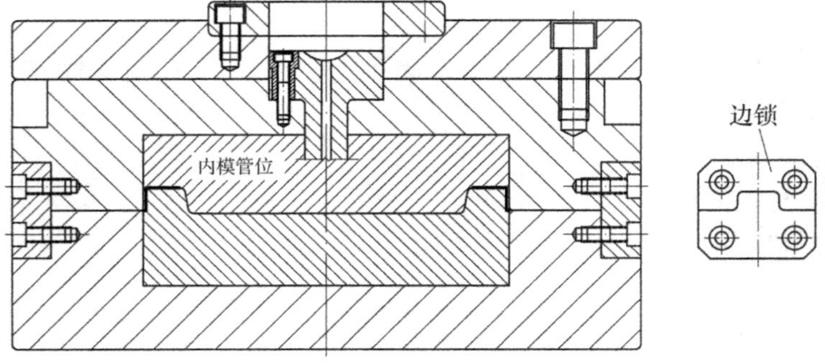

图 5-73

④承受模具重量：模具上的活动件，开模时及开模后都悬挂在导柱上，靠导柱来承受其重量。

4. 导向系统的设计

(1) A、B 板之间的导柱导套设计

①导柱导套的装配方式

导柱的安装一般有如图 5-74 所示的四种方式。

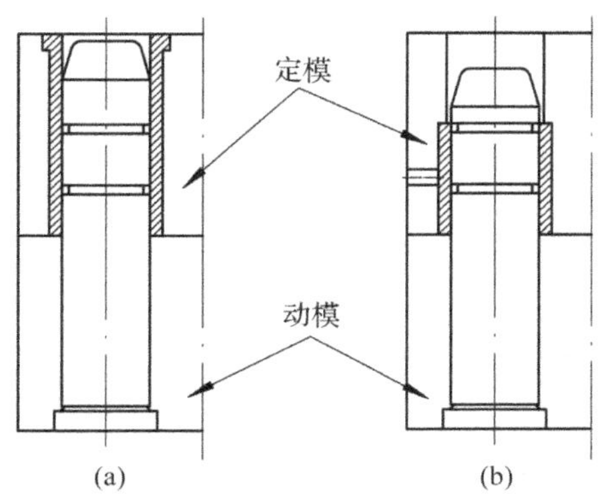

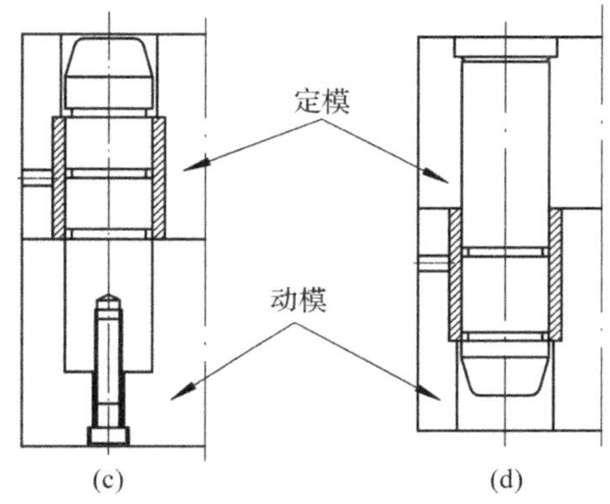

图 5-74

- a 型：常用
- b 型：定模板较厚，为减小导套的配合长度。
- c 型：动模板较厚及大型模具，为了增强模具强度。
- d 型：定模镶件落差大，制品较大，为了便于取出制品。

②导柱长度的设计

定模板、动模板之间导柱的长度一般应比型芯端面的高度高出 $A=15\sim25$mm，一般情况下导柱长度如图 5-75 所示。

当有侧向抽芯机构或斜滑块时导柱的长度应满足 $B=10\sim15$mm，如图 5-76 有侧向抽芯时导柱长度。

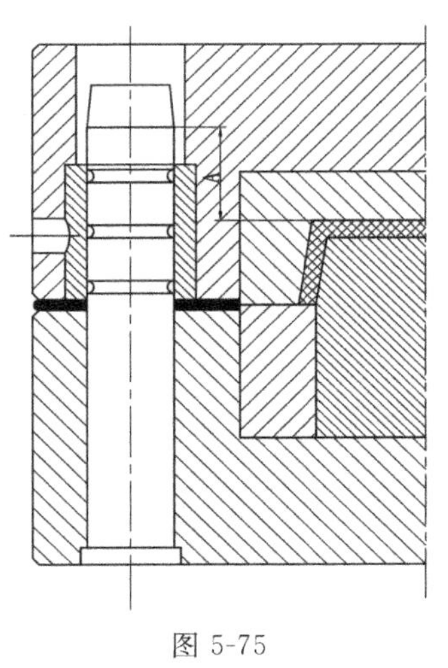

图 5-75

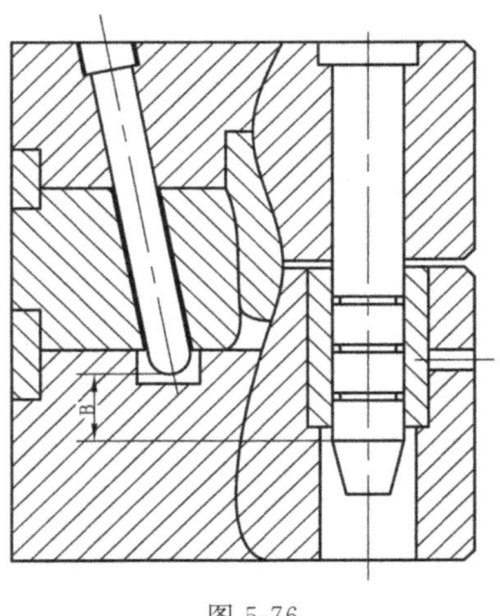

图 5-76

当模具动模部分有推板时，导柱必须装在后模动模板内，导柱导向部分的长度要保证推板在推出制品时，自始至终不能离开导柱，有推板导柱的长度如图 5-77 所示。

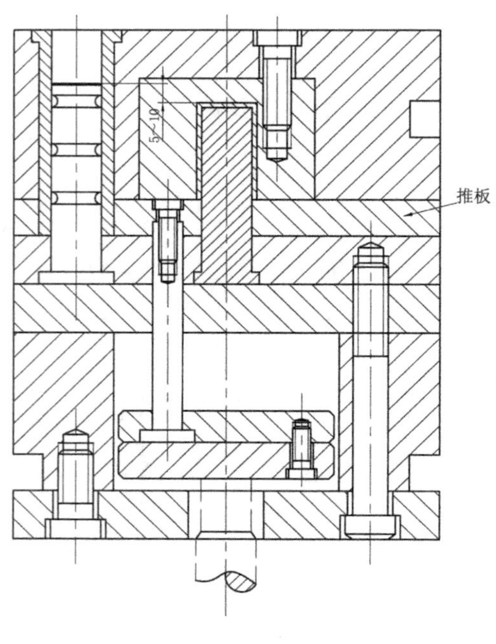

图 5-77

③导柱导套的数量及布置

定模板、动模板之间的导柱导套数量一般为四根，合理均布在模具的四角，导柱中心至模具边缘应有足够的距离，以保证模具强度(导柱中心到模具边缘距离通常为导柱直径的 1～1.5 倍)。为确保合模时只能按一个方向合模，可采用等直径导柱不对称布置或不等直径导柱对称布置的方式。龙记模架采用等直径导柱，其中有一个导柱导套不对称布置的方法，以防止动、定模装错。

(2)流道推板及 A 板的导柱导套设计

流道推板及定模板的导柱又叫水口边或拉杆，它安装在点浇口模架的面板上，导套安装在流道推板及定模板上。只用于点浇口模架及简化点浇口模架，见图 5-78。

(1)流道推板导柱长度

①导柱长度＝面板厚度＋流道推板厚度＋定模板厚度＋面板和流道推板的开模距离 C＋流道推板和定模板的开模距离 A。

- 面板和流道推板的开模距离 C 一般取 6～10mm。
- 流道推板和定模板的开模距离 A＝流道凝料总高度＋30mm。其中 30mm 为安全距离，是为了流道凝料能够安全落下，防止其在模具中“架桥”。另外，为了维修方便，以及防止流道凝料卡滞在定模板和流道推板之间，(流道凝料的总高度＋30mm)至少要取 100mm(取料或维修方便)。
- 上式计算数值再往上取 10 的倍数。

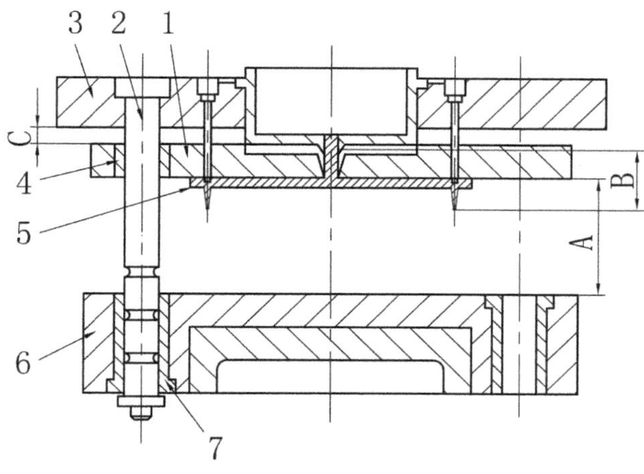

流道推板导柱

1-流道推板；2-导柱；3-面板；4-直身导套；5-流道凝料；6-定模 A 板；7-有托导套

图 5-78

②流道推板导柱直径

流道推板导柱的直径随模架已经标准化，一般情况下无须更改，但因为导柱要承受定模板和流道推板的重量，所以在下列情况下，导柱应该加粗 5mm 或 10mm，防止导柱变形。

- 定模板很厚，支撑定模板重量的流道推板导柱容易变形。
- 定模板厚度一般以上，但它在导柱上的滑动距离较大。
- 定模板厚度一般以上，但模架又窄又长(如长宽之比为 2 倍左右)。
- 流道推板导柱的直径加大后，其位置也要做相应改动。

(2)推杆板导柱的设计

①推杆板导柱的作用

- 承受推杆板的重量和推杆在推出过程中所承受的扭力。
- 对推杆固定板和推杆底板起导向定位作用。
- 减少复位杆、推杆、推管或斜推杆等零件和动模内模镶件的摩擦。

②推杆板导柱的使用场合

很多情况下，模具上不加推杆板导柱导套，但下列情况必须加推杆板导柱导套。

a. 模具浇口套偏离模具中心。如图 5-79 所示，主流道偏心会导致注射机推推杆板的顶棍 1 相对于模具偏心，在顶棍推动推杆板时，推杆板会承受扭力的作用，采用推杆板导柱 2 可以分担这一扭力，以提高复位杆和推杆等的使用寿命。

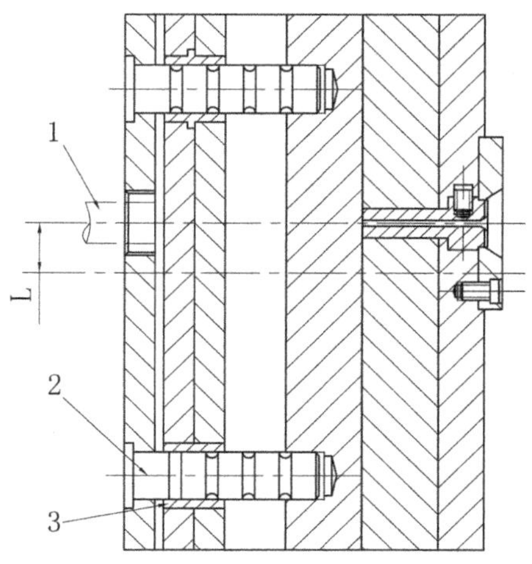

主流道偏离模具中心

1-顶棍；2-推杆板导柱；3-推杆板导套

图 5-79

b. 直径小于 2.0mm 的推杆数量较多时。推杆直径越小，承受推杆板重量后越易变形，甚至断裂。

c. 有斜推杆的模具。斜推杆和后模的摩擦阻力较大，推出制品时推杆板会受到较大的扭力的作用，需要用导柱导向。

d. 精密模具。精密模具要求模具的整体刚性和强度很好，活动零件要有良好的导向性。

e. 制品生产批量大，寿命要求高的模具。

f. 有推管的模具。推管中间的推杆型芯通常较细，若承受推杆板的重量则很易弯曲变形甚至断裂。

g. 用双推板的二次推出模。此时推板的重量加倍，必须由导柱来导向。

h. 制品推出距离大，方铁需要加高。因力臂加长，导致复位杆和推杆承受较大的扭矩，必须增加导柱导向。

i. 模架较大，一般情况下，模架大于 350mm 时，应加推杆板导柱来承受推杆板的重量，增加推杆板活动的平稳性和可靠性。

使用推杆板导柱时，必须配置相应的铜质导套。

③推杆板导柱的装配

推杆板导柱的装配通常有三种方式。

装配方式(一)：导柱固定于动模底板上，穿过推杆板，插入动模托板或动模板，导柱的长度以伸入托板或动模板深 H＝10～15mm 为宜(图 5-81)。这种方式最为常见，用于一般模具。

装配方式(二)：导柱固定于动模托板上，穿过两块推杆板，不插入底板，见图 5-81。

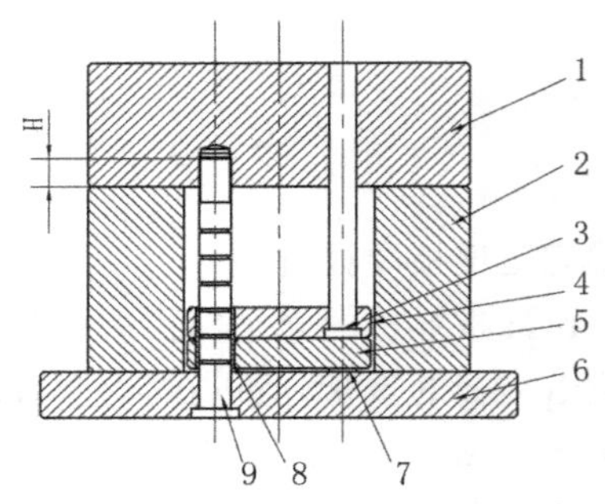

推杆板导柱的装配方式(一)

1-动模板；2-方铁；3-复位杆；4-推杆固定板；5-推杆底板；6-动模底板；7-限位钉；8-推杆板导套；9-推杆板导柱

图 5-80

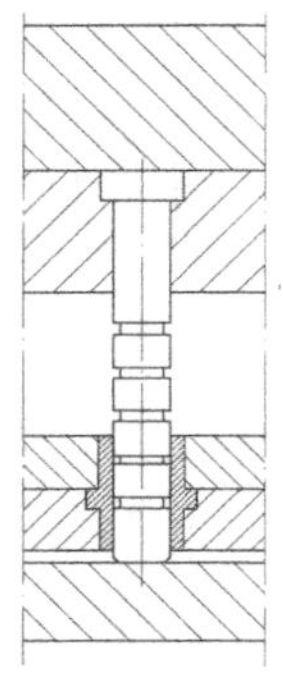

推杆板导柱的装配方式(二)

图 5-81

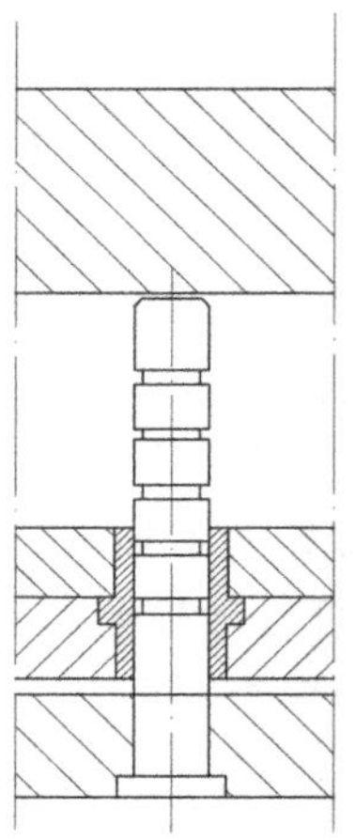

推杆板导柱的装配方式(三)

图 5-82

装配方式(三):导柱固定于动模底板上,穿过推杆板,但与装配方式(一)不同的是它不插入动模托板或动模板,见图 5-84。

装配方式(二)和(三)常用于模温高及压铸模具中。

④推杆板导柱的数量和直径

推杆板导柱的直径一般与标准模架的复位杆直径相同,但也取决于导柱的长度和数量。如果方铁加高,则导柱的直径应比复位针直径大 5~10mm。

推杆板导柱的数量按以下方式确定(见图 5-83)。

a. 对于宽 400mm 以下的模架,采用 2 支导柱即可,B_1 = 复位杆之间距离的一半,此时导柱直径可取复位杆直径,也可根据模具大小取复位杆直径加 5mm。

b. 对于宽 400mm 以上的模架,采用 4 支导柱,A_1 = 复位杆至模具中心的距离,推杆板导柱位置参数 B_2 参见表 5-46,此时导柱直径取复位杆直径即可。

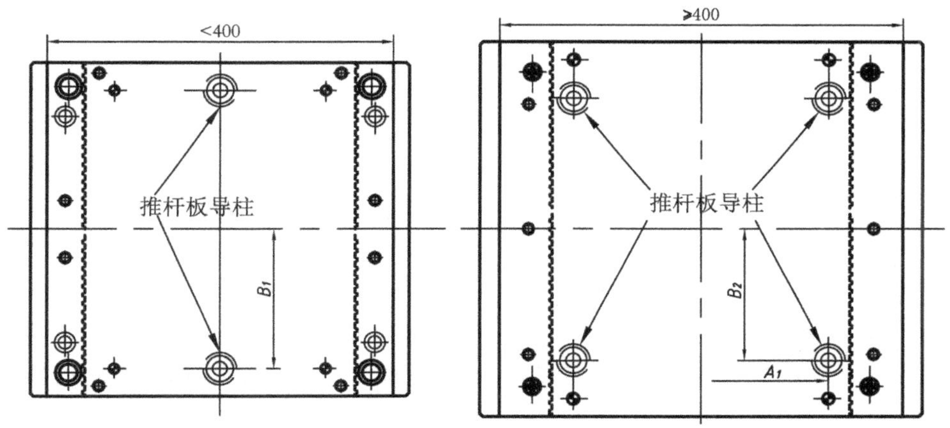

推杆板导柱的数量和位置

图 5-83

表 5-46

模架	4040	4045	4050	4055	4060	4545	4550	4555	4560	5050	5060	5070
B2/mm	126	151	176	201	226	168	168	193	218	168	218	268

5. 定位系统的设计

(1)定位系统的作用

①保证凹、凸模在合模时精确定位。

②分担导柱所承受的侧面压力,提高模具的刚度刚度和配合精度,减少模具合模时所产生的误差,让动模及内模镶件的摩擦力降至最低。

③帮助模具在注塑时不因胀型力而产生变形,提高模具的寿命

(2)定模板、动模板之间的定位机构设计

定模板、动模板之间的定位机构常用于模宽 400mm 以上的模具,承担模具在生产时的侧向压力,提高模具的配合精度和生产寿命。这种机构又包括锥面定位块,锥面定位柱,边

锁和定模板、定模板原身定位角。

注:其中锥面定位块、锥面定位柱、边锁都是标准件,设计时参考标准件手册。

①锥面定位块

装配于动模板、定模板之间,使用数量 4 个,对称或对角布置效果最好。其装配图和外形图见图 5-84,锥面定位块两斜面的倾斜角度取 5°～10°。

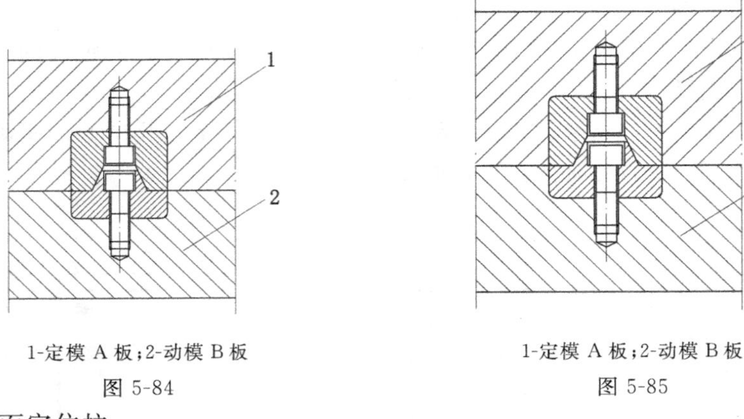

1-定模 A 板;2-动模 B 板

图 5-84

1-定模 A 板;2-动模 B 板

图 5-85

②锥面定位柱

锥面定位柱的装配位置、作用以及使用场合与锥面定位块完全相同,数量 2～4 个。其装配图和外形图见图 5-85。

③边锁

边锁装于模具的四个侧面,藏于模板内,防止碰坏或压坏。边锁有锥面锁和直身锁两种,见图 5-86。常用于大型模具或精密模具,用于提高定模板、动模板的配合精度及模具的整体刚度。

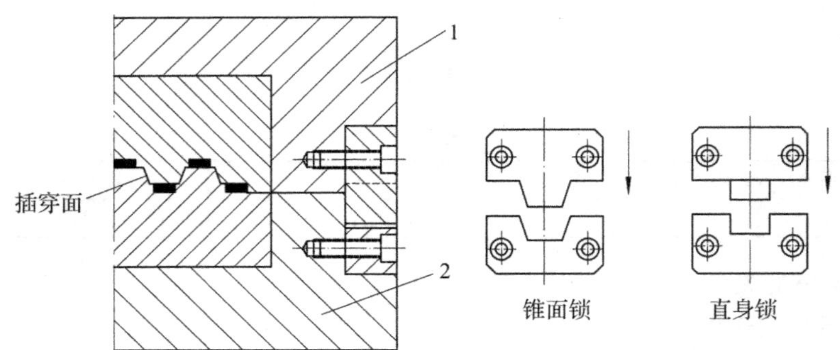

1-定模板;2-动模板

图 5-86

④模架原身定位

锥面定位块和锥面定位柱常用组合式,但大型模具要承受较大的侧向力时,一般采用模架原身定位效果最好,见图 5-87。

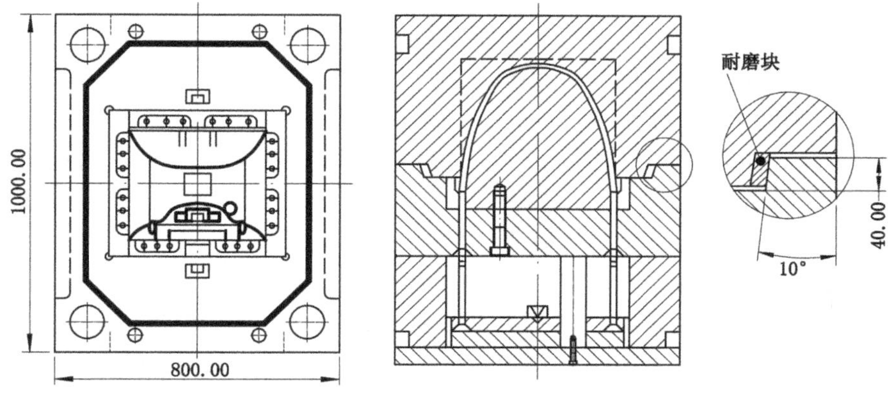

图 5-87

(3)内模镶件之间的定位机构设计

内模镶件之间的定位机构又叫内模管位。常设计于内模镶件的四个角上,用整体式,定位效果好,见图 5-88。

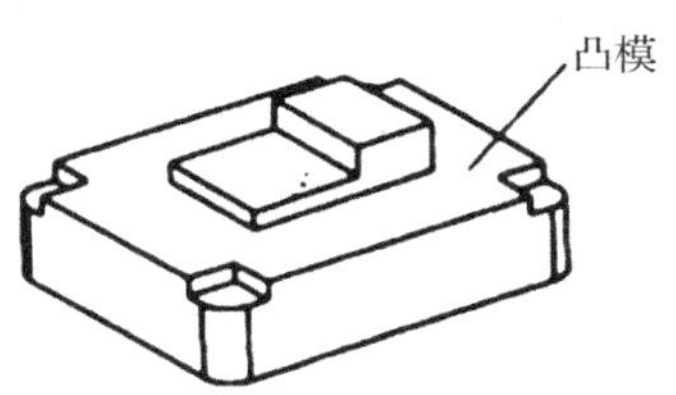

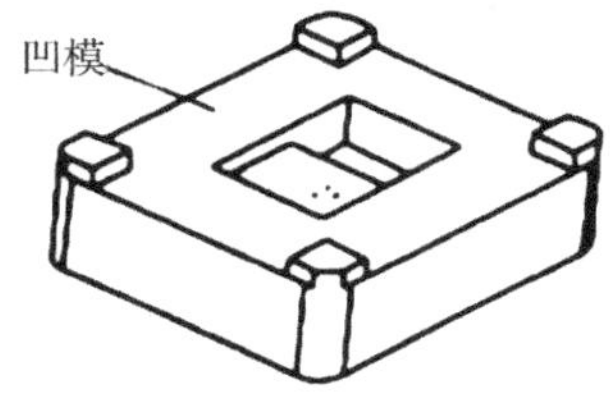

图 5-88

这种结构常用于精密模具,分型面为复杂曲面或斜面的模具,以及制品严重不对称,在生产中产生大侧向力的模具。内模定位角定位尺寸可根据镶件长度来取(见图 5-89)。

当 $L<250$mm 时,W 取 15～20mm,H 取 6～8mm;当 $L\geqslant250$mm 时,W 取 20～25mm,H 取 8～10mm。

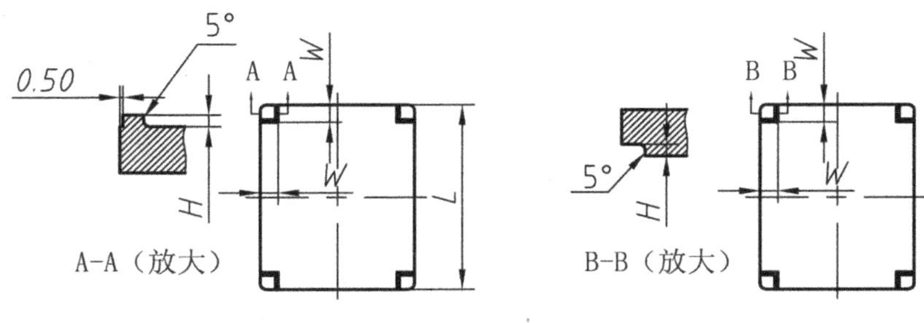

图 5-89

5.4.9 排气系统设计

排气槽的作用:作为一通道给型腔内的空气或塑料被注塑时所产生的气体,在注塑时可流出型腔。

排气槽的设计要点：

(1)排气槽尺寸以塑料品种不同选择。

(2)在流道的冷料槽末端须设计排气槽。

(3)根据 CAE 的分析，在产品的流动末端要设计排气槽，针对于排气困难的筋位须设计镶件加排气。

(4)镶针及司筒根据需要加排气槽。

(5)所有排气槽要驳通模胚外排气或驳通顶针孔。

(6)排气槽尽可能用铣床加工，不能用手工打磨；铣床加工后用 320＃砂纸抛光。

PL 面排气槽的设计标准如图 5-90 所示。

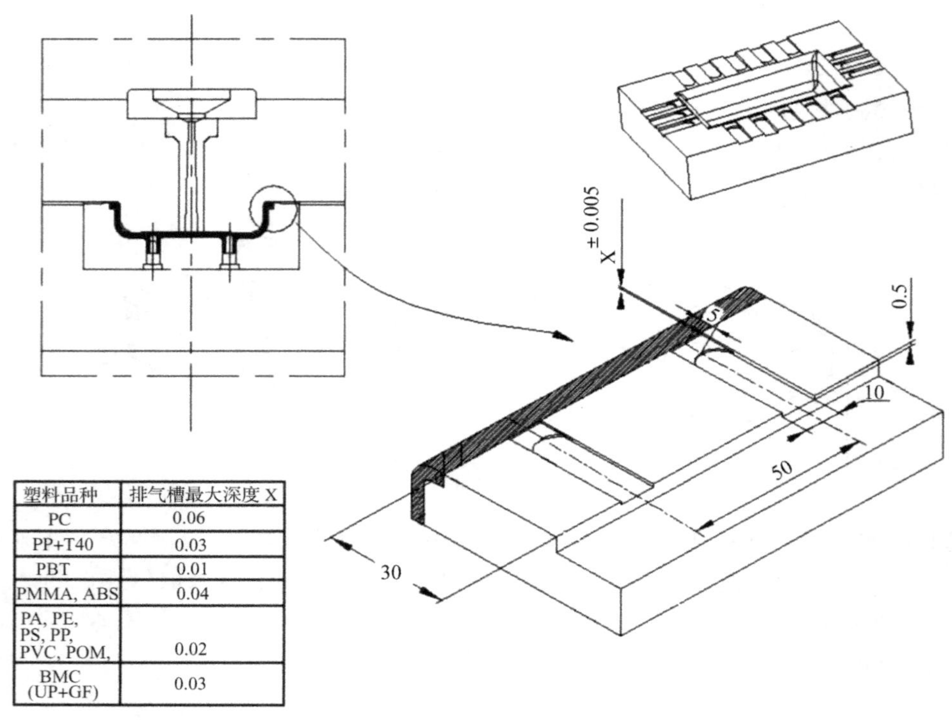

塑料品种	排气槽最大深度 X
PC	0.06
PP+T40	0.03
PBT	0.01
PMMA, ABS	0.04
PA, PE, PS, PP, PVC, POM,	0.02
BMC (UP+GF)	0.03

图 5-90

5.4.10 模具绘图

在整个模具生产过程中，为了缩短模具生产周期，工程部需在最短的时间内提供满足各种需要的图纸，可分为设计图、工艺图两大类。其中设计图如模具结构草图、3D 模型图、装配图、零件图等；工艺图如模架图、采购图、水路及推杆位置图、线切割图、电极图、以及其他加工工艺图等。

通常情况下，设计图由模具设计师或模具制图员来绘制，工艺图由模具制造工艺师来完成。但有时或有些企业(无工艺部)很多工艺图是由模具设计师绘制，如模架图、采购图、推杆位置图等。

1. 背景知识

绘制模具图之前需要掌握的前期课程：

① 模具制图基础（技术制图、公差与配合、形状和位置公差、表面粗糙度）；

② 设计软件基础（UGNX 建模、装配等模块基本应用；UG 制图模块熟练应用；AUTOCAD 熟练应用以及办公软件基本操作）；

③ 模具基础知识（模具结构的认知、拆装、零件的测量以及模具制造基础）。

2. 各种模具图的作用或要求

如上所述，模具图纸一般分为设计图纸和工艺图纸，绘制模具图纸要特别注意图纸使用的对象，例如装配图主要给模具钳工、注塑工等使用，工艺图纸主要给加工的人员使用。

(1)设计图

设计图主要包括结构草图（排位图）、3D 模型图（由模具设计师完成）、装配图、零件图等。

1）结构草图

主要用来订购模架，内模镶件与开框，给设计员以指引用和模具设计前期与客户沟通使用，可由设计工程师根据主管指示在电脑上绘制。

2）3D 模型图

3D 模型图即立体图。随着 3D 绘图软件的普及，以及注塑模加工中普遍使用电极加工和数控加工，3D 分模已显得越来越重要。一般有如下规定：

① 所有制品，都要用 UG 或 Pro/E 制作 3D 制品模型；

② 需要数控铣床或电极加工的模具，都要有 3D 模具图。3D 模具图应至少包括动、定模型芯和镶件，定模板、动模板；有侧向抽芯的模具要做出抽芯镶件，滑块座；有斜推杆的模具要做出斜推杆，斜推杆座，推杆板；

③ 除推杆孔、螺孔、棱边倒角外，其他所有形状都要在 3D 模型中做出；

④ 3D 分模装配图名称应与 2D 模具结构图一致，3D 零件图名称应与 2D 零件图一致。

3)装配图

模具装配图主要表达该模具的构造，零件之间的装配与连接关系，模具的工作原理及生产该模具的技术要求和检验要求等。用于与客户的沟通以及模具装配工在装配模具时参照。

4)零件图

零件图可以供采购与加工用，零件图反映了所加工零件的详细尺寸、尺寸公差、形位公差、粗糙度及技术要求。

(2)工艺图

工艺图主要包括模架图、线切割图、电极图、推杆位置图及其他加工工艺图等。

1）模架图

对于非供应商标准或需在模架厂开框加工的模架，要绘制模架图，其主要作用是提供给供应商加工用。

模架图一般以传真的方式给供应商报价及生产，如需做毛坯加工，还应向模架厂提供三维的毛坯数据。所以通常采用 A4 纸清晰表达所要加工的尺寸和要求，标准模架部分尺寸可不标注。

2）线切割图

当模具上的零件需要线切割加工时，一般由工艺人员绘制线切割图纸。线切割图的一般要求如下：

① 线切割图形一般用双点划线表达制品轮廓，用实线表达线切割部位。线切割图要有穿线孔位置及大小尺寸。线切割图要标注线切割大轮廓尺寸（可以用卡尺等简单测量的尺寸），复杂曲线轮廓可以不标注尺寸；

② 线切割图锐角部处理，如图 5-91 所示，图中线割方孔 2 件镶件左侧锐角要加 R0.15mm，以避开镶件凹槽部分；

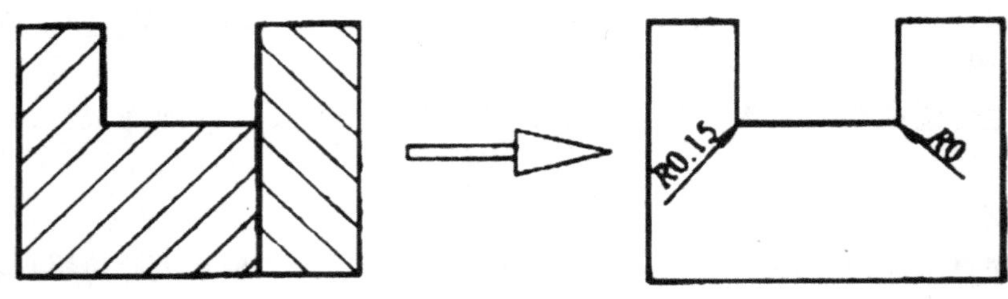

图 5-91

③ 切割轮廓线一般要用 1.5 倍粗实线表达。

3）电极图

模具零件上的一些深槽窄缝一般需要进行电火花加工，电极图主要用于需要放电加工的场合。

4）推杆位置图

对推杆数太多（超过 20 支以上）或推杆靠得太近，表达不清或镶件推杆需组合后加工时，推杆列表要单独出图，即推杆位置图。推杆位置宜取整数，制品小或复杂时也只能取 1 位小数。

3. 企业现状

(1)设计内容

设计内容需根据企业中的分工情况来决定，企业中的分工情况一般有两类：全面型和分工合作型。

对于全面型，模具设计师设计的内容一般包括模具 3D 设计，装配图、零件图设计，模架图设计等。

对于分工合作型，不同的设计师所涉及的工作内容是不同的，有些是专门设计 3D 的，有些是专门绘制 2D 部分，包括装配图及零件图。

(2)相关规定

不同的模具企业对于模具绘图有不同的规定，这些规定主要包括以下几点：

① 投影方式：主要确定第一角投影法还是第三角投影法；

② 图纸尺寸规格、图框及标题栏、修改栏放置位置等；

③ 图层设置、图纸比例、线段分类及应用场合、文字使用等。

4. 模具绘图的一般流程

模具绘图的内容通常包括：各种视图、图框及标题栏、明细表、尺寸标注、符号、技术要

求等。

模具绘图的过程一般分为两类：一是图纸由三维软件投影及放置视图，由二维软件完成其他内容的工作；二是模具的图纸完全由二维软件绘制完成。

(1)3D 到 2D 绘制流程

3D 到 2D 绘制的一般流程如下。

① 完成模具三维部分设计。

② 投影及剖切视图(视图表达)。

③ 将图纸转化为 dwg 格式。

④ 放置图框。

⑤ 标注尺寸，公差及注释(包括技术要求)。

⑥ 打印样式设置。

(2)2D 绘制流程

2D 绘制流程(结构草图)的一般流程如下。

① 将产品图缩放到 1∶1，为尺寸加缩收率，镜像产品图并建立不同的图层。

② 由产品尺寸确定成型镶件尺寸。

③ 由镶件及抽芯机构确定模架大小。

④ 调入模架，详细设计抽芯机构。

⑤ 导向定位系统设计。

⑥ 浇注系统设计。

⑦ 推出系统设计。

⑧ 温度调节系统设计。

⑨ 其他结构件设计。

⑩ 放置图框、尺寸、公差标注、注释(包括技术要求)及打印样式设置。

第 6 章 压缩成型工艺及模具设计

压缩成型具有悠久的历史，主要用于成型热固性塑料制件。热固性塑料原料由合成树脂、填料、固化剂、润滑剂、着色剂等按一定配比制成。可以呈粉状、粒状、片状、碎屑状、纤维状等各种形态供料。压缩成型的方法是：将塑料直接加入高温的型腔和加料室.然后以一定的速度将模具闭合，塑料在热和压力的作用下熔融流动，并且很快地充满整个型腔。树脂和固化剂作用发生交联反应，生成不熔不溶的体型网状结构的聚合物，塑料因而固化，成为具有一定形状的塑料制件，当制品完全定型并且具有最佳性能时，即开启模具取出制品。

压缩成型法还可用以成型热塑性塑料制品。将热塑性塑料加入模具型腔后，逐渐加热加压.使之转化成粘流态，充满整个型腔，然后降温，使制品伶却固化定型后再取出。压缩模在成型时需要交替地加热与冷却，故生产周期长，效率低。但是由干制品内应力小，因此可用来生产平整度高和光学性能好的大型制品、如透明板材等。一些流动很差的热塑性塑料如聚酰亚胺也采用压缩成型。

6.1 压缩模结构组成

压缩模的典型结构如图 6-1 所示。模具的上模和下模分别安装在压力机的上、下工作台上，上下模通过导柱、导套导向定位。上工作台下降，使上凸模 5 进入下模加料室 4 与装入的塑料接触并对其加热。当塑料成为熔融状态后，上工作台继续下降，熔料在受热受压的作用下充满型腔并发生固化交联反应。塑件固化成型后，上工作台上升，模具分型，同时压力机下面的辅助液压缸开始工作，推出机构的推杆将塑件从下凸模 7 上脱出。压缩模按各零部件的功能作用可分为以下几大部分。

(1)成型零件成型零件是直接成型塑件的零件，也就是形成模具型腔的零件，加料时与加料室一道起装料的作用。图 6-1 中模具的成型零件由上凸模 5、凹模 4、型芯 6、下凸模 7 等构成。

(2)加料室压缩模的加料室是指凹模上方的空腔部分，如图 6-1 中凹模 4 的上部截面尺寸扩大的部分。由于塑料与塑件相比具有较大的比容，塑件成型前单靠型腔往往无法容纳全部原料，因此一般需要在型腔之上设有一段加料室。

(3)导向机构图 6-1 中，由布置在模具上模周边的四根导柱 8 和下模导套 lo 组成导向机构，它的作用是保证上模和下模两大部分或模具内部其他零部件之间准确对合定位。为保证推出机构上下运动平稳，该模具在下模座板 18 上设有两根推板导柱，在推板上还设有推板导套。

(4)侧向分型与抽芯机构当压缩塑件带有侧孔或侧向凹凸时，模具必须设有各种侧向分

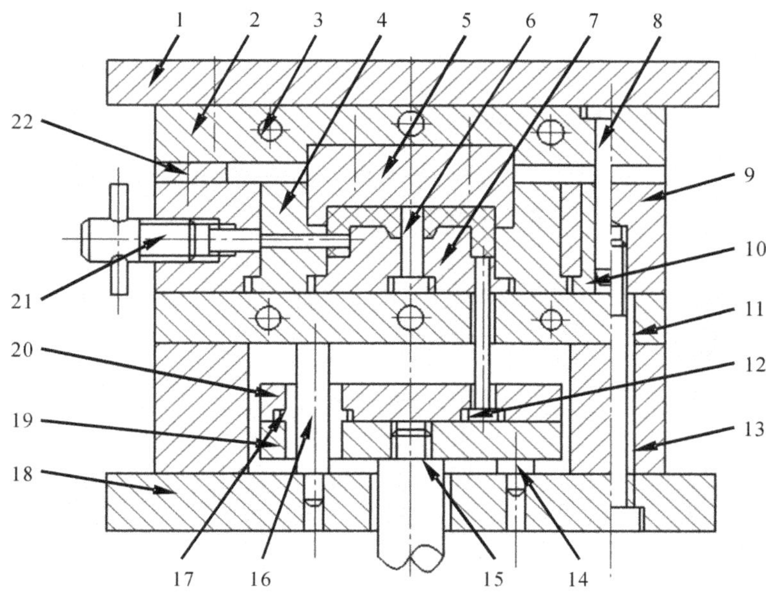

1-上模底板；2-上模板；3-加热孔；4-加料室(凹模)；5-上凸模；6-型芯；7-下凸模；8-导柱；9-下模板；10-导套；11-支承板(加热板)；12-推杆；13-垫块；14-支承柱；15-推出机构连接杆；16-推板导柱；17-推杆导套；18-下模座板；19-推板；20-推杆固定板，21-侧型芯；22-承压块

图 6-1　典型压缩模结构

型与抽芯机构，塑件方能脱出。图 6-1 中的塑件有一侧孔，在推出塑件前用手动丝杆(侧型芯 2 功抽出侧型芯。

(5)脱模机构压缩模中一般都需要设置脱模机构(推出机构)，其作用是把塑件脱出模腔。图 6-1 中的脱模机构由推板 19、推杆固定板 20、推杆 12 等零件组成。

(6)加热系统在压缩热固性塑料时，模具温度必须高于塑料的交联温度，因此模具必须加热。常见的加热方式有电加热、蒸汽加热、煤气或天然气加热等，但以电加热最为普遍。图 6-1 中上模板 2 和支承板 11 中设计有加热孔 3，加热孔中插入加热组件(如电热棒)分别对上凸模、下凸模和凹模进行加热。

(7)支承零部件压缩模中的各种固定板、支承板(加热板等)以及上、下模座等均称为支承零部件，如图 6-1 中的零件上模座板 1、支承板 11、垫块 13、下模座板 18、承压块 22 等。它们的作用是固定和支承模具中各种零部件，并且将压力机的压力传递给成型零部件和成型物料。

6.2　压缩模零部件设计

设计压缩模时，首先应确定加料室的总体结构、凸凹模之间的配合形式以及成型零部件的结构，然后再根据塑件尺寸确定型腔成型尺寸，根据塑件重量和塑料品种确定加料室尺寸。有些内容，如型腔成型尺寸计算、型腔底板厚度及壁厚尺寸计算、凸模的结构等，在前面注射模设计的有关章节已讲述过，这些内容同样也适用于热固性塑料压缩模的设计，因此现仅介绍压缩模的一些特殊设计。

6.2.1 塑件加压方向的选择

加压方向是指凸模作用方向。加压方向对塑件的质量、模具结构和脱模的难易程度都有重要影响，因此在决定施压方向时应考虑下述因素：

1. 便于加料

图 6-2 所示为塑件的两种加压方法，图 6-2(a)加料室较窄，不利于加料；图 6-2(b)加料室大而浅，便于加料。

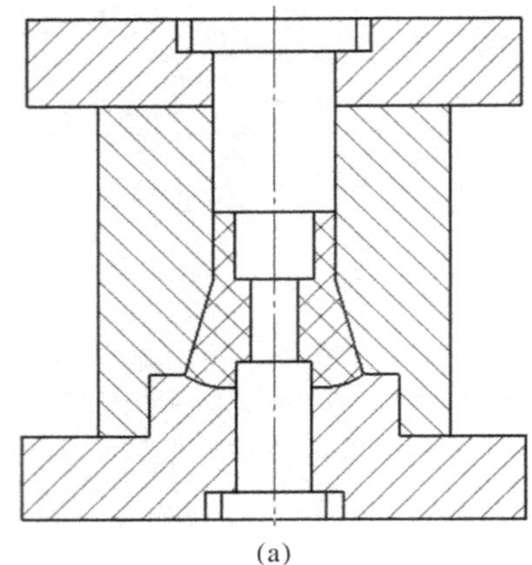

(a)

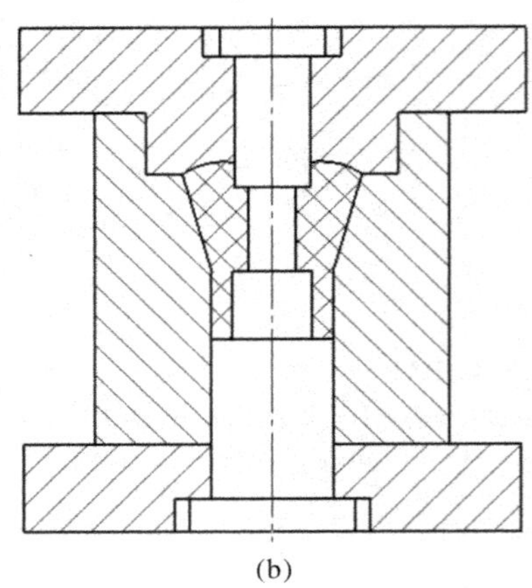

(b)

图 6-2 便于加料的加压方法

2. 有利于压力传递

塑件在模具内的加压方向应使压力传递距离尽量短，以减少压力损失，并使塑件组织均匀。圆筒形塑件一般情况下应顺着其轴向施压，但对于轴线长的杆类、管类等塑件，可改垂直方向加压为水平方向加压。

如图 6-3(a)所示的圆筒形塑件，由于塑件过长，若从上端加压，压力损失大，则塑件底部

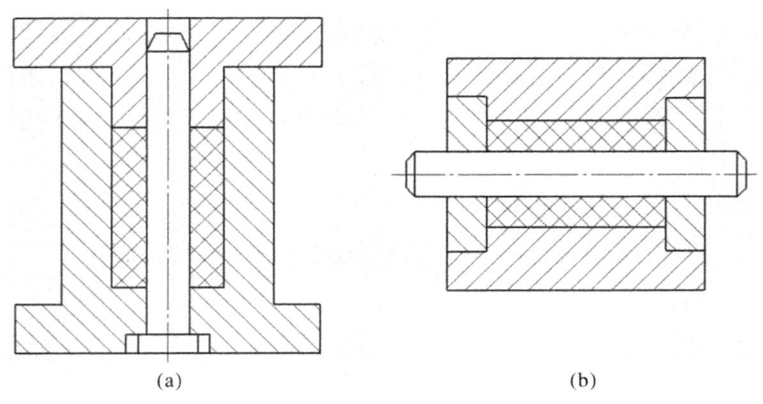

(a) (b)

图 6-3 有利于压力传递的加压方向

压力小，会使底部产生疏松现象；若采用上下凸模同时加压则塑料中部会出现疏松现象，为此可将塑件横放，采用图 6-3(b)所示的横向加压形式，这种形式有利于压力传递，可克服上述缺陷，但在塑件外圆上将产生两条飞边而影响外观质量。

3. 便于安放和固定嵌件

当塑件上有嵌件时，应优先考虑将嵌件安放在下模。如将嵌件安放在上模，如图 6-4(a)。所示，既费事又可能使嵌件不慎落下压坏模具；如图 6-4(b)所示，将嵌件安放在下模，不但操作方便，而且还可利用嵌件推出塑件而不留下推出痕迹。

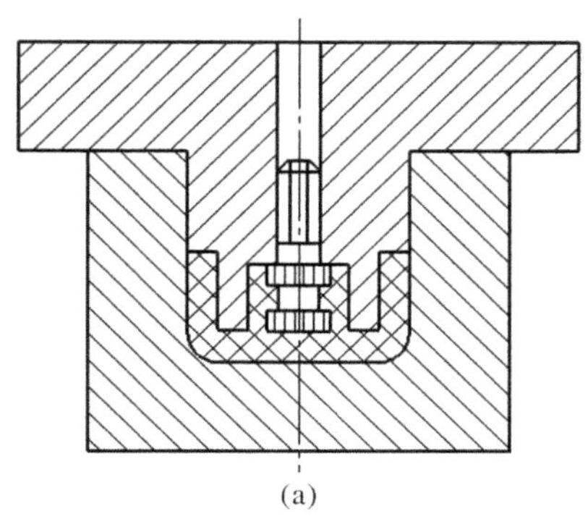
(a)

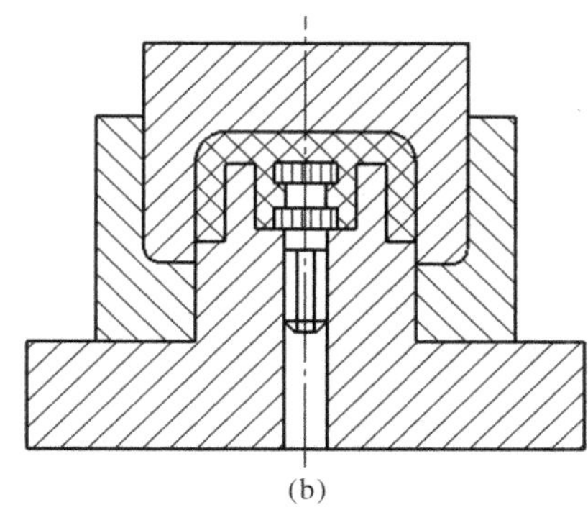
(b)

图 6-4 便于安放钳件的加压方向

4. 便于塑料流动

加压方向与塑料流动方向一致时，有利于塑料流动。如图 6-5(a)所示，型腔设在上模，凸模位于下模，加压时，塑料逆着加压方向流动，同时由于在分型面上需要切断产生的飞边，故需要增大压力；而图 6-5(b)中，型腔设在下模，凸模位于上模，加压方向与塑料流动方向一致.有利于塑料充满整个型腔。

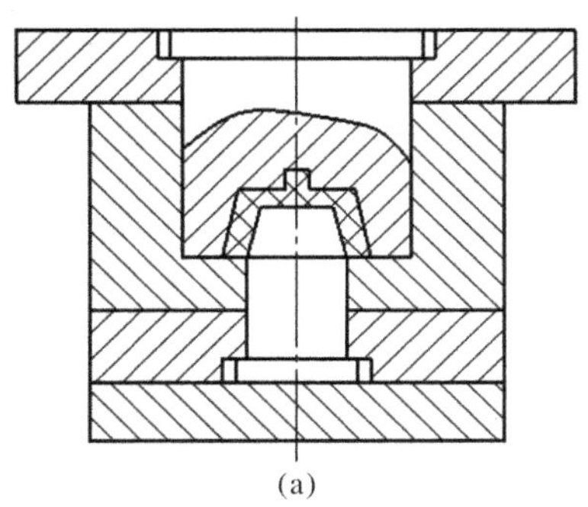
(a)

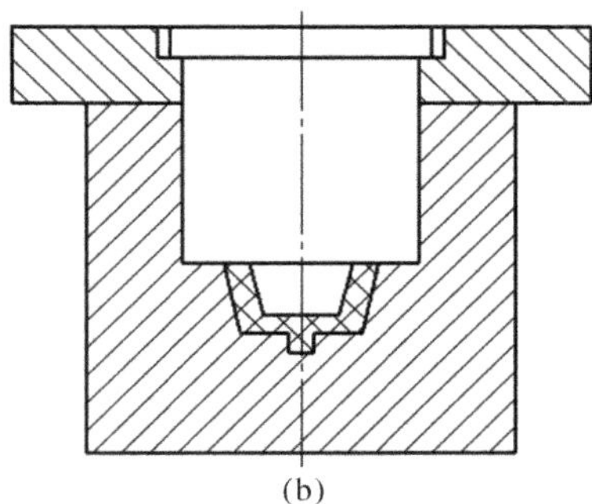
(b)

图 6-5 便于塑料流动的加压方向

5. 保证凸模强度

对于从正反面都可以加压成型的塑件，选择加压方向时应使凸模形状尽量简单，保证凸模强度，因此图 6-6(b)所示结构比图 6-6(a)所示结构的凸模强度高。

6. 保证重要尺寸的精度

沿加压方向的塑件高度尺寸不仅与加料量有关，而且还受飞边厚度变化的影响，故对塑

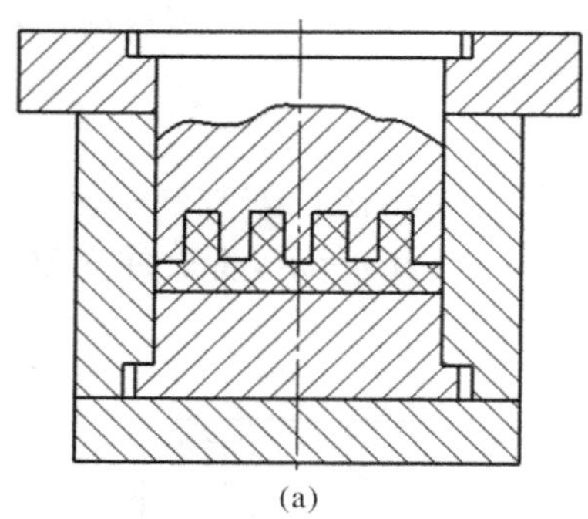
(a)

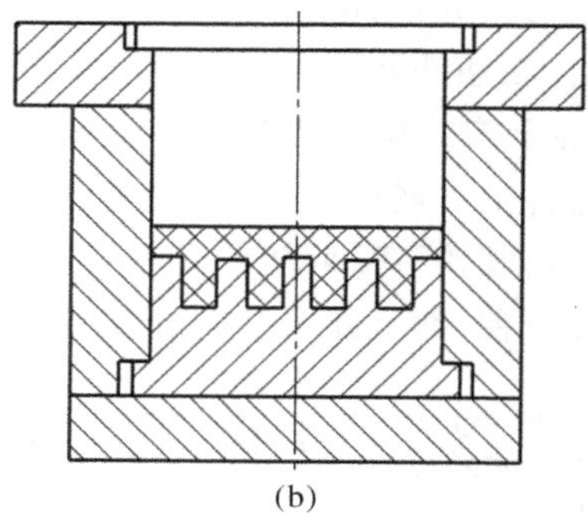
(b)

图 6-6　有利于凸模强度的加压方向

件精度要求高的尺寸不宜与加压方向相同。

此外，设计时要注意细长型芯尽量不放置在模具的侧向等。

6.2.2　凹凸模各组成部分及其作用

以半溢式压缩模为例，凹凸模一般有引导环、配合环、挤压环、储料槽、排气溢料槽、承压面、加料室等部分组成，如图 6-7 所示。

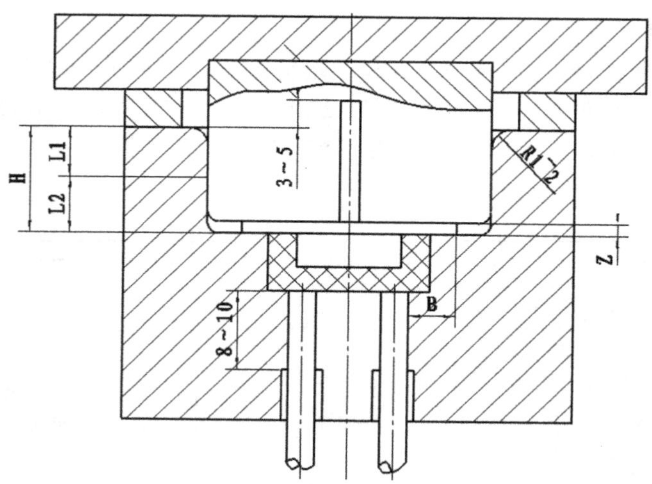

图 6-7　压缩模凸凹模各组成部分

1. 引导环(L_1)

引导环是引导凸模进入加料室的部分，除加料室极浅(高度小于 10mm)的凹模外，一般在加料腔上部设有一段长度为 L_1 的引导环。引导环是一段斜度为 α 的锥面，并设有圆角 R，其作用是使凸模顺利进入凹模，减少凸凹模之间的摩擦，避免在推出塑件时擦伤表面，增加模具使用寿命，减少开模阻力，并可以进行排气。移动式压缩模 α 取 $20'\sim1°30'$，固定式压缩模 α 取 $20'\sim1°$。圆角 R 通常取 1～2mm，引导环长度 L_1，取 5～10mm，当加料腔高度 $H\geqslant30$mm 时，L_1 取 10～20mm。

2. 配合环(L_2)

配合环是凸模与加料腔的配合部分,它的作用是保证凸模与凹模定位准确,阻止塑料溢出,通畅地排除气体。凹凸模的配合间隙以不发生溢料和双方侧壁互不擦伤为原则。配合环长度 L_2 应根据凹凸模的间隙而定,间隙小则长度取短些。一般移动式压缩模 L_2 取 4~6mm,固定式压缩模,若加料腔高度 $H \geqslant 30$mm 时,L_2 取 8~10mm。

3. 挤压环(B)

挤压环的作用是限制凸模下行位置并保证最薄的水平飞边,挤压环主要用于半溢式和溢式压缩模。半溢式压缩模挤压环的宽度 B 按塑件大小及模具用钢而定。一般中小型模具 B 取 2~4mm,大型模具 B 取 3~5mm。

4. 储料槽

储料槽的作用是储存排出的余料,因此凹凸模配合后应留出小空间作储料槽。半溢式压缩模的储料槽形式如图 6-7 所示的小空间 Z,通常储料槽深度 Z 取 0.5~1mm;不溢式压缩模的储料槽设计在凸模上,如图 6-8 所示,这种储料槽不能设计成连续的环形槽,否则余料会牢固地包在凸模上难以清理。

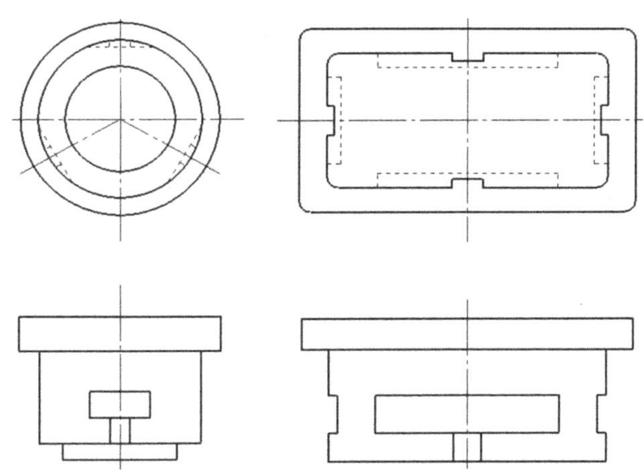

图 6-8　不溢式压缩模储料槽

5. 排气溢料槽

压缩成型时为了减少飞边,保证塑件精度和质量,必须将产生的气体和余料排出,一般可在成型过程中进行卸压排气操作或利用凹凸模配合间隙来排气,但压缩形状复杂塑件及流动性较差的纤维填料的塑料时应设排气溢料槽,成型压力大的深型腔塑件也应开设排气溢料槽。图 6-9 所示为半溢式压缩模排气溢料槽的形式,凸模上开设几条深度为 0.2~0.3mm的凹槽。排气溢料槽应开到凸模的上端,使合模后高出加料腔上平面,以便余料排出模外。

6. 承压面

承压面的作用是减轻挤压环的载荷,延长模具的使用寿命。图 6-10 是承压面结构的几种形式。图 6-10a 是用挤压环作承压面,模具容易损坏,但飞边较薄;图 6-10b 是由凸模台肩与凹模上端而作承压面,凸凹模之间留有 0.03~0.05mm 的间隙,可防止挤压边变形损

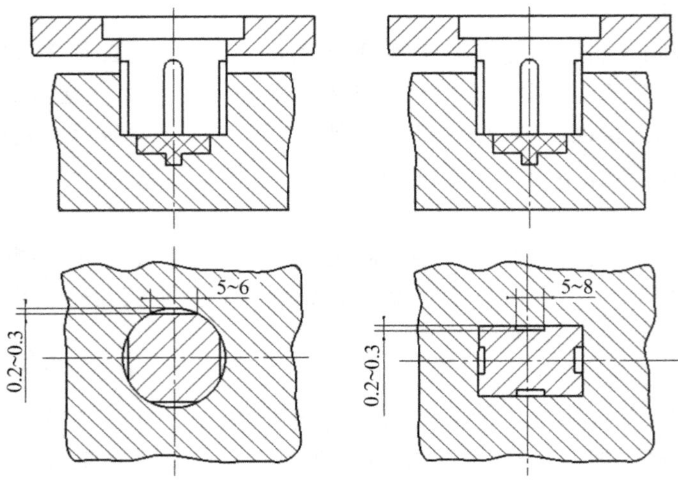

图 6-9　半溢式压缩模溢料

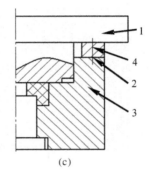

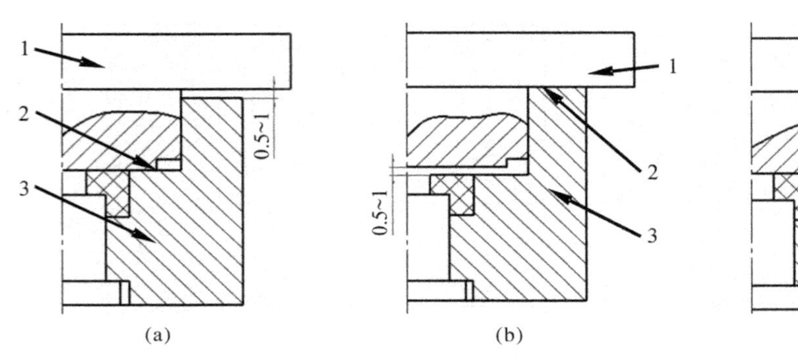

1-凸模；2-承压面；3-凹模；4-承压块

图 6-10　压缩模承压面的结构形式

坏，延长模具寿命，但飞边较厚，主要用于移动式压缩模；图 6-10c 是用承压块作挤压面，挤压边不易损坏，通过调节承压块的厚度来控制凸模进入凹模的深度或控制凸模与挤压边缘的间隙，减少飞边厚度，主要用于固定式压缩模。

根据模具加料室形状的不同，承压块的形式有长条形、圆形等。承压块厚度一般为 8～10mm，承压块材料可用 T7、T8 或 45 钢，硬度为 35～40HRC。

6.2.3　凹凸模配合形式

1. 溢式压缩模的配合形式

溢式压缩模的配合形式如图 6-11 所示，它没有加料室，仅利用凹模型腔装料，凸模和四模没有引导环和配合环，而是依靠导柱和导套进行定位和导向，凹凸模接触面既是分型面又是承压面。为了使飞边变薄，凹凸模接触面积不宜太大，一般设计成单边宽度为 3～5mm 的挤压面，如图 6-11(a)所示；为了提高承压面积，在溢料面(挤压面)外开设溢料槽，在溢料槽外再增设承压面，如图 6-11(b)所示。

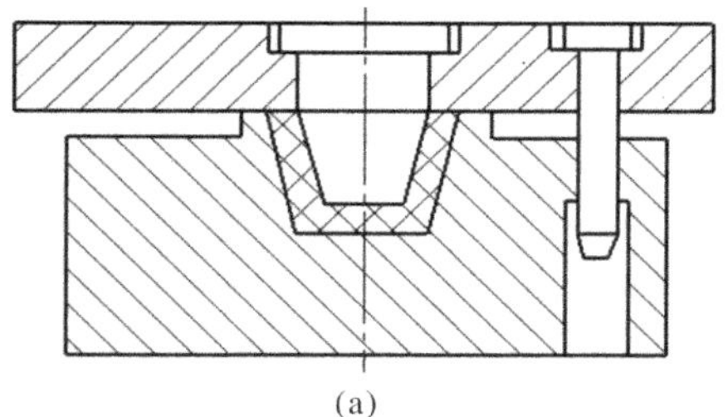

(a)

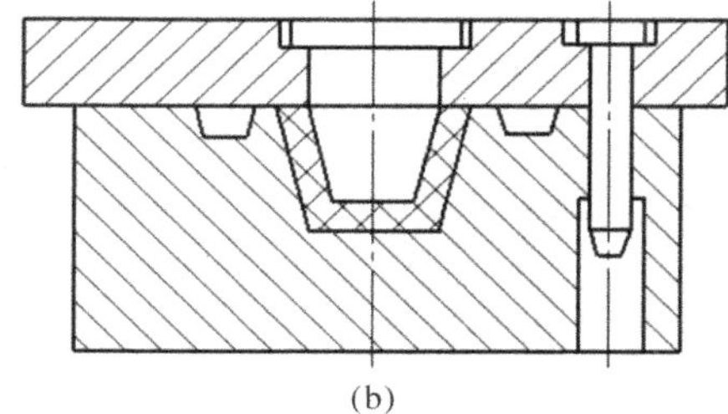

(b)

图 6-11　溢式压缩模的配合形式

2. 不溢式压缩模的配合形式

不溢式压缩模的配合形式如图 6-12 所示，其加料室为凹模型腔的向上延续部分，二者截面尺寸相同，没有挤压环，但有引导环、配合环和排气溢料槽，其中配合环的配合精度为 H8/f7 或单边 0.025～0.075mm。图 6-12(a)为加料室较浅、无引导环的结构；图 6-12(b)为有引导环的结构。为顺利排气，两者均设有排气溢料槽。

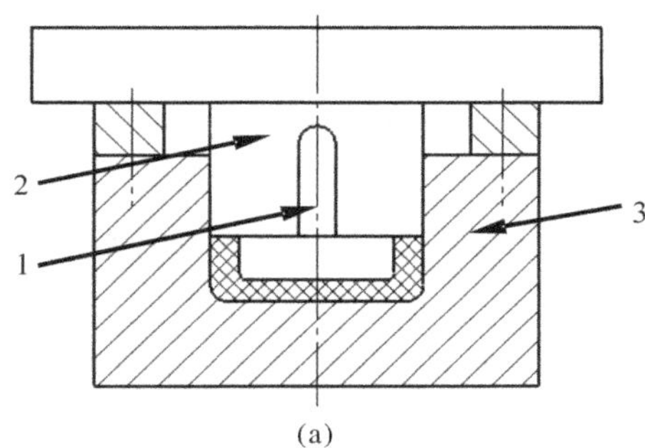

(a)

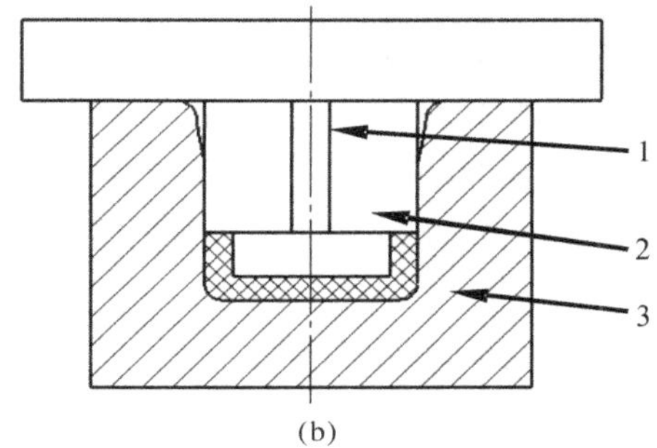

(b)

1-排气溢料槽；2-凸模；3-凹模

图 6-12　不溢式压缩模的配合形式

3. 半溢式压缩模的配合形式

半溢式压缩模的配合形式如图 6-7 所示。这种形式的最大特点是具有溢式压缩模的水平挤压环，同时还具有不溢式压缩凸模与加料室之间的配合环和引导环。加料室与凸模的配合精度与不溢式压缩模相同，即为 H8/f7 或单边 0.025～0.075mm。

6.2.4　加料室尺寸计算

溢式压缩模无加料室，不溢式、半溢式压缩模在型腔以上有一段加料室。

1. 塑件体积计算

简单几何形状的塑件，可以用一般几何算法计算，复杂的几何形状，可分为若干个规则的几何形状分别计算，然后求其总和。若已知塑件重量，则可根据塑件重量和塑件密度求出塑件体积。

2. 塑件所需原材料的体积

计算塑件所需原材料的体积计算公式如下：

$$V_{料}=(1+K)kV_S \tag{6-1}$$

式中：V_{sl}——塑件所需原材料的体积；

K——飞边溢料的重量系数，根据塑件分型面大小选取，通常取塑件净重量5%～10%；

k——塑料的压缩率，见表6-1；

V_S——塑件的体积。

表6-1 常用热固性塑料的密度和压缩比

塑料名称	密度(g/cm^3)	压缩比 k
酚醛塑料(粉状)	1.35～1.95	1.5～2.7
氨基塑料(粉状)	1.50～2.10	2.2～3.0
碎布塑料(片状)	1.36～2.00	5.0～10.0

若已知塑件质量求塑件所需原材料体积，则可用下式计算：

$$V_{sl}=(1+K)km/\rho_{sl} \tag{6-2}$$

式中：m——塑件质量；

ρ_{sl}——塑料原材料的密度(见表6-1)。

3. 加料室的截面积计算

加料室截面尺寸可根据模具类型而定。不溢式压缩模的加料室截面尺寸与型腔截面尺寸相等；半溢式压缩模的加料室由于有挤压面，所以加料室截面尺寸等于型腔截面尺寸加上挤压面的尺寸，挤压面单边宽度一般为3～5mm。根据截面尺寸可以方便地计算出加料室截面积。

4. 加料室高度的计算

在进行加料室高度的计算之前，应确定加料室高度的起始点。一般情况，不溢式压缩模加料室高度一般以塑件的下底面开始计算，而半溢式压缩模的加料室高度以挤压边开始计算。

无论不溢式压缩模还是半溢式压缩模，其加料室高度H都可用下式计算：

$$H=\frac{V_{sl}-V_j+V_x}{A}+(5\sim10)\text{mm} \tag{6-3}$$

式中：H——加料室高度，mm；

V_{sl}——塑料原料体积，mm^3；

V_j——加料室高度底部以下型腔的体积，mm^3；

V_x——下型芯占有加料室的体积，mm^3；

A——加料室的截面积，mm^2。

加料室的类型和塑件的形状不同，加料室的计算方法也不同。图6-13(a)所示的不溢式压缩模加料室的高度为$H=(V_{sl}+V_x)/A+(5\sim10)$mm；图6-13(b)所示的不溢式压缩模加料室的高度为$H=(V_{sl}-V_j)/A+(5\sim10)$mm；图6-13(c)所示为高度较大的薄壁塑件压缩模，由于按公式计算的话，其加料室高度小于塑件的高度，所以在这种情况下，加料室高度只需在塑件高度基础上再增加10～20mm；图6-13(d)所示的半溢式压缩模加料室的高度为$H=(V_{sl}-V_j+V_x)/A+(5\sim10)$mm。在这里，有一部分塑料进入上凸模内成型，由于在加料后、加压之前，它不影响加料室的容积，所以，一般计算时可以不考虑。

6.3 压缩模脱模机构设计

压缩模推出脱模机构与注射模相似，常见的有推杆脱模机构、推管脱模机构、推件板脱模机构等。

6.3.1 固定式压缩模的脱模机构

1. 脱模结构分类

脱模机构按动力来源可分为气动式、机动式两种。

(1)气动式脱模

气动式脱模如图 6-13 所示，利用压缩空气直接将塑件吹出模具。当采用溢式压缩模或少数半溢式压缩模时，如果塑件对型腔的粘附力不大，则可采用气吹脱模。气吹脱模适用于薄壁壳形塑件。当薄壁壳形塑件对凸模包紧力很小或凸模斜度较大时，开模后塑件会留在凹模中，这时压缩空气吹入塑件与模壁之间因收缩而产生的间隙里，将使塑件升起，如图 6-13(a)所示。图 6-13(b)为一矩形塑件，其中心有一孔，脱模时压缩空气吹破孔内的溢边，便会钻入塑件与模壁之间，使塑件脱出。

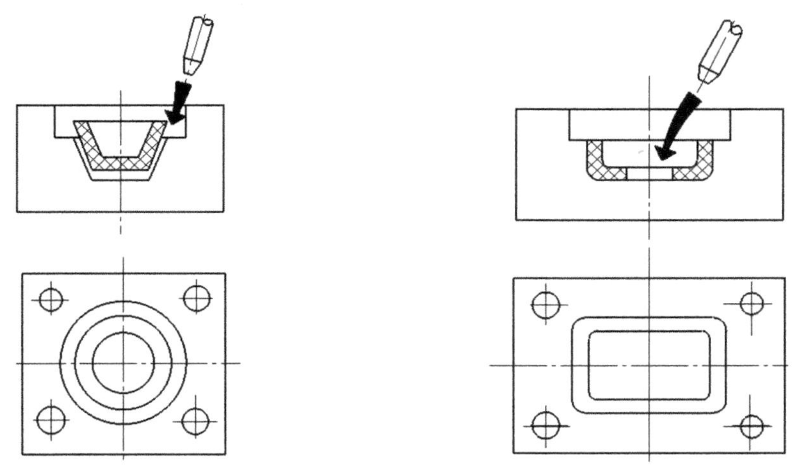

图 6-13 气吹脱模

(2)机动式脱模

机动式脱模如图 6-14 所示。图 6-14(a)是利用压力机下工作台下方的液压顶出装置推出脱模，图 6-14(b)是利用上横梁中的拉杆 1 随上横梁(上工作台)上升带动托板 4 向上移动而驱动推杆 6 推出脱模。

2. 脱模机构与压机的连接方式

压力机有的带顶出装置，有的不带顶出装置，不带顶出装置的压力机适用于移动式压缩模。当必须采用固定式压缩模和机动顶出时，可利用压力机上的顶出装置使模具上的推出机构推出塑件。当压力机带有液压顶出装置时，液压缸的活塞杆即为压力机的顶杆，一般活

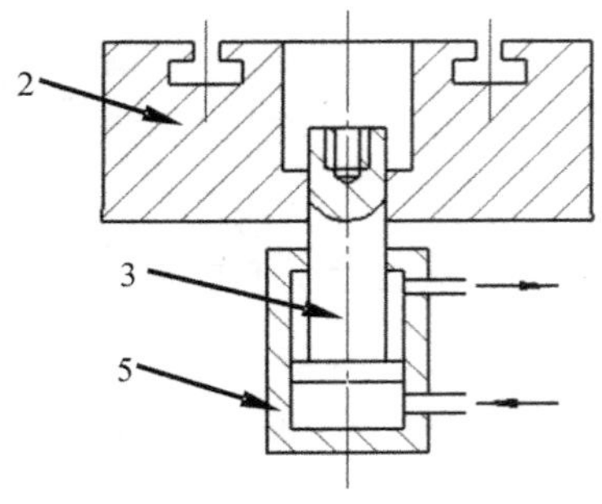

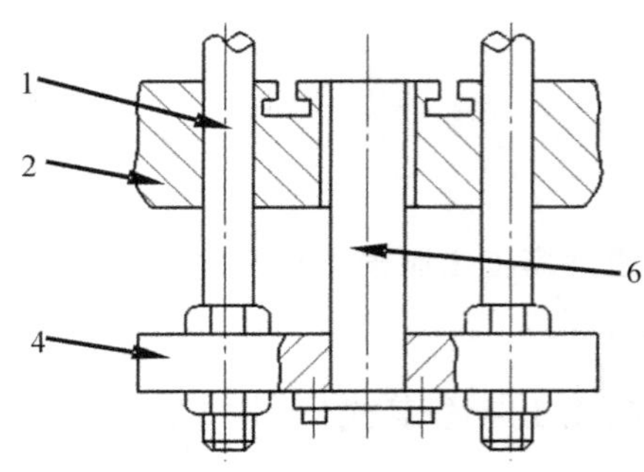

1-拉杆;2-压力机下工作台;3-活塞杆 4-托板;5-液压缸;6-推杆

图 6-14　压力机推顶装置

塞杆上升的极限位置是其端部与下工作台上表面相平齐的位置。压力机的顶杆与压缩模脱模机构的连接方式有两种。

(1)间接连接

当压力机顶杆端部上升的极限位置只能与工作台面平齐时,必须在顶杆端部旋入一适当长度的尾轴,尾轴的另一端与压缩模脱模机构无固定连接,如图 6-15(a)所示;尾轴也可以反过来利用螺纹与模具推板连接,如图 6-15(b)所示。这两种形式都要设计复位杆等复位机构。

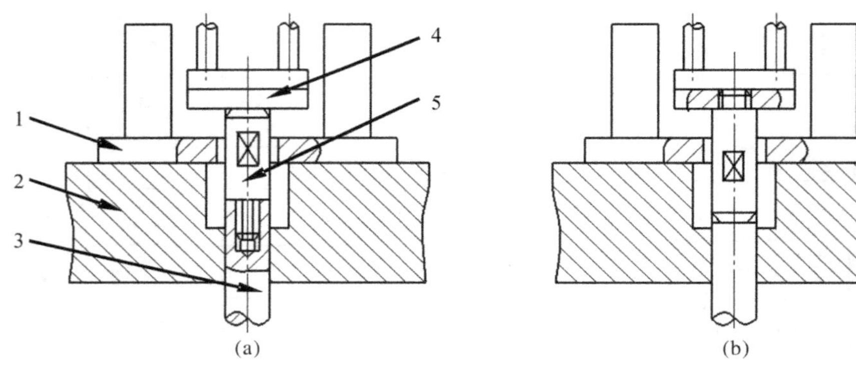

1-下模座板;2-压力机下工作台;3-压力机顶杆;4-尾轴;5-推板

图 6-15　与压力机顶杆不相连接的推出机构

(2)直接连接

直接连接如图 6-16 所示,压力机的顶出机构与压缩模脱模机构通过尾轴固定连接在一起。这种方式在压力机顶出液压缸回程过程中能带动脱模机构复位,故不必再另设复位机构。

机动脱模一般应尽量让塑件在分型后留在压力机上有顶出装置的模具一边,然后采用推出机构将塑件从模具中推出。为了保证塑件准确地留在模具一边,在满足使用要求的前提下可适当地改变塑件的结构特征,如图 6-17 所示。

为使塑件留在凹模内,图 6-17(a)所示的薄壁件可增加凸模的脱模斜度,减少凹模的脱模斜度;有时将凹模制成轻微的反斜度(3′～5′),如图 6-17(b)所示;图 6-17(c)是在凹模型

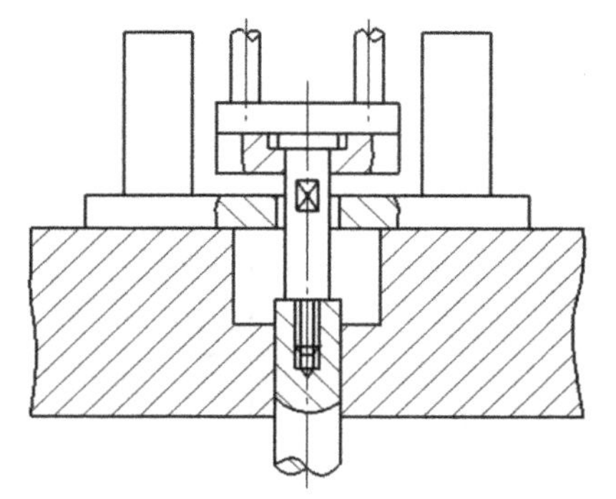

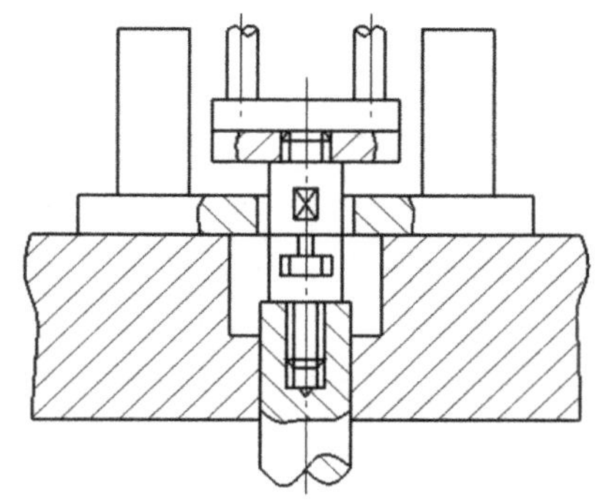

图 6-16　与压力机顶杆相连接的推出机构

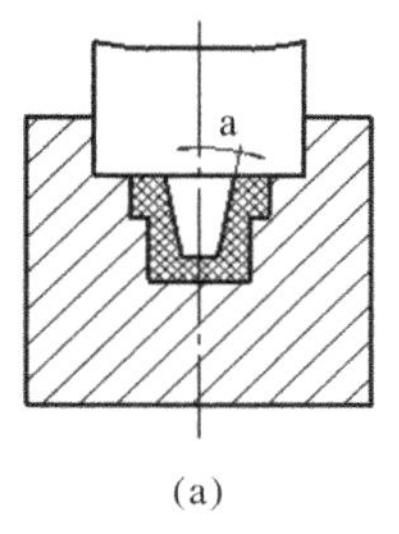

(a)

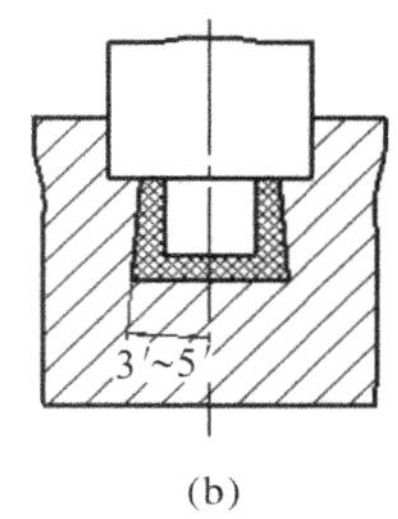

(b)

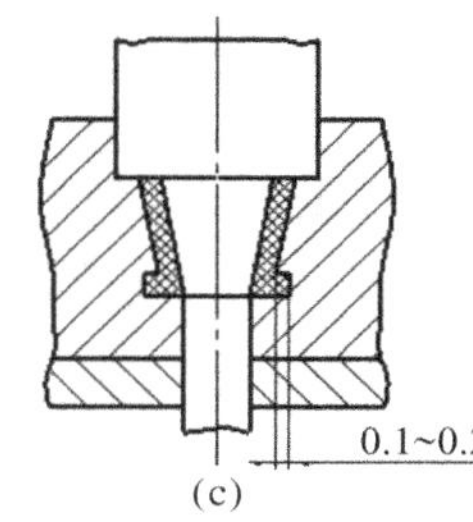

(c)

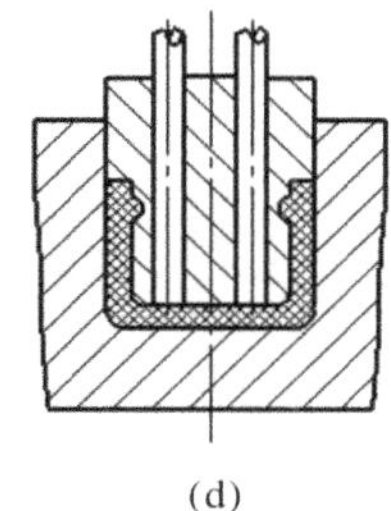

(d)

图 6-17　使塑件留模的方法

腔内开设 0.1～0.2mm 的侧凹槽，使塑件留在阴模，开模后塑件从凹模内被强制推出；为了使塑件留在凸模上，可采取与上述相反的方法，图 6-17(d)所示是在凸模上开出环形浅凹槽，开模后塑件留在凸模上由上推杆强制脱出。

6.3.2　半固定式压缩模的脱模机构

半固定式压缩模是指压缩模的上模或下模可以从压力机上移出，在上模或下模移出后，再进行塑件脱模和嵌件安装。

1. 带活动上模的压缩模

这类模具可将凸模或模板制成沿导滑槽抽出的形式，故又称抽屉式压缩模。如图 6-18 所示，开模后塑件留在活动上模 3 上，用手把 1 沿导滑板 4 把活动上模拉出模外取出塑件，然后再把活动上模送回模内。

2. 带活动下模的压缩模

这类模具上模是固定的，下模可移出，图 6-19 所示为一典型的模外脱模机构。该脱模机构工作台 3 与压力机工作台等高，工作台支承在四根立柱 8 上。在脱模工作台 3 上装有宽度可调节的导滑槽 2，以适应不同模具宽度。在脱模工作台正中装有推出板 4、推杆和推杆导向板 10，椎杆与模具上的推出孔相对应，当更换模具时则应调换这几个零件。工作台下方设有液压推出缸 9，在液压缸活塞杆上段有调节推出高度的丝杠 6，为了使脱模机构上下运动平稳而设有滑动板 5，该板上的导套在导柱 7 上滑动。为了将模具固定在正确的位置上，设有定位板 1 和可调节的定位螺钉。开模后将活动下模的凸肩滑入导滑槽 2 内，并推

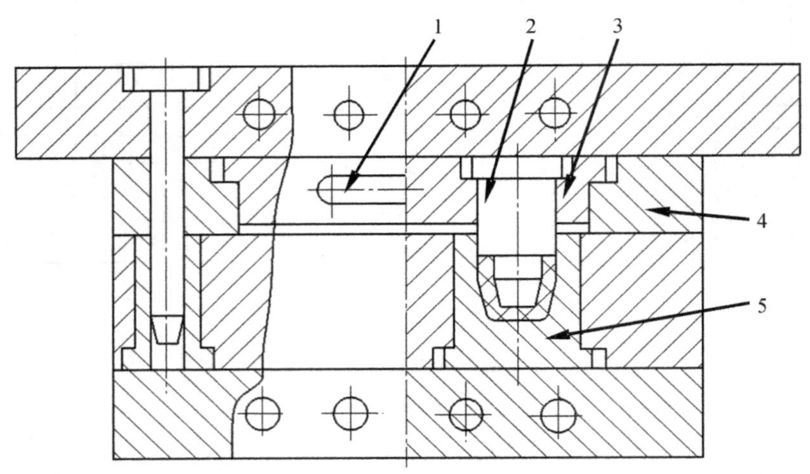

1-手把；2-上凸模；3-活动上模；4-导滑板；5-凹模

图 6-18　上模活动的压缩模

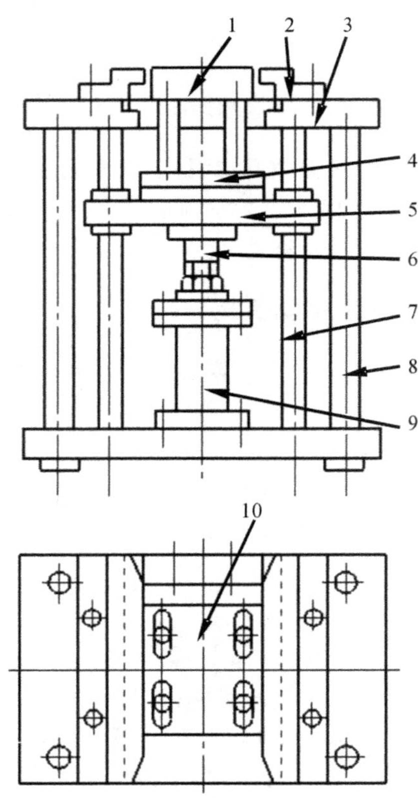

1-定位板；2-导滑槽；3-工作台；4-推出板；5-滑动板；6-丝杠；7-导柱；8-立柱；9-液压推出缸；10-推杆导向板

图 6-19　模外液压推顶脱模机构

入压力机的固定槽中进行压缩。当下模重量较大时，可以在工作台沿模具拖动路径设滚柱或滚珠，使下模拖运轻便。

6.3.3 移动式压缩模的脱模机构

移动式压缩模脱模方式分为撞击架脱模和卸模架脱模两种形式。

1. 撞击架脱模

撞击架脱模如图 6-20 所示。压缩成型后，将模具移至压力机外，在特定的支架上撞击，使上下模分开，然后用手工或简易工具取出塑件。撞击架脱模的特点是模具结构简单，成本低，可几副模具轮流操作，提高生产率。该方法的缺点是劳动强度大，振动大，而且由于不断撞击，易使模具过早地变形磨损，因此只适用于成型小型塑件。撞击架脱模的支架形式有固定式支架和可调节式支架两种，图 6-20 是固定式支架。

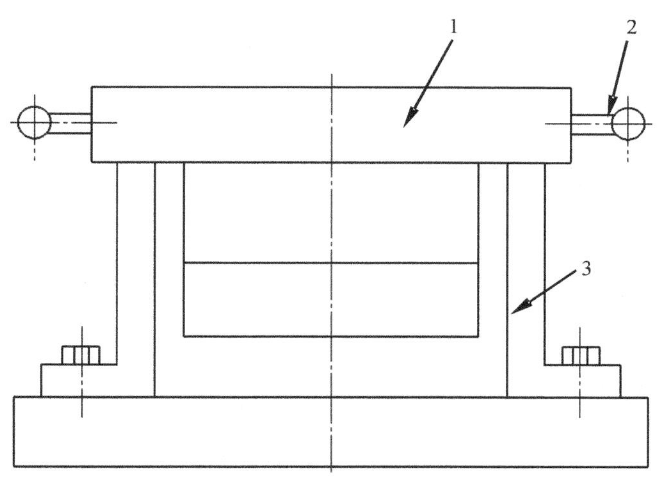

1-模板；2-手柄；3-支架

图 6-20 撞击架脱模

2. 卸模架卸模

移动式压缩模可在特制的卸模架上利用压力机的压力进行开模和卸模，这种方法可减轻劳动强度，提高模具使用寿命。对开模力不大的模具可采用单向卸模，对于开模力大的模具要采用上下卸模架卸模，上下卸模架卸模有下列几种形式：

(1) 单分型面卸模

架卸模单分型面卸模架卸模方式如图 6-21 所示。卸模时，先将上卸模架 1、下卸模架 6 的推杆插入模具相应的孔内。当压力机的活动横梁即上工作台下降压到上卸模架时，压力机的压力通过上、下卸模架传递给模具，使得凸模 2 和凹模 4 分开，同时，下卸模架推动推杆 3 推出塑件，最后由人工将塑件取出。

(2) 双分型面卸模架卸模

双分型面卸模架卸模方式如图 6-22 所示。卸模时，先将上卸模架 1、下卸模架 5 的推杆插入模具的相应孔中。压力机的活动横梁压到上卸模架时，上下卸模架上的长推杆使上凸

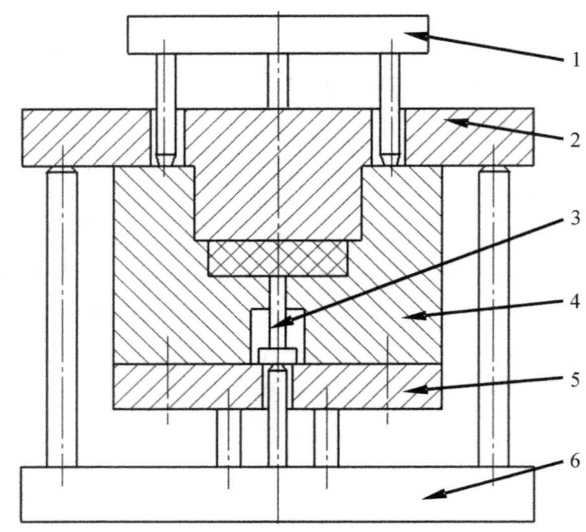

1-上卸模架；2-凸模；3-推杆；4-凹模；5-下模座板；6-下卸模架

图 6-21　单分型面卸模架卸模

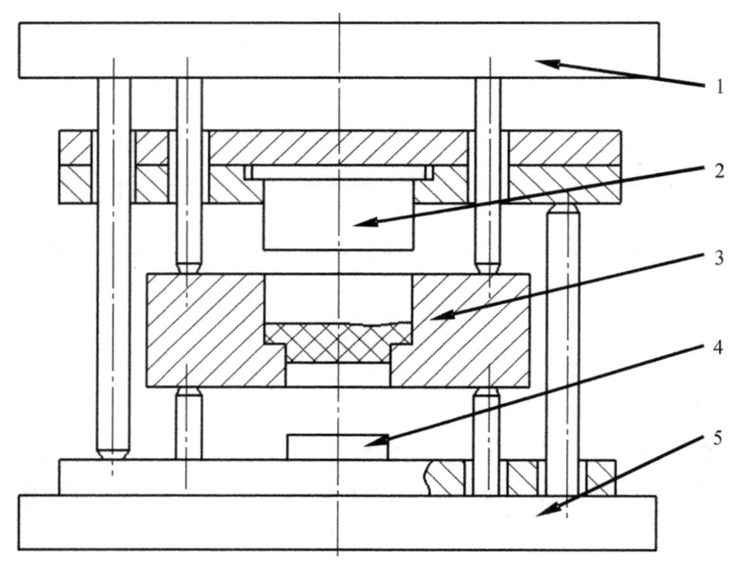

1-上卸模架；2-上凸模；3-凹模；4-下凸模；5-下卸模架

图 6-22　双分型面卸模架卸模

模 2、下凸模 4 和凹模 3 分开。分模后，凹模 3 留在上、下卸模架的短推杆之间，最后从凹模中取出塑件。

(3) 垂直分型卸模架卸模

垂直分型卸模架卸模方式如图 6-23 所示。卸模时，先将上卸模架 1、下卸模架 6 的推杆插入模具的相应孔中。压力机的活动横梁压到上卸模架时，上、下卸模架的长推杆首先使下凸模 5 和其他部分分开，当到达一定距离后，再使上凸模 2、模套 4 和凹模 3 分开。塑件留在瓣合凹模中，最后打开瓣合凹模取出塑件。

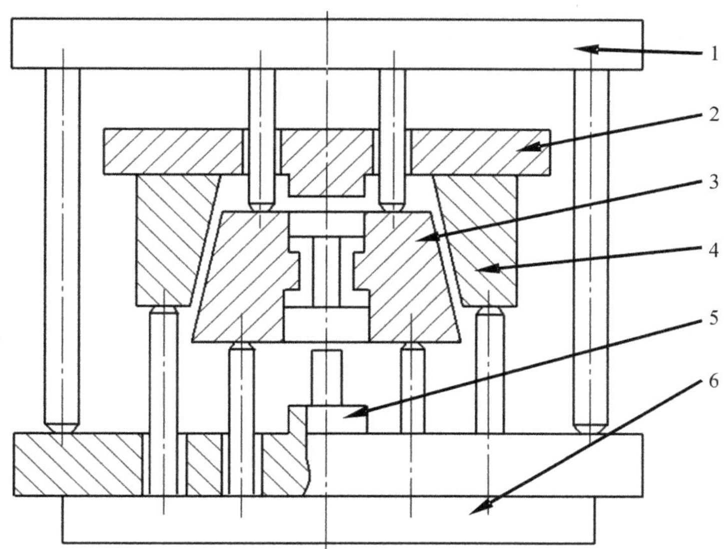

1-上卸模架；2-上凸模；3-瓣合凸模；4-模套；5-下凸模；6-下卸模架

图 6-23　垂直分型卸模架卸模

第7章 压注成型工艺及模具设计

压注模通常用于热固性塑料的压注成型。压注成型工艺类似于注射成型工艺，但又有区别，压注成型时塑料在模具的加料腔内受热和塑化；而注射成型时塑料在注射机的料筒内受热和塑化。压注成型与压缩成型也有区别，压注成型在加料前模具便闭合，然后将热固性塑料（最好是预压锭和预热的原料）加入模具单独的加料腔内，使其受热熔融，随即在压力作用下通过模具的浇注系统，高速挤入型腔。塑料在型腔内继续受热受压而固化成型，然后打开模具取出塑料制品。压注模又称传递模或挤塑模。

压注模的温度一般为130～190℃，熔融塑料在10～30s内迅速充满型腔。压注成型时单位压力较高，酚醛塑料为49～78MPa，纤维填料的塑料为78～117MPa。压注成型时塑料制品的收缩率比压缩时大，一般酚醛塑料压缩时收缩率为0.8%；而压注成型时则为0.9%～1%，并且压注成型时塑料制品收缩的方向性也较明显。

压注模的优点是，分型面处的毛边薄，易于清除，成型周期短，制品的尺寸精度高，因塑料在通过浇注系统时会产生摩擦热，压注时所用的模具温度可比压缩成型时模具的温度低15～30℃，压注成型适用于成型壁薄、高度大而嵌件多的复杂塑料制品。压注模的缺点是，压注后总会有一部分余料留在加料腔内，原料消耗大，压注成型的压力比压缩成型的压力大，压注成型压力约为70～200MPa，而压缩成型压力仅为15～35MPa，压注模的结构也比压缩模的复杂，制造成本较高。

7.1 压注模结构组成及种类

7.1.1 压注模结构组成

压注模的结构组成如图7-1所示，主要由以下几个组成部分组成：

（1）成型零部件是直接与塑件接触的那部分零件，如凹模、凸模、型芯等。

（2）加料装置由加料室和压柱组成，移动式压注模的加料室和模具是可分离的，固定式加料室与模具在一起。

（3）浇注系统与注射模相似.主要由主流道、分流道、浇口组成。

（4）导向机构由导柱、导套组成，对上下模起定位、导向作用。

（5）推出机构注射模中采用的推杆、推管、推件板及各种推出结构，在压注模中也同样适用。

（6）加热系统压注模的加热元件主要是电热棒、电热圈，加料室、上模、下模均需要加热。移动式压注模主要靠压力机的上下工作台的加热板进行加热。

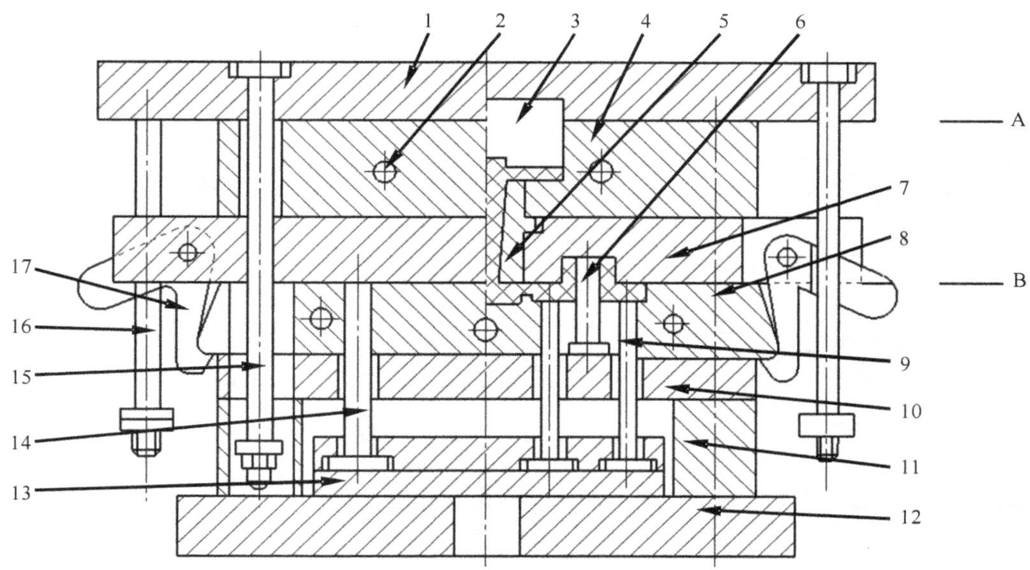

1-上模座板；2-加热器安装孔；3-压柱；4-加料室；5-浇口套；6-型芯；7-上模板；
8-下模板；9-推杆；10-支承板；11-垫块；12-下模座板；13-推板；14-复位杆；
15-定距导柱；16-拉杆；17-拉钩

图 7-1 压注模结构

(7)侧向分型与抽芯机构如果塑件中有侧向凸凹形状，必须采用侧向分型与抽芯机构，具体的设计方法与注射模的结构类似。

7.1.2 压注模种类

1. 按固定形式分类

压注模按照模具在压力机上的固定形式分类，可分为固定式压注模和移动式压注模。

(1)固定式压注模

图 7-1 所示是固定式压注模，工作时，上模部分和下模部分分别固定在压力机的上工作台和下工作台，分型和脱模随着压力机液压缸的动作自动进行。加料室在模具的内部，与模具不能分离，在普通的压力机上就可以成型。

塑化后合模，压力机上工作台带动上模座板使压柱 3 下移，将熔料通过浇注系统压入型腔后硬化定型。开模时，压柱随上模座板向上移动，A 分型面分型，加料室敞开，压柱把浇注系统的凝料从浇口套中拉出，当上模座板上升到一定高度时，拉杆 16 上的螺母迫使拉钩 17 转动，使其与下模部分脱开，接着定距导柱 15 起作用，使 B 分型面分型，最后压力机下部的液压顶出缸开始工作，顶动推出机构将塑件推出模外，然后再将塑料加入到加料室内进行下一次的压注成型。

(2)移动式压注模

移动式压注模结构如图 7-2 所示，加料室与模具本体可分离。工作时，模具闭合后放上加料室 2，将塑料加入到加料室后把压柱放入其中，然后把模具推入压力机的工作台加热，接着利用压力机的压力，将塑化好的物料通过浇注系统高速挤入型腔，硬化定型后，取下加

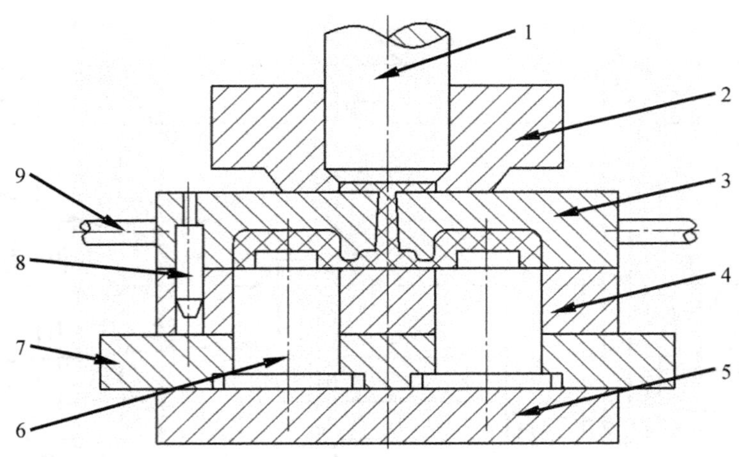

1-压柱;2-加料腔;3-凹模板;4-下模板;5-下模座板;6-凸模;
7-凸模固定板;8-导柱;9-手把

图 7-2　移动式压注模结构

料室和压柱,用手工或专用工具(卸模架)将塑件取出。移动式压注模对成型设备没有特殊的要求,在普通的压力机上就可以成型。

2. 按机构特征分类

压注模按加料室的机构特征可分为罐式压注模和柱塞式压注模。

(1)罐式压注模

罐式压注模用普通压力机成型,使用较为广泛,上述所介绍的在普通压力机上工作的固定式压注模和移动式压注模都是罐式压注模。

(2)柱塞式压注模

柱塞式压注模用专用压力机成型,与罐式压注模相比,柱塞式压注模没有主流道,只有分流道,主流道变为圆柱形的加料室,与分流道相通,成型时,柱塞所施加的挤压力对模具不起锁模的作用,因此,需要用专用的压力机,压力机有主液压缸(锁模)和辅助液压缸(成型)两个液压缸,主液缸起锁模作用,辅助液压缸起压注成型作用。此类模具既可以是单型腔,也可以一模多腔。

1)上加料室式压注模

上加料室式压注模如图 7-3 所示,压力机的锁模液压缸在压力机的下方,自下而上合模;辅助液压缸在压力机的上方,自上而下将物料挤入模腔。合模加料后,当加入加料室内的塑料受热成熔融状态时,压力机辅助液压缸工作,柱塞将熔融物料挤入型腔,固化成型后,辅助液压缸带动柱塞上移,锁模液压缸带动下工作台将模具分型开模,塑件与浇注系统凝料留在下模,推出机构将塑件从凹模镶块 5 中推出,此结构成型所需的挤压力小,成型质量好。

2)下加料室式压注模

下加料室式压注模如图 7-4 示,模具所用压力机的锁模液压缸在压力机的上方,自上而下合模;辅助液压缸在压力机的下方,自下而上将物料挤入型腔,与上加料室柱塞式压注模的主要区别在于:它是先加料,后合模,最后压注成型;而上加料室柱塞式压注模是先合模,后加料,最后压注成型。由于余料和分流道凝料与塑件一同推出,因此,清理方便,节省材料。

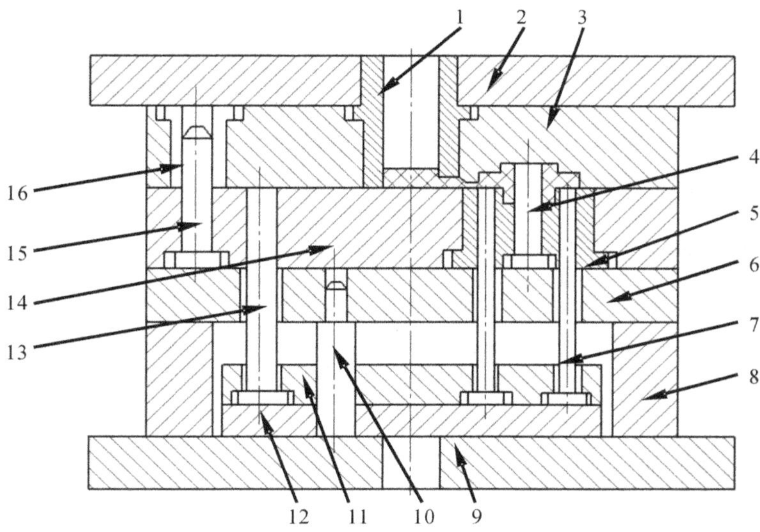

1-加料室;2-上模座板;3-上模板;4-型芯;5-凹模镶块;6-支承板;7-推杆;8-垫块;9-下模座板;10-推板导柱;11-推杆固定板;12-推板;13-复位杆;14-下模板;15-导柱;16-导套

图7-3　上加料室压注模

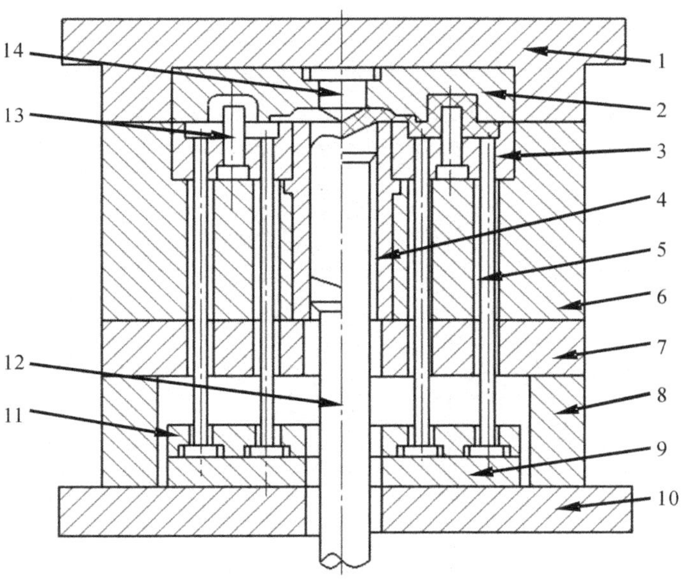

1-上模座板;2-上凹模;3-下凹模;4-加料室;5-推杆;6-下模板;7-支承板;8-垫块;9-推板;10-下模座板;11-推杆固定板;12-柱塞;13-型芯;14-分流锥

图7-4　下加料式压注模

7.2 压注模零部件设计

压注模的结构设计原则与注射模、压缩模基本相似，例如分型面设计、导向机构、推出机构的设计等可以参照上述两类模具的设计方法进行设计，本节主要介绍压注模特有的结构。

7.2.1 加料室的结构设计

压注模与注射模不同之处在于它有加料室，压注成型之前塑料必须加入到加料室内进行预热、加压，才能压注成型。由于压注模的结构不同，加料室的形式也不相同。前面介绍过，加料室截面大多为圆形，也有矩形及腰圆形结构，主要取决于模腔结构及数量，它的定位及固定形式取决于所选设备。

1. 移动式压注模加料室

移动压注模的加料室可单独取下，有一定的通用性，其结构如图 7-5(a)所示。它是一种比较常见的结构，加料室的底部为一带有 40″～45″斜角的台阶，当压柱向加料室内的塑料施压时，压力也同时作用在台阶上，使加料室与模具的模板贴紧，防止塑料从加料室的底部溢出，能防止溢料飞边的产生。

加料室在模具上的定位方式有以下几种：图 7-5(a)与模板之间没有定位，加料室的下表面和模板的上表面均为平面，这种结构的特点是制造简单，清理方便，适用于小批量生产；图 7-5(b)为用定位销定位的加料室，定位销采用过渡配合，可以固定在模板上，也可以固定在加料室上。定位销与配合端采用间隙配合，此结构的加料室与模板能精确配合，缺点是拆卸和清理不方便；图 7-5(c)采用四个圆往挡销定位，圆柱挡销与加料室的配合间隙较大，此结构的特点是制造和使用都比较方便；图 7-5(d)采用在模板上加工出一个 3～5mm 的凸台，与加料室进行配合，其特点是既可以准确定位又可防止溢料，应用比较广泛。

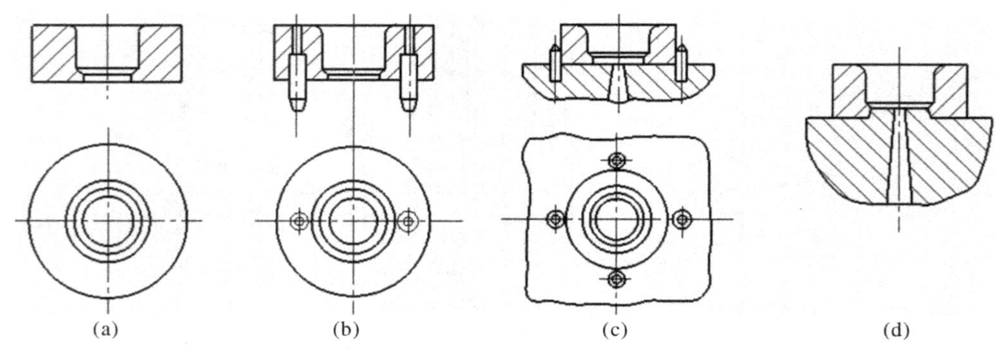

图 7-5　移动式加料室

2. 固定式压注模加料室

固定式罐式压注模的加料室与上模连成一体，在加料室的底部开设浇注系统的流道通向型腔。当加料室和上模分别在两块模板上加工时，应设置浇口套，如图 7-1 所示。

柱塞式压注模的加料室截面为圆形，其安装形式见图 7-3 和图 7-4。由于采用专用液压

机，而液压机上有锁模液压缸，所以加料室的截面尺寸与锁模无关，加料室的截面尺寸较小，高度较大。

加料室的材料一般选用 T8A、TIOA、CrWM、Cr12 等材料制造，热处理硬度为 52～56HRC，加料室内腔应抛光镀铬，表面粗糙度 Ra 低于 0.4μm。

7.2.2 压柱的结构

压柱的作用是将塑料从加料室中压入型腔，常见的移动式压注模的压柱结构形式如图 7-6(a)所示，其顶部与底部是带倒角的圆柱形，结构十分简单；图 7-6(b)为带凸缘结构的压柱，承压面积大，压注时平稳，既可用于移动式压注模，又可用于普通的固定式压注模；图 7-6(c)和图 7-6(d)为组合式压柱，用于普通的固定式压注模，以便固定在液压机上，模板的面积大时，常用这种结构。图 7-6(d)为带环型槽的压柱，在压注成型时环型槽被溢出的塑料充满并固化在槽中，可以防止塑料从间隙中溢料，工作时起活塞环的作用；图 7-6(e)和图 7-6(f)所示为柱塞式压注模压柱(称为柱塞)的结构，前者为柱塞的一般形式，一端带有螺纹，可以拧在液压机辅助液压缸的活塞杆上；后者为柱塞的柱面有环型槽，可防止塑料侧面溢料，头部的球形凹面有使料流集中的作用。

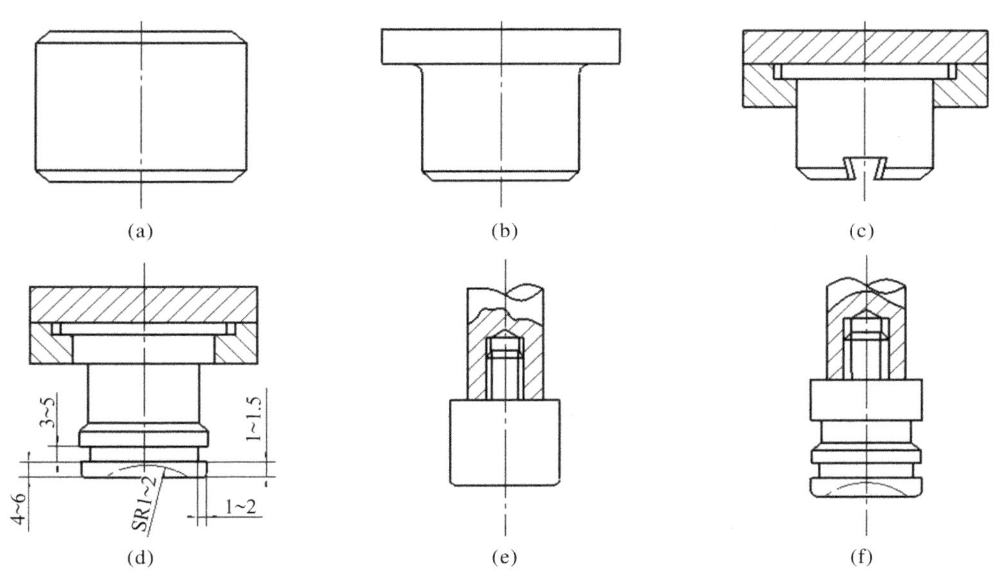

图 7-6　压柱结构

图 7-7 所示为头部带有楔形沟槽的压柱，用于倒锥形主流道，成型后可以拉出主流道凝料。图 7-7(a)用于直径较小的压柱或柱塞；图 7-7(b)用于直径大于 75mm 的压柱或柱塞；图 7-7(c)用于拉出几个主流道凝料的方形加料室的场合。

压柱或柱塞是承受压力的主要零件，压柱材料的选择和热处理要求与加料室相同

7.2.3 加料室与压柱的配合

加料室与压柱的配合关系如图 7-7 所示。加料室与压柱的配合通常采用 H8/f9 或 H9/

f9，也可以采用0.05～0.1mm的单边间隙配合。压柱的高度 H_1 应比加料室的高度 H 小0.5～1mm，避免压柱直接压到加料室上，加料室与定位凸台的配合高度之差为0～0.1mm，加料腔底部倾角 $\alpha=40°\sim45°$。

7.2.4 加料室尺寸计算

加料室的尺寸计算包括截面积尺寸和高度尺寸计算，加料室的形式不同，尺寸计算方法也不同。加料室分为罐式和柱塞式两种形式。

1. 塑料原材料的体积

塑料原材料的体积按下式计算：

$$V_{al}=kV_a \tag{7-1}$$

式中：V_{al}——塑料原料的体积，mm^3；

k——塑料的压缩比；

V_a——塑件的体积，mm^3。

2. 加料室截面积

(1)罐式压注模加料室截面尺寸计算

压注模加料室截面尺寸的计算从加热面积和锁模力两个方面考虑。

从塑料加热面积考虑，加料腔的加热面积取决于加料量，根据经验每克未经预热的热固性塑料约需140mm^2的加热面积，加料室总表面积为加料室内腔投影面积的2倍与加料室装料部分侧壁面积之和。由于罐式加料室的高度较低，可将侧壁面积略去不计，因此，加料室截面积为所需加热面积的一半，即

$$2A=140m$$

$$A=70m \tag{7-2}$$

式中：A——加料室的截面积，mm^2；

m——成型塑件所需的加料量，g。

从锁模力角度考虑，成型时为了保证型腔分型面密合，不发生因型腔内塑料熔体成型压力将分型面顶开而产生溢料的现象，加料室的截面积必须比浇注系统与型腔在分型面上投影面积之和大1.10～1.25倍，即

$$A=(1.10\sim1.25)A_1 \tag{7-3}$$

式中：A——加料室的截面积，mm^2；

A_1——浇注系统与型腔在分型面上投影面积之和，mm^2。

(2)柱塞式压注模加料室截面尺寸计算

柱塞式压注模的加料室截面积与成型压力及辅助液压缸额定压力有关，即

$$A\leqslant KF_P/p \tag{7-4}$$

式中：F_p——液压机辅助油缸的额定压力，N；

p——压注成型时所需的成型压力，MPa；

A——加料室的截面积，mm^2；

K——系数，取0.70～0.80。

3. 加料室的高度尺寸

加料室的高度按下式计算：

$$H=V_{al}/A+(10\sim15)\text{mm} \tag{7-5}$$

式中：H——加料室的高度，mm。

7.3 压注模浇注系统与排溢系统设计

压注模浇注系统与注射模浇注系统相似，也是由主流道、分流道及浇口几部分组成，它的作用及设计与注射模浇注系统基本相同，但二者也有不同之处，在注射模成型过程中，希望熔体与流道的热交换越少越好，压力损失要少；但压注模成型过程中，为了使塑料在型腔中的硬化速度加快，反而希望塑料与流道有一定的热交换，使塑料熔体的温度升高，进一步塑化，以理想的状态进入型腔。如图 7-7 所示为压注模的典型浇注系统。

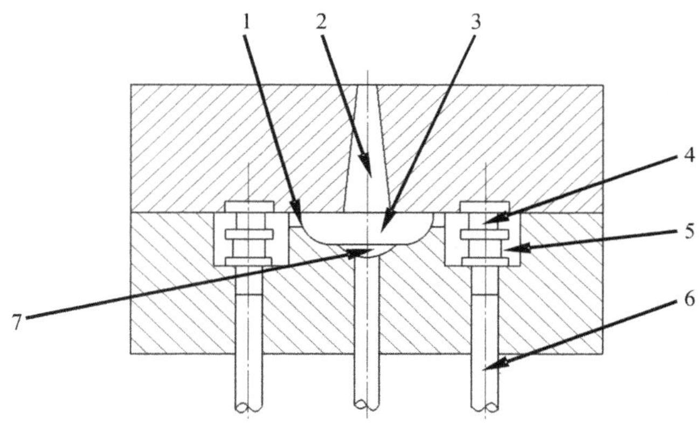

1-浇口；2-主流道；3-分流道；4-钳件；5-型腔；6-推杆；7-冷料室

图 7-7　压注模浇注系统

浇注系统设计时要注意浇注系统的流道应光滑、平直，减少弯折，流道总长要满足塑料流动性的要求；主流道应位于模具的压力中心，保证型腔受力均匀，多型腔的模具要对称布置；分流道设计时，要有利于使塑料加热，增大摩擦热，使塑料升温；浇口的设计应使塑件美观，清除方便。

7.3.1 主流道

主流道的截面形状一般为圆形，有正圆锥形主流道和倒圆锥形主流道两种形式，如图 7-8 所示。图 7-8(a)所示为正圆锥形主流道，主流道的对面可设置拉料钩，将主流道凝料拉出。由于热固性塑料塑性差，截面尺寸不宜太小，否则会使料流的阻力增大，不容易充满型腔，造成欠压。正圆锥形主流道常用于多型腔模具，有时也设计成直接浇口的形式，用于流动性较差的塑料。主流道有 6°～10°的锥度，与分流道的连接处应有半径 2mm 以上的圆弧过渡。

图 7-8(b)所示为倒圆锥形主流道，它常与端面带楔形槽的压柱配合使用，开模时，主流

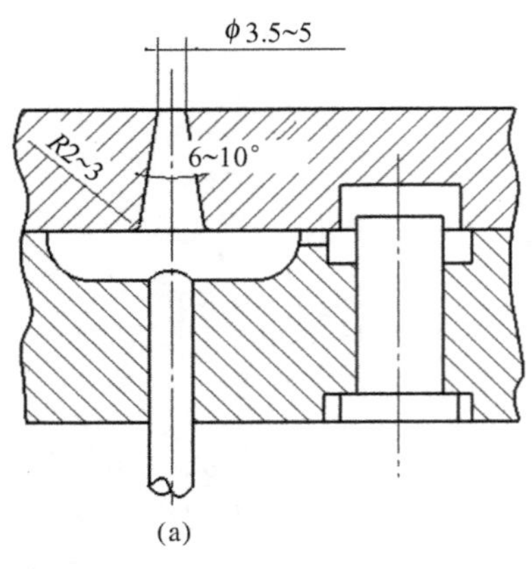

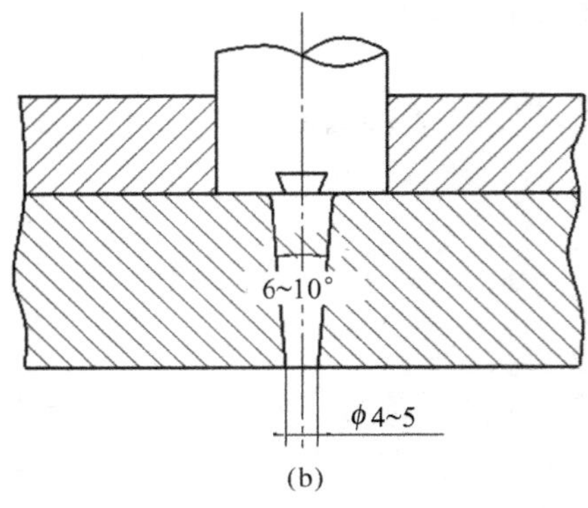

图 7-8　压注模主流道结构形式

道与加料室中的残余废料由压柱带出便于清理，这种流道既可用于一模多腔，又可用于单型腔模具或同一塑件有几个浇口的模具。

7.3.2　分流道

压注模分流道的结构如图 7-9 所示。压注模的分流道比注射模的分流道浅而宽，一般小型塑件深度取 2～4mm，大型塑件深度取 4～6mm，最浅不小于 2mm。如果过浅会使塑料提前硬化，流动性降低，分流道的宽度取深度的 1.5～2 倍。常用的分流道截面为梯形或半圆形。梯形截面分流道的压注模，截面积应取浇口截面积的 5～10 倍。分流道多采用平衡式布置，流道应光滑、平直，尽量避免弯折。

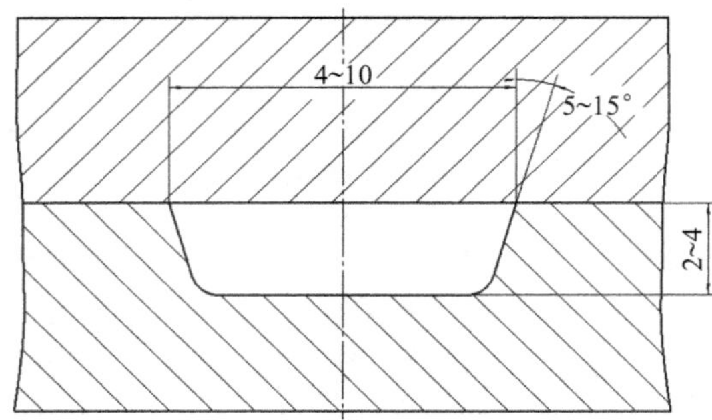

图 7-9　压注模梯形分流道结构形式

7.3.3　浇口

浇口是浇注系统中的重要部分，它与型腔直接接触，对塑料能否顺利地充满型腔、塑件质量以及熔料的流动状态有很重要的影响。因此，浇口设计应根据塑料的特性、塑件质量要求及模具结构等多方面来考虑。

1. 浇口形式

压注模的浇口与注射模基本相同，可以参照注射模的浇口进行设计，但由于热固性塑料

的流动性较差，所以应取较大的截面尺寸。压注模常用的浇口有圆形点浇口、侧浇口、扇形浇口、环形浇口以及轮辐式浇口等几种形式。

2. 浇口尺寸

浇口截面形状有圆形、半圆形及梯形等三种形式。圆形浇口加工困难，导热性不好，不便去除，适用于流动性较差的塑料，浇口直径一般大于 3mm；半圆形浇口的导热性比圆形好，机械加工为一便，但流动阻力较大，浇口较厚；梯形浇口的导热性好，机械加工方便，是最常用的浇口形式，梯形浇口一般深度取 0.5～0.7mm，宽度不大于 8mm。

如果浇口过薄、太小，压力损失较大，硬化提前，造成填充成型性不好；过厚、过大会造成流速降低，易产生熔接不良，表面质量不佳，去除浇道困难，但适当增厚浇口则有利于保压补料，排除气体，降低塑件表面粗糙度值及适当提高熔接质量。所以，浇口尺寸应考虑塑料性能，塑件形状、尺寸、壁厚和浇口形式以及流程等因素，凭经验确定。在实际设计时一般取较小值，经试模后修正到适当尺寸。

梯形截面浇口的常用宽、厚比例可参照表 7-1。

表 7-1　梯形浇口的宽、厚比例尺寸

浇口截面积/mm^2	2.5	2.5～3.5	3.5～5.0	5.0～6.0	6.0～8.0	8.0～10	10～15	15～20
宽×厚/mm	5×0.5	5×0.7	7×0.7	6×1	8×1	10×1	10×1.5	10×2

3. 浇口位置的选择

由于热固性塑料流动性较差，为了减小流动阻力，有助于补缩，浇口应开设在塑件壁厚最大处。塑料在型腔内的最大流动距离应尽可能限制在拉西格流动性指数范围内，对大型塑件应多开设几个浇口以减小流动距离，浇口间距应不大于 120～140mm；热固性塑料在流动中会产生填料定向作用，造成塑件变形、翘曲甚至开裂，特别是长纤维填充的塑件，定向更为严重，应注意浇口位置；浇口应开设在塑件的非重要表面，不影响塑件的使用及美观。

7.3.4　排气和溢料槽的设计

1. 排气槽设计

热固性塑料在压注成型时，由于发生化学交联反应会产生一定量的气体和挥发性物质，同时型腔内原有的气体也需要排除，通常是利用模具零件间的配合间隙及分型面之间的间隙进行排气，当不能满足要求时，必须开设排气槽。

排气槽应尽量设置在分型面上或型腔最后填充处，也可设在料流汇合处或有利于清理飞边及排出气体处。

排气槽的截面形状一般取矩形，对于中小型塑件，分型面上的排气槽尺寸深度取 0.04～0.13mm，宽度取 3～5mm，具体的位置及深度尺寸一般经试模后再确定。

排气槽的截面积也可按经验公式计算：

$$A=\frac{0.05V_s}{n} \tag{7-6}$$

式中：A——排气梢截面积，mm^2，推荐尺寸见表 7-2；

V_s——塑件体积，mm^3；

n——排气槽数量。

表 7-2　排气槽截面积推荐尺寸

排气槽截面积/mm^2	排气槽截面尺寸 槽宽/mm×槽深/mm
0.2	5×0.04
0.2～0.4	5×0.08
0.4～0.6	6×0.1
0.6～0.8	8×0.1
0.8～1.0	10×0.1
1.0～1.5	10×0.15
1.5～2.0	10×0.2

2. 溢料槽设计

成型时，为了避免嵌件或配合孔中渗入更多塑料，防止塑件产生熔接痕迹，或者让多余塑料溢出，需要在产生接缝处或适当的位置开设溢料槽。

溢料槽的截面尺寸一般宽度取 3～4mm，深度取 0.1～0.2mm，加工时深度先取小一些，经试模后再修正。溢料槽尺寸过大会使溢料量过多，塑件组织疏松或缺料；过小时会产生溢料不足。

第 8 章　挤出成型工艺及模具设计

塑料挤出成型是用加热的方法使塑料成为流动状态，然后在一定压力的作用下使它通过塑模，经定型后制得连续的型材。挤出法加工的塑料制品种类很多，如管材、薄膜、棒材、板材、电缆敷层、单丝以及异形截面型材等。挤出机还可以对塑料进行混合、塑化、脱水、造粒和喂料等准备工序或半成品加工。因此，挤出成型已成为最普通的塑料成型加工方法之一。

用挤出法生产的塑料制品大多使用热塑性塑料，也有使用热固性塑料的。如聚氯乙烯、聚乙烯、聚丙烯、尼龙、ABS、聚碳酸酯、聚矾、聚甲醛、氯化聚醚等热塑性塑料以及酚醛、脲醛等热固性塑料。

挤出成型具有效率高、投资少、制造简便；可以连续化生产，占地面积少，环境清洁等优点。通过挤出成型生产的塑料制品得到了广泛的应用，其产量占塑料制品总量的三分之一以上。因此，挤出成型在塑料加工工业中占有很重要的地位。

8.1　挤出机头的结构组成及种类

8.1.1　机头的结构组成

机头是挤出成型模具的主要部件，它有下述四种作用：

(1) 使物料由螺旋运动变为直线运动；

(2) 产生必要的成型压力，保证制品密实；

(3) 使物料通过机头得到进一步塑化；

(4) 通过机头成型所需要的断面形状的制品。

现以管材挤出机头为例，分析一下机头的组成与结构，如图 8-1 所示。

1. 口模和芯棒

口模成型制品的外表面，芯棒成型制品的内表面，故口模和芯棒的定型部分决定制品的横截面形状和尺

2. 多孔板(过滤板、栅板)

如图 8-1 所示，多孔板的作用是将物料由螺旋运动变为直线运动，同时还能阻止未塑化的塑料和机械杂质进入机头。此外，多孔板还能形成一定的机头压力，使制品更加密实。

3. 分流器和分流器支架

分流器又叫鱼雷头。塑料通过分流器变成薄环状，便于进一步加热和塑化。大型挤出机的分流器内部还装有加热装置。

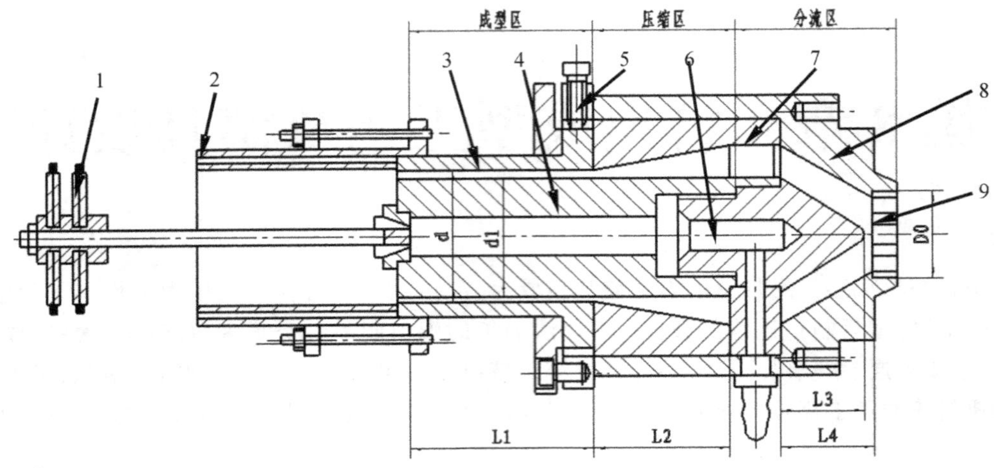

1-堵塞；2-定径套；3-口模；4-芯棒；5-调节螺钉；6-分流圈；7-分流器支架；8-机头体；9-过滤板

图 8-1　管材挤出机头

分流器支架主要用来支撑分流器和芯棒.同时也使料流分束以加强搅拌作用。小型机头的分流器支架可与分流器设计成整体。

4. 调节螺钉

用来调节口模与芯棒之间的间隙，保证制品壁厚均匀。

5. 机头体

用来组装机头各零件及挤出机连接。

6. 定径套

使制品通过定径套获得良好的表面粗糙度.正确的尺寸和几何形状。

7. 堵塞

防止压缩空气泄漏，保证管内一定的压力。

8.1.2　挤出机头的分类及设计原则

1. 挤出机头分类

由于挤出制品的形状和要求不同，因此要有相应的机头满足制品的要求，机头种类很多，大致可按以下三种特征来进行分类。

(1)按机头用途分类

可分为挤管机头、吹管机头、挤板机头等。

(2)按制品出品方向分类

可分为直向机头和横向机头，前者机头内料流方向与挤出机螺杆轴向一致，如硬管机头；后者机头内料流方向与挤出机螺杆轴向成某一角度，如电缆机头。

(3)按机头内压力大小分类

可分为低压机头(料流压力为 3.92MPa)、中压机头(料流压力为 3.92～9.8MPa)和高压机头(料流压力在 9.8MPa 以上)。

2. 设计原则

(1)流道呈流线型

为使物料能沿着机头的流道充满并均匀地被挤出，同时避免物料发生过热分解，机头内流道应呈流线型，不能急剧地扩大或缩小，更不能有死角和停滞区，流道应加工得十分光滑，表面粗糙度应取 Ra 数值在 0.4μm 以下。

(2)足够的压缩比

为使制品密实和消除因分流器支架造成的结合缝，根据制品和塑料种类不同，应设计足够的压缩比。

(3)正确的断面形状

机头成型部分的设计应保证物料挤出后具有规定的断面形状，由于塑料的物理性能和压力、温度等因素的影响，机头成型部分的断面形状并非就是制品相应的断面形状，二者有相当的差异，设计时应考虑此因素，使成型部分有合理的断面形状。由于制品断面形状的变化与成型时间有关，因此控制必要的成型长度是一个有效的方法。

(4)结构紧凑

在满足强度条件下，机头结构应紧凑，其形状应尽量做得规则而对称，使传热均匀，装卸方便和不漏料。

(5)选材要合理

由于机头磨损较大，有的塑料又有较强的腐蚀性，所以机头材料应选择耐磨、硬度较高的碳钢或合金钢，有的甚至要镀铬，以提高机头耐腐蚀性。

此外，机头的结构尺寸还和制品的形状、加热方法、螺杆形状、挤出速度等因素有关。设计者应根据具体情况灵活应用上述原则。

8.2 管材机头设计

在挤出成型中，管材挤出的应用最为广泛。管材挤出机头是成型管材的挤出模，适用与聚乙烯、聚丙烯、聚碳酸酯、聚酰胺、软硬聚氯乙烯等塑料的挤出成型。

8.2.1 管材机头的分类

管材机头常称为挤管机头或管机头，按机头的结构形式可分为直通式挤管机头、直角式挤管机头、旁侧式挤管机头和微孔流道挤管机头等多种形式。

1. 直通式挤管机头

直通式挤管机头如图 8-1 所示，其特点是熔料在机头内的流动方向与挤出方向一致，机头结构比较简单，但熔体经过分流器及分流器支架时易产生熔接痕迹且不容易消除，管材的力学性能较差，机头的长度较大、结构笨重。直通式挤管机头主要用于成型软硬聚氯乙烯、聚乙烯、尼龙、聚碳酸酯等塑料管材。

2. 直角式挤管机头

直角式挤管机头又称弯管机头，机头轴线与挤出机螺杆的轴线成直角，如图 8-2 所示。直角式挤管机头内无分流器及分流器支架，塑料熔体流动成型时不会产生分流痕迹，管材的

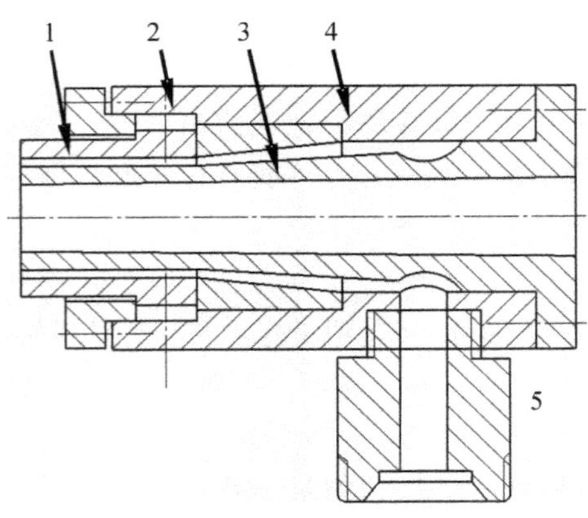

1-口模；2-调节螺钉；3-芯棒；4-机头体；5-连接管

图 8-2　直角式挤管机头

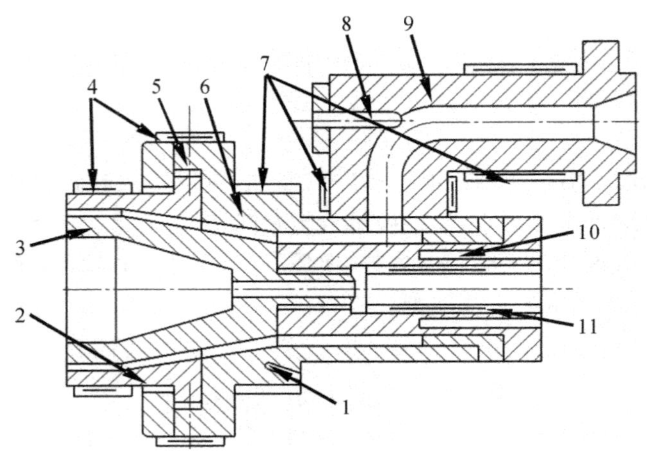

1. 12-温度计插孔；2-口模；3-芯棒；4、7-电热器；5-调节螺钉；6-机头体；
8、10-熔料测温孔；9-机头体；11-芯棒加热器

图 8-3　旁侧式挤管机头

力学性能提高，成型的塑件尺寸精度高，成型质量好，缺点是机头的结构比较复杂，制造困难。直角式挤管机头适用于成型聚乙烯、聚丙烯等塑料管材。

3. 旁侧式挤管机头

如图 8-3 所示，挤出机的供料方向与出管方向平行，机头位于挤出机的下方。旁侧式挤管机头的体积较小，结构复杂，熔体的流动阻力大，适用于直径大、管壁较厚的管材挤出成型。

4. 微孔流道挤管机头

如图 8-4 所示，微孔流道挤管机头内无芯棒，熔料的流动方向与挤出机螺杆的轴线方向一致，熔体通过微孔管上的微孔进入口模而成型，特别适合于成型直径大、流动性差的塑料(如聚烯烃)。微孔流道挤管机头体积小、结构紧凑，但由于管材直径大、管壁厚容易发生偏心，所以口模与芯棒的间隙下面比上面要小 10%～18%，用以克服因管材自重而引起的壁

厚不均匀。

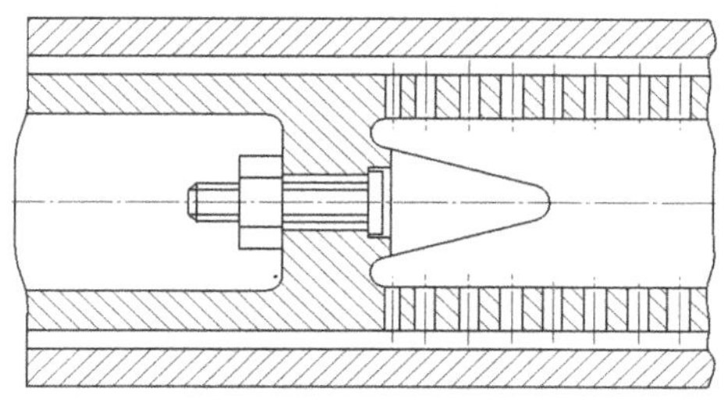

图 8-4 微孔流道挤管机头

8.2.2 管材机头的结构

管材机头结构主要由口模和芯棒两部分组成，下面以直通式挤管机头（图 8-1）为例介绍机头零件的结构设计。

1. 口模的设计

口模主要成型塑件的外部表面，主要尺寸分为口模的内径尺寸和定型段的长度尺寸两部分，在设计前，必需的已知条件是所用的挤出机型号和塑料制品的内、外直径及精度要求。

(1)口模的内径 D

口模的内径可按以下公式计算：

$$D = kd_s \tag{8-1}$$

式中：D——口模的内径，mm；

d_s——塑料管材的外径，(mm)；

k——补偿系数，可参考表 8-1。

由于管材从机头中挤出时，处于被压缩和被拉伸的弹性恢复阶段，发生了离模膨胀和冷却收缩现象，所以 k 值是经验数据，用以补偿管材外径的变化。

表 8-1 补偿系数 k 取值

塑料品种	内径定径	外径定径
聚氯乙烯(PVC)	—	0.95～1.05
聚酰胺(PA)	1.05～1.10	—
聚乙烯(PE) 聚丙烯(PP)	1.20～1.30	0.90～1.05

(2)定型段长度 L_1

定型段长度 L_1 一般按经验公式计算，即

$$L_1 = (0.5 \sim 3.0)d_s \tag{8-2}$$

或者

$$L_1 = nt \tag{8-3}$$

式中：L_1——口模定型段长度，mm；

d_s——管材的外径，mm；

t——管材的壁厚，mm；

n——系数，具体数值见表 8-2，一般对于外径较大的管材取小值．反之则取大值。

表 8-2　定型段长度 L_1 计算系数 n

塑料品种	硬聚氯乙烯(HPVC)	软聚氯乙烯(SPVC)	聚乙烯(PE)	聚丙烯(PP)	聚酰胺(PA)
系数 n	18～33	15～25	14～22	14～22	13～23

2. 芯棒的设计

芯棒成型管材的内表面形状，结构如图 8-1 中的件 4 所示，芯棒的主要尺寸有芯棒外径 d、压缩段长度 L_2 和压缩角 β。

(1)芯棒外径 d

芯棒外径就是定型段的直径，管材的内径由芯棒的外径决定。考虑到管材的离模膨胀和冷却收缩效应的影响，芯棒的外径可按下列经验公式计算：

采用外定径时：

$$d=D-2\delta \tag{8-4}$$

式中：d——芯棒的外径，mm；

D——口模的内径，mm；

δ——口模与芯棒的单边间隙，mm，通常取(0.83～0.94)×管材壁厚。

采用内定径时：

$$d=d_0 \tag{8-5}$$

式中：d_0——管材的内径，mm。

(2)压缩段长度 L_2

芯棒的长度分为定型段长度和压缩段长度两部分，定型段长度与口模定型段长度 L_1 取值相同，压缩段长度 L_2 与口模中相应的锥面部分构成压缩区域，其作用是消除塑料熔体经过分流器时所产生的分流痕迹，L_2 值按下列经验公式计算：

$$L_2=(1.5\sim2.5)D_0 \tag{8-6}$$

式中：L_2——芯棒的压缩段长度，mrn；

D_0——过滤板出口处直径，mm。

(3)压缩角 β

压缩区的锥角 β 称为压缩角，一般在 30°～60°范围内选取。压缩角过大会使管材表面粗糙，失去光泽。对于粘度低的塑料，β 取较大值，一般为 45°～60°；对于粘度高的塑料，β 取较小值，一般为 30°～50°。

3. 分流器及分流器支架的设计

分流器的结构如图 8-1 中的件 6 所示，熔体经过过滤网后，经过分流器初步形成管状。分流器的作用是对塑料熔体进行分层减薄，进一步加热和塑化。分流器的主要设计尺寸有扩张角 α、分流锥长度 L_3，及分流器顶部圆角 R 部分。

(1)分流器扩张角 α

分流器扩张角 α 的选取与塑料粘度有关，通常取 30°～90°。塑料粘度较低时，可取 30°～80°；塑料粘度较高时，可取 30°～60°。α 过大时，熔体的流动阻力大，容易产生过热分解；α 过小时，不利子熔体均匀的加热，机头体积也会增大。分流器的扩张角 α 应大于芯棒压缩段的压缩角 β。

(2)分流锥长度 L_3

分流锥长度 L_3，按下式计算：

$$L_3=(0.6\sim1.5)D_0 \tag{8-7}$$

式中：L_3——分流锥长度，mm；

D_0——过滤板出口处直径，mm。

(3)分流器顶部圆角 R

分流器顶部圆角 R 一般取 0.5～2.0mm。

8.3 异型材机头设计

塑料异型材在建筑、交通、家用电器、汽车配件等方面已经被广泛使用(如图 8-5 所示)，例如门窗、轨道型材。一般把除了圆管、圆棒、片材、薄膜等形状外的其他截面形状的塑料型材称为异型材。

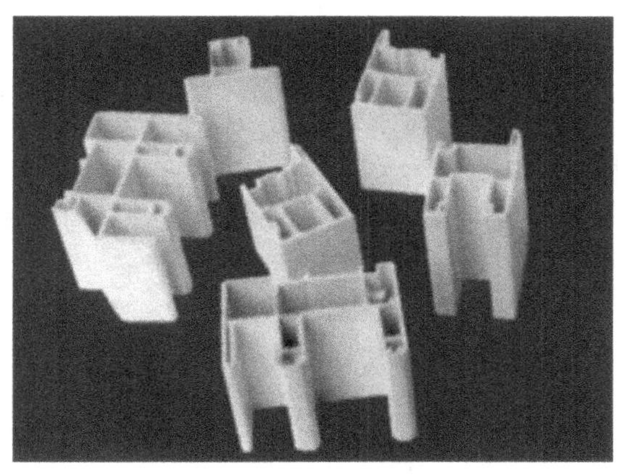

图 8-5 常见的塑料异型材

塑料异型材具有优良的使用性能和技术特性，异型材的截面形状不规则，几何形状复杂，尺寸精度要求高，成型工艺困难，模具结构复杂，所以成型效率较低。异型材根据截面形状不同可以分为异型管材、中空异型材、空腔异型材、开放式异型材和实心异型材等五大类。

8.3.1 异型材机头的形式

异型材挤出成型机头是所有挤出机头设计中最复杂的一种，由于型材截面的形状不规则，塑料熔体挤出机头时各处的流速、压力、温度不均匀，型材的质量受到影响，容易产生应力及型材壁厚不均匀现象。异型材挤出成型机头可分为板式机头和流线型机头两种形式。

1. 板式异型材机头

图 8-6 所示是典型的板式异型材机头的结构。板式异型材机头的特点是结构简单、制造方便、成本低、安装调整容易。在结构上，板式异型材机头内的流道截面变化急剧，从进口的圆形变为接近塑件截面的形状，物料的流动状态不好，容易造成物料滞留现象，对于热敏性塑料(如硬聚氯乙烯)等塑料，则容易产生热分解，一般用于熔融粘度低而热稳定性高的塑料(如聚乙烯、聚丙烯、聚苯乙烯等)异型材挤出成型。对于硬聚氯乙烯，在形状简单、生产批量小时才使用板式异型材机头。

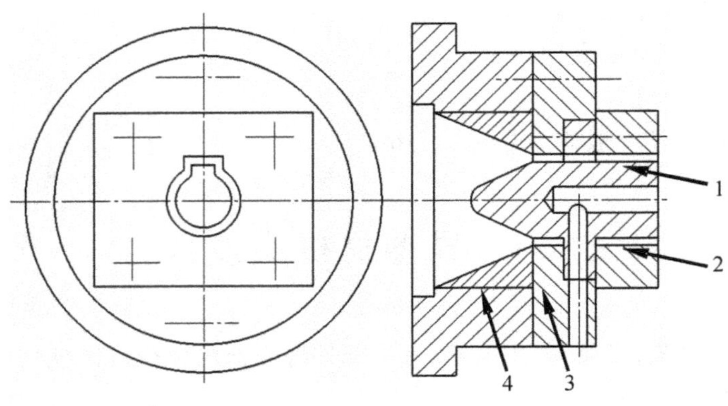

1-芯棒；2-口模；3-支承板；4-机头体

图 8-6 板式异型材机头

2．流线型机头

流线型机头如图 8-7 所示。这种机头是由多块钢板组成，为避免机头内流道截面的急剧变化，将机头内腔加工成光滑过渡的曲面，各处不能有急剧过渡的截面或死角，使熔料流动顺畅。由于截面流道光滑过渡，挤出生产时流线型机头没有物料滞留的缺陷，挤出型材质量好，特别适合于热敏性塑料的挤出成型，适于大批量生产。但流线型机头结构复杂，制造难度较大。流线型机头分为整体式和分段式两种形式。图 8-7 所示为整体式流线型机头，机头内流道由圆环形渐变过渡到所要求的形状，各截面形状如图 8-8 中各剖视图所示。制造整体式线型机头显然要比分段式流线型机头困难。

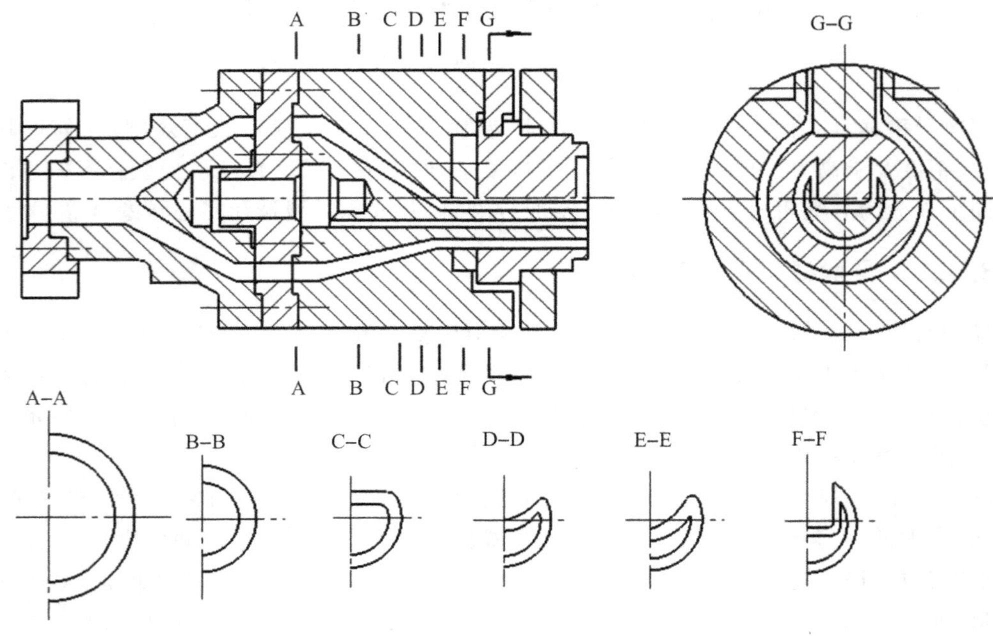

图 8-7 流行型机头

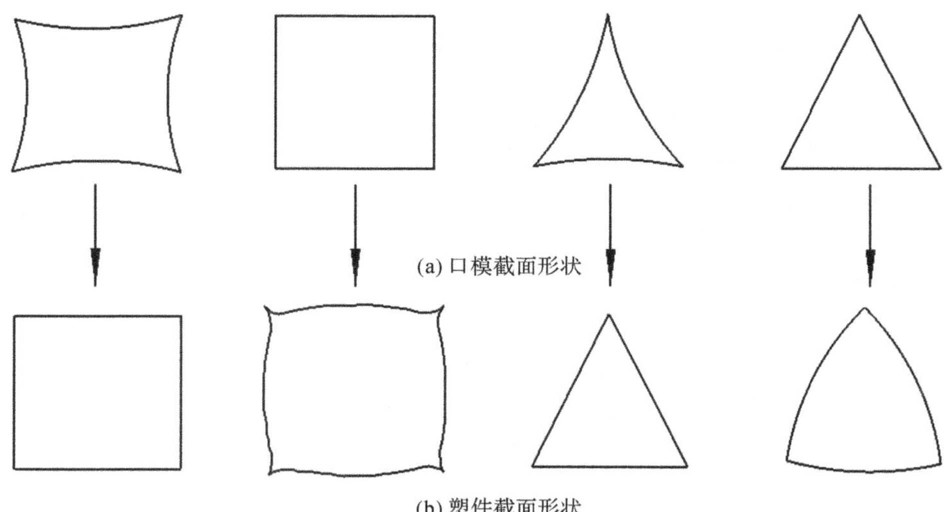

图 8-8　口模形状与塑件形状的关系

当异型材截面复杂时，整体式的流线型机头加工很困难，为了降低机头的加工难度，可以用分段拼合式流线型机头成型，分段拼合式流线型机头是将机头体分段，分别加工再装配的制造方法，可以降低整体流道加工的难度，但在流道拼接处易出现不连续光滑的截面尺寸过渡，工艺过程的控制比较困难。

8.3.2　异型材结构设计

异型材结构的合理性是决定异型材质量的关键，机头结构设计之前，应考虑塑件的结构形式。要想获得理想状态的异型材，必须保证异型材的结构工艺性合理，熔料在机头中的流动顺畅，挤出成型工艺过程中温度、压力、速度等满足要求。

异型材设计时应考虑以下几方面问题：

1. 尺寸精度

异型材的尺寸精度与截面形状有关，由于异型材的结构比较复杂，很难得到较高的尺寸精度，在满足使用要求的前提下，应选择较低精度(7、8级)等级。

2. 表面粗糙度

异型材的表面粗糙度一般取 $R_a \geqslant 0.8$mm。

3. 加强肋的设计

中空异型材塑件设置加强肋时，肋板厚度应取较小值，常取制件厚度的80%，过厚会使塑件出现翘曲、凹陷现象。

4. 异型材的厚度

异型材的截面应尽量简单，壁厚要均匀，一般壁厚为1.2～4.0mm，最大可取20mm，最小可取0.5mm。

5. 圆角的设计

异型材的转角如果是直角，易产生应力集中现象，因此，在连接处应采用圆角过渡。增大圆角半径,可改善料流的流动性,避免塑件变形。一般外侧圆角半径应大于 0.5mm,内侧圆角半径大于 0.25mm,圆角半径的大小还取决于塑料原材料,条件允许时,可选择较大的圆角半径。

8.3.3 异型材机头结构设计

为了使挤出的型材满足质量要求.既要充分考虑塑料的物理性能、型材的截面形状、温度、压力等因素对机头的影响,又要考虑定型模对异型材质量的影响。

1. 异型材机头设计

(1)机头口模成型区的形状修正

理论上异型材口模成型处的截面形状应与异型材规定的截面形状相同,但由于受塑料性能、成型过程中的压力、温度、流速以及离模膨胀和长度收缩等因素的影响,从口模中挤出的异型材型坯发生了严重的形状畸变.导致塑料型材的质量不合格。因此,必须对口模成型区的截面形状进行修正。图 8-8 所示为口模形状与塑件形状的关系。

(2)机头口模尺寸的确定

口模的尺寸包括口模流道缝隙的间隙尺寸 δ、截面的高度尺寸 H、宽度尺寸 B 及定型段的长度 L_1 等,由于异型材成型工艺的复杂性,使得理论上计算得到的尺寸与实际型材的尺寸相差很大,实际工作中,常常采用经验数据估计确定,具体尺寸设计可参考表 8-3 选取。

表 8-3 异型材机头结构尺寸参数

塑料品种	软聚氯乙烯	硬聚氯乙烯	聚乙烯	聚苯乙烯	醋酸纤维
L_1/δ	6～9	20～70	14～20	17～22	17～22
t/δ	0.85～0.90	1.1～1.2	0.85～0.90	1.0～1.1	0.75～0.90
H_s/H	0.80～0.90	0.80～0.93	0.80～0.90	0.85～0.93	0.85～0.95
B_s/B	0.70～0.85	0.90～0.97	0.75～0.90	0.75～0.90	0.75～0.90

2. 机头结构参数

(1)扩张角

机头内分流器的扩张角一般小于 70°,对硬聚氯乙烯等成型条件要求严格的塑料控制在 60°左右。

(2)压缩比

机头压缩比与管机头相似。

(3)压缩角

为了保证熔体流经分流器后能很好地融合,消除熔接痕迹,一般压缩角取 25°～50°。

(4)定型装置设计

从机头中挤出的型材温度都比较高,形状很难保持,必须经过冷却定型装置才能保证异型材的尺寸、形状及光亮的表面。异型材的挤出成型质量不仅取决于机头设计的合理性,更与定型装置有着密切的关系,它是提高产品质量和挤出生产率的关键因素。

采用真空吸附法定型,从机头中挤出的异型材通过定型装置上的真空孔完全被吸附在定型装置上,并被充分冷却,定型装置入口至出口真空吸附面积应由大到小,真空孔数应由密变疏。

定型段的冷却方式有很多种，常用的冷却方法为冷却水冷却，冷却水孔的直径一般取 φ10～φ20mm，为了保证冷却效果，在条件允许的情况下，水道直径越大越好，而且冷却水最好保持紊流状态。冷却水道在定型装置中应对称布置，保证异型材均匀冷却。

8.4 电线电缆机头设计

电线与电缆是日常生活中应用较多的塑料产品，它们通过挤出成型的方法在挤出机头上成型出来。电线是在单股或多股金属芯线外面包覆一层塑料作为绝缘层的挤出制品；电缆是在一束互相绝缘的导线或不规则的芯线上包覆一层塑料绝缘层的挤出制品。挤出电线电缆的机头与管机头结构相似，但由于电线电缆的内部夹有金属芯线及导线，所以常用直角式机头。下面介绍挤出电线电缆机头的两种结构形式。

8.4.1 挤压式包覆机头

挤压式包覆机头用来生产电线，如图 8-9 所示。这种机头呈直角式，又称十字机头，熔融塑料通过挤出机过滤板进入机头体，转向 90°，沿着芯线导向棒流动，汇合成一封闭料环后，经口模成型段包覆在金属芯线上，由于芯线通过芯线导向棒连续地运动，使电线包覆生产能连续进行，得到连续的电线产品。

这种机头结构简单，调整方便，被广泛应用于电线的生产。但该机头结构的缺点是芯线与塑料包覆层的同心度不好，包覆层不均匀。

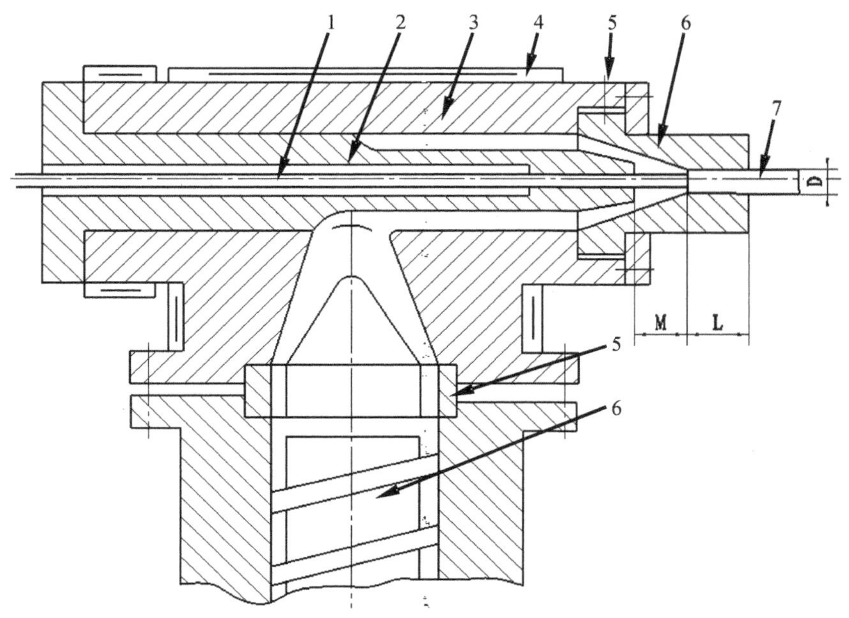

1-芯线；2-导向棒；3-机头体；4-电热器；5-调节螺钉；6-口模；
7-包覆塑件；8-过滤板；9-挤出机螺杆

图 8-9 挤压式包覆机头

口模与芯棒的尺寸计算方法与塑料管材相同，定型段长度 L 为口模出口处直径 D 的 1.0～1.5 倍，包覆层厚度取 1.25～1.60mm，芯棒前端到口模定型段之间的距离 M 与定型段长度相等，定型段长度 L 较长时，塑料与芯线接触较好，但是挤出机料筒的螺杆背压较高，塑化量低。

8.4.2 套管式包覆挤出模

套管式包覆机头用来生产电缆，机头如图 8-10 所示。与挤压式包覆机头的结构相似，这种机头也是直角式机头，区别在于，套管式包覆机头是将塑料挤成管状，一般在口模外靠塑料管的冷却时收缩而包覆在芯线上，也可以抽真空使塑料管紧密地包在芯线上。导向棒成型管材的内表面，口模成型管材的外表面，挤出的塑料管与导向棒同心，塑料管挤出口模后立即包覆在芯线上，由于金属芯线连续地通过导向棒，因而包覆生产也就连续地进行。

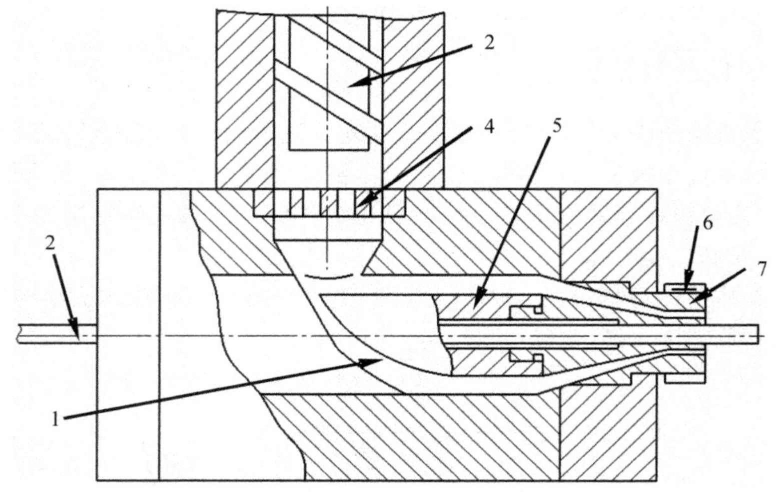

1-螺旋面；2-芯线；3-挤出机螺杆；4-过滤板；5-导向棒；6-电热器；7-口模

图 8-10 套管式包覆机头

包覆层的厚度随口模尺寸、芯棒头部尺寸、挤出速度、芯线移动速度等因素的变化而改变。口模定型段长度 L 为口模出口直径 D 的 0.5 倍以下，否则螺杆背压过大，使产量降低，电缆表面出现流痕，影响产品质量。

8.5 片材挤出机头设计

塑料片材是人们接触较多的塑料产品之一，目前大部分的片材都采用挤出法生产。这种方法生产的特点是模具结构简单、生产过程连续进行、成本低。塑料片材被广泛地用做化工防腐、包装、衬垫、绝缘和建筑材料。市场中广泛使用的塑料板材和片材是同一类型，所用的模具结构相同，只是塑件的尺寸厚度不同而已。板材的尺寸厚度大于 1mm，最厚为 20mm；片材的尺寸厚度范围在 0.25～1mm 之间。适合片材挤出成型的塑料有聚氯乙烯

(硬质与软质)、聚乙烯(高、中、低压)、聚丙烯、高抗冲聚苯乙烯、聚酰胺、聚甲醛、聚碳酸醋、醋酸纤维、丙烯酸类树脂等,其中前四种应用较多。

片材挤出成型机头有鱼尾式机头、支管式机头、螺杆式机头和衣架式机头等四种类型。片材的挤出成型特点是采用扁平狭缝机头,机头的进料口为圆形,内部逐渐由圆形过渡成狭缝形,出料口宽而薄,可以挤出各种厚度及宽度的板材及片材。熔体在挤出成型过程中沿着机头宽度方向均匀分布,而且流速相等,挤出的板材和片材厚度均匀,表面平整。

8.5.1 鱼尾式机头

鱼尾式机头因模腔的形状与鱼尾形状相似而得名,如图8-11所示。挤出成型过程中,熔体从机头中部进入模腔后,向两侧分流,在口模处挤出具有一定宽度和厚度的片材。由于物料在进口处压力和流速比机头两侧大,两侧比中部散热快,物料粘度增大,造成中部出料多,两侧出料少,挤出的板材和片材厚度不均匀。为避免此情况出现,获得厚度均匀一致的塑件,通常在机头的模腔内设置阻流器(如图8-11所示),或阻流棒(如图8-12所示),增大物料在机头模腔中部的流动阻力,调节模腔内料流动阻力的大小,使物料在整个口模长度上的流速相等、压力均匀。

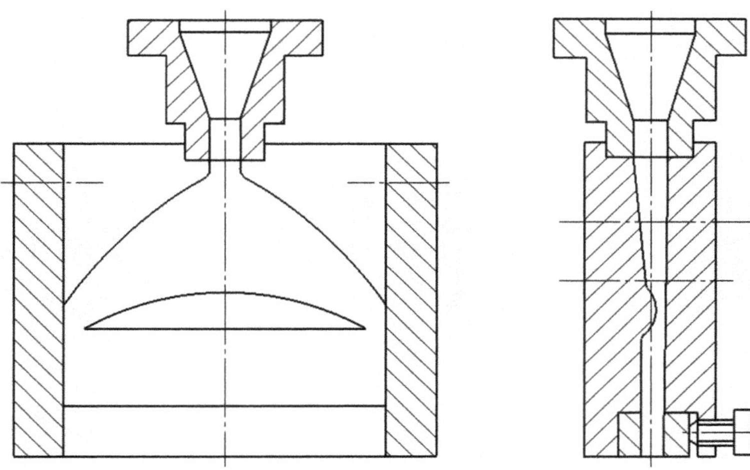

图8-11 带阻流器的鱼尾式机头阻流棒

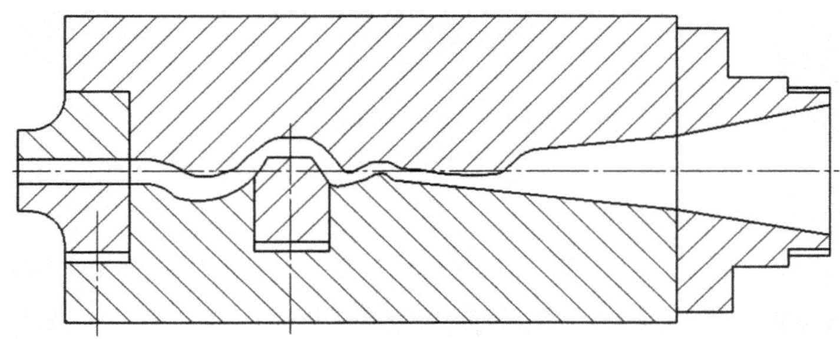

图8-12 带阻流器和阻流棒的鱼尾式机头

鱼尾式机头结构简单，制造方便，可用于多种塑料的挤出成型，如聚烯烃类塑料、聚氯乙烯和聚甲醛等，片材的幅宽一般小于 500mm，厚度小于 3 mm，不适于挤出宽幅板、片材，鱼尾的扩张角不能太大，通常取 80°左右。

8.5.2 支管式机头

支管式机头模腔的形状是管状的，机头的模腔中有一个纵向切口与口模区相连，管状模腔与口模平行，可以贮存一定量的物料，同时使进入模腔的料流稳定并均匀地挤出宽幅塑件支管式机头的特点是机头体积小，重量轻，模腔结构简单，温度较易控制，容易制造加工，可以成型的板材和片材幅宽较大，宽度可以调整，因此应用广泛。一般聚乙烯、聚丙烯、聚酯等板材和片材采用这种机头挤出成型。

根据支管式机头的结构形式及进料位置的不同，支管式机头分为以下几种常用结构形式。

1. 直支管式机头

中间进料直支管式机头如图 8-13 所示，物料由支管中部进入，充满模腔后，从支管模腔的口模缝隙中挤出，塑件的宽度可由调节块进行调节。直支管式机头的特点是结构简单，幅宽能调节，能生产宽幅产品，适用于聚乙烯和聚丙烯等塑料的挤出成型，但物料在支管内停留时间长，容易分解变色，温度控制困难。

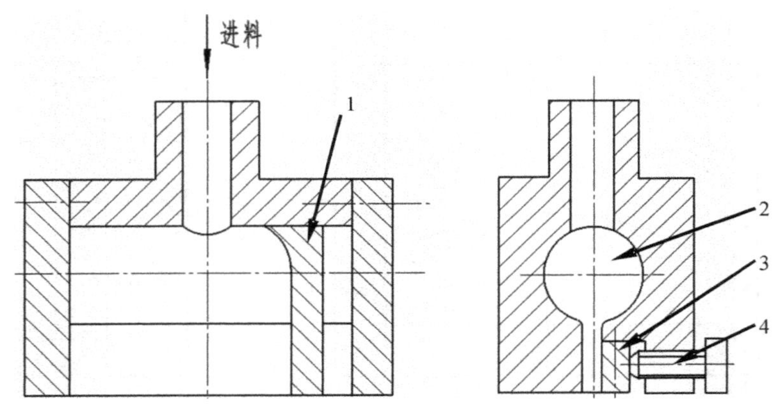

1-幅宽调节块；2-支管型腔；3-模口调节块；4-模口调节螺钉

图 8-13 中间供料的直支管机头

2. 弯支管型机头

弯支管型机头如图 8-14 所示。该机头中间进料，模腔是流线型，无死角，特别适合于熔融粘度高而热稳定性差的塑料（如聚氯乙烯）的成型，但机头制造困难，幅宽不能调节。

3. 带有阻流棒的双支管型机头

带有阻流棒的双支管型机头如图 8-15 所示，这种机头用于加工熔融粘度高的宽幅板片材，阻流棒的作用是用来调节流量，限制模腔中部塑料熔体的流速，使宽幅板材和片材的壁厚均匀性提高，成型幅宽可达 1000～2000mm，但塑料熔体在支管模腔内停留时间较长，易过热分解，故特别适合于非热敏性塑料的成型。

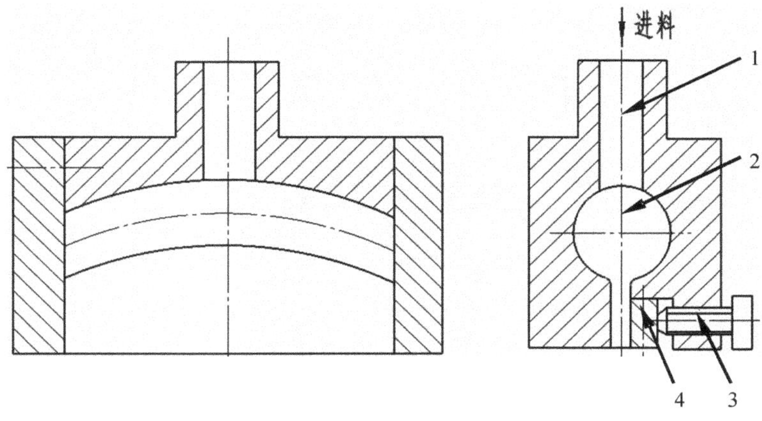

1-进料口；2-弯支管型模腔；3-模口调节螺钉；4-模口调节块

图 8-14　中间进料的弯支管型机头

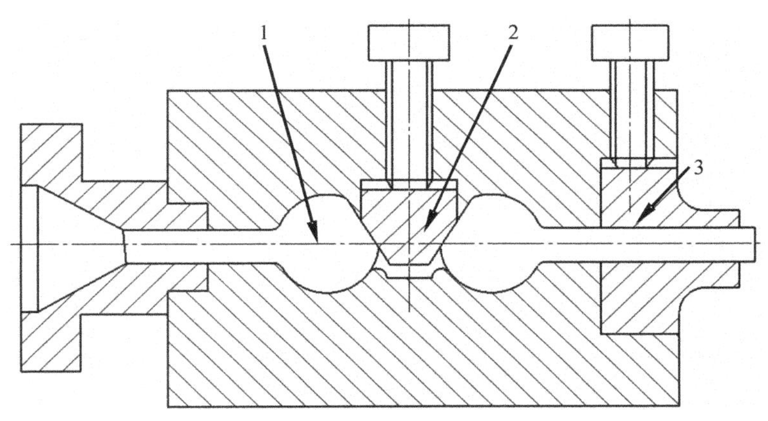

1-支管模腔；2-阻流棒；3-模口调节块

图 8-15　带有阻流棒的双支管型机头

8.5.3　螺杆式机头

螺杆式机头义称螺杆分配式机头，与支管型机头相似，区别是在机头内插入一根分配螺杆，如图 8-16 所示。螺杆由电动机带动旋转，可以进行无级调速，物料不会停滞在支管内，由于螺杆均匀地将物料分配到机头整个宽度上，可以通过螺杆转速的变化调整板材的厚度。分配螺杆直径比挤出机螺杆直径小一些，主螺杆的挤出量大于分配螺杆的挤出量才能使板材连续挤出不断料。分配螺杆一般为多头螺纹。螺纹头数取 4～6。因多头螺纹挤出童大，可减少物料在机头内的停留时间，使流动性差、热稳定性不好的塑料挤出也变得容易。

螺杆机头的温度控制比鱼尾形机头容易。由于分配螺杆的转动，塑料熔体在机头内流动时，受剪切、摩擦作用产生热量，使熔体温度升高，进一步塑化，机头的温度从进料口到出料口应逐渐降低。螺杆机头的缺点是物料在模腔内运动发生变化，由圆周运动变为直线运动，制品容易出现波浪形痕迹。

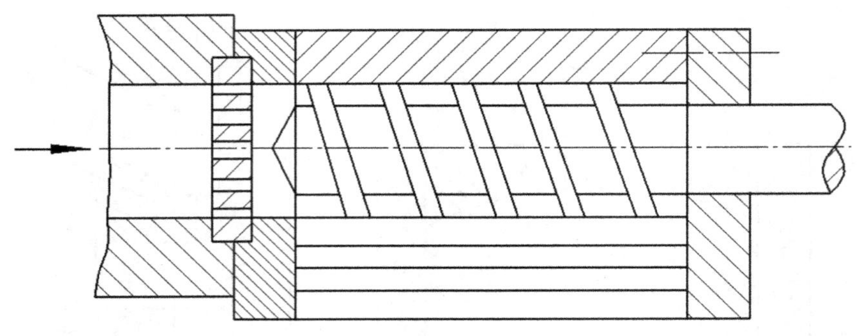

图 8-16 螺杆分配式机头

第 9 章　中空成形工艺及模具设计

中空吹塑成型(简称吹塑)是将处于高弹态(接近于粘流态)的塑料型坯置于模具型腔内,借助压缩空气将其吹胀,使之紧贴于型腔壁上,经冷却定型得到中空塑料制件的成型方法。中空吹塑成型主要用于瓶类、桶类、罐类、箱类等的中空塑料容器,如加仑筒、化工容器、饮料瓶等,如图 9-1 所示。其模具与注射模具有所区别,如图 9-2 所示。

图 9-1　吹塑产品

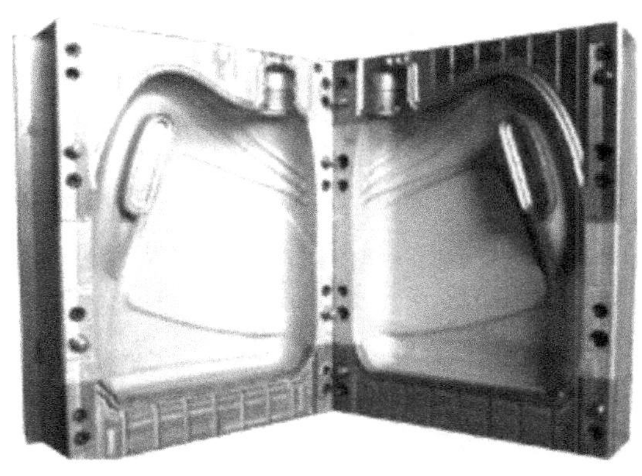

图 9-2　吹塑模具

9.1　中空吹塑成型的分类及成型过程

中空吹塑成型的方法很多,主要有挤出吹塑、注射吹塑、多层吹塑、片材吹塑等。

9.1.1　挤出吹塑成型

挤出吹塑是成型中空塑件的主要方法,成型工艺过程如图 9-3 所示。首先由挤出机挤出管状型坯,而后趁热将型坯夹入吹塑模具的瓣合模中,通入一定压力的压缩空气进行吹胀,使管状型坯扩张紧贴模腔,在压力下充分冷却定型,开模取出塑。

挤出吹塑成型方法的优点是模具结构简单,投资少,操作容易,适用于多种热塑性塑料的中空制件的吹塑成型;缺点是成型的制件壁厚不均匀,需要后加工以去除飞边和余料。

9.1.2　注射吹塑成型

注射吹塑是一种综合注射与吹塑工艺特点的成型方法,主要用于成型各类饮料瓶以及精细包装容器。注射吹塑成型可以分为热坯注射吹塑成型和冷坯注射吹塑成型两种。热坯

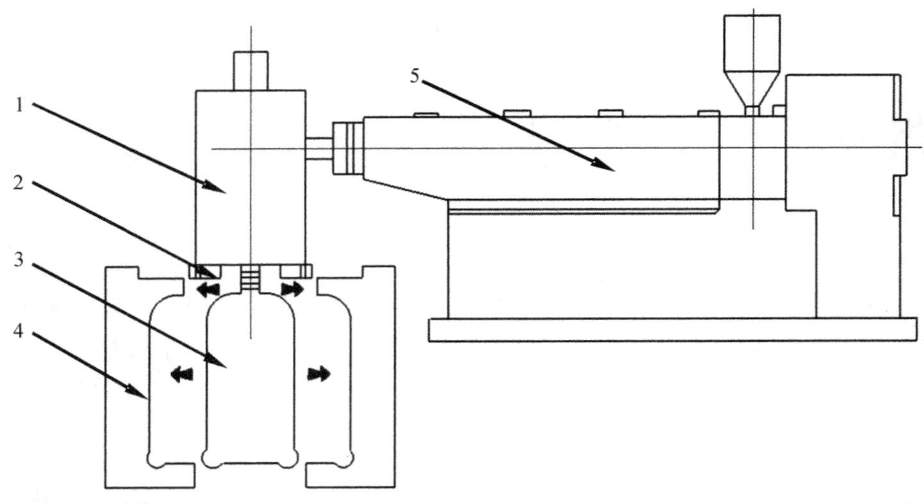

1-机头;2-夹紧块;3-制件;4-吹塑模具;5-挤出机

图 9-3　挤出吹塑成型过程

注射吹塑成型工艺过程是指注射机将熔融塑料注入注射模内形成型坯，型坯成型用的芯棒是壁部带微孔的空心零件，趁热将型坯连同芯棒转位至吹塑模内，向芯棒的内孔通入压缩空气，压缩空气经过芯棒壁微孔进入型坯内，使型坯吹胀并贴于吹塑模的型腔壁上，经保压、冷却定型后放出压缩空气，开模取出制件。

冷坯注射吹塑成型工艺过程与热坯注射吹塑成型工艺过程的主要区别在于，型坯的注射和塑件的吹塑成型分别在不同的设备上进行，首先注射成型坯.然后再将冷却的型坯重新加热后进行吹塑成型。冷坯注射吹塑成型好处在于，一方面专业塑料注射厂可以集中生产大量冷坯，另一方面，吹塑厂的设备结构相对简单。但是在拉伸吹塑之前，为了补偿冷型坯冷却散发的热量，需要进行二次加热，以保证型坯达到拉伸吹塑成型温度，所以浪费能源。

对于细长或深度较大的容器，有时还要采用注射拉伸吹塑成型。该方法是将经注射成型的型坯加热至塑料理想的拉伸温度，经内部的拉伸芯棒或外部的夹具借机械作用力进行纵向拉伸，然后再经压缩空气吹胀进行横向拉伸成型。首先在注塑成型工位注射成一空心带底型坯，然后打开注射模将型坯迅速移到拉伸和吹塑工位，进行拉伸和吹塑成型，最后经保压、冷却后开模取出塑件。注射拉伸吹塑成型产品的透明度、抗冲击强度、表面硬度、刚度和气体阻透性都有很大提高，其最典型的产品是线型聚酯饮料瓶。

注射吹塑成型方法的优点是制件壁厚均匀，无飞边，不必进行后加工。由于注射得到的型坯有底，故制件底部没有接合线，外观质量明显优于挤出吹塑，强度高，生产率高，但成型的设备(如图 9-4 所示)复杂、投资大，多用于小型塑料容器的大批量生产。

图 9-4　注射吹塑成型机

9.2 吹塑成型工艺参数

吹塑成型工艺主要因素有温度、吹胀空气压力及速率、吹胀比、冷却方式及时间，刘于拉伸吹塑还有拉伸比和速率等。

(1)温度。温度是影响吹塑产品质量的重要因素之一，包括型坯温度和模具温度。对于挤出形坯，温度一般控制在树脂的玻璃态温度与粘流态温度之间，并略偏向粘流态温度一侧。对于注塑型坯，由于其内外温差较大，更难控制型坯温度的均匀一致，为此，应使用温度调节装置。

吹塑模具的模温一般控制在 20～50℃，并要求均匀一致。模温过低，型坯过早冷却，吹胀困难，轮廓不清，甚至出现橘皮状；模温过高，冷却时间延长，生产率低，易引起塑件脱模困难、收缩率大和表面无光泽等缺陷。

(2)吹胀压力和充气速率。吹胀压力是指吹塑成型所用的压缩空气压力。在具有壁厚均匀、温度一致的良好型坯的前提下，吹胀压力和空气速率将影响到塑件质量。吹胀压力与选用材料的种类及型坯温度有关，一般为 0.2～0.7MPa。对于粘度低、易变形的树脂(如聚酰胺、纤维素塑料等)可取低值；对于粘度高的树脂(如聚碳酸醋、聚乙烯、聚氯乙烯等)可取较高值。吹胀压力还与塑件大小、型坯壁厚及温度有关，一般薄壁、大容积塑件及型坯温度低时，宜用较高压力；反之则用较低压力。吹胀压力应以塑件成型后外形、花纹、文字等清晰为准。

充气速率应尽量大一些，这样可使吹胀时间短。但充气速率也不能过快，以免产生其他缺陷。

(3)吹胀比(B_r)。吹胀比是塑料制件直径与型坯直径之比，即型坯吹胀的倍数。图 9-5 中塑料制件的吹胀比为 D/d，其大小应根据材料种类、塑件形状及尺寸来确定。一般吹胀比控制在 2～4，生产工艺和制件质量容易控制，在生产细口塑件时吹胀比可达到 5～7。吹胀比过大易使塑料制件壁厚不均匀，加工工艺条件不易掌握。吹胀比表明塑料制件径向最大尺寸与挤出机机头口模尺寸之间的关系。当吹胀比确定后，便可根据塑料制件尺寸及壁厚确定机头日模尺寸。机头口模与芯模间隙可用下式确定

$$\delta = tB_rk \tag{9-1}$$

式中：δ——口模与芯模的单边间隙；

t——制件壁厚；

B_r——吹胀比；

k——修正系数，一般取 1～1.5，它与加工塑料粘度有关，粘度大，取小值。

型坯截面形状一般要求与制件外形轮廓形状大体一致，如吹塑圆形截面瓶子，型坯截面应为圆形，若吹塑方形截而塑料桶，则型坯最好为方形截面，以获得壁厚均匀的方形截面桶。

(4)拉伸比。在注射拉伸吹塑中，受到拉伸部分的塑料制件长度与型坯长度之比称为拉伸比。如图 9-5 中塑料制件的拉伸比为 c/b。拉伸比确定后，型坯长度就可以确定。一般情况下，拉伸比大的制件，其纵向和横向强度较高，为保证制件的刚度和壁厚，生产中一般取拉伸比为4～6。

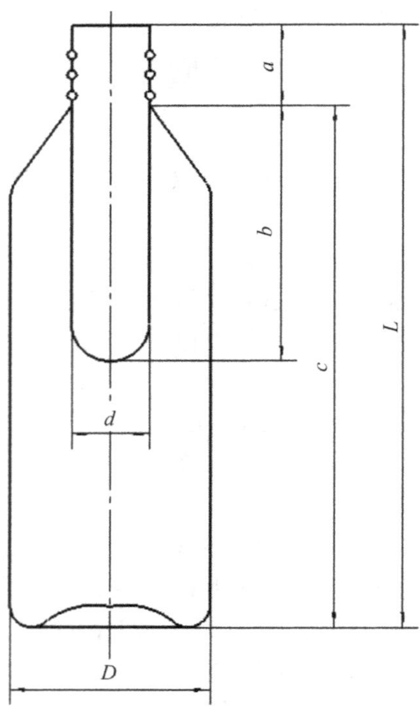

图 9-5　吹塑比、延伸比示意图

除了上述工艺参数外，吹塑塑件的冷却和模腔的排气也应充分注视。型坯在模具内吹胀后，冷却是不可忽视的环节。如果冷却不好，树脂会产生弹性恢复进而引起塑件变形。冷却时间的长短视树脂品种和塑件形状而定，通常占成型周期的60%以上，厚壁塑件达90%。采用的冷却方法有模内通冷却水冷却和模外冷却。吹塑过程中，型坯外壁与模腔间的大量空气需要排除。排气不良最常见的后果是塑件表面起"橘皮"，它可发生在中空塑件表面的任何一处，但多以模腔的凹陷处、波沟处及角部为常见。排气槽通常开设在分型面上。

9.3　吹塑模设计

吹塑模通常是对开式的，稍微复杂一些的吹塑模可能需要设计局部或底部侧向分型机构。对于大型挤出吹塑模或连续自动生产的注射吹塑模一般要设置冷却水道，用于对模具的冷却。对于挤出吹塑模，凡需要将多余型坯切除的部位，例如吹塑加仑桶的底部、上部及手把之处，塑料瓶的底部及上部螺纹处，均要在模具上做出较窄的夹坯口（切口），以把多余型坯切除。

从模具的结构及工艺方法上看，吹塑模可分为上吹口和下吹口两类。图 9-6 所示为典型的上吹口挤出吹塑模具，压缩空气由模具上端吹入模腔；图 9-7 所示为典型的下吹口挤出吹塑模具，使用时，型坯套在底部芯轴上，合模后压缩空气自芯轴吹入模腔。

注射吹塑模具因吹塑时型坯完全置入吹塑模的模腔内，故不需制出切口，只需制出型坯

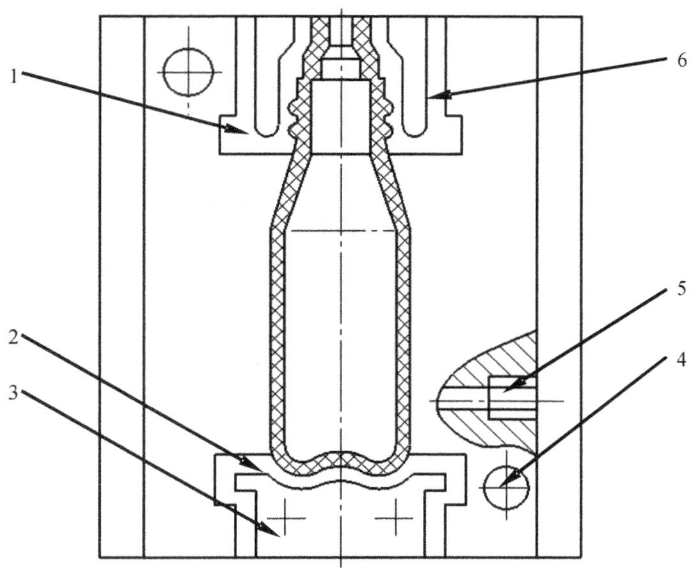

1-吹口镶块;2-底部镶块;3、6-余料槽;4-导柱;5-冷却水道

图 9-6　上吹口模具结构

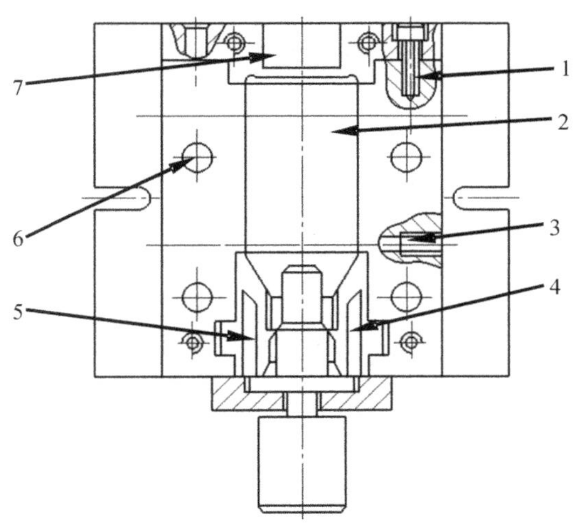

1-螺钉;2-型腔;3-冷却水道;4-底部镶块;5、7-余料槽;6-导柱孔

图 9-7　下吹口模具结构

的固定装置,模具设计要点如下:

(1)夹坯口夹坯口亦称切口

挤出吹塑成型过程中,模具在闭合的同时需将型坯封口并将余料切除,因此在模具的相应部位要设置夹坯口(如图 9-8 所示);夹坯口的设计如图 9-9(a)所示,夹料区的深度 h 可选择型坯厚度的 2～3 倍。切口的倾斜角 α 选择 30°～45°。切口宽度 L 对于小型吹塑件取 1～2mm,对于大型吹塑件取 2～4mm。如果夹坯口角度太大、宽度太小,就会削弱对型坯的

夹持能力，还可能造成型坯在吹胀前塌落及造成塑件的接缝质量不高，甚至会出现裂缝，如图 9-9(b)所示；宽度太大又可能产生无法切断或模腔无法紧闭等问题。

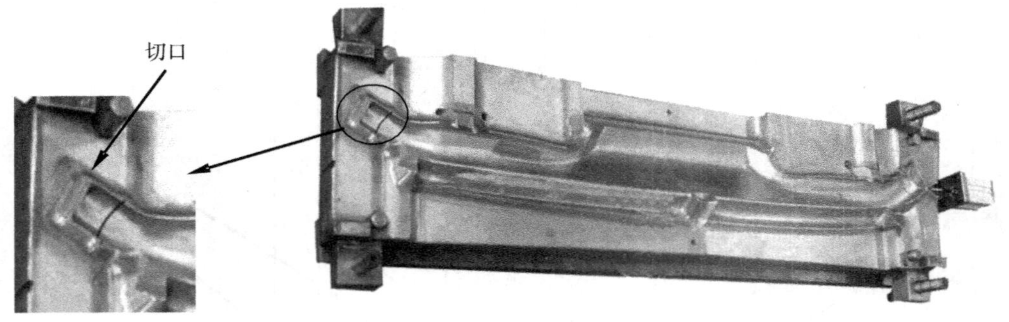

图 9-8　汽车吹塑模具的切口

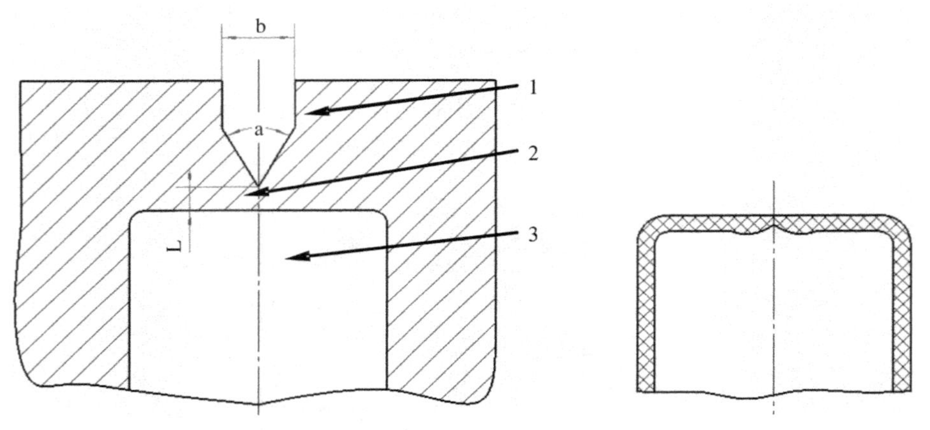

1-模具；2-夹坯口(切口)；3-型腔

图 9-9　挤出吹塑模具的切口尺寸

(2)余料槽

型坯在夹坯口的切断作用下，会有多余的塑料被切除下来，它们将容纳在余料槽内。余料槽通常设置在夹坯曰的两侧，见图 9-6 和图 9-7，其大小应依型坯夹持后余料的宽度和厚度来确定，以模具能严密闭合为准。对于与模外连通的余料槽，其容积可不予考虑。

(3)排气孔槽

模具闭合后，型腔呈封闭状态，应考虑在型坯吹胀时，模具内空气的排除问题。排气不良会使塑件表面出现斑纹、麻坑和成型不完整等缺陷。为此，吹塑模还要考虑设置一定数量的排气孔。排气的部位应选在空气最容易存储的地方，也就是吹塑时型坯最后吹胀的部位，如模具型腔的四坑、尖角处、圆瓶的肩部等。通常排气位置要根据塑件的几何形状和所用的坯管形状来确定。排气孔直径通常取 0.5～1mm。

模具型腔排气的措施有：

1)在保证塑件质量及表面均匀的前提下，使模具表面粗化，粗糙的表面能够储存部分气体。粗糙度值高可达 5～14μm，粗糙度平均值 0.6～2.0μm。

2)在分模面上开设排气槽，排气槽的宽度为 10～20mm、深度为 0.03～0.06mm，用磨削或铣削加工制成。

3)模具型腔采用镶拼结构，在镶拼面上开设排气槽。

4)对沟槽、螺纹易残留空气的部位进行局部排气。可采用钻孔或特种镶块的方法。

5)对某些特殊塑件(如双层壁塑件)，由于空气的排出速率小于型坯吹胀速率，为此，应采用在模壁内钻小孔与抽真空系统相连的方法排出模腔内气体。

(4)模具的冷却

模具冷却是保证中空吹塑工艺正常进行、保证产品外观质量和提高生产率的重要因素。对冷却系统设计的总体要求是冷却速度快，均匀。对于大型模具，可以采用箱式通水冷却，即在型腔背后铣一个槽，再用一块板盖上，中间加密封件；对于小型模具可以开设冷却水道通水冷却，常用的冷却水通道形式类似于注射模具冷却水道的设计。

第 10 章　其他成型工艺及模具设计

10.1　泡沫塑料成型工艺与模具设计

塑料的发泡成形是近三十年来普遍应用的一种新的塑料应用技术。它主要是利用一些挥发性的液体或固体粉沫混炼塑料中，然后挤出成型法、注射成型法、直接膨胀成型法等制造各种塑料制造。

泡沫塑料是以树脂为基础而内部具有无数微孔性气体的塑料制件，又称多孔性塑料。采用各种不同的树脂和发泡方法，可制成性能各异的泡沫塑料。由于泡沫塑料中气体的存在，所以具有低密度、防空气对流、不易传热、吸声等优点，因此它被广泛用于建筑上的隔离材料、制冷方面的绝热材料、仪器与仪表的防振材料等。

依发泡程度可分为高发泡和低发泡两类，高发泡法不单独使用个别的模具，本节仅就单独使用模具的低发泡注射成形模和可发性聚苯乙烯模具的两种设计进行介绍。

10.1.1　低发泡塑料注射成型模具

低发泡塑料是指发泡倍数在 2 倍以下的塑料。热固性塑料中的酚醛树脂、脲醛树脂、环氧树脂等，以及热塑性塑料中的聚苯乙烯、ABS、聚乙烯、聚氯乙烯、尼龙等都可用来制作低发泡塑料制品。

1. 低发泡注射成型特点

低发泡注射成型的特点是在塑料中加入了发泡剂，这种塑料熔融体注入型腔时，表层塑料和冷模腔接触立即硬化，而内部的塑料熔体在冷凝的同时(速度较慢)放出气体，结果就形成了有微细泡沫状小孔的低发泡塑料。低发泡注射成型的特点如下：

(1)注射压力小

过高的注射压力，易使塑件失去低发泡的特征，所以其注射压力小于普通注射成型。这样，对模具材料的机械强度要求也可降低，甚至可以选用容易加工的铝合金，锌合金等材料来制作模具的成型零件。

(2)要严格控制每次的注射量

由于注入型腔的熔料在冷凝过程中要发泡膨胀，如果注射量控制不当，将使塑件的密度有很大差异，甚至在模腔内不能顺利发泡，或脱模后形状、体积失控。此外，注射机的喷嘴要有防止熔融自型腔向注射机倒流的装置。

(3)要有专用的排气槽

低发泡沫塑料成型时的注射压力低，再加上物料的发泡后有许多多余的气体，所以型腔内的排气问题要加以重视，不能像普通注射那样，利用分型面或顶杆等的配合间隙就可解决排气问题，应有专用的排气槽。

(4)必须很好地控制模具温度

发泡后的塑料导热性差，在模具内需要较长的冷却固化时间。所以，为了缩短成型周期，并使塑件冷却均匀，必须特别注意模具冷却，很好地控制模温。

2. 低发泡塑料注射成型方法

低发泡塑料的重量小(密度约为 0.2～1.0g/cm^3)，外表有木纹或皮纹的纹理，内部柔韧而有弹性，因此，在电器制造、汽车、仪表、建筑材料、生活用品等方面已取得广泛应用。低发泡塑料制品的成型方法有以下几种：

(1)完全注入法

在注射成型时，将塑料按量完全充满型腔，固化后的塑件表面呈现木材的纹理，但内部的发泡率很低，一般为 1.1～1.2。这种成型方法对模具的配合要求较高，但对成型设备要求不高，可用普通注射机稍加改装即可，操作也简单。

另一种完全注入法的操作稍复杂，当熔融塑料注满腔之后，稍停一段时间，然后将动模略微向后方移动一点距离，使模内塑料发泡，即可得到低发泡塑件。采用这种操作方法还能调节塑料的发泡率，成型制品的最后尺寸应是动模移动后的尺寸。图 10-1 所示最简单的低发泡成型示意，结构虽较简单，但由于动模移动时，分型面和型芯都有移动，所以在塑件的侧壁有线状条纹。图 10-2 所示的结构增加了一块板，动模移动时这块板不离开塑件，所以在发泡时分型面没有移动，从而消除了塑件侧壁的条纹。

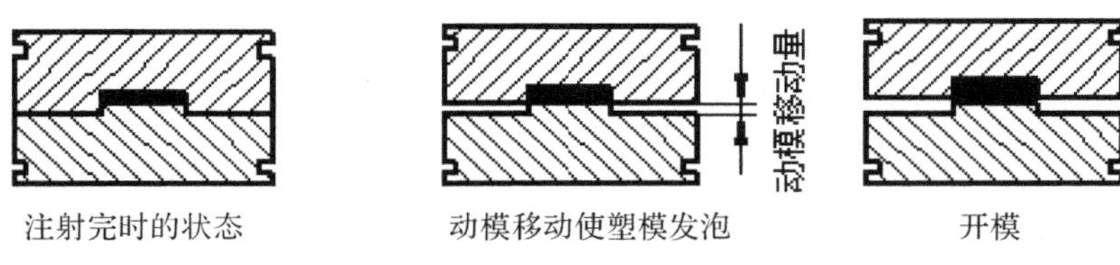

图 10-1　简单的动模移动成型法

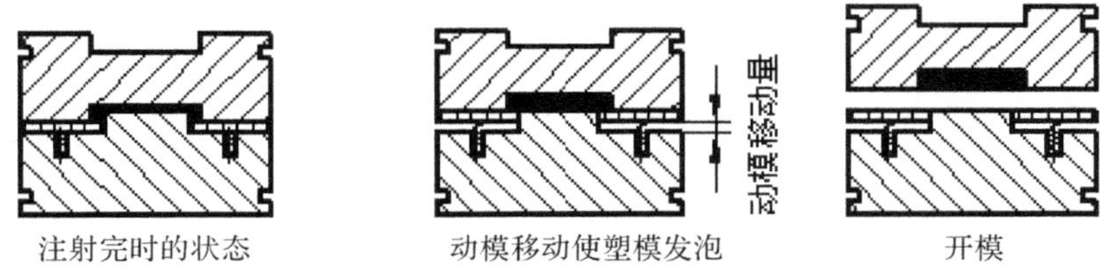

图 10-2　动模移动成型法

为了实现上述的动模移动动作，也可以在模具上增设型腔移动的动件机构。如图 10-3，塑料注满型腔后，通过油缸(或手动机构)使斜块 7 向下移动，活动模块 10 则向动模方向移动一个短距离，使塑件内部有机会发泡。

(2)不完全注入法

塑料限量注入模具型腔，只达到型腔容积的 75％～80％，然后由塑料自身发泡膨胀来充满型腔。这种成型方法要求注射机喷嘴带有阀门，并能够密封。发泡后的塑件泡孔均匀，但是表面粗糙。

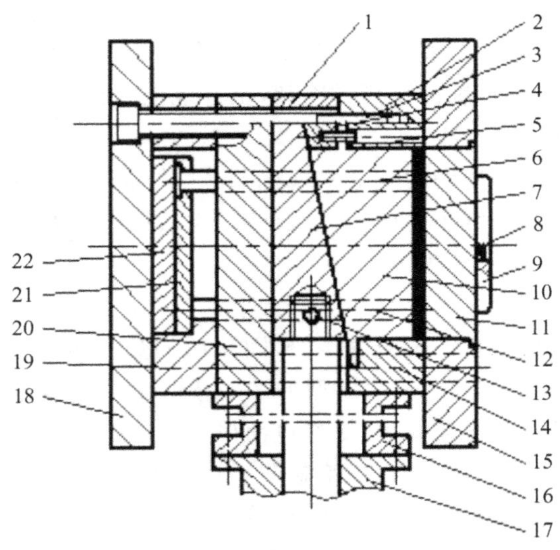

1-支块；2-动模；3-螺钉；4-垫圈；5-限制钉；6-顶出杆；7-斜块；8-浇注讨；9-定位圈；10-滑动模块；11-件；12-回程杆；13-销钉；14-导柱；15-定模；16-油缸座；17-油缸；18-底版；19-支撑板；20 垫板；21-固定板；22-顶出板

图 10-3 活动模块式低发泡注射模

3. 低发泡塑料注射模设计

(1)模具的整体结构型式

从模具的总体结构来看，低发泡塑料注射模和普通的注射模基本相似，但从成型方法来看，模具结构随成型方法的不同而异。

例如采用完全注入法的成型模具，在动模部分不移动时，则和不完全注入法的成型模具一样，型腔尺寸和成型塑件尺寸一致。而动模移动时，型腔沿开模方向的尺寸，在闭模时要小于成型塑件的尺寸，如聚氯乙烯凉鞋的鞋底发泡，在充填满型腔之后，使动模略为后退(一般为 1～2mm)，留出发泡膨胀空间。这时动模与定模必须要有一定长度的滑动配合面，如图 10-4，h 之高度为 10～15mm，单面配合间隙 0.03～0.05mm。

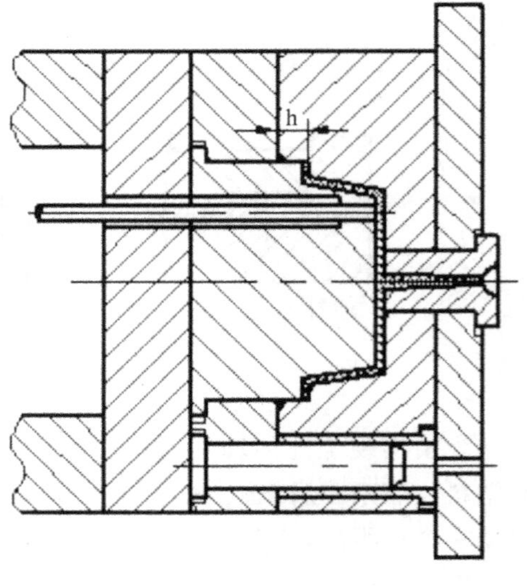

图 10-4

不完全注入法所用的模具，不仅和普通注射模结构相同，而且由于塑料仅注入型腔容积的80%左右，因此型腔内压力低，可以用强度较低的铝合金、锌合金等材料制造型腔，但模具的使用寿命不及钢模，所以还要根据生产批量来确定模具

的选材。

(2)模具的设计要点

普通热塑性塑料注射模的设计要点,基本上都可供低发泡塑料注射模参考。另外,对于低发泡塑料注射模来说,某些方面须加以强调。

1)分型面型式

动模不移动的模具,其分型面和普通注射模相同,如图 10-5(a)所示。而动模移动的模具,为了防止动模稍许移动时产生溢料,在动模和定模之间增加一段配合部分,如图 10-5(b)所示 A 段。

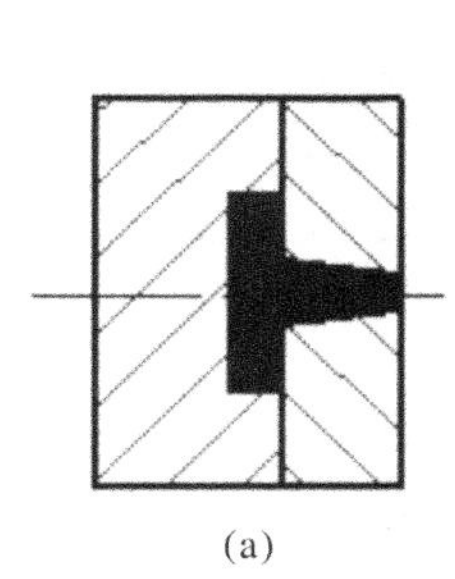

(a)

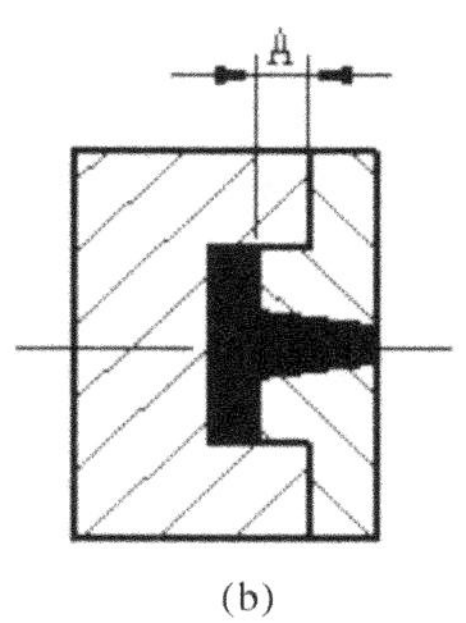

(b)

图 10-5 分型面结构示意

2)浇注系统

主流道的形状尺寸和普通注射模相同,但由于发泡材料的冷却速度较慢,所以当主流道较长时,应在主流道衬套外部通水冷却。

进行低发泡成型时,应尽量使熔融料在注入型腔之前不产生气泡,所以分流道宜短不宜长,而其断面尺寸则要大于普通注射模的分流道,断面形状以圆形为好(比表面积小),以防冷却过快。

从以上要求来看,主流道部位的冷却条件要好,而分流道部位的流程要短,热量散失要少,低发泡注射模最好不采用多型腔的形式,否则浇注系统较长,各型腔发泡程度不均衡。

在浇口尺寸方面,低发泡注射模应比普通注射模大。大型塑件的浇口宽度可取 6～12mm,小型塑件可取 3～6mm。浇口的宽度与厚度之比应小于 20。大型塑件可增加浇口数目。

选择浇口位置时,要考虑可能产生的熔接缝、塑件外观等问题。特别是外表有木纹要求的塑件,浇口位置与木纹的形成有关,如图 10-6 所示,不同的浇口位置能影响塑件的纹理方向。

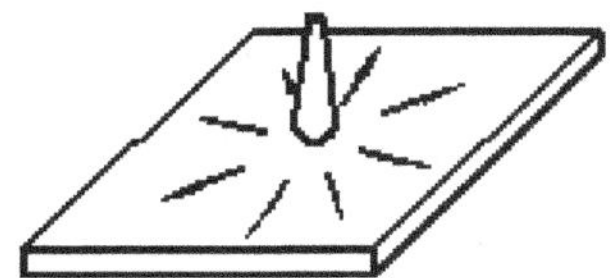

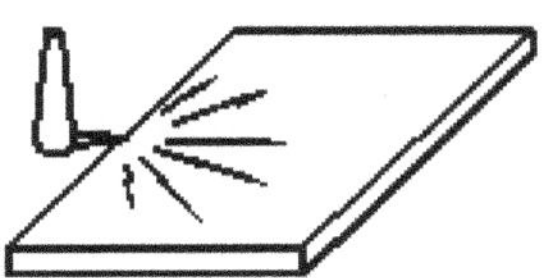

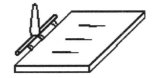

图 10-6 浇口位置的选择

3)排气槽

由于注射压力低，特别是采用不完全注入法成型时，型腔内的成型压力不高，也就是排气能力不强。另一方面，由于塑料在发泡时至少有50%的气体是多余的。所以模腔中排气总量比普通注射量要多8～10倍。这么多气体如不及时排出，将妨碍塑料流动并引起填充不足的缺陷。

通常是在分型面上设置排气槽，槽深0.1～0.2mm，宽10～20mm，因型腔内的压力低，排气槽不会造成溢料。

如果型腔的排气位置在其底部时，可在型腔底部镶嵌入排气栅，如图10-7所示，排气栅上有许多宽为0.15～0.3mm的狭缝，栅片的厚度为6～10mm，整个排气栅可以用电火花线切割方法加工而成。

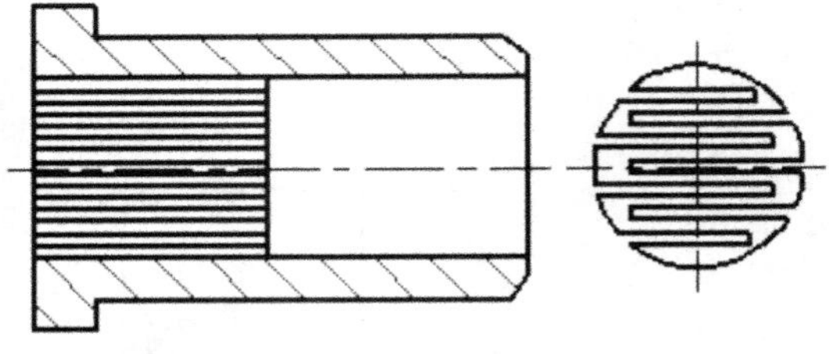

图10-7　排气栅

除分型面部位外，排气槽还应设置在流动的末端或两股料流的熔接处。

4)顶出机构

基本上和普通注射模相同，但考虑到低发泡塑料制品的内部是泡沫状结构，机械强度低，如果顶出面积太小，会使塑件破损。因此顶出面积应尽量大，以减小单位面积上的顶出力。如果采用顶杆顶出塑件，则顶杆的直径应比普通注射模顶杆大20%～30%。

5)脱模斜度

低发泡塑件的强度较普通塑件低，为了减小脱模时的阻力，应适当增大它的脱模斜度，但因低发泡塑件的收缩率比普通塑件小，故实际收缩力并不大，所以也可以采有普通塑件的脱模斜度。

6)冷却装置

低发泡塑件的壁厚大于普通塑件，最小壁厚为3.5～4mm，否则不易发泡，这种充满泡孔的塑料，其导热性很差，约为普通塑料的四分之一，为了提高生产效率，使模具型腔周围的温度均匀，要特别注意模具的冷却。虽然，低发泡注射模的冷却方式和冷却系统的结构形状，和普通注射模并无差异，但应提高冷却效能，即选用效果较好的冷却方案，塑料品种不同，对模具的温度要求也有不同，聚烯烃类塑料制品的外观与模具温度的关系较小，将模温控制在40℃左右即可，而聚苯乙烯、ABS类塑料制品的外观受模具温度的影响较大，一般应将模温控制在35～65℃。

(3)低发泡塑料注射模典型结构

图10-8所示的结构，是采用不完全注入法成型的注射模。塑件为一乐器的筒体，为了本身的造型美观，并让成型时的塑料流有一过渡区，利用件9镶块既能成型出透空花纹板，又能使筒体的木质感强，另一结构特点就是在件18顶板上开设了排气槽，其他结构与普通注射模无甚差别。斜导柱5在动模一侧，型腔由两拼块件8组成，塑件由推板18从型芯4上推出。

图10-9所示的结构，是用完全注入法成型低发泡塑料鞋的注射模，适用于立式注射机。型腔内发泡时所需的动模移动动作，由模具自身的结构实现。塑料鞋要求鞋底发泡而鞋面不能发泡，所以在模具上设置了发泡限位钩22和可升铰链10等结构，塑料注入型腔后，凹

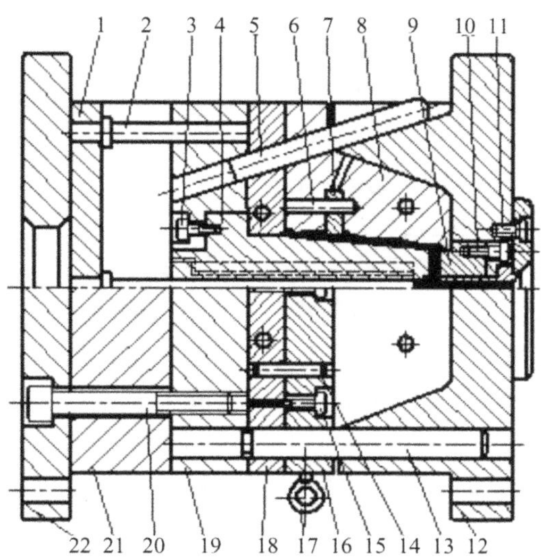

1-推板 2-顶杆 3、10、11. 15、20--螺钉 4-型芯;5-斜导柱;6-销;7-侧型芯;
8-型腔;9-型芯;12-定模板;13-导柱;14-定位销;16-动模固定板;17-吊钩螺钉;
18-动模板;19-支承板;21-支架;22-动模座板;

图 10-8　不完全注入法成型的模具结构

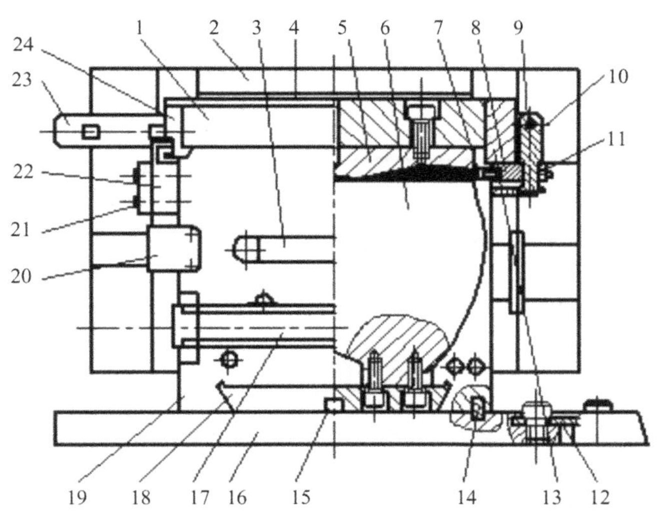

1-凸模板;2-固定压板;3-长键;4-上楔块;5-凸模;6-鞋楦;7-连接块;8-铰链定位块;
9-销轴;10-可升铰链;11-盖板;12-连接板;13-后部限位楔块;14、15-键;16-底板

图 10-9　完全注入法成型的模具结构

模型腔(由拼块构成)19 和鞋楦 6 不动,因此鞋面不发泡,而鞋底凸模 5 可以随该处塑料的发泡作用而上升,直到碰到发泡限位钩 22 而停止。成型完毕后,用手工开启模具脱出塑件。闭模注射时,注射机的喷嘴将凸模 5 压回原位。

10.1.2 泡沫塑料压制成型模具

采用模压成型的泡沫塑料，其发泡倍数远大于注射成型的低发泡塑料制品，而机械强度一般都低于低发泡塑料制品，其常用的材料有可发性聚苯乙烯泡沫塑料和软（或硬）聚氯乙烯泡沫塑料。以聚苯乙烯泡沫塑料模具设计为例。

1. 聚苯乙烯泡沫塑料成型模结构

聚苯乙烯泡沫塑料通常称为可发性聚苯乙烯泡沫塑料，它有一次成型和二次成型两种，二次成型的发泡体倍数大。模具型腔的形状和尺寸仍按制品要求设计。除模具外，还需要有发泡成型的专用设备。当品种多而生产批量不大时，可使用通用压制成型设备略加改装；大批量生产中，一般都使用专用的泡沫塑料成型机械。

（1）移动式成型模

对于生产小型、薄壁和复杂的塑件大多采用蒸箱发泡。将可发性塑料原料填满模具型腔，合模后放进蒸箱通蒸汽加热。蒸汽压力和加热时间视塑件大小和厚度而定。一般蒸汽压力为0.05～0.1MPa；加热时间为10～50min。模内的预胀物经受热软化、膨胀，互相熔结在一起，冷却脱模后即成为泡沫塑料制件。

图10-10所示是包装盖手动蒸箱发泡模，它本身不具有蒸汽室，而是将整个模具放在蒸箱中通蒸汽加热，成型后在箱外冷却，一次成型一件。为了加工方便，模套由1、2两件组成。合模时模套2和下模板7以圆周定位。为了开模方便，在模具的圆周上设有撬口8。上模板3、下模板7和模套2上均设有直径$d=0.8\sim1.5$mm的通气小孔，孔距为15～20mm。整副模具靠铰链螺栓和蝶型螺母4锁紧，铰链螺栓要摆动灵活，并具有足够强度。

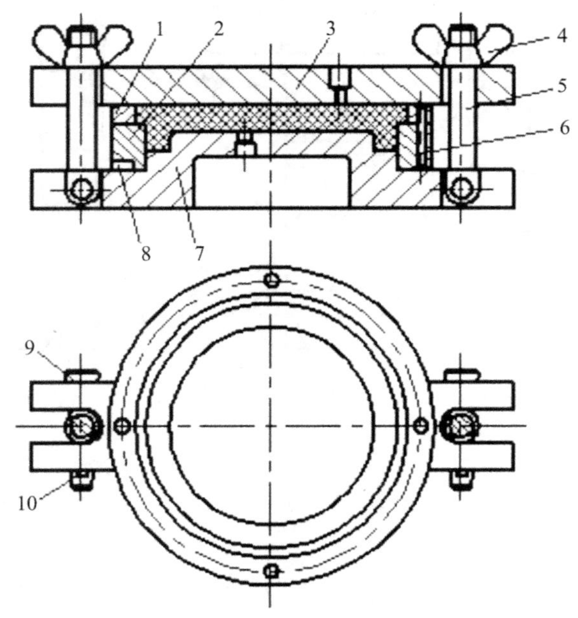

1-镶件；2-模讨；3-上模板；4-碟形螺母；5—铰链螺栓；6-销钉；7-下模板；8-撬口；9-轴；10-开口销

图10-10　包装盖手动蒸箱发泡模

(2) 固定式成型模

它适用于厚度较大的泡沫塑料制件。这种发泡模的模具上开设有供通气用的 0.1～0.4mm直径的通气孔，当型腔内胀满预胀物后，在模具的汽室内通入 0.1～0.2MPa 的蒸汽，蒸汽把珠粒内的空气赶走，并使温度上升至 110℃左右，型腔内的预胀物就膨胀粘接为一体。关闭蒸汽并保持 1～2min，然后通冷却水脱模。冷却时间视塑件壁厚而定。

图 10-11 为包装盒机动发泡模，使用卧式泡沫塑料成型机。模具由左右模两部分组成，每部分均有各自的蒸汽室。合模后，经预发泡的塑料珠粒由喷枪从进料口输送到模具型腔内，料满后关闭气阀，堵上注塞，然后在动、定模室内喷入蒸汽。在一定蒸汽压力下持续一段时间，再保温一段时间，然后在蒸汽室内通冷却水冷却后脱模。为了保证模具的良好密封性，在动、定模板及分型面处设有密封环。定模汽室板 5、动模汽室板 8 和成型 10 上均设有气孔，孔径为 0.8～1.5mm，孔距为 20mm×20mm。

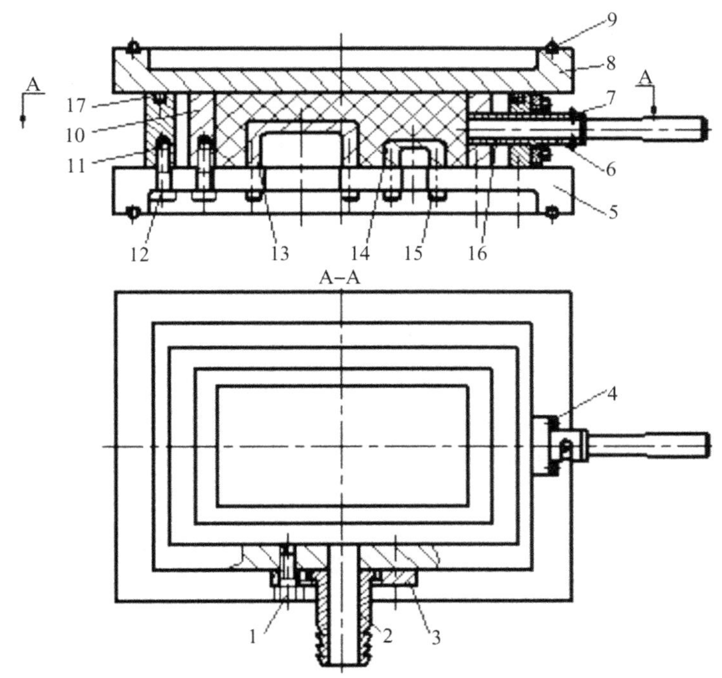

1、4、12、15-螺钉；2-回汽水管；3、5-定模汽室板；6-料塞；7-挡销；
8、9、17-密封环；10-成型套；11-外套；13、14-型芯；16-料套

图 10-11　包装盒机动发泡模动模汽室板

与蒸箱发泡相比，使用直接通蒸汽发泡，塑化时间短，冷却定型快，塑件内珠粒熔接良好，质量稳定，生产效率高，易实现自动化生产；而蒸箱发泡模具结构简单，但操作劳动强度大，难于实现自动化。

(3)带蒸气室成型模

这也是固定式成型模，其蒸气室和塑件的几何形状一致，从蒸气的利用率及冷却的均匀性来看都较合理，由于模具的几何形状复杂，制造成本较高。

图 10-12 所示为仿型蒸气室模具示例，可在卧式成型机上使用，凹模 4 和凸模 7 均为薄

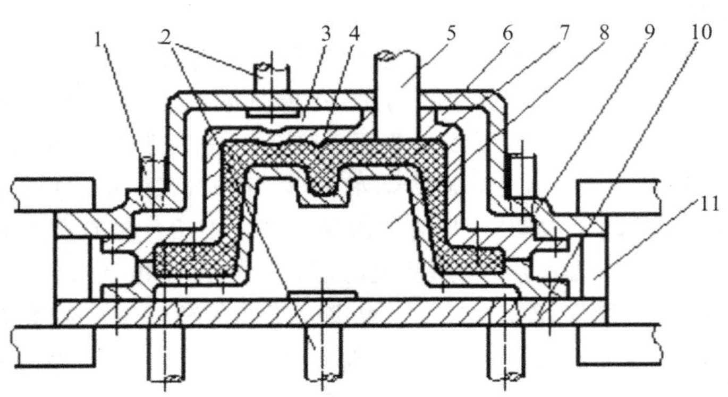

1-排气道;2-进气道;3-上气道;4-凹模;5-进料口;6-上气室;
7-凸模;8-下气室;9-壳体;10-底版;11-承压块

图 10-12　带蒸气室成型模具

壳结构,导热性好,蒸气室由凹模 4 和壳体 9 之间的空间组成。另外,凸模 7 的内表面和底板 10 之间的空腔也是蒸气室,因凹模和凸模都是薄壳体,机床的合模压力由承压垫 11 承受。

2. 模具细部结构设计

(1)型腔

以有蒸汽室模具为例,型腔为一薄壳式空腔。分为两半,两半个型腔的结合面即为分型面;而分型面一般为平面,如图 10-13。型腔壁上设有多数蒸汽孔,蒸汽室内的蒸汽即从这些蒸汽孔中通过而进入型腔,使已放入型腔内的可发性颗粒料(已经经过预发泡)受热膨胀,其颗粒的表面开始熔融,由发泡膨胀的压力使之互相粘合而成为一整体,蒸汽的作用仅是为了加热,而蒸汽的压力为使蒸汽达到一定温度之所必需,并不靠蒸汽压力成形。

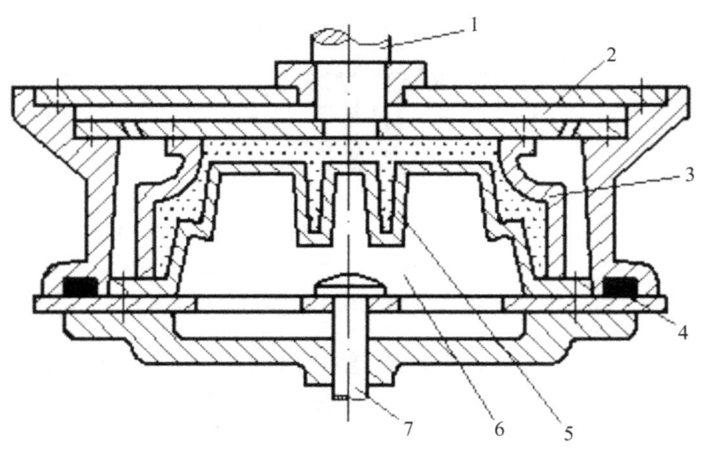

1-进料口;2-上蒸汽室;3-上型腔壁;4-密封环;5-下型腔壁
6-下蒸汽室;7-蒸汽进口

图 10-13　模具型腔

型腔的厚度一般为 10～15mm，视型腔容积及形状而定，型腔壁是传热的媒介，因此应尽量使之薄厚一致。

型腔的耐压力强度应不低于 0.35MPa，大平面时应在背面加支撑筋。一般成形时，型腔内压力约为 0.2MPa。压力随密度而变，成形品的密度大时压力也随之增大。

(2)蒸汽孔　蒸汽孔是在型腔壁上均匀分布开设的。其数量及孔的分布密度依型腔容积及尺寸而定，其总蒸汽孔面积主要依型腔容积计算。计算图见图 10-14 及图 10-15。

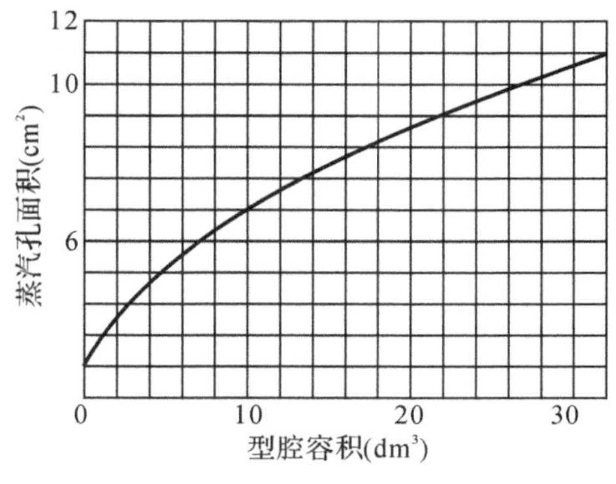

图 10-14　小型腔的蒸汽面积

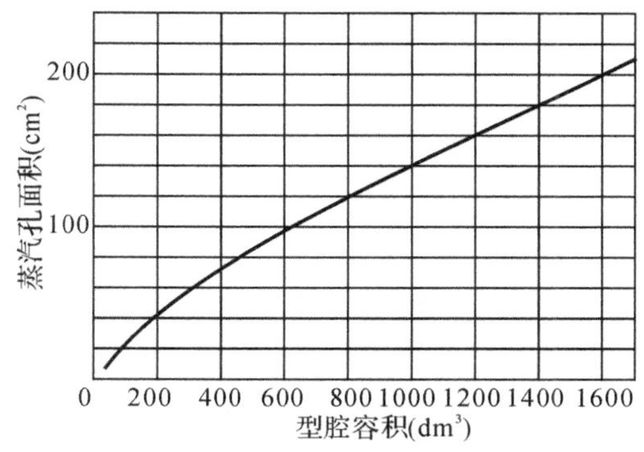

图 10-15 大型腔的蒸汽孔面积

蒸汽孔的做法，一是直接钻孔，如图 10-16。孔径自 0.8～1.5mm，依成形品厚度而定，孔的间距可自 30～50mm 平均分布。特别对于壁厚处，孔的密度应加大(亦即孔距减小)。孔的背面可以扩大。

在尺寸较大的模具中，不适宜用直接钻孔法做出蒸汽孔。一般采用嵌入通气隙的方法，如图 10-17 为蒸汽隙嵌件的一般尺寸和安装方法。

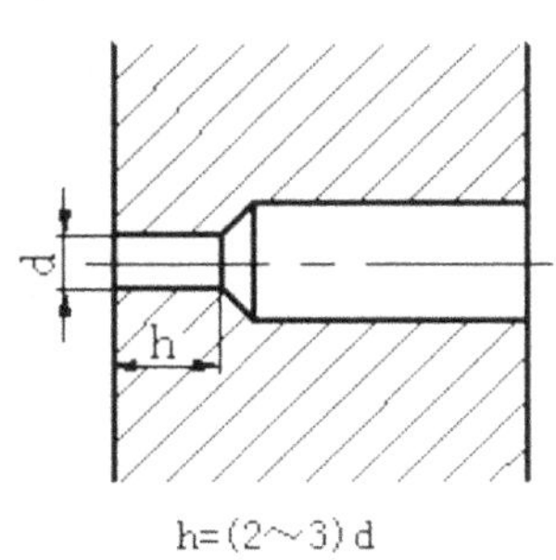

图 10-16　直接钻出的蒸汽孔

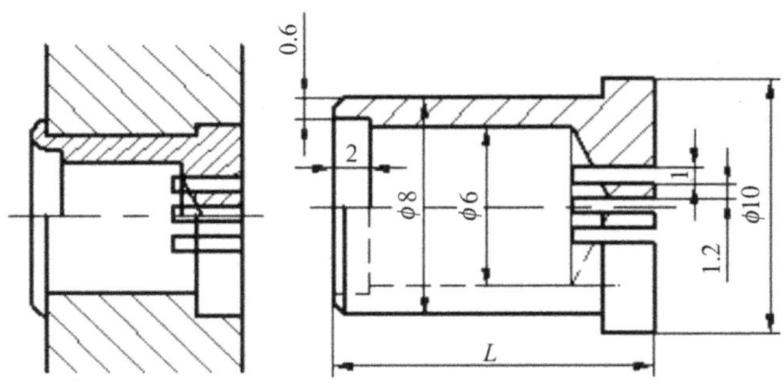

图 10-17　蒸汽隙嵌件

蒸汽总进汽管的截面积应不小于每一侧蒸汽孔的总截面积。蒸汽进口处设有屏障，如图 10-18，以避免高压蒸汽直接吹向型腔，致使该局部过热。图中 a 为小件用，直接由管子侧面的孔中喷出。b 为板屏蔽式，用于大型蒸汽室。c 为分散喷头式。

所有通蒸汽部分的零件最好不用钢制作，否则生锈后使发泡体表需出现黄色锈斑，以用铝合金、青铜或不锈钢制为宜。

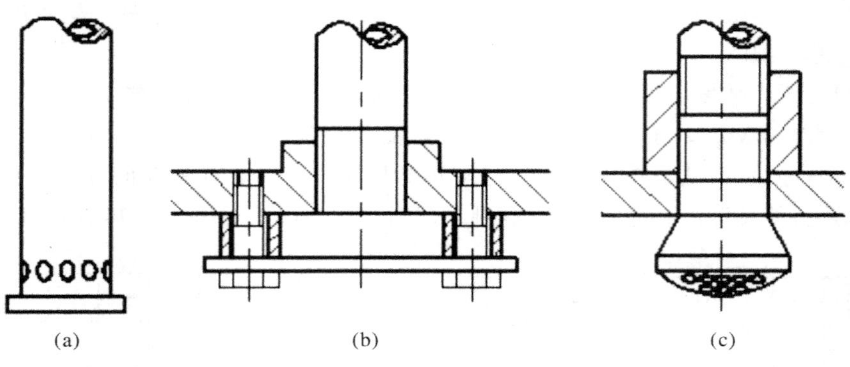

(a) (b) (c)

图 10-18 蒸汽入口的形式

(3)冷却系统

一般用水冷却,可以用水管喷淋,或用喷头喷淋。水直接通于蒸汽室内。用水量应有调节阀,排出的水可以循环使用。

对于无蒸汽室的模具,其冷却设备装在蒸汽罩内,模具内无需加冷却系统。

冷却水是冷却型腔壁的,发泡体成型以后,蒸汽孔已经被成形品堵住,水不会流入型腔。

(4)脱模机构

发泡体成形后体积收缩,型腔的脱模斜度以 2°为标准,比较容易脱模。但由于成形机自身不带有如注射机那样的脱模装置,所以要在模具内设置脱模装置。脱模方法如下:

1) 手工脱模

在小批量生产时可在成型后直接用手取出,但此时成形品的温度在 90～60℃范围,必须戴防护手套。

2) 用动模带动脱模

在动模上设有拉杆,用拉杆带动定模下面的脱模板脱模。

需要注意的是动模与定模的决定要依具体情况而定。例如:包装防震用的发泡体,其外形一般为矩形体或圆柱体,外围没有脱模斜度。反之其侧为装入物品的凹形槽,具有较大的脱模斜度。此时应把型芯一侧装在发泡机的可动模板上,利用可动模板把成型品从凹模上脱出,如图 10-19。

相反,如作为铸型用的发泡体,则往往在凸模侧没有脱模斜度,此时就应把凹模侧作为动模。

3) 用压缩空气推出

在大批生产时常用压缩空气通过气隙直接把成形件推出。压缩空气通过管路接通推出气隙内。推出气隙也是使用嵌件,其形状及尺寸如图 10-20,嵌于型腔的脱模部位,用密封螺帽接通压缩空气管。

压缩空气的通气隙比蒸汽的通气隙窄,一般为 0.2～0.3mm 宽,通常做成五个槽隙,为了防止腐蚀,气隙嵌件用铜合金制造,末端用 1/8″的管螺纹,与密封螺帽连结。

(5)进料方式

小批量简单生产可以用手工进料,即把一定量的料倒入型腔内,成批生产时用压缩空气吹送,或用柱塞式送料器送料,一般进料口是用螺纹与模具联接,螺纹尺寸要与成形机一致。

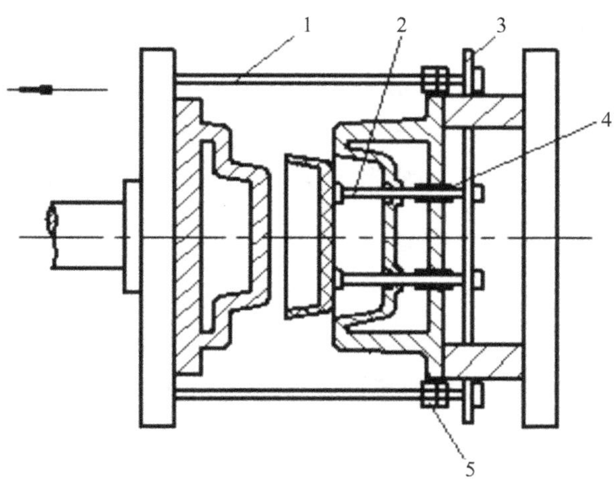

1-拉杆 2-推出板 4-密封套 5-调节螺纹

图 10-19 机械顶出

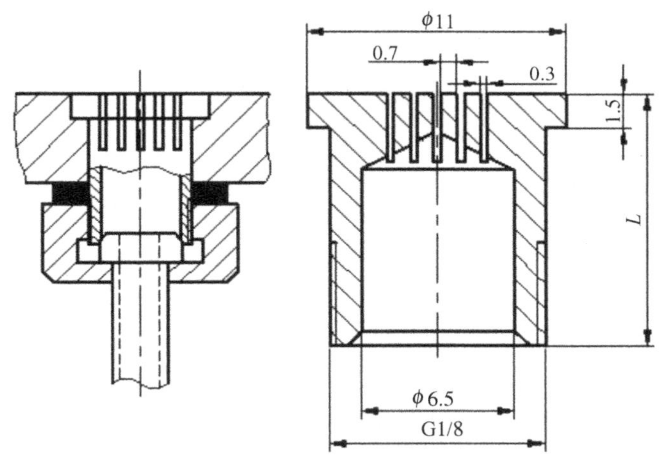

图 10-20 压缩空气推出装置

进料方向须注意，必须在模具的上方。依成形机的开模方向有水平模和垂直开模之分，设计时须注意，因为两种不能互换使用。

10.2 快速成型技术

快速成型技术(Rapid Prototyping，简称 RP)是 20 世纪 80 年代中期发展起来的一种崭新的原型制造技术。RP 集机械工程、CAD、数控技术、激光技术及材料科学技术于一身，可以自动、直接、快速、精确地将设计思想转变为具有一定功能的原型或直接制造零件，从而可以对产品设计进行快速评估、修改及功能试验，大大缩短产品的研制周期和减少新产品开发的投资风险。由于其具有敏捷性、适合于任何形状、高度柔韧性、高度集成化等优点而广泛应用于机械、汽车、电子、通信、航空航天等领域。

目前快速成型的工艺方法已有十余种，如光固化法（SLA）、叠层法（LOM）、激光选区烧结法（SLS）、熔融沉积法（FDM）、掩膜固化法（SGC）、三维印刷法（TDP）、喷粒法（BPM）等。其中 SLA 法是最早商品化、技术最为成熟、市场占有率最高的 RP 技术。

10.2.1　快速成型的基本原理

1. 快速成型原理

快速成型技术是一种基于离散和堆积原理的崭新制造技术。它将零件的三维 CAD 实体模型按一定方式离散，成为可加工的离散面、离散线和离散点。而后采用多种物理或化学手段，将这些离散的面、线段和点堆积而形成零件的实体形状。它既与从毛坯上去除多余材料的切削加工方法完全不同，也与借助模具锻压、冲压、铸造和注射等强制材料成形的工艺迥然有异，是一种“生长型”成形技术，故往往统称为“自由成型制造”（Free Form Fabrication）。

采用快速成型技术时，制件的具体成形过程是根据三维 CAD 模型，经过格式转换后，对零件进行分层切片，得到各层截面的二维轮廓形状。按照这些轮廓形状，用激光束选择性地固化一层层液态光敏树脂，或切割一层层的纸或金属薄材，或烧结一层层的粉末材料，以及用喷射源选择性地喷射一层层的粘结剂或热熔性材料，形成每一层截面的平面轮廓形状，然后再一层层叠加成三维立体零件。

从而可见，快速成形过程是采用新的“材料增长”的方法，即用一层层的“薄片毛坯”逐步叠加成复杂形状的三维实体零件。由于它的制作基本原理是将复杂的三维实体分解成二维轮廓的叠加，所以也统称为“叠层制造”（layered manufacturing），其成形过程的基本原理如图 10-21 所示。

2. 快速成型的工艺过程

快速成型的工艺过程具体如下；

（1）产品三维模型的构建。由于 RP 系统是由三维 CAD 模型直接驱动，因此首先要构建所加工工件的三维 CAD 模型。该三维 CAD 模型可以利用计算机辅助设计软件（如 Pro/E，Solid Works，UG 等）直接构建，也可以将已有产品的二维图样进行转换而形成三维模型，或对产品实体进行激光扫描、CT 断层扫描，得到点云数据，然后利用反求工程的方法来构造三维模型。

（2）三维模型的近似处理。由于产品往往有一些不规则的自由曲面，加工前要对模型进行近似处理，以方便后续的数据处理工作。由于 STL 格式文件格式简单、实用，目前已经成为快速成型领域的准标准接口文件。它是用一系列的小三角形平面来逼近原来的模型，每个小三角形用 3 个顶点坐标和一个法向量来描述，三角形的大小可以根据精度要求进行选择。STL 文件有二进制码和 ASCII 码两种输出形式，二进制码输出形式所占的空间比 ASCII 码输出形式的文件所占用的空间小得多，但 ASCII 码输出形式可以阅读和检查。典型的 CAD 软件都带有转换和输出 STL 格式文件的功能。

（3）三维模型的切片处理。根据被加工模型的特征选择合适的加工方向，在成型高度方向用一系列一定间隔的平面切割近似后的模型，以便提取截面的轮廓信息。间隔一般

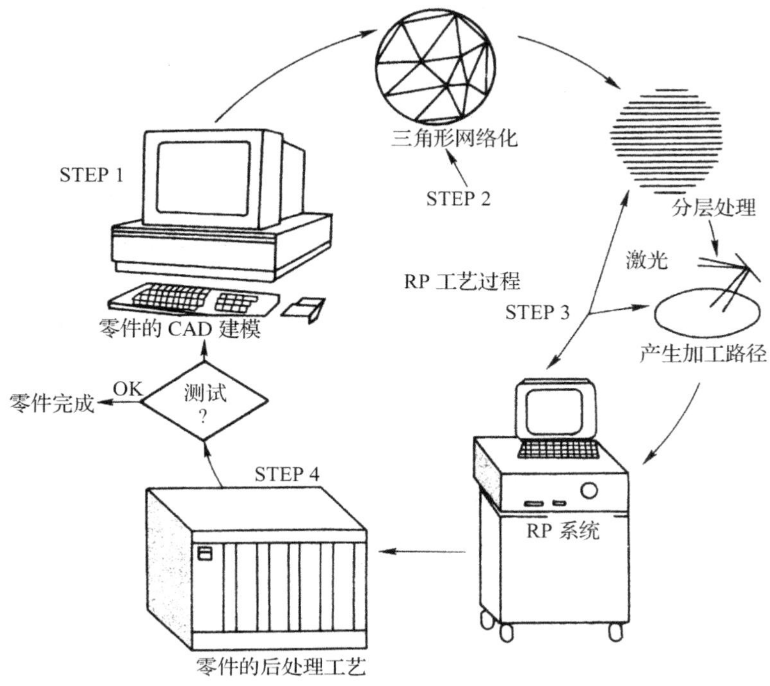

图 10-21　快速成型技术原理

取 0.05～0.5mm，常用 0.1mm。间隔越小，成型精度越高，但成型时间也越长，效率就越代，反之则精度低，但效率高。

(4)成型加工。根据切片处理的截面轮廓，在计算机控制下，相应的成型头(激光头或喷头)按各截面轮廓信息做扫描运动，在工作台上一层一层地堆积材料，然后将各层相粘结，最终得到原型产品。

(5)成型零件的后处理。从成型系统里取出成型件，进行打磨、抛光、涂挂，或放在高温炉中进行后烧结，进一步提高其强度。快速成型工艺流程如图 10-22 所示。

3. 快速成型技术的特点

快速成型技术具有以下几个重要特点：

(1)可以制造任意复杂的三维几何实体。由于采用离散/堆积成型的原理，它将一个十分复杂的三维制造过程简化为二维过程的叠加，可实现对任意复杂形状零件的加工。越是复杂的零件越能显示出 RP 技术的优越性。此外，RP 技术特别适合于复杂型腔、复杂型面等传统方法难以制造甚至无法制造的零件。

(2)快速性。通过对一个 CAD 模型的修改或重组就可获得一个新零件的设计和加工信息。从几个小时到几十个小时就可制造出零件，具有快速过程的突出特点。

(3)高度柔性。无需任何专用夹具或工具即可完成复杂的制造过程，快速制造工模具、原型或零件。

(4)快速成型技术实现了机械工程学科多年来追求的两大先进目标，即材料的提取(气、液、固相)过程与制造过程一体化和设计(CAD)与制造(CAM)一体化。

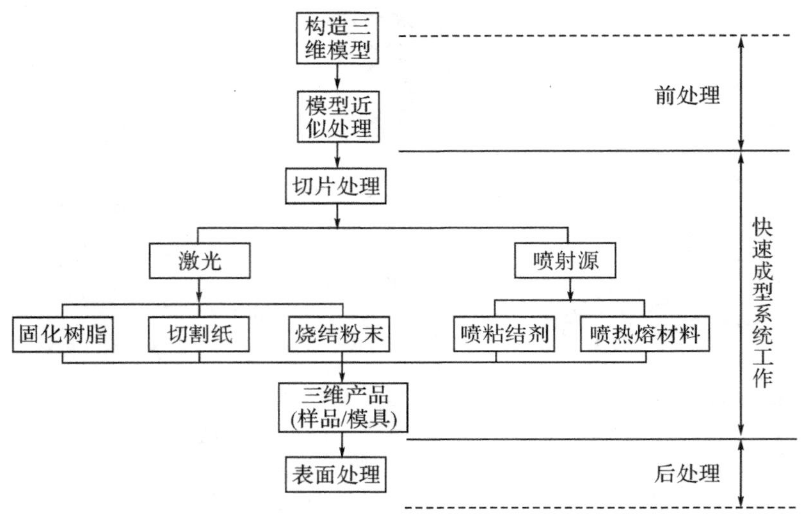

图 10-22　快速成型的成型过程

(5)与反求工程(reverse engineering)、CAD 技术、网络技术、虚拟现实等相结合，成为产品快速开展的有力工具。

因此，快速成型技术在制造领域中起着越来越重要的作用，并将对制造业产生重要影响。

4. 快速成型技术的分类

快速成型技术发展迅速，现在已经有十余种不同的工艺方法，并且新的工艺方法仍在继续增加。按照成形的能源可以分为激光加工和非激光加工两大类：

基于激光及其他光源的成型技术(laser technology)，例如：光固化成型(SLA)、分层实体制造(LOM)、选域激光烧结(SLS)、形状沉积成型(SDM)等；

基于喷射的成型技术(jetting technology)，例如：熔融沉积成型(FDM)、三维印刷(3DP)、多相喷射沉积(MJD)。下面对其中比较成熟的工艺作简单的介绍。

10.2.2　激光扫描快速成型

1. SLA(Stereolithogrphy Apparatus)工艺

也称光固化成型或立体光刻成型。

该工艺是由 Charles Hul 于 1984 年获美国专利。1988 年美国 3D System 公司推出商品化样机 SLA-I，这是世界上第一台快速成型机。SLA 各类成型机占据着 RP 设备市场的较大份额。

(1)工艺过程原理

图 10-23 为树脂的光固化成形过程。首先在计算机上用 CAD 系统构成产品的三维实体模型或者用三维扫描机对已有的实体进行扫描，并通过反求技术得到三维模型。然后对其进行分层切片，得到各层截面的二维轮廓数据。依据这些数据，计算机控制紫外激光束在液态光敏树脂表面扫描，产品一薄固化层。然后将已固化层下沉一定高度，让其表面再铺上

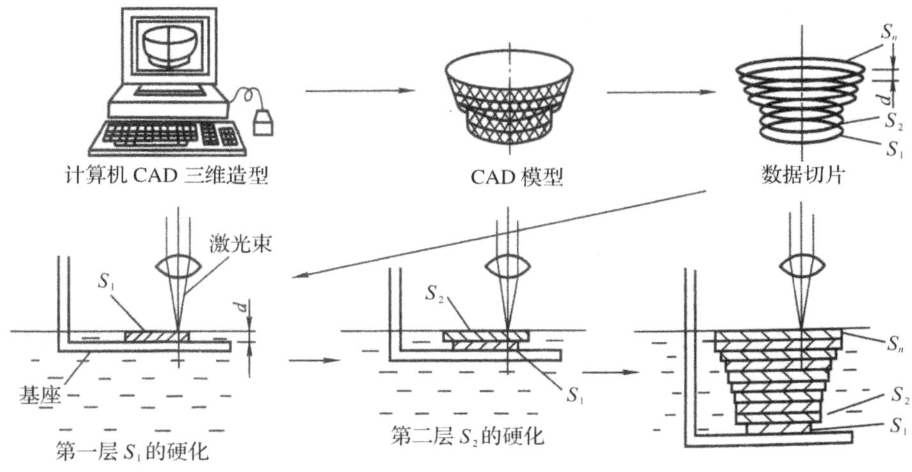

图 10-23　光固化成型过程

一层液态树脂，新固化的一层粘接在前一层上。再用第二层的数据控制激光束扫描，这样一层一层地固化，逐步顺序叠加，直到完成整个塑件成形。

SLA 技术是基于液态光敏树脂的光聚合原理工作的。这种液态材料在一定波长和强度的紫外光照射下能迅速发生光聚合反应，分子量急剧增大，材料也就从液态转变成固态。如图 10-24 所示为 SLA 成型机的工作原理图。液槽中盛满液态光固化树脂，激光束在偏转镜作用下，能在液态表面上扫描，扫描的轨迹及光线的有无均由计算机控制，光点打到的地方，液体就固化。成型开始时，工作平台在液面下一个确定的深度，聚焦后的光斑在液面上按计算机的指令逐点扫描，即逐点固化。当一层扫描完成后，未被照射的地方仍是液态树脂。然升降台带动平台下降一层高度，已成型的层面上又布满一层树脂，刮板将粘度较大的树脂液面刮平，然后再进行下一层的扫描，新固化的一层牢固地粘在前一层上，如此重复直到整个零件制造完毕，得到一三维实体模型。

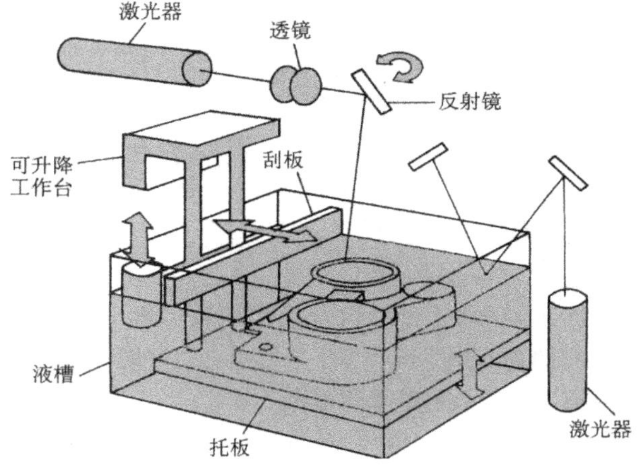

图 10-24　光固化成型机的原理图

SLA方法是目前快速成型技术领域中研究得最多的方法，也是技术上最为成熟的方法。SLA工艺成型的零件精度较高，加工精度一般可达到0.1mm，原材料利用率近100%。但这种方法也有自身的局限性，比如需要支撑、树脂收缩导致精度下降、光固化树脂有一定的毒性等。

（2）光固化成型技术的特点

光固化成型技术制作的原型可以达到机磨加工的表面效果，是一种被大量实践证明的极为有效的高精度快速加工技术，其具体优点如下：

1）成型过程自动化程度高。SLA系统非常稳定，加工开始后，成型过程可以完全自动化，直至原型制作完成。

2）尺寸精度高。SLA原型的尺寸精度可以达到±0.1mm。

3）表面质量优良。虽然在每层固化时侧面及曲面可能出现台阶，但上表面仍可得到玻璃状的效果。

4）可以制作结构十分复杂的模型。

5）可以直接制作面向熔模精蜜铸造的具有中空结构的消失型。

当然，和其他几种快速成型方法相比，该方法也存在着许多缺点。主要有：

1）成型过程中伴随着物理和化学变化，所以制作较易弯曲，需要支撑，否则会引起制作变形。

2）设备运转及维护成本较高。由于液态树脂材料和激光器的价格较高，并且为了使光学元件处于理想的工作状态，需要进行定期的调整，费用较高。

3）可使用的材料种类较少。目前可用的材料主要为感光性液态树脂材料，并且在大多数情况下，不能进行抗力和热量的测试。

4）液态树脂具有气味和毒性，并且需要避光保护，以防止提前发生聚合反应，选择时有局限性。

5）需要二次固化。在很多情况下，经快速成型系统光固化后的原型树脂并未完全被激光固化，所以通常需要二次固化。

6）液态树脂固化后的性能尚不如常用的工业塑料，一般较脆、易断裂，不便进行机加工。

2. LOM(Laminated Object Manufacturing)工艺

称叠层实体制造或分层实体制造。

该工艺由美国Helisys公司的Michael Feygin于1986年研制成功，是几种最成熟的快速成型的制造技术之一。这种制造方法和设备自问世以来，得到迅速发展。由于叠层实体制造技术多使用薄片材料，成本低廉，制作精度高，而且制造出来的原型具有外在的美感和一些特殊的品质，因此受到了较为广泛的关注。

（1）工艺过程原理

LOM快速成形工艺原理是根据三维CAD模型切片后每个截面的轮廓线，用CO_2激光束对薄形材料（如底面涂胶的卷纸）进行切割，类似手工“剪纸”一样，得到每一层轮廓形状后，再将其叠加粘结在一起，形成三维实体的原型。

采用薄片材料，如纸、塑料薄膜等。片材表面事先涂覆上一层热熔胶。加工时，热压辊热压片材，使之与下面已成型的工件粘接。用CO_2激光器在刚粘接的新层上切割出零件截面轮廓和工件外框，并在截面轮廓与外框之间多余的区域内切割出上下对齐的网格。激光

切割完成后，工作台带动已成型的工件下降，与带状片材分离。供料机构转动收料轴和供料轴，带动料带移动，使新层移到加工区域。工作台上升到加工平面，热压辊热压，工件的层数增加一层，高度增加一个料厚。再在新层上切割截面轮廓。如此反复直至零件的所有截面粘接、切割完。最后，去除切碎的多余部分，得到分层制造的实体零件，如图 10-25 所示。

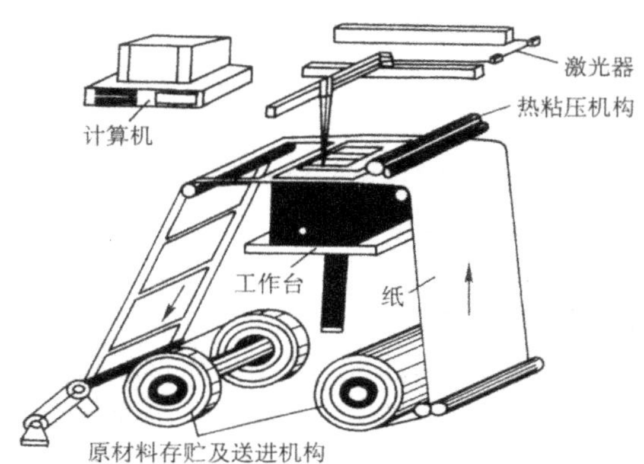

图 9-25　分层实体制造系统原理图

LOM 工艺只需在片材上切割出零件截面的轮廓，而不用扫描整个截面。因此成型厚壁零件的速度较快，易于制造大型零件。工艺过程中不存在材料相变，因此不易引起翘曲变形。工件外框与截面轮廓之间的多余材料在加工中起到了支撑作用，所以 LOM 工艺无需加支撑。

(2)叠层实体制造技术的特点

LOM 原型制作设备工作时 CO_2 激光器扫描头按指令作 X-Y 切割运动，逐层将铺在工作台上的薄材切成所要求轮廓的切片，并用热压辊将新铺上的薄材牢固地粘在已成形的下层切片上，随着工作台按要求逐层下降和薄材进给机构的反复进给薄材，最终制成三维层压工件。其主要特点如下：

1)原型精度高。LOM 法制作的原型精度高的原因有以下几个方面：①进行薄形材料选择性切割成形时，在原材料——涂胶的纸中，只有极薄的一层胶发生状态变化，由固态变为熔融态，而主要的基底——纸仍保持固态不变，因此翘曲变形较小。②采用了特殊的上胶工艺，吸附在纸上的胶呈微粒状分布，用这种工艺制作的纸比热熔涂覆法制作的纸有较小的翘曲变形。③采用了 X、Y、Z 三坐标伺服驱动和两坐标步进和直流驱动，精密滚珠丝杠传动，精密直线滚珠导轨导向，激光切割速度与切割功率的自动匹配控制，以及激光切口宽度的自动补偿等先进技术，因而使制件在 X 和 Y 方向的进给可达±(0.1～0.2mm)，Z 方向的精度可达±(0.2～0.3mm)。

2)制件能承受高达 200^{0}C 的温度，有较高的硬度和较好的力学性能，可进行各种切削加工。

3)无须后固化处理。

4)无须设计和制作支撑结构。

5)废料易剥离。

6)可制作尺寸大的制件。

7)原材料价格便宜，原型制作成本低。

8)设备采用了高质量的元器件，有完善的安全、保护装置，因而能长时间连续运行，可靠性高，寿命长。

但是，LOM 成型技术也有不足之处：

1)不能直接制作塑料工件。

2)工件(特别是薄壁件)的抗拉强度和弹性不够好。

3)工件易吸湿膨胀,因此,成型后应尽快进行表面防潮处理。

4)工件表面有台阶纹,其高度等于材料的厚度(能常为 0.1mm 左右),因此,成型后需进行表面打磨。

根据以上介绍可知,LOM 方法最适合成型中、大型件,以及多种模型,还可以直接制作结构件或功能件。

3. SLS(Selective Laser Sintering)工艺

称为选域激光烧结。

由美国 DTM 公司(现已与 3D Systems 公司合并)率先推出,1989 年研制成功。该工艺采用激光束对粉末材料(如塑料分、陶瓷与粘结剂的混合物、金属与粘结剂的混合物、树脂砂与粘结剂的混合物等)进行选择性烧结,是一种由离散点一层层堆积成三维实体的工艺方法。

(1)工艺过程原理

将材料粉末铺洒在已成型零件的上表面,并刮平,用高强度的 CO_2 激光器在刚铺的新层上扫描出零件截面,材料粉末在高强度的激光照射下被烧结在一起,得到零件的截面,并与下面已成型的部分连接。当一层截面烧结完后,铺上新的一层材料粉末,有选择地烧结下层截面,如图 10-26 所示。烧结完成后去掉多余的粉末,再进行打磨、烘干等处理得到零件。

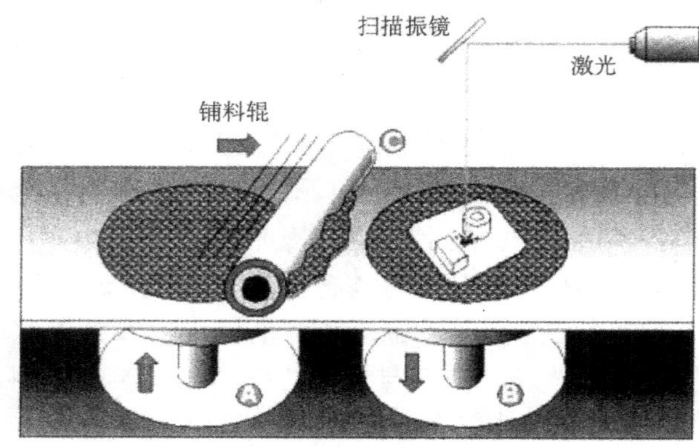

图 10-26　SLS 成型原理

图 10-27 给出了 SLS 系统的基本组成,包括 CO_2 激光器和光学系统、粉料送进与回收系统、升降机构、工作台、构造室等。

(2)SLS 快速成形技术的特点

SLS 快速成形技术的优点是:

1)与其他快速成形工艺相比,能够制作高硬度的金属原型和模具,是快速制模和直接金属制造的基础,应用前景广阔。

2)可以采用多种粉末材料及其混合物,例如各种工程塑料粉末、铸造砂、陶瓷粉末和金属粉末等。

3)原型的构建速度比较快,甚至可以达到 $2500cm^3/h$(与材料有关)。

4)除原材料之外,无须支撑结构。

5)工件的翘曲变形比 SLA 小,无需对原型进行校正。

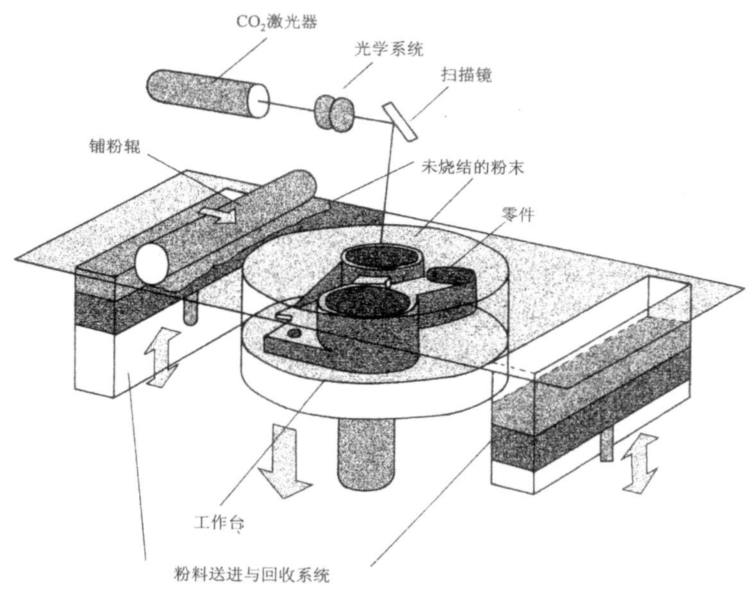

图 10-27　选择性激光烧结系统的基本组成

SLS 快速成形技术的缺点是：

1)在加工前,通常需要花费近 2h 将粉末加热到接近粘结剂熔点。

2)由于需对整个轮廓截面进行扫描烧结粉末,需要激光器的功率较大、成形时间较长。

3)原型的构建完成后,需要花费 5～10h 冷却(与粉末材料类型有关),然后才能将原型从粉末缸中取出。

4)原型的表面粗糙度受到粉末颗粒大小和激光斑点的限制。原型的表面一般呈多孔状,为了提高表面质量,必须进行处理。例如,在烧结陶瓷、金属原型后,须将原型置于加热炉中,烧掉其中的粘结剂,并在孔隙中渗入填充物(如渗铜),其后处理过程较为复杂。

5)设备价格较高,使用时往往还需要对加工室充氮气,以保证使用安全,进一步增加了使用成本。

6)SLS 快速成形过程中有可能产生有害气体(决定于采用何种粉末材料),污染环境。

10.2.3　非激光快速成型

1. FDM(Fused Depostion Modeling)工艺

称为熔融沉积快速成型。

熔融沉积快速成型是继光固化快速成型和叠层实体快速成型工艺后的另一种应用比较广泛的快速成型工艺。该工艺方法以美国 Stratasys 公司开发的 FDM 制造系统应用最为广泛。该公司自 1993 年开发出第一台 FDM1650 机型后,先后推出了 FDM2000、FDM3000、FDM8000 及 1998 年推出的引出入注目的 FDMQuantum 机型,FDMQuantum 机型的最大造型体积达到 600mm×500mm×600mm。国内的清华大学与北京殷华公司也较早地进行了 FMD 工艺商品化系统的研制工作,并推出熔融挤压制造设备 MEM250 等。

熔融挤压成形工艺比较适合于家用电器、办公用品以及模具行业新产品开发以及用于假肢、医学、医疗、大地测量、考古等基于数字成像技术的三维实体模型制造。该技术无需激光系统，因而价格低廉，运行费用很低且可靠性高。此外，从目前出现的快速成型工艺方法来看，FDM 工艺在医学领域的应用具有独特的优势。Stratasys 公司在 1998 年与 MedModeler 公司合作开发了专用于医学领域的 MedModeler 机型，使用 ABS 材料，并于 1999 年推出可使用聚酯热塑性塑料的 Genisys 改进机型 Genisys Xs。

(1)工艺过程原理

熔融沉积又叫熔丝沉积，它是将丝状的热熔性材料加热熔化，通过带有一个微细喷嘴的喷头挤喷出来。喷头可沿着 X 轴方向移动，而工作台则沿 Y 轴方向移动。如果热熔性材料的温度始终稍高高于固化温度，而成型部分的温度稍低于固化温度，就能保证热熔性材料挤喷出喷嘴后，随即与前一层面熔结在一起。一个层面沉积完成后，工作台按预定的增量下降一个层的厚度，再继续熔喷沉积，直到完成整个实体造型。

熔融沉积制造工艺的基本原理如图 10-28 所示，其过程如下：

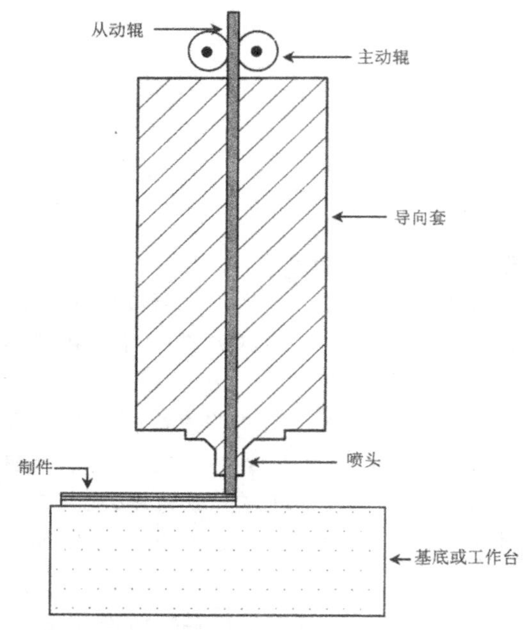

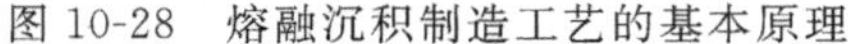

图 10-28　熔融沉积制造工艺的基本原理

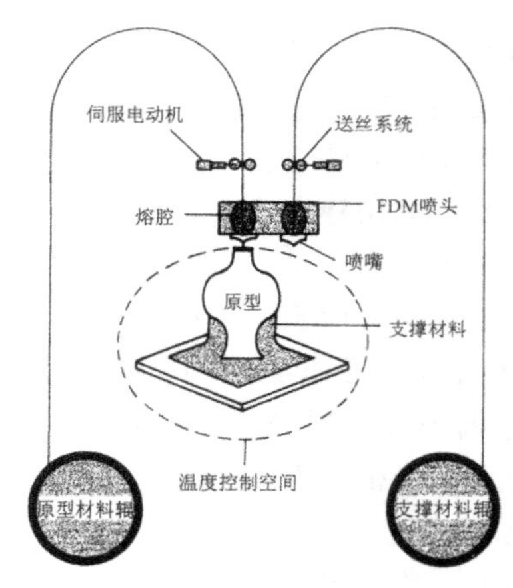

图 10-29　双喷头熔融沉积工艺的基本原理

将实芯丝材原材料缠绕在供料辊上，由电动机驱动辊子旋转，辊子和丝材之间的摩擦力使丝材向喷头的出口送进。在供料辊与喷头之间有一导向套，导向套采用低摩擦材料制成，以便丝材能顺利、准确地由供料辊送到喷头的内腔(最大送料速度为 10～25mm/s，推荐速度为 5～18 mm/s)。喷头的前端有电阻丝式加热器，在其作用下，丝材被加热熔融(熔模铸造蜡丝的熔融温度为 74℃，机加工蜡丝的熔融温度为 96℃，聚烯烃树脂丝为 106℃，聚酰胺丝为 155℃，ABS 塑料丝为 270℃)，然后通过出口(内径为 0.25～1.32mm，随材料的种类和送料速度而定)，涂覆至工作台上，并在冷却后形成界面轮廓。由于受结构的限制，加热器的功率不可能太大，因此，丝材一般为熔点不太高的热塑性塑料或蜡。丝材熔融沉积的层厚随喷头的运动速度(最高速度为 380mm/s)而变化，通常最大层厚为 0.15～0.25mm。

熔融沉积快速成型工艺在原型制作时需要同时制作支撑，为了节省材料成本和提高沉积效率，新型FDM设备采用了双喷头，如图10-29所示。一个喷头用于沉积模型材料，一个喷头用于沉积支撑材料。一般来说，模型材料丝精细而且成本较高，沉积的效率也较低。而支撑材料丝较粗且成本较低，沉积的效率也较高。双喷头的优点除了沉积过程中具有较高的沉积效率和降低模型制作成本以外，还可以灵活地选择具有特殊性能的支撑材料，以便于后处理过程中支撑材料的去除，如水溶材料、低于模型材料熔点的热熔材料等。

图10-30为快速成型机的喷头结构。喷头内的螺杆与送丝机构用可沿R方向旋转的同一步进电动机驱动，当外部计算机发出指令后，步进电动机驱动螺杆，同时，又通过同步齿形带传动与送料辊将塑料丝送入成型头，在喷头中，由于电热棒的作用，丝料呈熔融状态，并在螺杆的推挤下，通过铜质喷嘴涂覆在工作台上。

(2)熔融沉积技术的特点

熔融沉积快速成型工艺之所以被广泛应用，是因为它具有其他成型方法所不具有许多优点。具体如下：

1)由于采用了热融挤压头的专利技术，使整个系统构造原理和操作简单，维护成本低，系统运行安全。可以使用无毒的原材料，设备系统可在办公环境中安装使用。

2)成型速度快。用熔融沉积方法生产出来的产品，不需要SLA中的刮板再加工这一道工序。系统校准为自动控制。

3)用蜡成型的零件原型，可以直接用于熔模铸造。

4)可以成型任意复杂程度的零件，常用于成型具有很复杂的内腔、孔等零件。

5)原材料在成型过程中无化学变化，制作的翘曲变形小。

6)原材料利用率高，且材料寿命长。

7)支撑去除简单，无需化学清洗，分离容易。

当然，FDM成型工艺与其他快速成型工艺相比，也存在着许多缺点，主要如下：

1)成型件的表面有较明显的条纹。

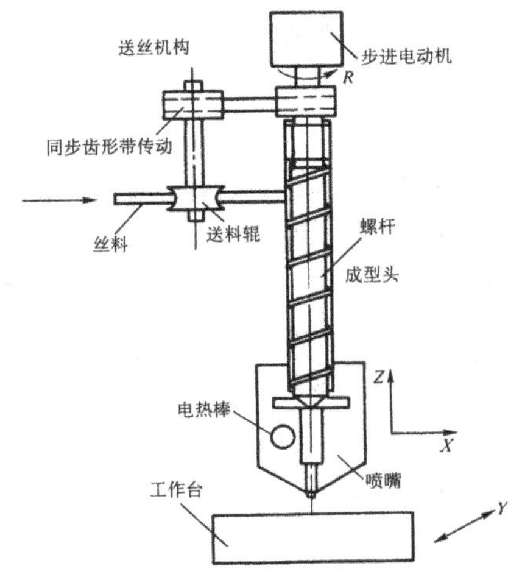

图10-30　FDM快速成型系统喷头结构示意图

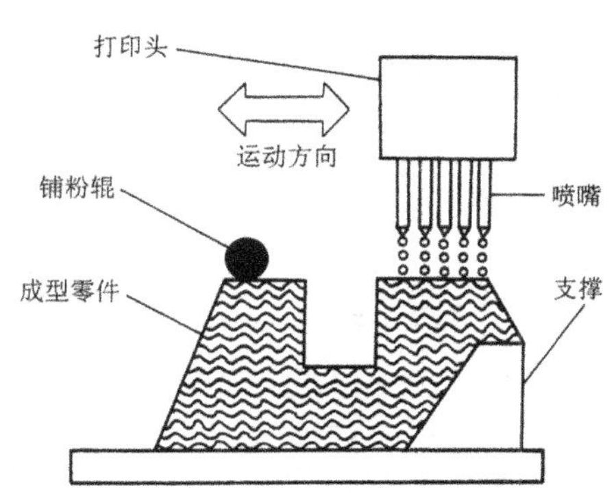

图10-31　3DP的成型原理

2)沿成型轴垂直方向的强度比较强。

3)需要设计与制作支撑结构。

4)需要对整个截面进行扫描涂覆,成型时间较长。

5)原材料价格昂贵。

5. 3DP(Three Dimension Printing)工艺 称为三维印刷或三维打印。

所谓三维打印快速成型机,都是以某种喷头作成型源,它的工作很像打印头,不同点仅在于除喷头能做 X-Y 平面运动外,工作台还能作 Z 方向的垂直运动。而且,喷头吐出的材料不是墨水,是熔化的热塑性材料、蜡或粘结剂等,因此可成型三维实体。

现在生产的三维打印快速成型机,主要有三维喷涂粘结(也称粉末材料选择性粘结)和喷墨式三维打印两类。

3DP 工艺与 SLS 工艺类似,采用粉末材料成型,如陶瓷粉末、金属粉末。所不同的是材料粉末不是通过烧结连结起来的,而是通过喷头用粘结剂(如硅胶)将零件的截面“印刷”在材料粉末上面(见图 10-31)。用粘结剂粘接的零件强度较低,还须后处理。先烧掉粘结剂,然后在高温下渗入金属,使零件致密化,提高强度。

10.2.4 快速成型的发展趋势

1. 快速成型技术的国内外研究现状

快速成型技术通过近 20 年的发展,以其离散/堆积制造原理的崭新制造模式,已形成一种新的制造行业。美国、欧洲和日本较早开始了快速成型技术的研究工作。20 世纪 80 年代初美国的 3M 公司、日本的名古屋工业研究所以及美国的 UVP 公司分别提出了有选择地逐层固化光敏聚合物的原理来制造三维物体的快速成型概念,随后 UVP 公司开发了光固化快速成型系统(Stereolithography Ap-pratus),并于 1986 年申请了专利,组建了 3D System 公司,该公司于 1987 年推出了第一套应用光固化技术的设备 SLA。其他 RP 制造商有提供 LOM 工艺的美国 Helisys 公司,提供 SLS 工艺快速成型设备的美国 DTM 公司,提供 3DP 工艺快速成型设备的美国 Z 公司,日本的旭电化公司,三洋化公司,瑞士的 Ciba-Geigy 公司等。

RP 技术的巨大优点及其发展速度已引起各国政府的高度重视,他们纷纷确立了一些 RP 重点研究项目进行资助。美国国家自然科学基金委员会,ARPA(Advanced Research Projects Agency)和其他联邦委员会都投入较大资金向一些大学、公司提供资助和贷款等以推动 RP 学术研究与应用开发研究。例如,许多大学 RP 研究课题均得到 NSF 的资助;ARPA 资助一些公司和研究机构深入研究如何应用 RP 方法较经济地制造无污染的陶瓷成型零件技术;MIT 研究 3D-P 技术的课题组也得到了 ARPA 和 MIRP 的资助。欧共体也设立过多个针对 RP 的项目计划以扩大和深化 RP 技术在欧洲的研究、开发和应用。如,受欧共体支持的 EARP(European Action on Rapid Prototyping)的宗旨就是鼓励和促进其成员间技术信息共享和在 RPT(Rapid Prototyping Technology)领域 R&D 合作,其中的“Work Area,Med-Earp”就是专门支持 RP 在医学上应用的项目。

国外许多科研机构进行了快速成型技术的研究。如 Dayton 大学进行了 LOM 工艺的研究,麻省理工学院进行了 3DP 工艺的研究,Stanford 大学进行了 SDM 工艺的研究,密西根州立大学进行了金属直接成型技术研究,其他如日本的东京大学、挪威技术学院、香港大

学、新加坡南洋理工大学都对各种成型工艺进行了卓有成效的研究。

我国于 20 世纪 90 年代初也开始了快速成型技术的研究，尽管起步较晚，但也取得了丰硕的成果。清华大学开展了 SLA、LOM、FDM 等多种成型工艺的研究，开发了多功能快速成型机；华中理工大学进行了 LOM 工艺的研究，研制了 ZIPPY 快速成型系统；北京隆源公司开发了 SLS 工艺的 AFS 快速成型机；西安交通大学开展了 SLA 工艺的研究，开发成功了 LPS 系列和 CPS 系列的快速成型机，并且成功开发了性能优越、成本低廉的光敏树脂；南京航天大学从事 SLS 工艺及设备的研究。其他如上海交通大学、重庆大学、浙江大学、大连理工大学都在进行快速成型工艺的研究。

20 世纪 90 年代我国在快速成型技术方向的研究基本处在跟踪国外先进技术和工艺阶段，现在一些有实力的大学和研究机构也在进行创新工艺的研究，如中国科学院沈阳自动化研究快速成型实验室在国家 863 计划的支持下开展的纳米晶陶瓷材料、金属材料、异质材料（复合材料和功能梯度材料等）等快速成型技术的研究工作，取得了一定的成果。

2. 快速成型技术的发展趋势

（1）金属及陶瓷材料等高强度材料的直接成型是重要的发展方向。快速成型技术自 20 世纪 80 年代产生以来，主要是围绕树脂、塑料、纸、蜡较易成型的材料的成型工艺进行研究，但由于成型材料所限，其应用难以进一步拓展。目前，金属、陶瓷等材料直接制造功能零件是快速成型技术的研究热点和重要的发展方向。

美国 Michigan 大学的 Manzumd 采用直接金属沉积技术（Directed Metal Deposi-tion，DMD）直接成型钢模具。Los Alamos 国家实验室开发出的金属直接成型技术，采用金属粉末通过大功率激光器可制造出致密金属零件。国内清华大学和北京有色金属研究总院都在进行金属直接成型技术的研究。美国的 Rutgers 大学、Argonne 国家实验实以及 Princeton 大学等在研究不同工艺的陶瓷直接成型技术，国内在陶瓷的直接成型方面的研究还刚刚起步。

（2）快速成型技术将为纳米材料的制造提供新的思路。作为新的结构功能材料的纳米材料，其未来的应用很大程度上取决于纳米粉末加工成为大块纳米材料的固化技术，来保证纳米微结构的稳定性。保留加工后的纳米固体良好的机构、磁学、催化性能等。纳米材料的制备状态大多是粉状，纳米粉末材料零件成型的研究大多是采用粉末冶金的方法成型纳米金属、陶瓷零件。随着近年来快速成型方法的发展，如选择性激光烧结成型和三维印刷或称粘结成型也应用到粉末成型领域，必将为纳米材料零件成型的研究提供新的制造途径。现在人们正在纳米材料的快速成型方面进行积极的探索，取得了一些积极的成果。

（3）梯度功能材料上的应用。随着科技的发展，对产品的性能要求越来越高，由单一或均质材料构成的零件常常难以满足产品对零件性能的要求。为此人们开始研究和探索使复合材料或功能梯度材料，但用传统的加工方法难以加工这种材料，快速成型技术几乎是加工它的唯一途径，因为 RP 技术采用 CAD 模型离散、材料逐点（逐线）堆积加工零件的思想，这一特点特别适合加工每层内和每层间材料有变化的零件。如，快速成型用于梯度功能材料，可以制造出具有特定电、磁学性能（如超导体、磁存储介质），满足实际需要的产品。

目前，Standford University 用 SDM（Shape Deposition Manufacturing）工艺加工了多材料零件模型。Fessler 阐述了用激光熔化金属粉末沉积制备功能梯度模具的方法。Jakubenas 用选域激光沉积（Seletive Area Laser Deposition）的方法实现了多种材料模型的制造。

麻省理工学院(MIT)用3DP将连续的材料分布变为二进制形式,声称用指令文件驱动3DP,完成FGM零件的加工,这种工艺被认为是制造功能梯度材料的最有效的RP技术之一。

(4)生物工程材料快速成型。生物医学工程在21世纪将成为继信息产业后最重要的科学研究和经济增长热点,其中生命体的人工合成和人体器官的人工替代成为目前全球瞩目的科学前沿。而生命体中的细胞载体框架结构是一种特殊的结构,从制造科学的角度来讲,它是由纳米级材料构成的极其精细的复杂非均质多孔结构,是传统制造技术无法完成的结构,但快速成型制造(RPM)是能很好完成此种特殊制造的技术,这是由于RPM是根据离散/堆积成型原理的制造技术,在计算机的管理与控制下,精确地堆积材料以保证成型件(细胞载体框架结构)的正确拓扑关系、强度、表面质量等等。用于治疗学和康复工程的生物实体模型的快速制造是快速成型领域正被研究的热点问题之一。

(5)数字喷射成型技术发展迅猛。数字喷射成型技术在所有的RP成型技术中更加受到重视。由于数字喷射成型技术的机型小型化、清洁、无异味、安全,材料应用广泛,运行成本降低,容易将材料形成与原型成型结合起来,因此喷射成型技术的广泛应用已成为快速成型技术发展的重要趋势。据统计,1/3的RP设备用于设计的初始阶段,因而RP设备和谐地进入办公室是极为重要的,这一点正是数字喷射成型的优势。无论从市场销售情况统计,还是从成型设备和工艺的研究开发来看,喷射成型技术表现十分强劲的发展势头。

喷射成型技术可采用的实现方法有挤压喷射成型和压电喷射成型,挤压喷射成型又包括挤压筒挤压及螺杆挤压方式等。现有具体产品有,美国STRATASYS公司的FDM和中国清华大学企业集团的殷华公司的SSM挤压喷射成型,美国SANDERS公司的压电喷射成型等。目前,喷射成型技术面临的主要难题是喷射速度较低,从而降低了成型效率和成型速度,这也是RP研究人员正致力解决的问题。

下篇　实战篇

第 11 章　基于 CAD /CAE 的模具设计思路与流程

11.1　模具设计基本要求

在模具设计时必须考虑模具在使用过程中的各种要求,这些要求对于模具来说是最基本的。模具设计者在设计中如果没考虑到这些问题,那么模具在日后的加工和使用过程中将会有很多不必要的麻烦。在模具设计过程中经常要考虑的对模具的基本要求有:精度要求、生产率、物理强度、耐磨性、操作的安全性、保养和互换性、在注塑机上安装、模具的性价比。

11.1.1　精度要求

对于模具最基本的要求是其模塑的制品符合使用要求,即尺寸精度在公差范围内且产品外观符合要求。而影响精度最主要的原因是塑料的收缩率。

在进行模具设计之前必须先弄清客户所提出的对于产品的精度的要求,对于一些不合理的精度要求必须在设计之前就与客户沟通。这里必须注意的是产品上所有的修改都要经过客户同意之后才可进行。对于一些精度要求较高的安装部位在设计时最好是做成镶件以便于日后调整。

11.1.2　生产率

一副模具被制造出来就是用于生产产品的,对用于批量生产的模具,模具在产品成本中所占的比例是很小的,而模具的生产率对产品成本的影响却是非常大的。所以在设计模具时就要根据产量来设计合理的生产率。

有很多因素都会影响到模具的生产率,一般要考虑的有以下几点:

(1) 模腔个数:由于模具的成本在产品总成本里所占的比例是非常小的,所以制造多腔模具来批量生产相同数量的产品对产品成本的增加是非常小的,但是这里却可以节省很多其余的成本,如注塑机机时与折旧费用。例如我们将一幅模具从一模一腔改成一模二腔,并且其余成型条件都一致,模具的成本的增加一般在60%左右,但其生产相同数量的产品的时间将会缩短将近一半,对于批量生产的产品,这段时间将会是非常可观的。

(2) 模具冷却效果:模具冷却效果越好,成型周期越短,模具的生产率就越高。

(3) 顶出速度和时机:顶出时间实际上是时间上的一种浪费,比如在模具完全打开之后再顶出,那模具就要停在那里一段时间直到制品顶出,而这段时间就是浪费掉的时间,所以顶出时要选好时机,尽量让这段时间更短,最好的情况是模具一到打开状态,顶出就已经完成。但是这种情况是很难达到的，对于顶出后由人工或机械手取走制品的模塑，模具停在打开状态就是必须的。

(4) 模具的抗疲劳强度：如果由于模具设计或制造不当而引起模塑厂生产中断，将会给模塑厂造成巨大的损失。而这些由于模具设计和制造而引起的后果，责任是由模具设计者和制造者承担的，并且这对于模具设计者或制造者的声誉将有非常大的影响。一般来说，设计制造出的模具除了偶然状况之外应该经久耐用。

(5) 模具安装和启动的速度：对于常年参与生产产品的模具，这一点对生产率的影响可忽略不计，但是对于在注塑机上运行时间较短的模具，模具的安装和启动速度就非常重要了，因为模具在安装和启动或者从注塑机上卸下的过程是始终占用注塑机的，但是注塑机在这段时间里并不能进行正常的生产。

11.1.3 物理强度

设计人员在模具设计时要熟悉各种应用材料的性能，保证设计的零件在使用过程中不会突然失效。模具的强度主要考虑以下一些因素：模具材料选择的合理性、零件的设计强度是否足够、对疲劳强度的考虑、避免应力集中、合适的热处理、钢材的晶粒取向、零件加工的切屑方向。

一般物理强度有以下三大类：拉伸强度、压缩强度、弯曲强度。任何一幅模具在生产过程中都是受变化载荷的作用，这一变化的载荷一直都是从零到最大载荷再到零的循环作用，这样的作用对钢材来说是较为恶劣的工作条件。一般的，如果钢材承受 200 万次这种循环载荷之后不失效，那么我们就认为它不会出现疲劳失效。

11.1.4 耐磨性

模具在注塑生产过程中会造成零件磨损的有以下四点：零件相对滑动造成的磨损、微动磨损、塑料的腐蚀和磨蚀、锈蚀。

1. 零件相对滑动造成的磨损

这种磨损是模具上最明显的磨损，一般的模具设计师都会考虑到相对滑动所造成的磨损，常见的影响相对滑动磨损剧烈程度的因素有：

- 模具零件的材料：做相对滑动的零件表面必须有不同的晶态、晶粒或表面结构。一般的相对滑动的零件选取不同的材料即可解决此问题，有时使用不同的热处理方法也是可行的。

- 零件表面特殊处理：对相同材料的零件的表面进行一些特殊处理将会减少磨损，如对表面进行氮化或化学沉积，从而使得其中一个零件的表面与另一个零件的表面结构出现非常大的差异。

- 磨损件：对于一些磨损件可采用非铁材料，如铜和塑料。这些材料本身较软，比压较低，可保证较持久的使用，但是相对的成本较高。

- 零件表面粗糙度与切屑方向：对于磨损件的表面其光洁度一定要足够的高，并且最好做到相互摩擦表面的加工痕迹都与滑动方向平行，否则两边的表面将会像锉刀一样剧烈的磨损配合面。

- 零件表面的润滑程度：在滑动面之间添加润滑剂将会在很大程度上减小摩擦，但是

添加润滑剂至少要满足以下两个条件:注塑生产过程中必须能很方便地添加润滑剂或可以自动添加润滑剂。润滑剂必须不会污染制品,特别是对于食品和医药方面的。

2. 微动磨损

微动磨损是零件在很短的距离甚至很小的压力下出现的一种磨损,这种磨损的机理还不完全清楚,有可能是金属表面的一种疲劳失效,以上所诉的减少零件相对滑动磨损的方法对微动磨损都是无效的,所以在设计时要尽量避免这类小运动在模具中出现。

3. 塑料的腐蚀和磨蚀

一般的腐蚀和磨蚀可以通过选择合适的材料和热处理来减缓磨损,例如对于腐蚀性特别大的选用不锈钢做模腔材料或对材料进行镀铬处理。由于在注射过程中塑料通过浇口的压力最大,所以浇口的磨损是最为明显和严重的,这点在设计过程中要特别注意,最好将浇口做成便于更换的镶件,同样的,对于一些磨损量很大的零件最好都做成便于更换的镶件结构。

有些塑料在注塑过程中会产生有腐蚀性的气体,由于气体必须从排气口排出,所以对整个模板都会有腐蚀,若模具需要较高的寿命,那么建议使用不锈钢来作为模板的材料。

4. 锈蚀

锈蚀就是模具钢材在使用过程中发生了氧化反应的一种对钢材的腐蚀。造成锈蚀最主要的原因是模塑工厂不良的环境和管理,对此,模具设计者能做的就是提出一些减少锈蚀的建议。每副模具在停产时必须进行适当的保养。

有时会在模具的表面涂上油漆以防止表面生锈,但是这样做对模具内部的锈蚀并没有作用,模具内部的防锈可通过镀镍或者更改模具材料来实现,更换更好的材料要通过客户同意,因为更改材料所增加的成本必须由客户负责。内部锈蚀最常见的是成型表面和冷却管道,成型表面锈蚀会通过磨光来清除,但这将会影响到制品的精度。冷却管道的锈蚀造成的直接后果是降低模具的冷却效率,一般可用镀镍来防止锈蚀。总的来说解决锈蚀的最好的办法是使用不锈钢材料,但是这会增加很多模具成本,所以在模具设计过程中要综合考虑,设计出最理想的模具。

11.1.5 操作安全性

模具操作的安全性一般有模具的安全和人身安全。

模具安全指模具在注塑过程中,模具零件不会意外损坏。要避免在模塑过程中损坏模具零件,设计师在设计时就要考虑到可能发生的故障并尽量避免故障发生,因为一个零件出现严重损坏,其他零件可能就会同时被损坏。

人身安全是指模具在注塑过程中要保证模塑车间所有人员的安全。人身安全也是要求设计师在模具设计过程中就考虑清楚,要消除所有安全隐患。无法通过设计消除的隐患要有非常显眼的标记,常见的安全隐患有:

(1) 模具厂在向模塑厂交付时,缺少适当的技术交流与指导性文件,如模具操作手册、铭牌、图纸等。

(2) 对于一些较小的模具模塑工可能会手工起重。

(3) 模具外部的弹簧失效断裂飞出。

(4) 熔融的塑料溢出。

(5) 压缩空气或液压油溢出。

(6) 螺杆断裂后头部飞出。

(7) 模具零件有尖锐的边角。

(8) 裸露在模具外的高温零件。

(9) 电线接头未做绝缘措施。

(10) 模具的一些零件超出注塑机安全门的范围或者一些结构需要打开安全门调整其运动。

11.1.6 保养和互换性

因为模具是一个用于成批生产产品的工具，所以设计制造出的模具必须便于维护保养，而且要有良好的互换性，以使模具能够长期使用。

要让模具便于保养，在设计过程中就要将经常要维护和保养的零件设计成便于拆卸和安装。常见的需要经常保养的对象有：热流道浇口的清洁、更换热嘴的加热器、有锥度配合的部位、要防止溢料的部位等。

原则上除成型部位之外模具的所有零件都应该有互换性，但是有很多时候都行不通。但是一些较易损坏的或常用的标准件最好都有良好的互换性，有时客户会指定其特定的标准件供应商，这时应用到的标准件都要按客户指定的供应商。

11.1.7 在注塑机上安装

模具制造出来后需要安装在注塑机上生产制品，所以要求模具能方便的按要求安装在注塑机上。一些重点考虑的问题有：

(1) 注塑机压板使用率：注塑机压板尺寸应该要和模具尺寸相适应，一般情况下模具将压板覆盖的面积应该在 50%以上。

(2) 注塑机的拉间距：模具起吊安装在注塑机上时最好不会与拉杆干涉，这样模具在安装时将会简单很多。

(3) 注塑机吨位：注塑机的额定吨位应绝对满足模具的需要，但是不要选择过大吨位的注塑机，以免造成浪费。

(4) 顶出孔的形式：这主要是当模具需要在不同的注塑机上安装生产时所考虑的问题，顶出孔的形式必须符合需要用到的所有注塑机。或者可直接采用油缸顶出来解决此问题。

(5) 注射和塑化能力：注塑机的注射和塑化能力应满足产品生产的工艺要求，主要参数是循环周期和注射量。

(6) 移出制品：制品顶出后是自由落下还是机械手移出或者是人工取件？要为各种移出方式留有充足的空间。

11.1.8 模具性价比

设计任何一幅模具首先要满足客户的生产要求，同时又要让模具厂获得足够的利润。这就要求模具设计者设计出高性价比的模具。而在计算模具成本时应将其加入到产品成本中计算，而且在模具设计过程中应时时考虑模具对制品成本的影响。对于小量生产的模具可进行适当的简化以减小成本。但是用于大批量生产的模具，模具的各个细节都要考虑清

楚，以减少停工，最重要的一点是将成型周期降到最低，因为对于大批量生产的产品，增加成型周期对制品的成本增加是非常明显的。模具成本可成有以下七类组成：

(1) 模具设计成本

(2) 模具加工成本

(3) 成型部件、模架、各类零件的材料成本

(4) 装配成本

(5) 调试成本

(6) 企业管理成本

(7) 利润

11.2 模具设计的一般流程

对于模具设计项目流程的讨论，里面有很大的技术学问，需要长期不断总结、更新来提高效率与竞争力。并且每个企业都会有适应自己公司的标准流程。下面所描述的是一般通用简化的流程(仅作参考)。

模具设计项目流程图：

一般模具设计项目流程说明：上述流程图是按一位技术全面的模具设计师单独完成而排布，并且未包括设计过程中与加工有关的环节，例如长周期物料采购、供应商沟通、模具价格预算、设计数据下发加工等。然而有很多的企业是把 3D、2D 以及分析拆分开单独小组，分工协作来完成，其中有模具分析组、3D 设计组、2D 设计组。两种方法都有各自的优缺点，一般企业会根据自身的条件进行选择。由于里面牵涉内容太多，在这里就不再做讨论了。

(1)接受客户资料。在接收客户资料后，填写《模具设计资料表》来验证资料的完整性与可行性。召开模具项目开发会议，确定模具结构草案，向市场部提供《模具价格预估表》。

(2)产品详细分析。客户资料确定后，对产品进行详细分析，填写《产品数据检讨表》发客户沟通、确认。同时需对产品进行初步 CAE 分析，出《初步流动分析报告》。

(3)2D 结构草图。客户资料确定后，根据资料要求按公司标准绘制 2D 结构草图，以《结构草图审核表》内部审核后，发客户确定。

(4)3D 初步设计。按 2D 结构草图方案与公司设计标准，进行 3D 初步设计，可依据《3D 设计审核表》对设计内容进行内部审核后，根据客户要求进行详细的成型、结构、运动分析，出《成型分析报告》《结构分析报告》《运动分析报告》，并发客户确定。

(5)3D 最终设计。经客户确认 3D 初步设计方案后，进行 3D 详细设计，再按《3D 设计审核表》进行内部审核后，发客户确定。

(6)绘制 2D 图。经客户确认 3D 详细设计方案后，按公司 2D 绘制标准进行 2D 设计，并按《2D 设计审核表》进行内部审核。

(7)模具设计总结。对模具所有最终数据整理、汇总，并出《模具使用说明书》。对流程、设计内容各环节按《模具总结模板》进行总结经验来提升设计水平。

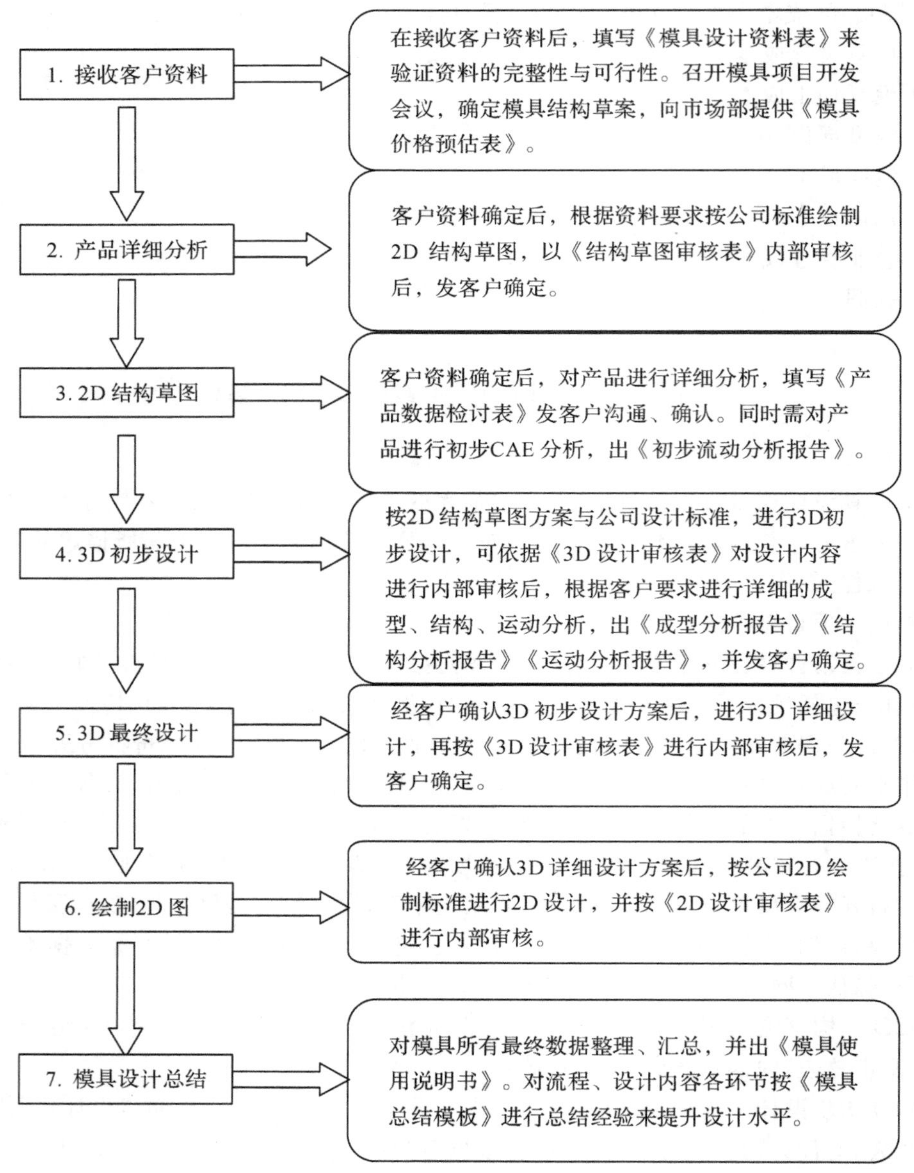
1. 接收客户资料
在接收客户资料后，填写《模具设计资料表》来验证资料的完整性与可行性。召开模具项目开发会议，确定模具结构草案，向市场部提供《模具价格预估表》。
2. 产品详细分析
客户资料确定后，根据资料要求按公司标准绘制2D 结构草图，以《结构草图审核表》内部审核后，发客户确定。
3. 2D 结构草图
客户资料确定后，对产品进行详细分析，填写《产品数据检讨表》发客户沟通、确认。同时需对产品进行初步CAE 分析，出《初步流动分析报告》。
4. 3D 初步设计
按2D 结构草图方案与公司设计标准，进行3D初步设计，可依据《3D 设计审核表》对设计内容进行内部审核后，根据客户要求进行详细的成型、结构、运动分析，出《成型分析报告》《结构分析报告》《运动分析报告》，并发客户确定。
5. 3D 最终设计
经客户确认3D 初步设计方案后，进行3D 详细设计，再按《3D 设计审核表》进行内部审核后，发客户确定。
6. 绘制2D 图
经客户确认3D 详细设计方案后，按公司2D 绘制标准进行2D 设计，并按《2D 设计审核表》进行内部审核。
7. 模具设计总结
对模具所有最终数据整理、汇总，并出《模具使用说明书》。对流程、设计内容各环节按《模具总结模板》进行总结经验来提升设计水平。

11.3 模具设计流程节点概述

(1)设计数据输入

模具设计师从市场部或客户那里得到相关设计数据和信息的过程。必须保证所得到的数据和信息都是最新的。

以下信息必须在设计之前得到：产品的 3D 数模或 2D 图纸、产品基本信息、模具基本信

息、生产设备信息等。

(2)详细模塑化分析

对产品进行可成型性分析，并制作分析报告发送给客户确认。对于发现问题的部位，原则上应由客户修改，但是为了缩短沟通时间，可先自行修改后发送给客户确认。这里必须注意的是对产品的所有修改都要经过客户的确认。

(3)注塑机型号选定

有时客户会指定某一注塑机进行生产，这样模具设计师就必须按照客户所指定的注塑机进行模具设计，若客户指定的注塑机不合理，需马上与客户沟通，获得客户同意之后方可更改注塑机并根据新的注塑机设计模具。

有时客户并不会指定某一台注塑机，而是提供一组注塑机资料由模具设计师来选择注塑机，在选择好注塑机之后需经客户确认之后才最终确定。

(4)确定收缩率

根据客户所提供的塑料收缩率，在 3D 设计软件上对产品数模进行缩放得到制品注塑后收缩前的尺寸，这也就是模腔的尺寸。

(5)分型面设计

在放过收缩的产品 3D 数模上找出产品的分型线，并在此分型线的基础上设计分型面。

(6)侧向分型与抽芯确定

设计所有的侧向分型与抽芯机构，先设计侧向分型与抽芯机构主要是为了能更准确的确定模架大小和顶出距离。

(7)型腔排布

对于一模出多件的模具，设计好分型面和侧向分型与抽芯机构之后需要进行型腔的排布，型腔个数一般由客户确定，排布方式最好在第一步(模具设计输入)时就与客户沟通确定。若前面未确定，在排布好之后需经客户确定后再进行下面的工作。

(8)导向、定位机构

设计导向、定位机构，确定其具体的类型、大小、数量和位置，有些导向或定位零件可在设计好模架之后再确定准确位置。

(9)模架与镶件设计

选定合适的模架，并且设计出成型部位的大小镶件。利用已经设计好的分型面拆分出动定模腔，在此动定模腔上设计合理的镶块。

(10)浇注系统设计

设计模具的浇注系统，一般情况下注射形式会在第一步(模具设计输入)时由客户确定，若客户未指定浇注形式，那么模具设计师在设计好浇注系统之后必须经客户确认后方可采用。

(11)顶出系统设计

设计模具的顶出系统，顶出系统的设计包括顶出方式的选择、顶出元件的排布和顶出距离的确定。确定顶出距离时需兼顾考虑斜顶之类的侧向分型机构，排布顶出元件时要兼顾冷却管道的设计。

(12)温度调节系统设计

设计模具的冷却或加热系统，这里的主要工作是冷却或加热管道的排布，难点是冷却水流量、压力和冷却管道流经长度的确定。因温度调节系统对成型周期也就是模具的生产率有直接的影响，所以设计时要特别注意。

(13)设计方案分析

对以上步骤所设计出的模具大致方案进行分析优化，以期得到更加合理的模具设计方案，一般这一步会有上级设计人员参与讨论。

(14)流动、结构和运动分析

对进过确定和优化的模具进行流动分析、结构强度分析和运动分析，得到分析报告后可根据分析报告进一步模具设计方案。

(15)结构零部件及细节设计

在进行流动分析、结构强度分析、运动分析并优化了设计之后，开始设计除了前面已经设计的结构之外的所有零部件，并将所有零件的细节设计完毕。

(16)排气系统的设计

其实在设计镶块，顶针时就已经间接的在设计排气系统了，这里所说的排气系统设计是指在分型面上设计排气槽或在模板上开设排气管道。开设排气槽和排气管道最好的依据是模流分析报告。

(17)绘制装配图

根据已设计的模具3D数模，在3D设计软件内按要求绘制装配图，亦可在3D软件内做好视图之后转到AUTO CAD中按要求绘制装配图。

(18)详细设计检查和审阅

对已设计完成的模具进行详细的检查和审核，一般会有一个评审会议，相关出席人员有：设计人员、制造工、模塑工、相关技术领导。

(19)设计更改

对检查和审阅出的问题点进行修改，并将相应的2D装配图进行适当的修改。

(20)物料采用确定

对装配图中各个非标零件使用的材料和标准件供应商及型号进行审核确认。

(21)物料采购

根据已确认的装配图明细栏制作物料采购单，做成采购单后下发采购部采购相应材料和标准件。

(22)绘制零件图

根据最终确定的3D数模绘制各个非标零件的零件图。

(23)向客户发送数据

整理数据，将3D数模、2D装配图、2D零件图、采购单等相关数据发送给客户。若公司自己制造模具，那么就将数据下发至生产部。

(24)数据反馈

跟踪客户或生产部是否对数据有修改，若有修改需及时要求其反馈。

(25)整理最终数据与说明书

数据由客户反馈并最终确定后，将所有数据进行整理，整理只需将最终数据保存下，已经没用的数据可直接删除。整理好数据后撰写模具说明书并发送给客户。

(26)设计总结

对本次设计的模具进行总结，撰写总结报告用于经验积累。

第 12 章　注射模 CAD /CAE 技术

12.1　注塑模 CAD/CAE 概述

塑料产品一般采用模塑成型方法生产,因而塑料模具已成为一种重要的生产工艺装备,在国民经济中起着越来越重要的作用。随着塑料产品在家电、电子、机械等产品和日常用品中的越来越广泛应用,对塑料模具的设计和制造的要求也越来越高。传统的手工设计与制造方式早已满足不了生产发展的需要。计算机辅助设计/计算机辅助分析(CAD/CAE) 技术的发展正适应了这种客观实际的要求。

现代模具工业正逐步成为国民经济的主要行业。各模具厂都广泛采用新技术,竞争非常激烈。模具型腔形状和模具结构越来越复杂,模具精度要求越来越高,生产周期要求越来越短。为了适应这种发展趋势,塑料模具设计与制造就必须采用 CAD/CAE/CAM 技术。

12.1.1　模具 CAD/CAE/CAM 技术产生的背景及意义

随着仪器、仪表、家用电器、交通、通信和轻工业产品等行业的飞速发展,模具工业的产值已超过机床行业据国际生产协会预测,到 2000 年,工业品零件粗加工类的 75%、精加工类的 50%将使用成形模具.由此可见,由于模具具有品种多、数量大、更新换代快、单件生产等特点,将使软件技术在模具设计和制造中的地位越来越重要。

由于计算机以运算速度快、存储量大、重复劳动耐力强、精确度高等方面见长,而人却以学习、分析、判断、决策等能力为优,因此在模具 CAD/CAE 过程中,人机特性的互补关系得到了最好的体现,同时也反映出“计算机辅助”这一概念的真正含义所在。人机特性的良好发挥,又赋于模具 CAD/CAE 无限的生命力.设计速度和准确性的大幅度提高,使模具设计与制造的周期缩短;前人经验的积累和先进计算分析的采用,则可优化模具结构参数和模具制造工艺,从而提高产品质量及模具寿命,使设计人员从繁琐的检索、计算和繁重的绘图工作中解脱出来,有更多的时间和精力从事创新工作.这也恰好满足了目前用户提出的“短交货期”、“高精度”、“低成本”的迫切要求。

12.1.2　计算机技术在注射模中的应用领域

塑料产品从设计到成型生产是一个十分复杂的过程,它包括塑料制品设计、模具结构设计、模具加工制造和模塑生产等几个主要方面,它需要产品设计师、模具设计师、模具加工工艺师及熟练操作工人协同努力来完成,它是一个设计、修改、再设计的反复迭代,不断优化的过程。传统的手工设计已越来越难以满足市场激烈竞争的需要。计算机技术的运用,正在各方面取代传统的手工设计方式，并取得了显著的经济效益。计算机技术在注塑模中的应用主要表现在以下几方面。

1. 塑料制品的设计

塑料制品应根据使用要求进行设计，同时要考虑塑料性能的要求、成型的工艺特点、模具结构及制造工艺的要求、成型设备、生产批量及生产成本以及外形的美观大方等各方面的要求，由于这些因素相互制约，所以要得到一个合理的塑料产品设计方案非常困难，同时塑料品种繁多，要选择合适的材料需要综合考虑塑料的力学、物理、化学性能、要查阅大量的手册和技术资料，有时还要进行实验验证。所有这些工作，即使是有丰富经验的设计师也很难取得十分满意的结果。

基于特征的三维造型软件为设计师提供了方便的设计平台，其强大的编辑修改功能和曲面造型功能以及逼真的显示效果使设计者可以运用自如地表现自己的设计意图，真正做到所想即所得，而且制品的质量、体积等各种物理参数一并计算保存，为后续的模具设计和分析打下良好的基础。强大的工程数据库包括了各种塑料的材料特性，且添加方便。采用基于知识(Knowledge-Based Reasoning, KBR)和基于实例(Case-Based Reasoning ,CBR)推理的专家系统的运用，使塑料材料选择简单、准确。

2. 模具结构设计

注塑模具结构要根据塑料制品的形状、精度、大小、工艺要求和生产批量来决定，它包括型腔数目及排列方式、浇注系统、成型部件、冷却系统、脱模机构、侧抽芯机构等几大部分，同时要尽量采用标准模架，计算机技术在注塑模具中的应用主要体现在注塑模具结构设计中。

3. 模具开合模运动仿真

注塑模具结构复杂，要求各部件运动自如，互不干涉，且对模具零件的顺序动作以及行程有严格的控制，运用CAD技术可对模具开模、合模以及制品被推出的全过程进行仿真，从而检查出模具结构设计的不合理处，并及时更正，以减少修模时间。

4. 注塑过程数值分析

塑料在模具模腔中要经过流动、保压和冷却三个主要阶段，其流动、力学行为和热行为非常复杂，采用CAE方法可以模拟塑料熔体在模腔中的流动与保压过程，其结果包括熔体在浇注系统和型腔中流动过程的动态图，提供不同时刻熔体及制品在型腔各处的温度、压力、剪切速率、切应力以及所需的最大锁模力等，其预测结果对改进模具浇注系统及调整注塑工艺参数有着重要的指导意义；同时还可计算模具在注塑过程中最大的变形和应力，以此来检验模具的刚度和强度能否保证模具正常工作；对制品可能发生的翘曲进行预测可使模具设计者在模具制造之前及时采取补救措施；运用CAE方法还可分析模壁的冷却过程，其预测结果有助于缩短模具冷却时间、改善制品在冷却过程中的温度分布不均匀性。

5. 数控加工

复杂制品的模具成型零件多采用数控加工的方法制造，利用数控编程软件可模拟刀具在三维曲面上的实时加工过程并显示有关曲面的形状数据，以保证加工过程的可靠性，同时还可自动生成数控线切割指令、曲面的三轴、五轴数控铣削刀具轨迹等。

12.2 注射模 CAD 技术

CAD:(Computer Aided Design)是利用计算机硬、软件系统辅助人们对产品或工程进行总体设计、绘图、工程分析与技术文档等设计活动的总称，是一项综合性技术。

12.2.1 CAD 技术的作用

帮助广大模具设计人员由注塑制品的零件图迅速设计出该制品的全套模具图，使模具设计师从繁琐、冗长的手工绘图和人工计算中解放出来。

12.2.2 CAD 的发展概况

近 20 年来以计算机技术为代表的信息技术的突飞猛进为注塑成型采用高新技术提供了强有力的条件，注塑成型计算机辅助软件的发展十分引人注目。CAD 方面，主要是在通用的机械 CAD 平台上开发注塑模设计模块。随着通用机械 CAD 的发展经历了从二维到三维、从简单的线框造型系统到复杂的曲面实体混合造型的转变，目前国际上占主流地位的注塑模 CAD 软件主要有 Pro/E、I-DEAS、UGII 等。在国内，华中科技大学是较早(1985年)自主开发注塑模 CAD 系统的单位，并于 1988 年开发成功国内第一个 CAD/CAE/CAM 系统 HSC1.0，合肥工业大学、中国科技大学、浙江大学、上海交通大学、北京航空航天大学等单位也开展了注塑模 CAD 的研究并开发了相应的软件，目前在国内较有影响的 CAD 系统有 CAXA、高华 CAD、HSC3.0、开目 CAD、InteSolid、金银花等。

12.2.3 常用 CAD 软件简介

1. AutoCAD 软件

AutoCAD 是国际上著名的二维和三维 CAD 设计软件，是美国 Autodesk 公司首次于 1982 年生产的自动计算机辅助设计软件，用于二维绘图、详细绘制、设计文档和基本三维设计。现已经成为国际上广为流行的绘图工具。.dwg 文件格式成为二维绘图的事实标准格式。

(一般用在模具结构草图排位、模具零件图及总装图绘制。)

2. UG 软件

UGⅡ(Unigraphics Ⅱ)软件起源于美国麦道飞机公司自行开发的 UG Ⅰ CAD/ CAM 系统，它以 CAD/ CAM 一体化而著称，具有三维实体建模、装配建模，生成直观可视的数字虚拟产品，并对其进行运动分析、干涉检查、仿真运动及载荷分析。UG 主要功能有：参数化或传统的实体造型及丰富的曲面造型；工程制图，可由实体模型自动产生；装配件的设计，采用自上而下或自下而上的方式；CAE 分析功能；C 自动编程覆盖从钻孔到 5 轴铣削加工的所有范围、干涉检查等 UG 具有良好的 2 次开发环境和数据交换能力。

3. Pro/Engineer 软件

Pro/Engineer 由美国参数技术公司推出的 CAD/CAM 系统，该软件是通过一种独特的、参数化的基于特征的实体模型设计而发展起来的机械设计自动化(MDA)软件。Pro/

Engineer 具有强大和独特的功能，主要表现在如下 2 个方面：一方面，Pro/Engineer 所拥有的参数方法和基于特征的功能给工程师提供了前所未有的方便和灵活；另一方面 Pro/Engineer 所具有的独特的数据结构提供了从产品的设计到制造过程的全相关性，任何一处的修改会引起其他有关地方的自动修改。Pro/Engineer 的主要功能有：部件设计、装配设计、工程制图、NC 加工和切模拟、注射流动模拟。Pro/Engineer MOLDE2SIGN 模块的出现使 PTC 彻底完成了塑料模设计自动化，大大提高了模具设计的效率。

4. 中望 CAD 软件

中望 CAD 是另一种国产 CAD 设计软件，由广州中望龙腾软件股份有限公司开发并在 2001 年推出了第一个版本，目前最新版本为中望 CAD 2011。

中望 CAD 兼容普遍使用的 AutoCAD，在界面、功能、操作习惯、命令方式、文件格式上与之基本一致，但具有更高的性价比和更贴心的本土化服务，深受用户欢迎，被广泛应用于通信、建筑、煤炭、水利水电、电子、机械、模具等勘察设计和制造业领域。

中望公司在 2010 年斥资千万美元收购了美国著名的三维 CAD/CAM 设计软件公司：VX，并在 2010 年 8 月份推出了中望 3D2010 版，从此中望公司开始涉及三维 CAD 设计软件领域。

12.3　注射模 CAE 技术

CAE：(Computer Aided Engineering)即计算机辅助工程技术，是以现代计算力学为基础，以计算机仿真为手段的工程分析技术，是实现模具优化的主要支持模块。对于模具 CAE 来讲，目前局限于数值模拟方法，对未来模具的工作状态和运行行为进行模拟，及早发现设计缺陷。

注塑成型 CAE 技术是根据高分子流变学、弹性力学、计算机技术，采用有限元计算方法来模拟整个注塑过程及这一过程对注塑成型产品质量的影响，它可以模拟塑料制品在注塑成型过程中的流动，保压和冷却过程以及预测制品中的应力分布、分子取向、收缩和翘曲变形等，帮助设计人员及早发现问题，及时修改模具设计，提高一次试模成功率，帮助企业缩短产品上市周期，增强市场竞争能力。美国上市公司 Mudflow 公司是专业从事注塑成型 CAE 软件和咨询公司，Mudflow 公司是塑料成型分析软件的创造者，自 1976 年发行了世界上第一套流动分析软件以来，一直主导着塑料成型 CAE 软件市场。近几年，在汽车、家电、电子通讯、化工、日用品等领域得到了广泛应用。

12.3.1　CAE 技术的作用

传统的注塑模具设计主要依靠设计人员的直觉和经验，模具设计加工完以后往往需要经过反复的调试与修正才能正式投入生产，发现问题后，不仅要重新调整工艺参数，甚至要修改塑料制品和模具，这种生产方式制约了新产品的开发。利用 CAE(Mudflow)分析软件在模具加工之前，在计算机上对整个注塑成型过程进行模拟分析，包括填充、保压、冷却、翘曲、纤维取向、结构应力、收缩以及气辅成型和热固性材料流动分析，找出未来产品可能出现的缺陷，提高一次试模的成功率，以达到降低生产成本、缩短生产周期的目的。塑料模具的

设计不但要采用CAD技术,而且还要采用CAE技术,这是必然趋势。

注塑成型分两个阶段,即:开发/设计阶段(包括产品设计、模具设计、模具制造);生产阶段(包括购买材料、试模、成型)。传统的注塑成型方法基本步骤如图1所示,图2为现代模具CAE开发步骤。传统的注塑方法在正式生产前由于设计人员凭经验与直觉设计模具,模具装配完毕后,通常需要几次试模,发现问题后,不仅需要重新设置工艺参数,甚至还需要修改塑料制品和模具设计,这势必增加生产成本,延长产品开发周期。采用CAE技术,可以完全代试模,CAE技术提供了从制品设计到生产的完整解决方案,在模具制造之前,预测塑料熔体在型腔中的整个成型过程,帮助研判潜在的问题,有效地防止问题发生,大大缩短了开发周期,降低生产成本。

12.3.2 CAE的发展概况

流动模拟的目的是预测塑料熔体流经流道、浇口并充填型腔的过程,计算流道、浇口及型腔内的压力场、温度场、速度场、剪切应变速率场和剪切应力场,并将分析结果以图表、等值线图和真实感图的方式直观地反映在计算机屏幕上。通过流动模拟可优化浇口数目、浇口位置及注射成型工艺参数,预测所需的注射压力及锁模力,并发现可能出现的注射不足、烧焦、不合理的熔接缝位置和气穴等缺陷。

1. 一维流动分析

对一维流动分析的研究始于20世纪60年代,研究对象主要是几何形状简单的圆管、矩形或中心浇注的圆盘等。

一维流动分析采用有限差分法求解,可得到熔体的压力、温度分布以及所需的注射压力,一维流动分析计算速度快,流动前沿位置容易确定,可根据给定的流量和时间增量直接计算出下一时刻的熔体前沿位置,但仅局限于简单、规则的几何形状,在生产实际中的应用很受限制。

2. 二维流动分析

对二维流动分析的研究始于20世纪70年代。在二维流动分析中,除数值方法本身的难点外,另一个新的难点是对移动边界的处理,即如何确定每一时刻的熔体前沿位置。

流动网络分析法(Flow Analysis Network:FAN)的基本思想是:先对整个型腔剖分矩形网格,并形成相应于各节点的体积单元,随后建立节点压力与流入节点体积单元的流量之间的关系,得到一组以各节点压力为待求量的方程,求解方程组得到压力分布,进而计算出流入前沿节点体积单元的流量,最后根据节点体积单元的充填状况更新流动前沿位置。重复上述计算,直至型腔充满。

3. 三维流动分析

三维流动分析因采用模型不同而形成了如下两种基本的方法:

(1) 基于中性层模型的三维分析。基于中性层模型的分析是在二维流动分析的基础上发展起来的三维分析方法,其基本思想是将型腔简化为一系列具有一定厚度的中性层面片,每个中性层面片本身是二维的,但由于其法向可指向三维空间的任意方向,因此组合起来的中性层面片可用于近似描述三维薄壁制品。基于中性层模型三维分析的一个难点是如何将适用于单个中性层面片的算法推广到具有三维空间坐标的所有中性层面片。解决这一问题的方法主要有以下三种:(a)二维展开法。将三维制品展开在二维平面上,然后用二维分析方法进行分析。Matsuoka 和 Takahashi 采用这种方法，考虑熔体温度的变化，实现了对三维制品的非等温流动分析。(b)流动路径法。这种方法以一维流动分析为基础，先将三维制品展开在二维平面上，然后将展平后的制品分解为一系列先定义好的一维流动单元，如圆管、矩形平板、扇形平板等，得到一组流动路径，每条流动路径由若干一维流动单元串联而成。在分析过程中，通过迭代计算，在满足各流动路径的流量之和等于总的注射流量的条件下，使各流动路径的压力降相等。这种方法算法简单，所需计算时间短，但难以分析形状复杂的制品。对展平后的制品进行分解往往要依靠分析人员和模具设计者的经验，数据准备工作量很大。(c)有限元/有限差分混合法。这种方法沿用 Hieber 和 Shen 提出的数学模型，利用有限元方法先在单元局部坐标系中计算单元刚度矩阵，然后再组装成整体刚度矩阵，通过制品三维空间坐标系与中性层面片二维局部坐标系之间的变换，处理三维制品的流动分析，避免了三维制品的二维展开。这种方法还通过定义三角形单元的节点控制体积，将确定熔体流动前沿的 FAN 方法改造为控制体积法，这样在计算过程中就能自动更新熔体流动前沿，不需人工干预，并能对流道、浇口和型腔进行整体分析。

构造中性层模型是基于中性层模型三维分析的另一难点，如何根据三维实体模型生成中性层长期以来一直是制约三维分析软件发展和推广应用的瓶颈。

(2) 基于三维有限元模型的三维分析。三维有限元方法是在三维实体模型基础上，用三维有限元网格取代二维有限元与一维有限差分混合算法来分析流动过程的压力场和温度场。这种方法不需要生成中性层模型，但注射成型中绝大部分是薄壁制品，厚度方向上的尺寸远小于其他两个方向的尺寸，温度、剪切速率等物理量在厚度方向上变化又很大，要保证足够的分析精度，势必要求网格十分细密(网格尺寸应与壁厚的 1/10 相当)，因而数据量相当庞大，计算效率非常低下，并不适合开发周期短并需要通过 CAE 进行反复修改验证的注射模设计。

12.3.3 常用 CAE 软件简介

1. Autodesk Moldflow 软件

包括流动和保压分析软件 MF/FLow、冷却分析软件 MF/Cool 和翘曲分析软件 MF/Warp 等。

2. 华塑 CAE 软件

华中科技大学是国内较早自行开发研究注射模 CAD/CAE/CAM 系统的单位，自 20 世纪 80 年代中期开始，就在注射模流动分析模拟和冷却分析模拟的研制方面进行了多年的研究与开发工作，推出了塑料注射模 CAD/ CAE/CAM 系统 HSC 系列。该系统包活塑件三维形状输入、流动模拟、冷却分析、型腔强度与刚度校核及模具图设计与绘制等功能。在一些企业单位应用，取得较好效果，现已实现商品化。

第 13 章　设计实例一:ZP 塑件模具

13.1　典型二板模设计流程

二板模设计流程如图 13-1 所示。

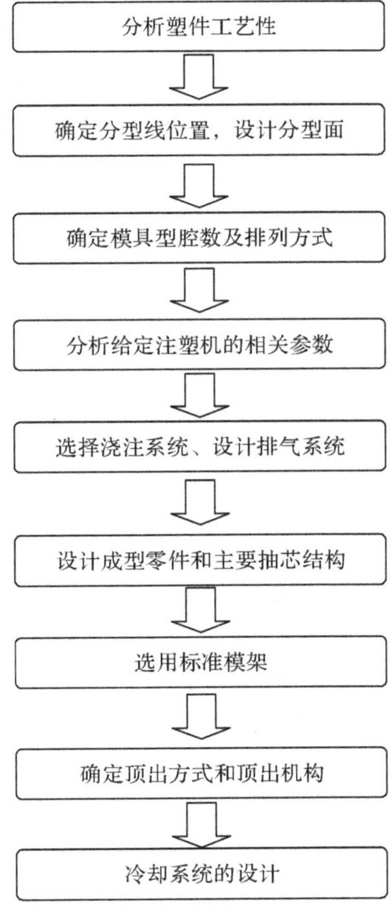

图 13-1　二板模设计流程

13.2 电器 ZP1 塑件模具设计

模具设计(客户)资料：

(1)塑件名称：ZP1。

(2)成型方法和设备：以附件“热塑性塑料注塑机的规格型号及主要技术参数(一览表)”为选择注射机的依据。

(3)塑件材料：ABS。

(4)缩水率：0.5%。

(5)技术要求：表面光洁无毛刺、无缩痕，浇口不允许设在产品外表面。

(6)模具布局：一模二腔，左右平衡布置。

(7)加工用毛坯材料、尺寸及规格：

序号	类别	规格	硬度 HRC	特征	数量
1	钢料 45 钢	130×190×40/mm	25	磨 6 面，大平面及三面(交于一角)可作基准。	1
2		130×190×50/mm	25		1

(8)原始数据：参阅制件二维工程图及三维数据模型。

(9)其他：模具设计应优先选用标准模架及相关标准件；在保证塑件质量和生产效率的前提条件下，兼顾模具的制造工艺性及制造成本、使用寿命和修理维护方便；

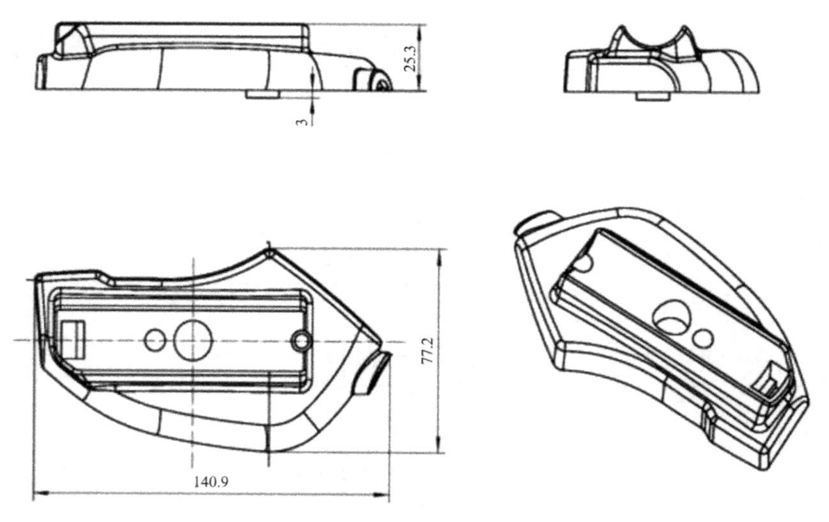

图 13-2 塑件 ZP1 二维图

任务实施：下面以电器上盖的二板模具设计为例说明

13.2.1 电器上盖塑件工艺性分析

电器上盖塑件如图 13-3 所示，材料采用 ABS，结构分析：产品顶部有三处破孔，分型线

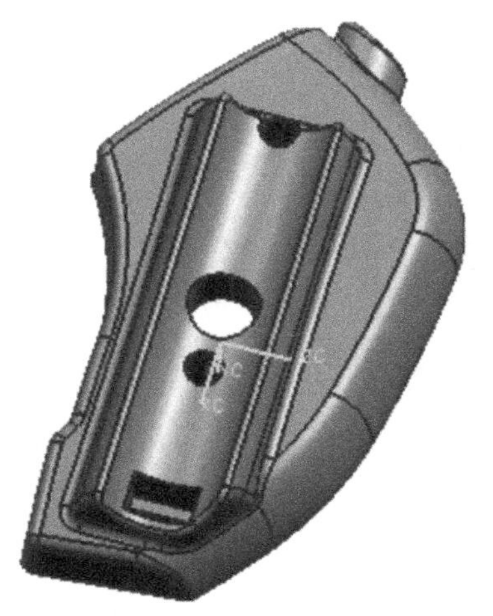
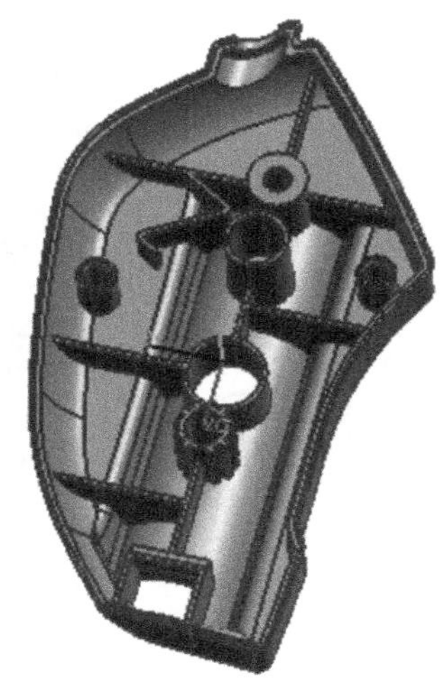

图 13-3　产品结构图

部分有一曲线,因此分型面不是平面结构。

1. 外形尺寸

该塑件外形尺寸为 141×78×29,壁厚为 2mm,如图 13-3 产品结构图所示。

2. 脱模斜度

ABS 属于无定型塑料,成型收缩率 0.5%,该塑件脱模斜度周圈均匀都为 3°,加强筋无脱模角度,设计脱模角度 0.5°。

3. 外观要求

技术要求:表面光洁无毛刺、无缩痕,浇口不允许设在产品外表面。

13.2.2　拟定模具的结构形式

1. 分型面位置的确定

分型面位置的选择原则,可参见 5.4.2 节。

通过对塑件结构形式的分析,根据分型面选择原则,分型面应选在产品截面积最大的位置,其具体分型位置如图 13-4 所示。图 13-4 为根据分型线分析后所作的分型面。

2. 型腔数量和排列方式的确定

(1)型腔数量的确定

型腔数量的确定可参见 5.4.1 节。

该塑件外形尺寸不大,考虑到客户指定一模二腔关系,以及制造费用和各种成本费等因素,所以定为一模二腔的平衡布局结构形式。

(2)模具结构形式的确定

从上面的分析可知,本模具设计为一模二腔。塑件内部空间比较充裕,而且顶出阻力主要集中于塑件四周侧壁,因此可以容纳顶针等常规的顶出结构。

由于该塑件浇口不允许设在产品外表面,浇口考虑设计在产品内表面潜伏式浇口。

模架方面,由上综合分析可确定为单分型面模架,因此选用龙记模架的 CI 型大水口模

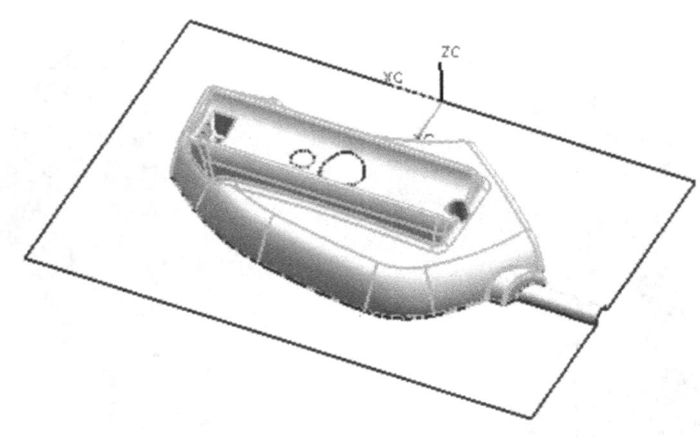

图 13-4　分型面设计

架比较适合。

3. 注射机型号的确定

注射机与模具的配合参数校核参见 3.3 节。

(1)注射量的计算

通过三维软件建模设计分析计算得

塑件体积：$V_{塑}=30.7\text{cm}^3$

塑件质量：$m_{塑}=\rho V_{塑}=30.7\times1.02\text{g}=31.4\text{g}$

式中，ρ 参考相关资料取 1.02g/cm^3。

(2)浇注系统凝料体积的初步估算

浇注系统的凝料在设计之前是不能确定准确的数值，但是可以根据经验按照塑件体积的 0.2～1 倍来计算。由于本次采用的是两点进浇，分流道简单并且较短，因此浇注系统的凝料按塑件体积的 0.2 倍来估算，估算一次注入模具型腔塑料的总体积(即浇注系统的凝料＋塑件体积之和)为：

$$V_{总}=2*V_{塑}(1+0.2)=2*30.7\times1.2\text{cm}^3=73.7\text{cm}^3$$

(3)选择注射机

根据第二步计算得出一次注入模具型腔的塑料总质量 $V_{总}=73.7\text{cm}^3$，要与注塑机理论注射量的 0.8 倍相比配，这样才能满足实际注塑的需要。注塑机的理论注射量为：$V_{注塑机}=V/0.8\text{cm}^3=73.7/0.8\text{cm}^3=92.13\text{cm}^3$ 因此初步选定注射机理论注射容量为 220cm^3，注射机型号为 XS-ZY-125A 卧式注射机，其主要技术参数见表 13-1。

表 13-1　注射机技术参数

理论注射容量/cm³	220	开模行程/mm	325
螺杆直径/mm	42	最大模具厚度/mm	350
注射压力/MPa	150	最小模具厚度/mm	220
注射速率/g·s⁻¹		顶出行程/mm	100
锁模力/kN	900	顶出力/kN	33
拉杆内间距/mm	360×360	最大油泵压力/MPa	17.5

(4)注射机的相关参数的校核

①注射压力校核

ABS 所需的注射压力为 80～110MPa,这里取 p_0=100MPa,该注射机的公称注射压力 $p_{公}$=150MPa,注射压力安全系数 k_1=1.25～1.4,这里取 k_1=1.4,则:

$$k_1 p_0 = 1.4 \times 100 = 140 < p_{公}$$

所以,注射机注射压力合格。

②锁模力校核

塑件在分型面上的投影面积 $A_{塑}$,通过 3D 软件计算出投影面积为:

$$A_{塑} = 7640\text{mm}^2$$

浇注系统在分型面上的投影面积,因为该塑件分流道面积小,投影面积不是很大,所以可以不计。

塑件和浇注系统在分型面上总的投影面积 $A_{总}$,由于 $A_{浇}$ 不计,侧

$$A_{总} = A_{塑} \times 2 = 7640\text{mm}^2 \times 2 = 15692\text{mm}^2$$

③模具型腔内的熔料压力 $F_{胀}$,侧

$$F_{胀} = A_{总}\ p_{模} = 2 \times 7640 \times 40\text{N} = 611200\text{N} = 611.2\text{kN}$$

式中,$P_{模}$ 是型腔的平均计算压力值。$P_{模}$ 通常取注射压力的 20%～40%,大致范围为 37～74MPa。对于粘度较大、精度较高的塑件应取较大值。ABS 属于中等粘度塑料及有精度要求的塑件,$P_{模}$ 取 40 MPa。

查表 2-1 可得该注射机的公称锁模力 $F_{锁}$=900kN,锁模力安全系数为 k_2=1.1～1.2,这里取 k_2=1.2,侧

$$k_2 F_{胀} = 1.2 F_{胀} = 611.2 \times 1.2 = 733.44 < F_{锁}$$

所以,注射机锁模力合格。

对于其他安装尺寸的校核要等到模架选定,结构尺寸确定后方可进行。

13.2.3 浇注系统设计

浇注系统的设计原则与细节参见 5.4.3 节。

1. 浇口的位置选择

该制品上盖的浇口位置可用 Moldflow 来分析得到。

从图 13-5 进浇点分析中可以看到深蓝色地方是进浇好位置,初步选择塑件中心位置作为进浇点。

由于该模具是一模二腔,浇口不允许设在产品外表面,初定为潜伏式浇口,为了平衡浇注系统,因此,浇口选择在模具的中心位置,尽量选择产品边缘位置,保证潜水式浇口尽可能缩短,如图 13-6 产品进浇口所示。

2. 流道设计

流道的设计包括主流道设计和分流道设计两部分。

主流道通常位于模具中心塑料熔体的入口处,它将注射机喷嘴注射出的熔体导入分流道或型腔中。主流道的形状为圆锥形,以便熔体的流动和开模时主流道凝料的顺利拔出。主流道的尺寸直接影响到熔体的流动速度和充模时间。另外,由于其与高温塑料熔体及注射机喷嘴反复接触,因此设计中常设计成可拆卸更换的浇口套。还有主流道要尽可能短,减

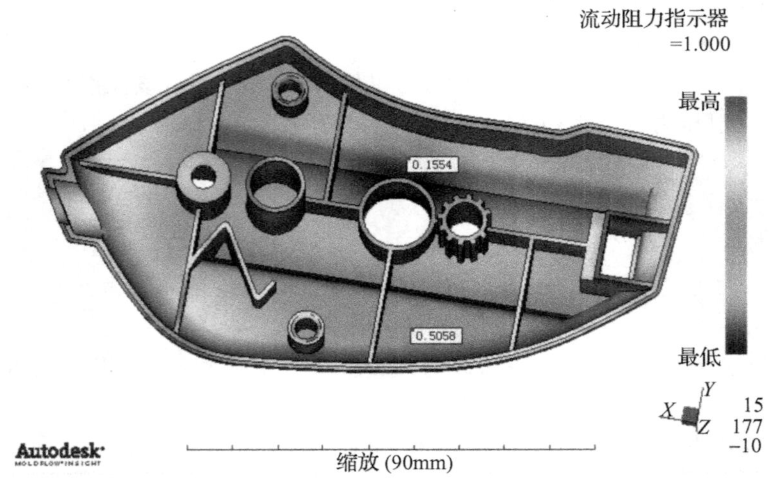

图 13-5　进浇点分析

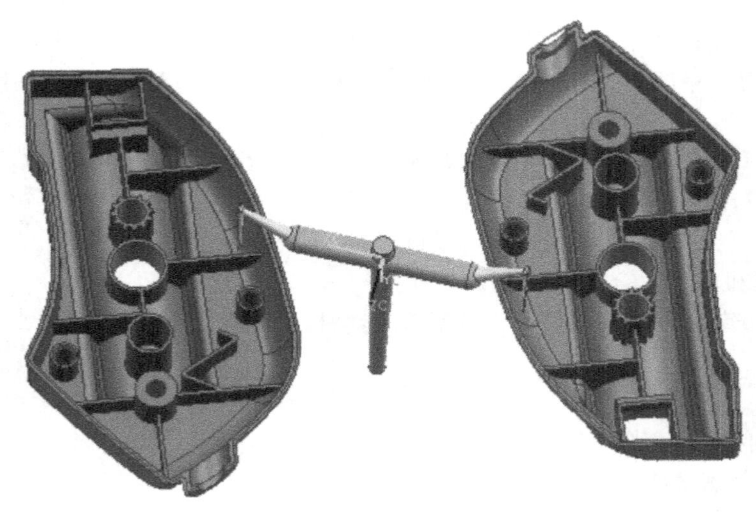

图 13-6　产品进浇口

少熔料在主流道中的热量和压力损耗，图 13-7 为该模具主流道浇口套的结构图。

由于采用潜伏式浇口，模具的分流道设计在定模板的分型面处，加工比较方便。由于该塑件尺寸较小，精度较高，因此分流道采用平衡式排布，有利于熔料平衡流动，保证各型腔产品的尺寸稳定性，因此，该分流道设计为直径ϕ8mm，长度 50mm 的圆形截面如图 13-8 所示。

浇口套与定位圈的配合关系如图 13-7 所示，由于考虑到定模的强度影响，因此导致定模座板和定模板的厚度比较厚，这样导致浇口套的长度增加，而冷料的长度过长不但会导致材料的浪费，也会造成熔料热量的损失，将对产品质量造成影响。因此该模具的浇口套并没有随着模板加长，而是埋入定模座板，这样就缩短了主流道冷料的长度，但是注射机喷嘴就要加长。

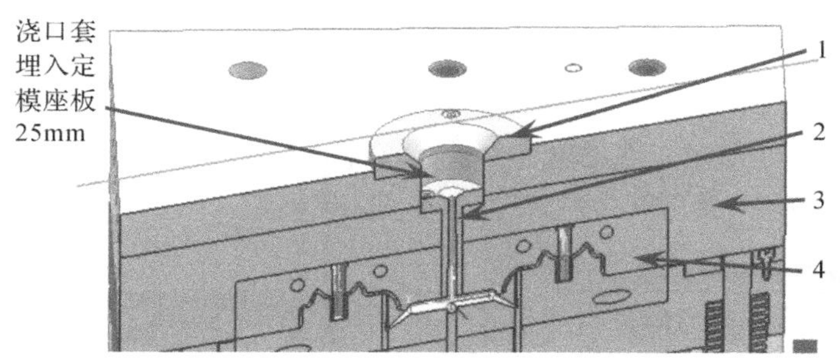

1-定位圈;2-浇口套;3-定模板;4-型腔镶块

图 13-7　浇口套与定位圈配合

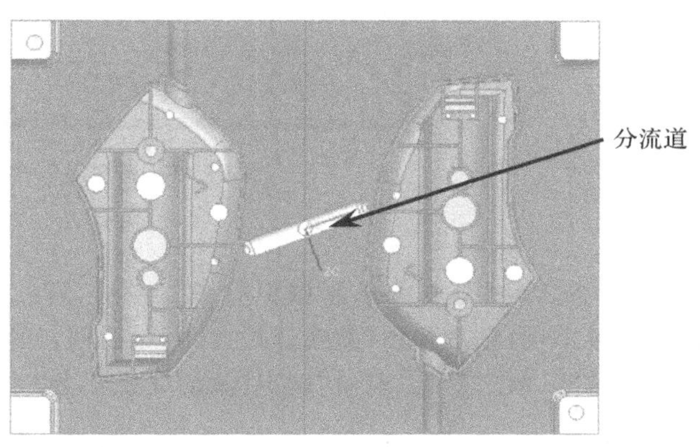

图 13-8　分流道排布形式(动模部分)

3. 冷料穴的设计

冷料穴的作用是储存因两次注射间隔而产生的冷料头及熔体流动的前锋冷料,防止熔体冷料进入型腔,影响塑件的质量。在主流道末端设计有冷料井。

4. 浇口设计

在实际设计过程中,进浇口大小常常先取小值,方便在今后试模时发现问题进行修模处理,ABS 的理论参考值为 0.5～1.5mm,由于该塑件属于精密塑件,对外观要求较高,因此对该塑件进浇口先取ϕ0.5mm,如图 13-9 所示。

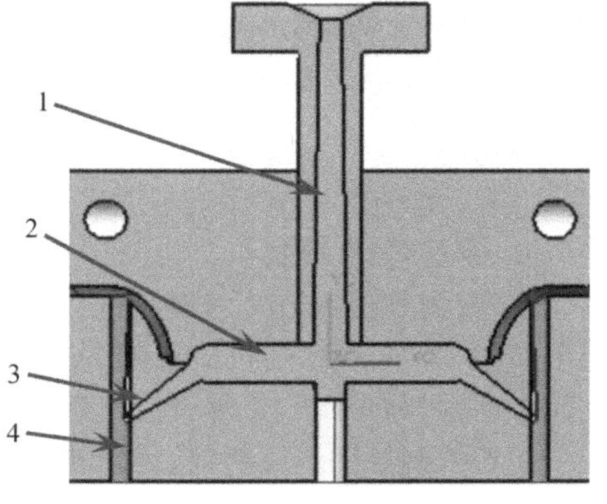

1-主流道;2-分流道;3-浇口;4-顶针

图 13-9　潜伏式浇口

13.2.4　充模设计及充模分析准备【CAE】

运用 CAE 软件进行充模设计具体步骤:

(1) 新建零件添加分析方案

(2) 导入 CAD 模型

(3) 充模设计

1. 新建零件

在“数据管理器”中 “分析数据”分支上单击鼠标右键，弹出如图 13-10 新建零件所示的快捷菜单。选择“新建零件”菜单项，弹出“新建零件”对话框，如图 13-11 所示。在编辑框中输入零件的名称“大赛零件”，单击“确定”后“数据管理器”中“分析数据”分支下就会新建“大赛零件”子分支。

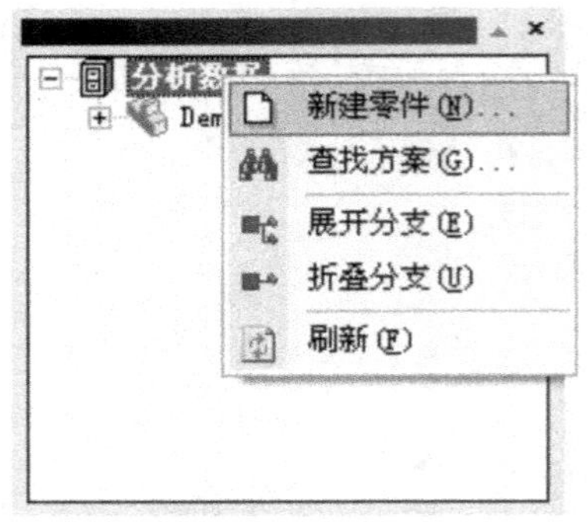

图 13-10　新建零件

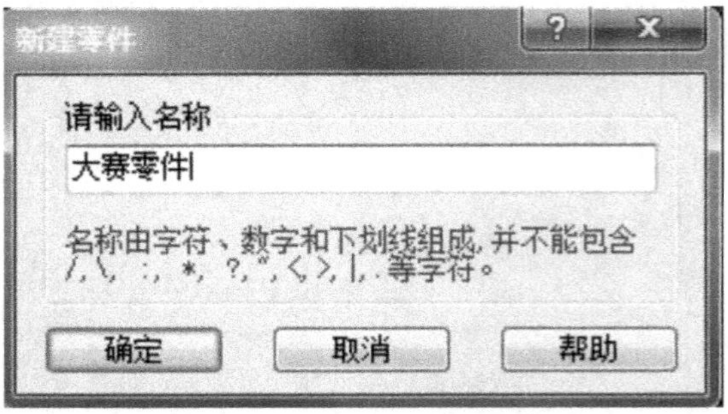

图 13-11　新建零件对话框

2. 添加分析方案

在“数据管理器”中“大赛零件”分支上单击鼠标右键。弹出如图 13-12 所示的快捷菜单。选择“添加分析方案”菜单项，系统弹出“新建分析方案”对话框，如图 13-13 所示。在编辑框中输入分析方案的名称“一模二腔”。单击“确定”添加分析方案。

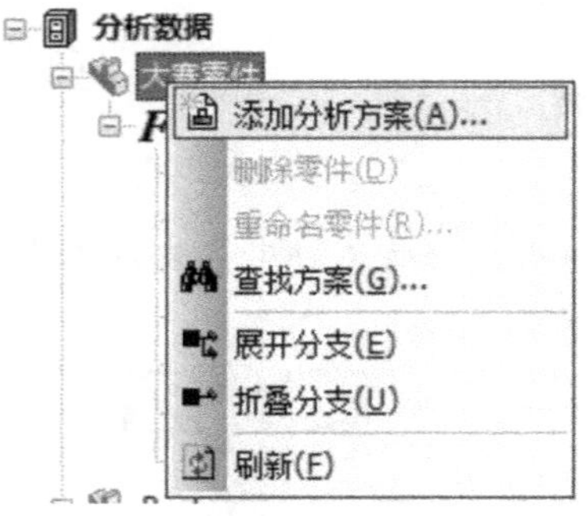

图 13-12　添加分析方案

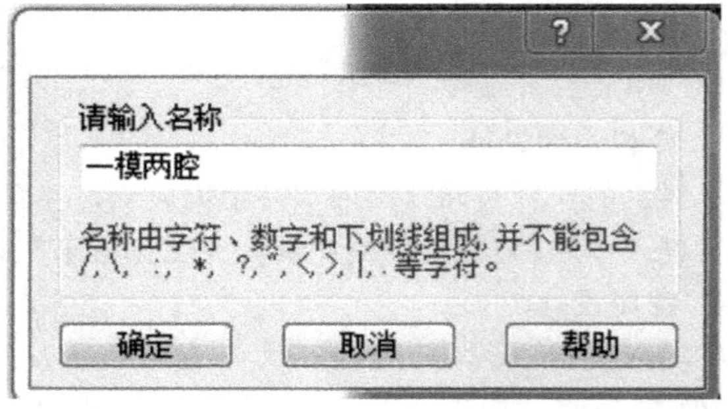

图 13-13　新建分析方案对话框

3. 导入 CAD 模型

在“数据管理器”中“大赛零件”目录下“分析方案——一模二腔”分支上单击鼠标右键，弹出如图 13-14 所示的快捷菜单。选择“导入制品图形文件”菜单项，系统弹出标准的打开文件对话框，如图 13-15 所示。找到该零件的目录及名称，单击“打开”按钮。

在导入制品图形文件时，会出现如图 13-16 所示的对话框，用于尺寸单位选择和精度控制，选择单位为毫米，精细控制程度默认，确认没有选择生成四面体网格，单击“确定”。

4. 充模设计

充模设计主要是为流动、保压分析服务，主要任务是完成多型腔设计、流道系统设计和设置充模工艺条件。在“数据管理器”中“大赛零件”目录下“分析方案——一模二腔”目录下

图 13-14　导入制品图形文件

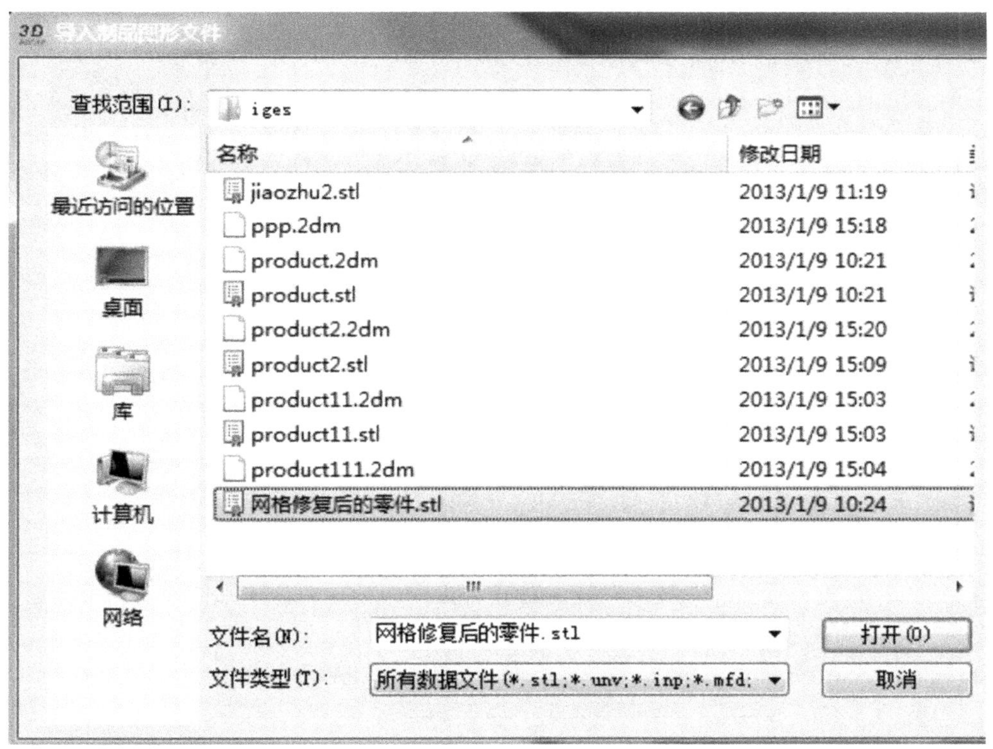

图 13-15　选择要导入的制品文件

双击“充模设计”就可以进入充模设计窗口。

设计脱模方向

选择“设计”菜单中“设计脱模方向”菜单项，出现如图 13-17 所示对话框，选择“X-Y”平面为分模面，即脱模方向为(0,0,1)，单击确定就可以看到充模设计窗口中出现一条带箭头

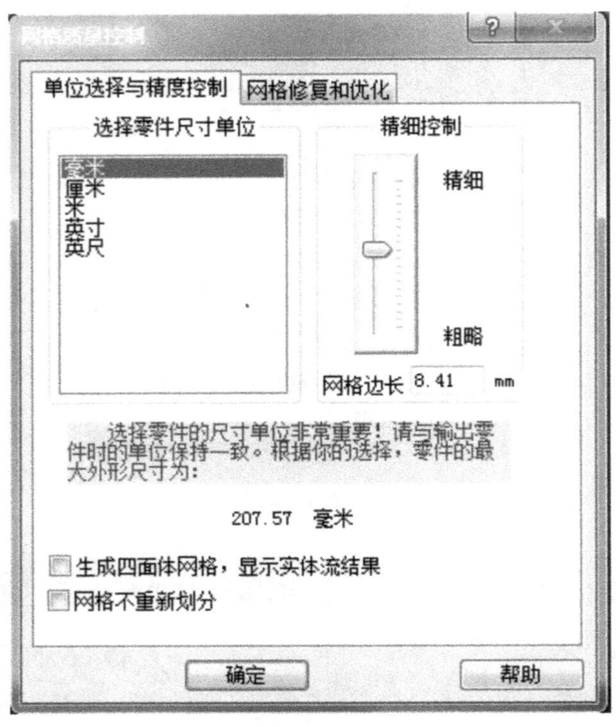

图 13-16　单位选择与精度控制

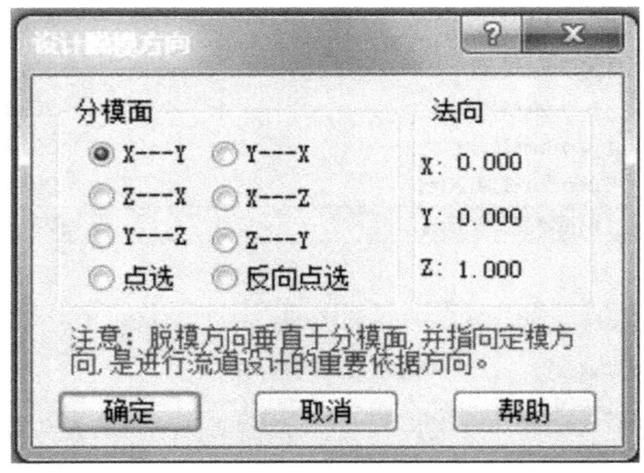

图 13-17　设计脱模方向

的直线。箭头指向脱模方向。

（1）导入流道

选择“设计”菜单中的“导入流道”菜单选项，如图 13-18 所示。选择从 UG 中导出来的流道的 iges 文件，如图 13-19 所示。效果图如图 13-20 所示。

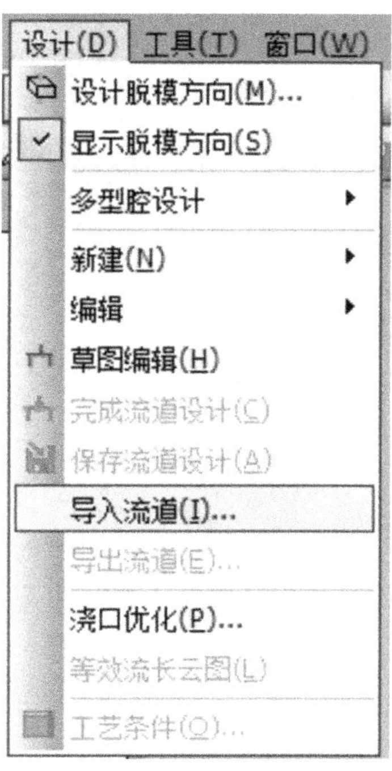

图 13-18　导入流道

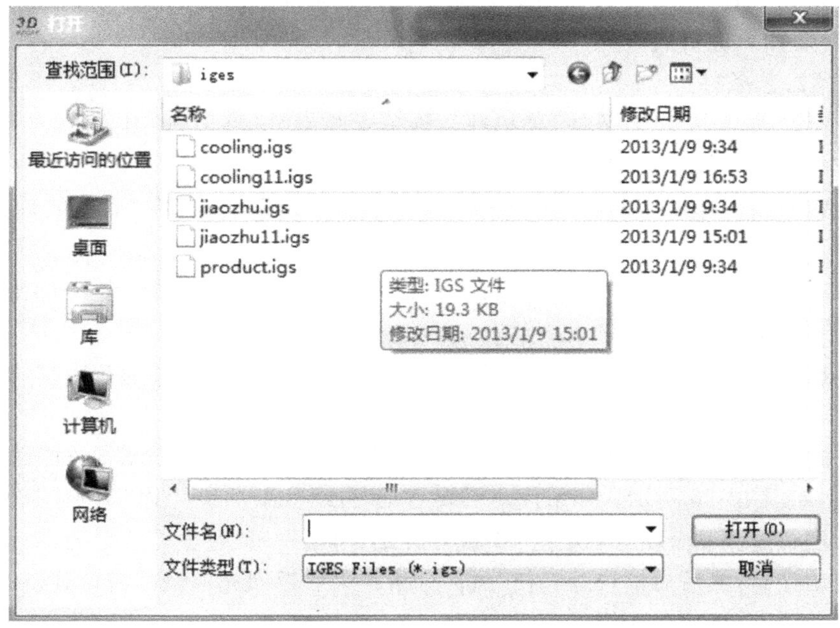

图 13-19　选择要导入的流道文件

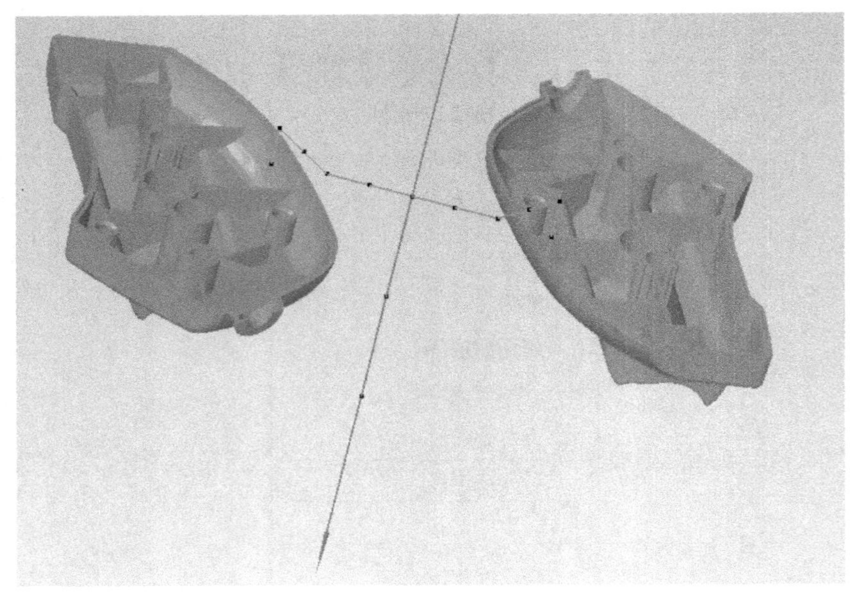

图 13-20　导入流道效果图

（2）修改流道

选中工具栏中的按钮，选中一条流道，再点击菜单栏中的“修改流道”图标，在弹出的对话框中修改相应的参数，如图 13-21 所示。

流道修改完之后，点击工具栏中的完成流道按钮，弹出如图 13-22 的对话框。点击确定按钮，自动插入进料点。

（3）设置工艺条件

选择“设计”菜单中“工艺条件”菜单项。屏幕上弹出“成型工艺”对话框，如图 13-23 所示，该对话框用于设置塑料材料、注塑机、成型条件及注射方式。

选择“制品材料”选项卡，在“材料种类”栏中选择“ABS”塑料，在“商业名称”栏中选择“780”，如图 13-23 所示。

选择“注射机”选项卡，在“注射机制造商”栏中选择“Generic”，在“注射机型号”栏中选择“100 ton”的注射机，如图 13-24 所示。

选择“成型条件”选项卡，“注射温度”设为“230℃”，“模具温度”设为“50℃”，“环境温度”设为“30℃”，如图 13-25 所示。

选择“注射参数”选项卡，“充填控制方式”选择“注射时间”，“总充模时间”设为“4s”，其他参数默认，如图 13-26 所示。如果用户需要启动“分级注射曲线优化”功能，则在设置工艺条件前必须进行过流动分析，即快速分析或者详细分析。一般过程是这样的：用户首先设注射参数为自动控制，然后启动快速充模分析，分析结束后返回充模设计窗口重新设置工艺条件，此时就能进行分级注射曲线优化。

选择“保压参数”选项卡。“保压控制”选择“时间—自动压力控制”，并勾选自动时间控制，其他参数默认，如图 13-27 所示。

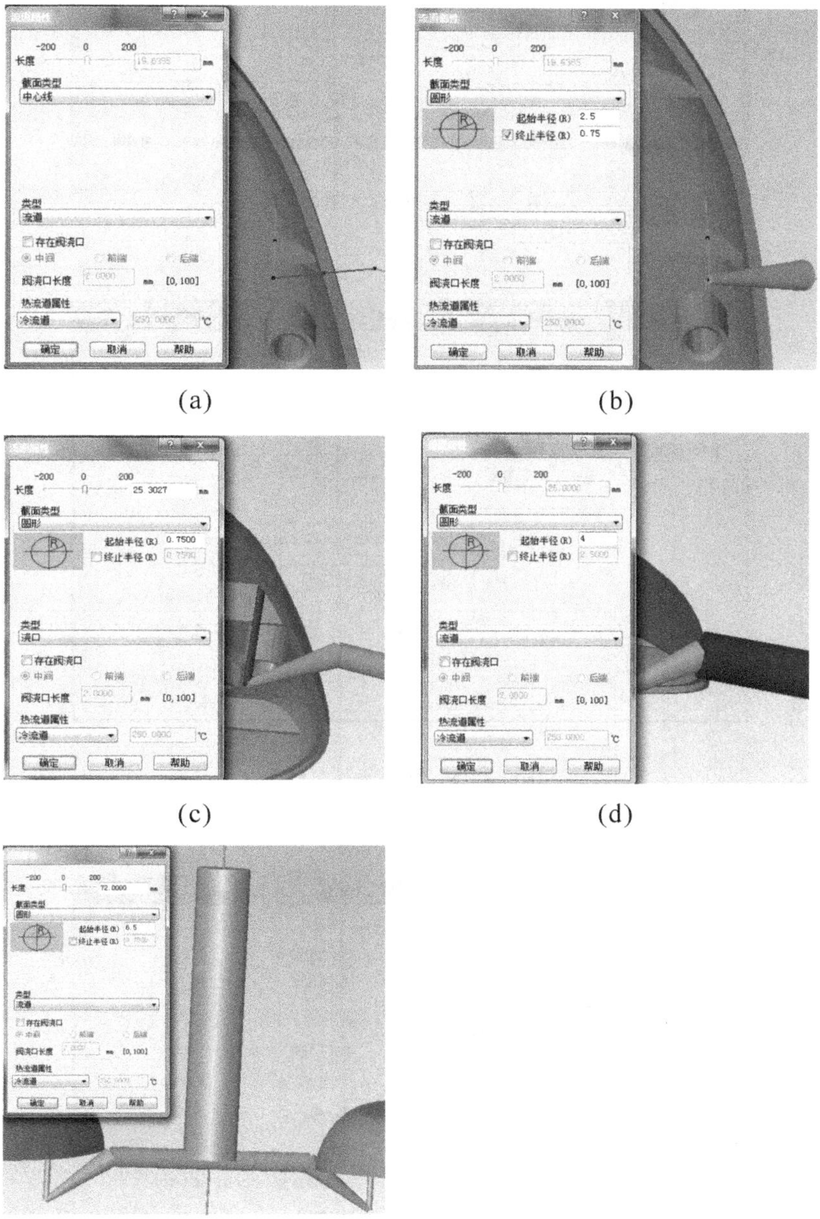

(a)

(b)

(c)

(d)

(e)

图 13-21　流道修改

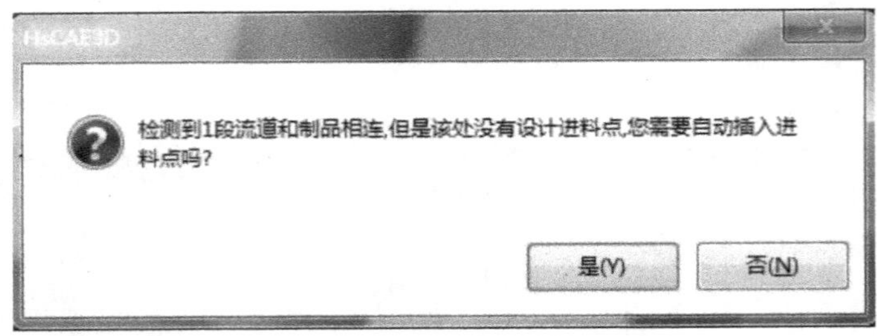

图 13-22　提示插入进料点

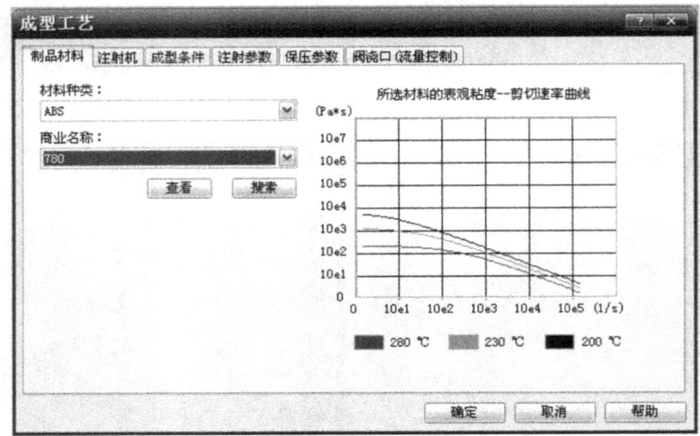

图 13-23　选择制品材料

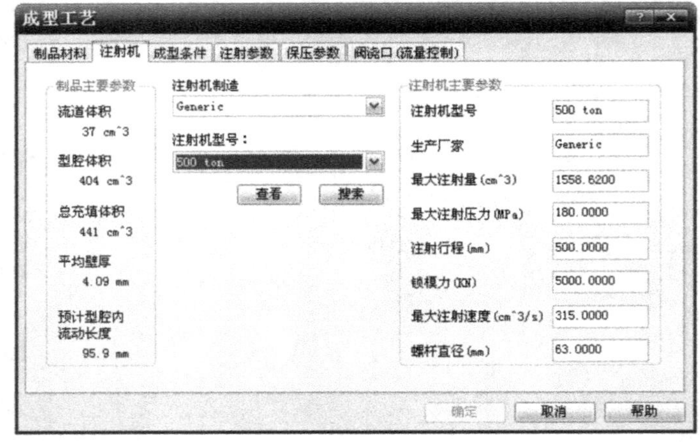

图 13-24　选择注射机

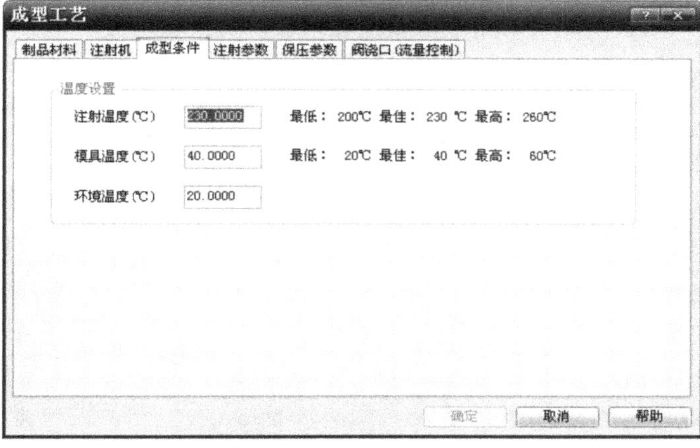

图 13-25　设置成型条件

图 13-26　设置注射参数

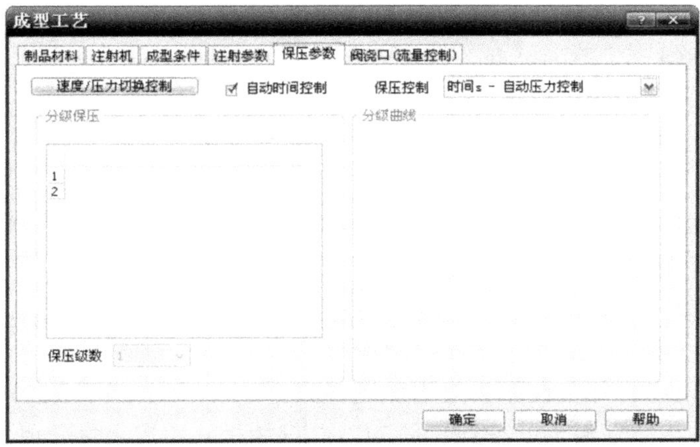

图 13-27　设置保压参数

13.2.5 成型零件结构设计

1. 成型零件的结构设计

成型零件的设计原则参见5.1节。

(1)型腔件的结构设计

型腔件是成型塑件的外表面的成型零件。按凹模结构的不同可将其分为整体式、整体嵌入式、组合式和镶拼式四种。本设计中采用整体嵌入式凹模和局部镶拼式结合。型腔的主体采用整体嵌入式结构,如图13-28所示。而在产品的对碰孔处(如图13-31(a))则采用局部镶块形式,由于该对碰孔形状形状复杂且容易损坏,因此采用局部镶块,方便更换型芯小镶件,镶块的结构形式如图13-29(b)所示,采用台肩形状镶在定模镶块内,由于下面有定模板,因此不需要螺钉固定。.

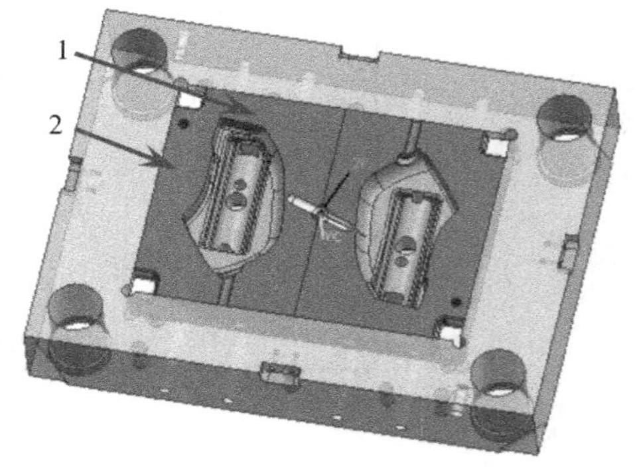

图13-28 型腔整体嵌入式结构

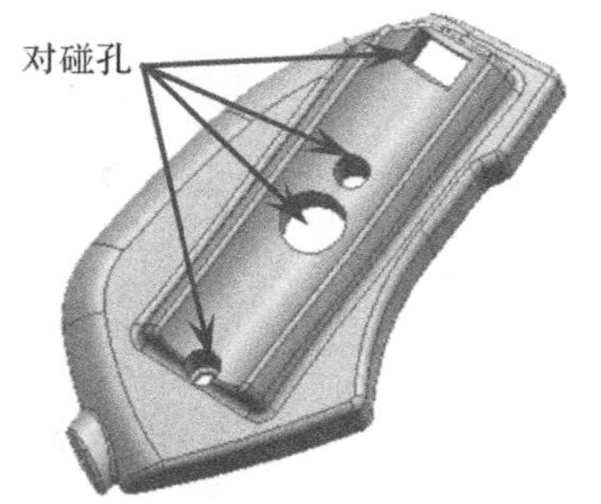

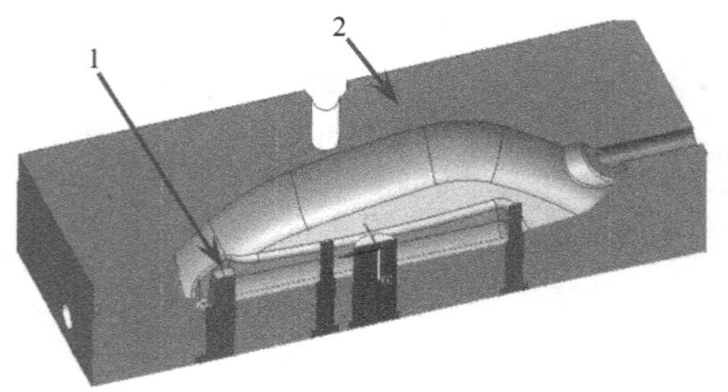

图13-29 型腔局部镶拼结构

(2)型芯件的结构设计

型芯是成型塑件内表面的成型零件,通常可以分为整体式和组合式两种类型。通过对塑件的结构分析,本设计中采用整体嵌入式结构。主要分型面采用整体嵌入式结构,如图13-30所示。

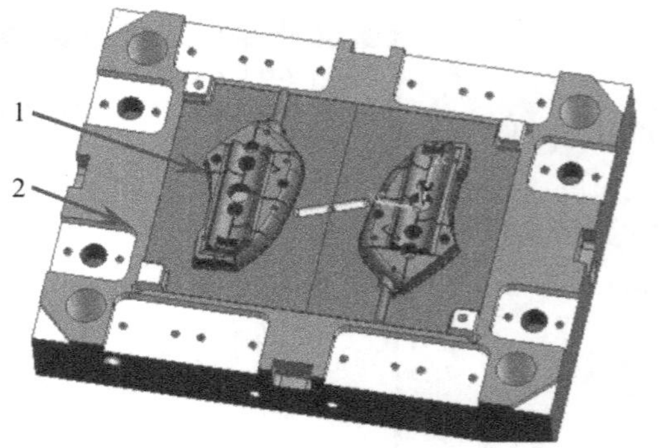

图13-30 型芯整体嵌入式结构

2. 成型零件钢材选用

根据成型塑件的综合分析,该塑件属于外观件,对成型效果要求高,要求钢材具有抛光性能好,防锈防酸能力极佳,并具有足够的刚度、强度,同时考虑它的机械加工性能和抛光性能,所以构成型腔的嵌入式凹模和凸模选用是718(美国牌号),并淬火热处理。

13.2.6 模架选取

模架选择的原则及型号参见 5.4.6 节。

根据整体嵌入式的外形尺寸,塑件进浇方式为潜伏式进浇,又考虑导柱、导套的布置等,再同时参考注射模架的选择方法,可确定选用大水口 CI3040 型(即宽×长=300mm×400mm)模架结构。

1. 各模板尺寸的确定

(1)定模板尺寸

定模板要开框装入整体嵌入式型腔件,,加上整体嵌入式型腔件上还要开设冷却水道,嵌入式型腔件高度为 40mm,还有定模板上需要留出足够的距离引出水路,且也要有足够的强度,故定模板厚度取 70mm。

(2)动模板尺寸

具体选取方法与定模板相似,由于动模板下面是模脚,特别是注射时,要承受很大的注射压力,所以相对定模板来讲镶件槽底部相对厚一些,故动模板厚度取 60mm。

(3)模脚尺寸

模脚高度=顶出行程+推板厚度+顶出固定板厚度+5mm=40+25+20+5=80,所以初定模脚为 90mm。

经上述尺寸的计算,模架尺寸已经确定为 CI3040 模架。其外形尺寸:宽×长×高=350mm×400mm×281mm,如图 13-31 所示。

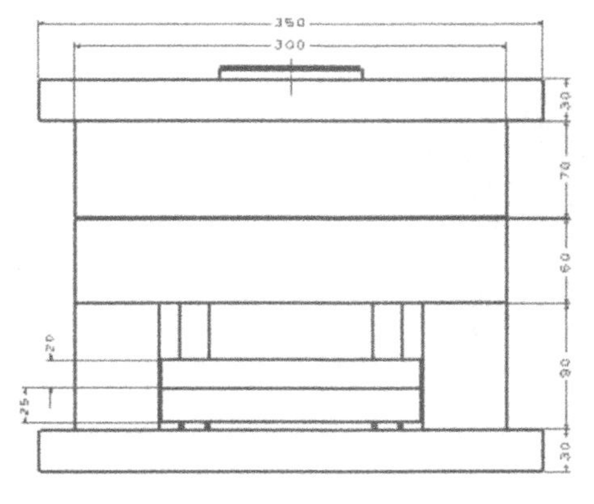

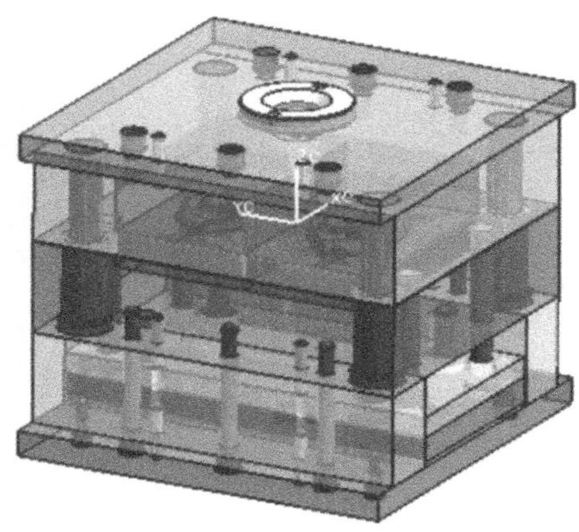

图 13-31　模架图

2. 模架各尺寸的校核

根据所选注射机来校核模具设计的尺寸。

(1)模具平面尺寸

350mm×400<360mm×360mm(拉杆间距),校核合格。

(2)模具高度尺寸

220mm<281mm<350mm(模具的最大厚度和最小厚度),校核合格。

(3)模具的开模行程

84mm(凝料长度)+2×28mm(2 倍的产品高度)+10mm(塑件推出余量)=127mm<325mm(注射机开模行程)

校核合格。

13.2.7 排气设计

模具排气系统的设计知识点参见 5.4.8 节。

当塑料熔体充填型腔时,必须有序地排出型腔内的空气及塑料受热产生的气体。如果气体不能被顺利地排出,塑件会由于充填不足而出现气泡、接缝或表面轮廓不清等缺点;甚至因气体受压而产生高温,使塑料焦化。该模具利用配合间隙排气的方法,即利用分型面之间的间隙进行排气,并利用镶块、顶针与型芯之间的配合间隙进行排气。

13.2.8 顶出机构设计

顶出机构的设计知识点参见 5.4.5 节。

本塑件采用直顶杆+推管顶出,均匀分布在塑件的各个包紧力较大的位置。如图 13-32 所示。

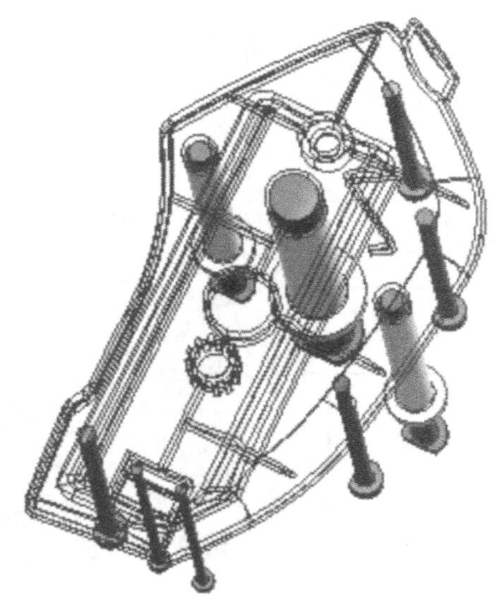

图 13-32　顶出机构

13.2.9 冷却系统设计

冷却系统设计结构及原则参见 5.4.4 节。

ABS 属于中等粘度材料,其成型温度及模具温度分别为 200℃和 50～80℃。所以,模具温度初步选定为 50℃,用常温水对模具进行冷却。

冷却系统设计时忽略模具因空气对流、辐射以及与注射机接触所散发的热量,按单位时间内塑料熔体凝固时所放出的热量应等于冷却水所带走的热量。

型腔的成型面积比较平坦,比较适合直通式冷却回路,如图 13-33 所示。而动模部分的镶块内部结构复杂,适合环绕式水路,如图 13-34 所示,并在冷却水槽周围设计上密封圈,对水路的运行进行有效地密封。

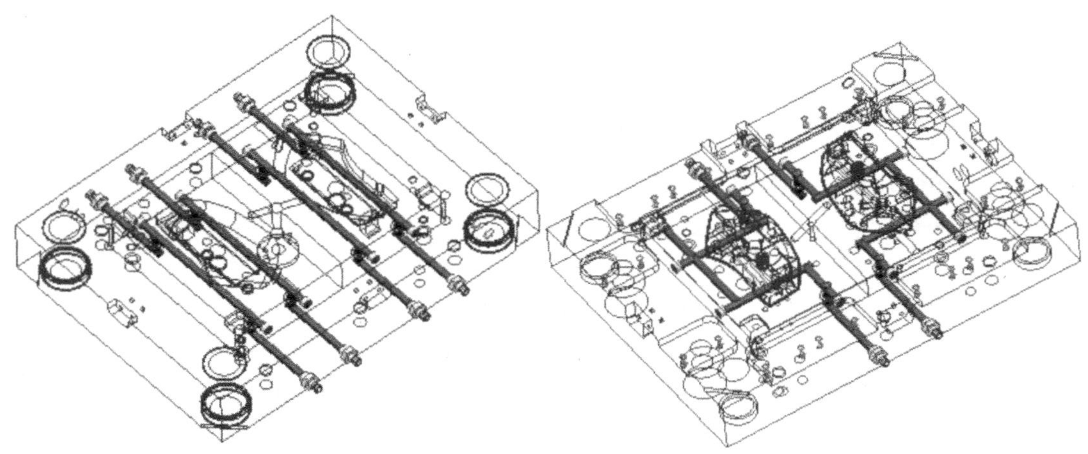

图 13-33　型腔冷却回路截面图　　　　图 13-34　型芯冷却回路截面图

13.2.10　冷却翘曲分析【CAE】

1. 冷却设计

在“数据管理器”中“大赛零件”目录下“分析方案——一模二腔”目录下双击“冷却设计”,进入冷却设计窗口。首先选择“设计”菜单中“动定模设计”菜单项,弹出如图 13-35 所示对话框,按图设定虚拟型腔参数。

图 13-35　设计虚拟型腔

由于在 UG 中已经设计好了冷却水管，直接在 UG 中到处冷却水管的 iges 图，然后再 HSCAE 中选择“设计”菜单栏中的“导入冷却水路”选项，如图 13-36 所示。然后再选择相应的冷却水管的 iges 文件，如图 13-37 所示。导进冷却水路，如图 13-38 所示。

图 13-36　导入冷却水路

修改完之后，选中所有的冷却水路曲线，后点击工具栏中的“镜像”按钮，以 X-Z 面为镜像面，设计好另外一边的冷却回路。如图 13-39所示。

设计完冷却水路曲线之后，选中某一条冷却回路，然后点击工具栏中的“移动到别的回路”按钮，依次移动其他的冷却水路到相应的回路中。而后点击某一条回路，右键单击，选择“完成回路”，如图 13-40 所示。

2. 翘曲设计

在“数据管理器”中的“大赛零件”目录下的“分析方案——一模二腔”目录下，双击“翘曲设计”分支进入翘曲设计窗口。翘曲设计对于翘曲分析是非必需的，本实例不进行翘曲设计。

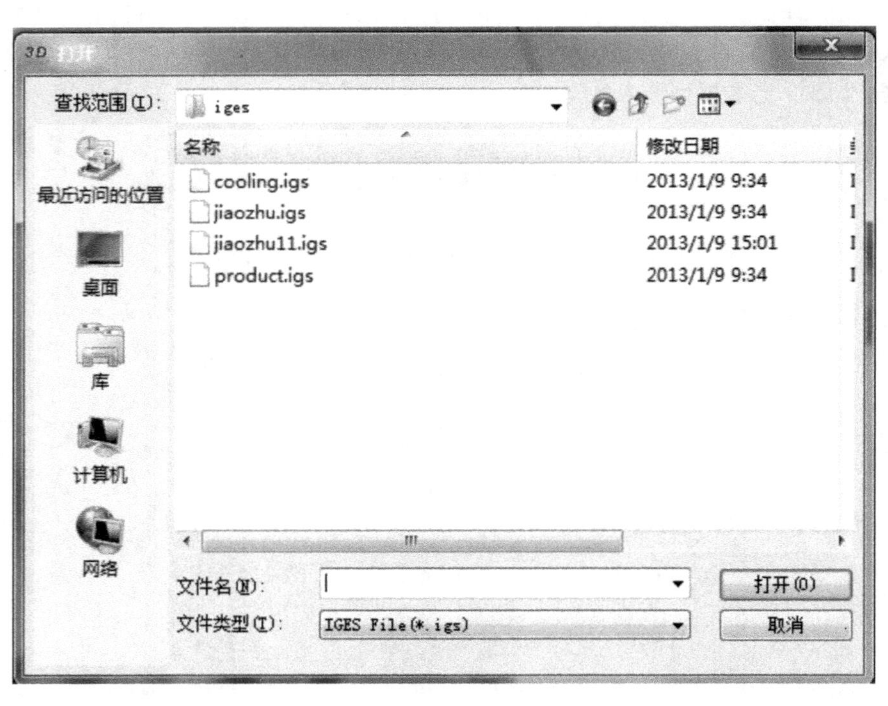

图 13-37　选择冷却水路文件

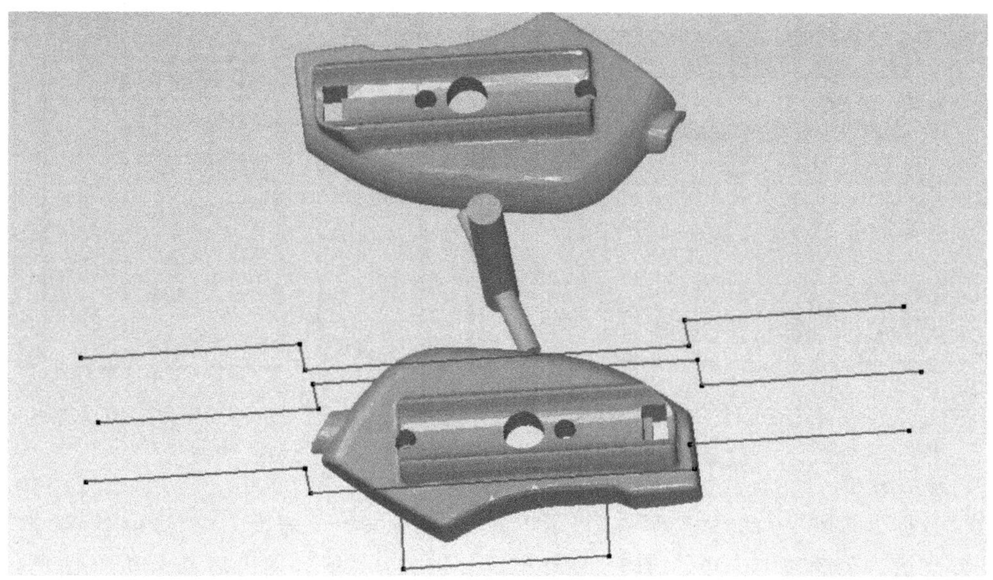

图 13-38　修改后的冷却水路

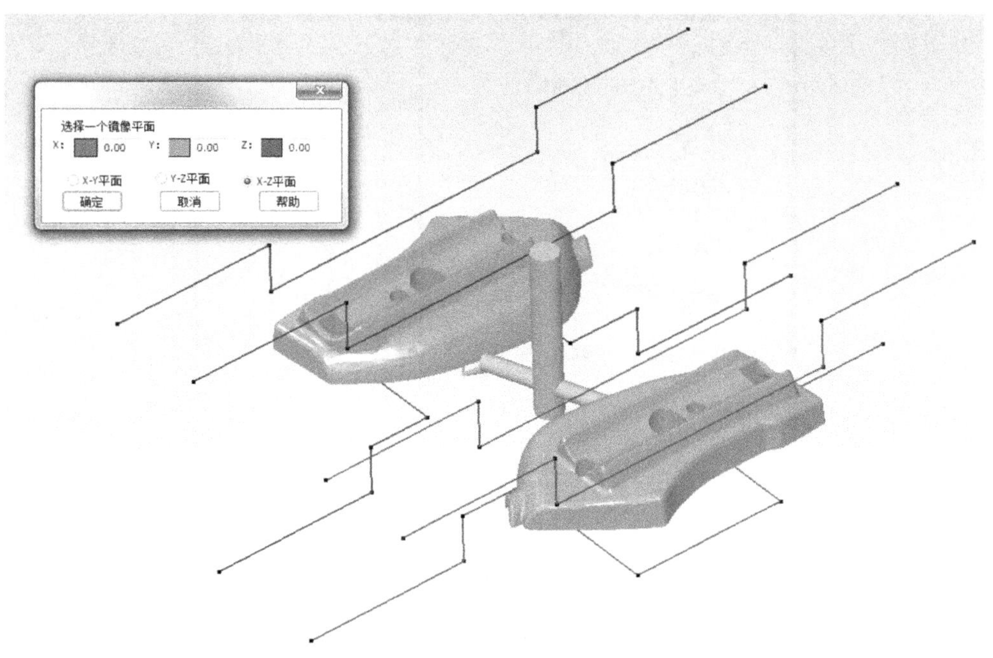

图 13-39　镜像设计冷却水路

图 13-40　完成冷却回路设置

3. 开始分析

在“数据管理器”中的“大赛零件”目录下的“分析方案——一模二腔”目录下，双击“开始分析”分支进入分析窗口。在工具栏点击开始分析按钮“▶”，弹出启动分析对话框，如图13-41所示。选择详细分析、保压分析、冷却分析、应力分析及翘曲分析，单击“启动”按钮开始分析。在分析信息输出窗口可查看分析过程中的相关信息。

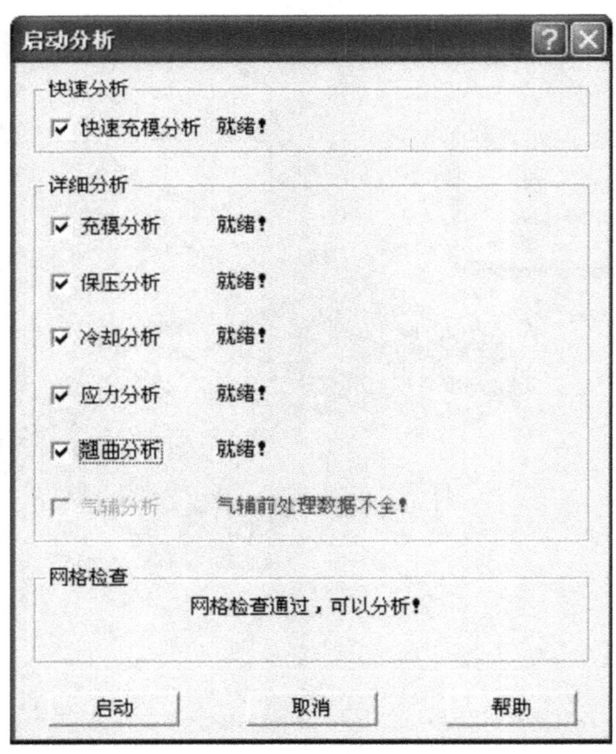

图 13-41　启动分析对话框

4. 后置处理

在“数据管理器”中的“大赛零件”目录下的“分析方案——一模二腔”目录下，双击“分析结果”分支进入分析结果查看窗口。在“流动”、“冷却”及“翘曲”菜单中选择相应菜单项可以查看各种结果。部分结果如图 13-42 至图 13-57 所示。

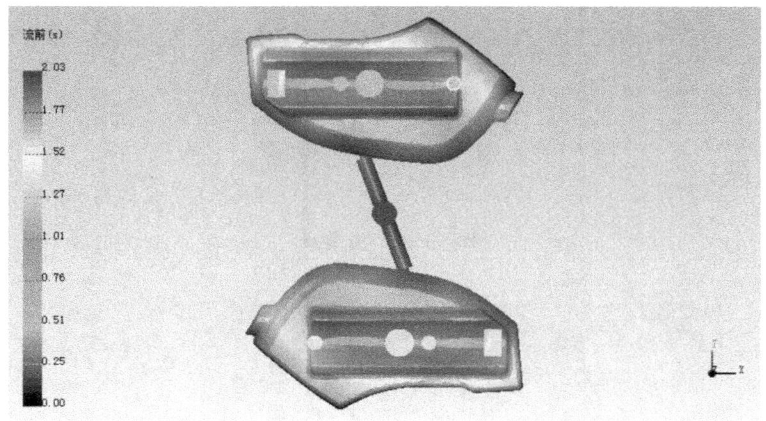

图 13-42　流动前沿

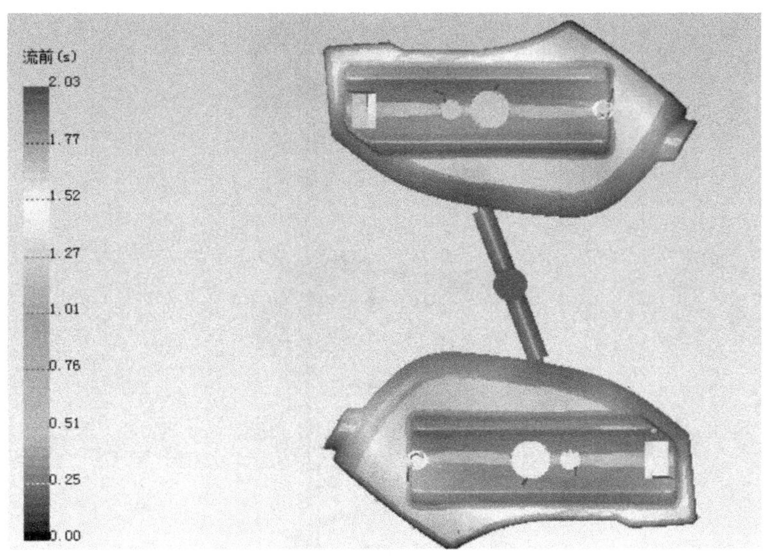

图 13-43　熔合纹、气穴

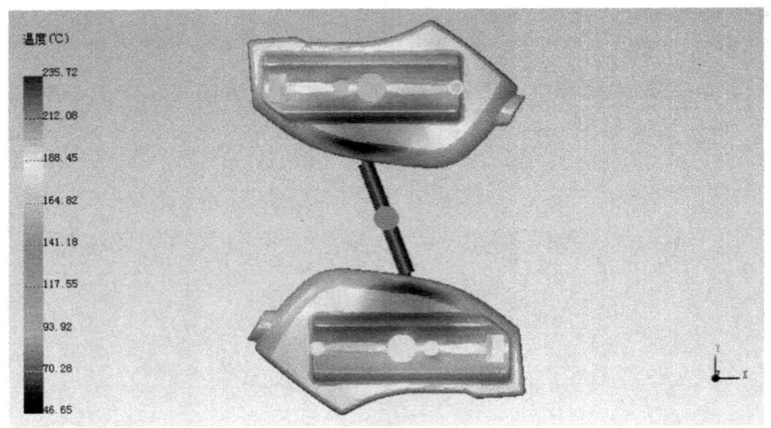

图 13-44　温度场

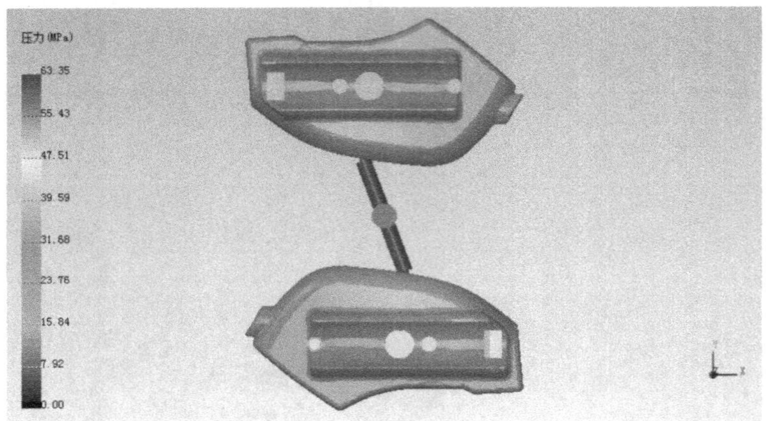

图 13-45　压力场

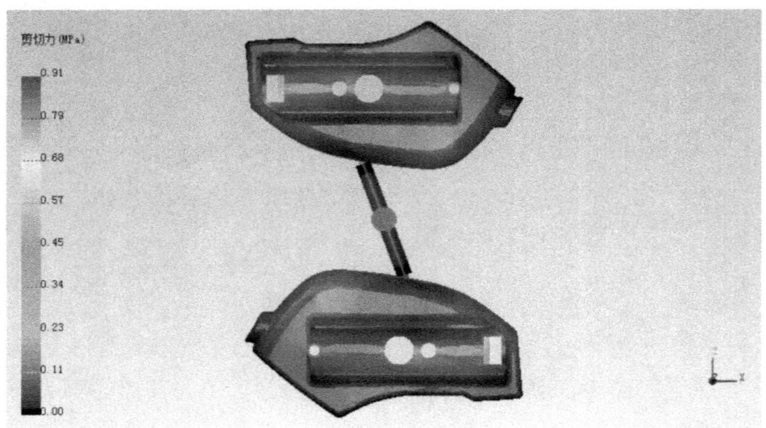

图 13-46　剪切力场

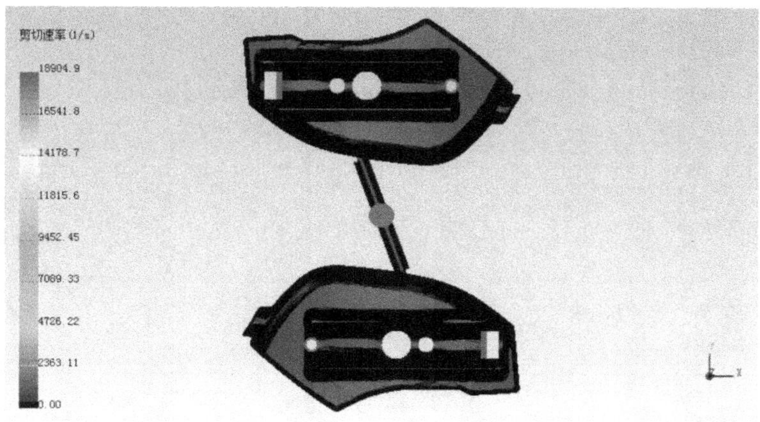

图 13-47　剪切速率场

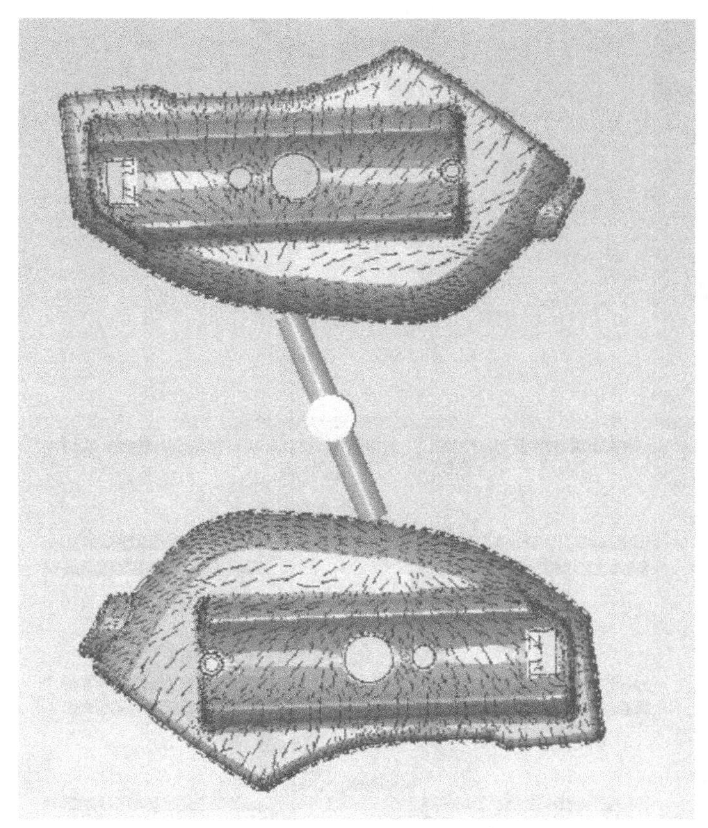

图 13-48　表面定向

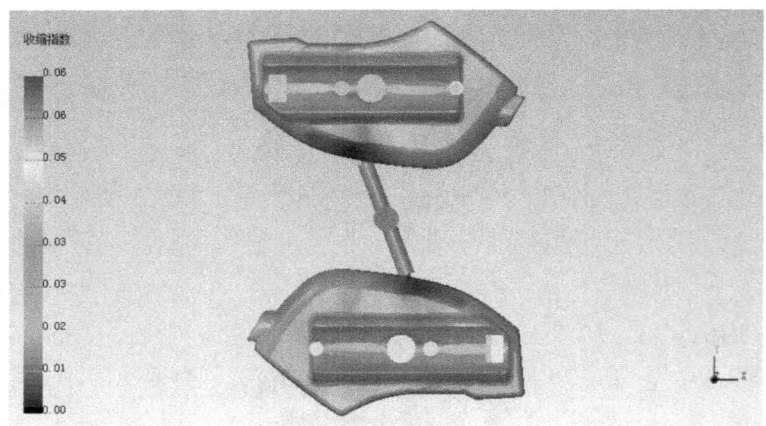

图 13-49　收缩指数

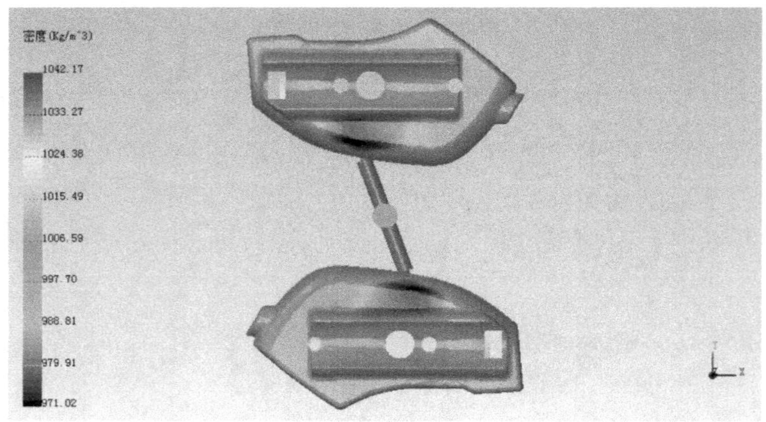

图 13-50　密度场

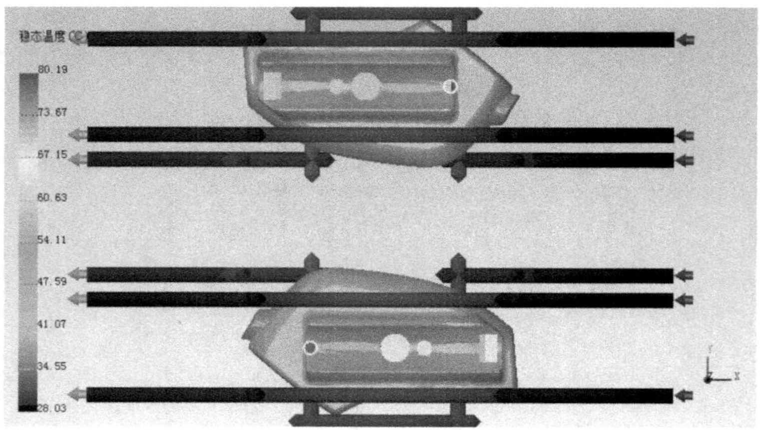

图 13-51　稳态温度场

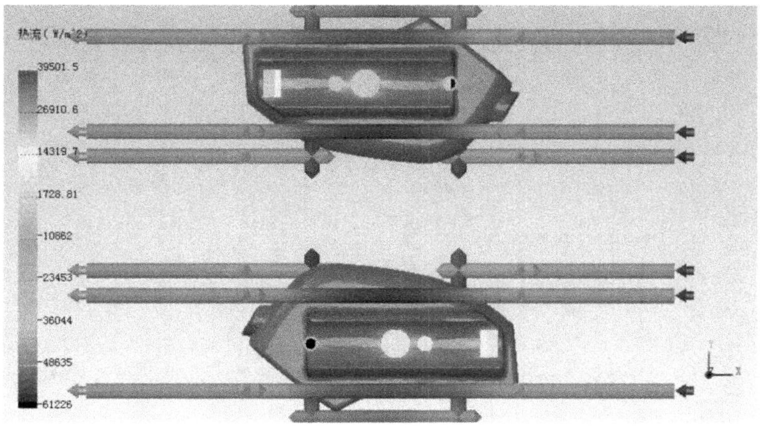

图 13-52　热流密度场

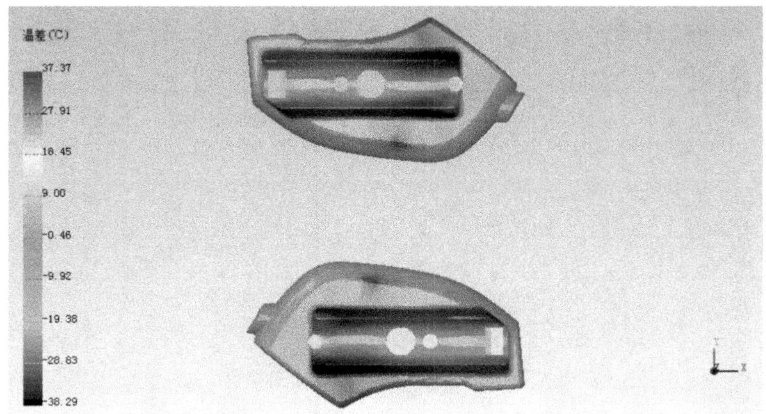

图 13-53　型芯型腔温差

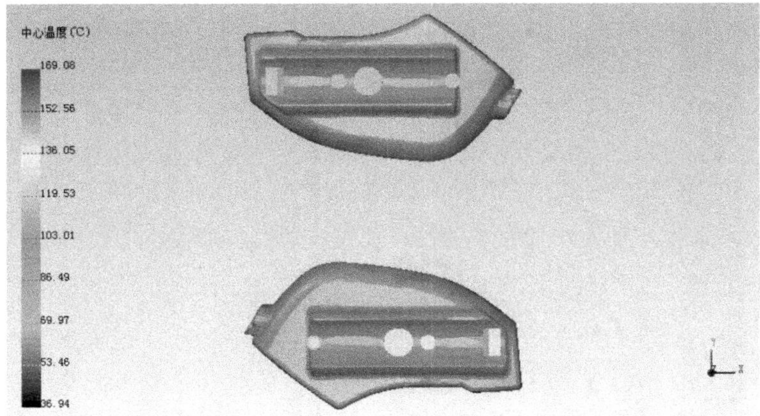

图 13-54　中心面温度场

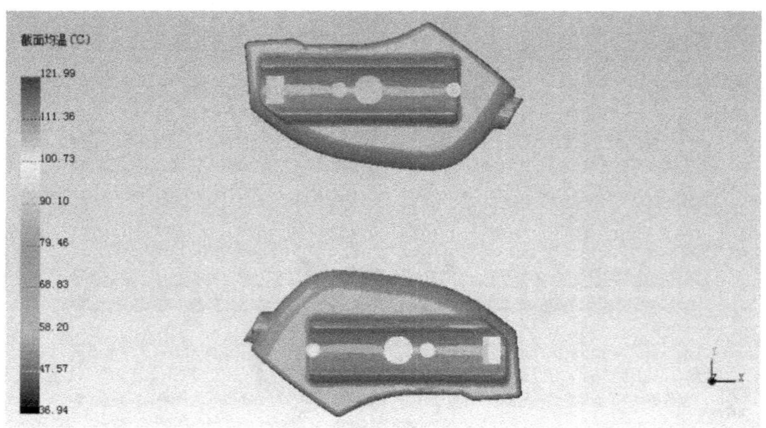

图 13-55　截面平均温度场

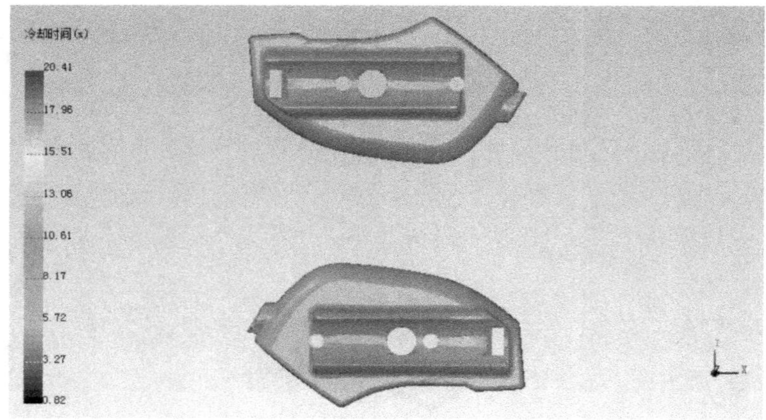

图 13-56　冷却时间

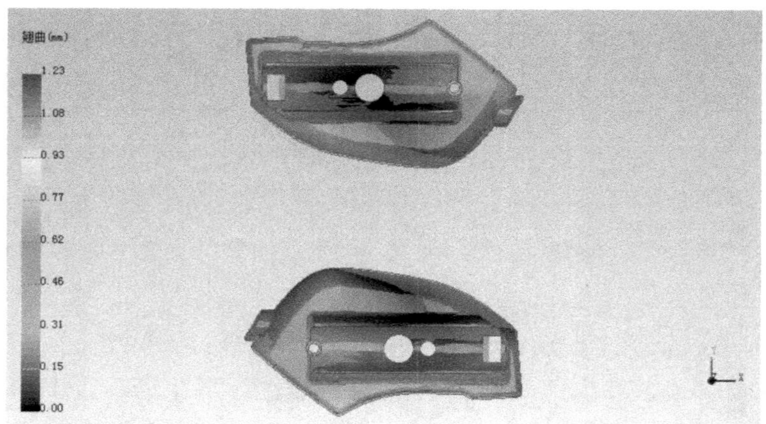

图 13-57　翘曲变形结果(放大 10 倍)

13.2.11　导向与定位设计

模具的导向与定位设计知识点参见 5.4.7。

注射模的导向定位机构用于动、定模之间的开合模导向定位和脱模机构的运动导向定位。按作用分为模外定位和模内定位。模外定位是通过定位圈使模具的浇口套能与注射机喷嘴精确定位;而模内定位机构则通过导柱导套进行合模定位。精定位则用于动、定模之间的精密定位。

本模具所成型的塑件存在对插面,为了确保产品成型的精度,除了采用模架本身所带的导向定位结构,还采用四组精定位组件保证定模板与动模板之间进行定位,另外内模管位对型芯与型腔进行定位,如图 13-58 所示。

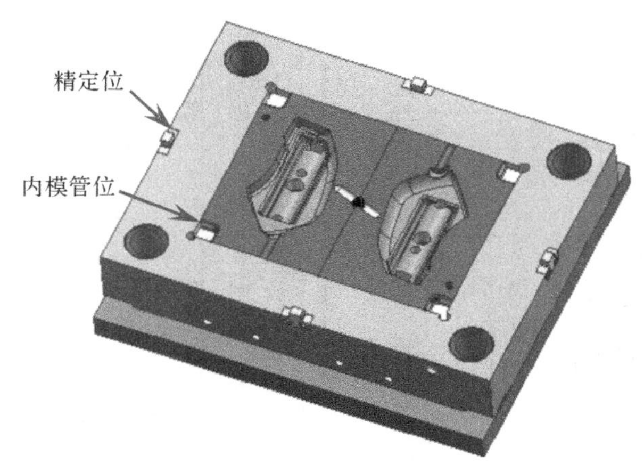

图 13-58　定模侧定位机构

13.2.12　模具制图

1. 模具总装图

经过上述一系列的分析与设计,最后通过 3D 软件设计全三维模具总装图来表示模具的结构,如图 13-59、图 13-60 所示。

2. 模具零件图

绘制主体零件图包括型芯镶件及型腔镶件零件图

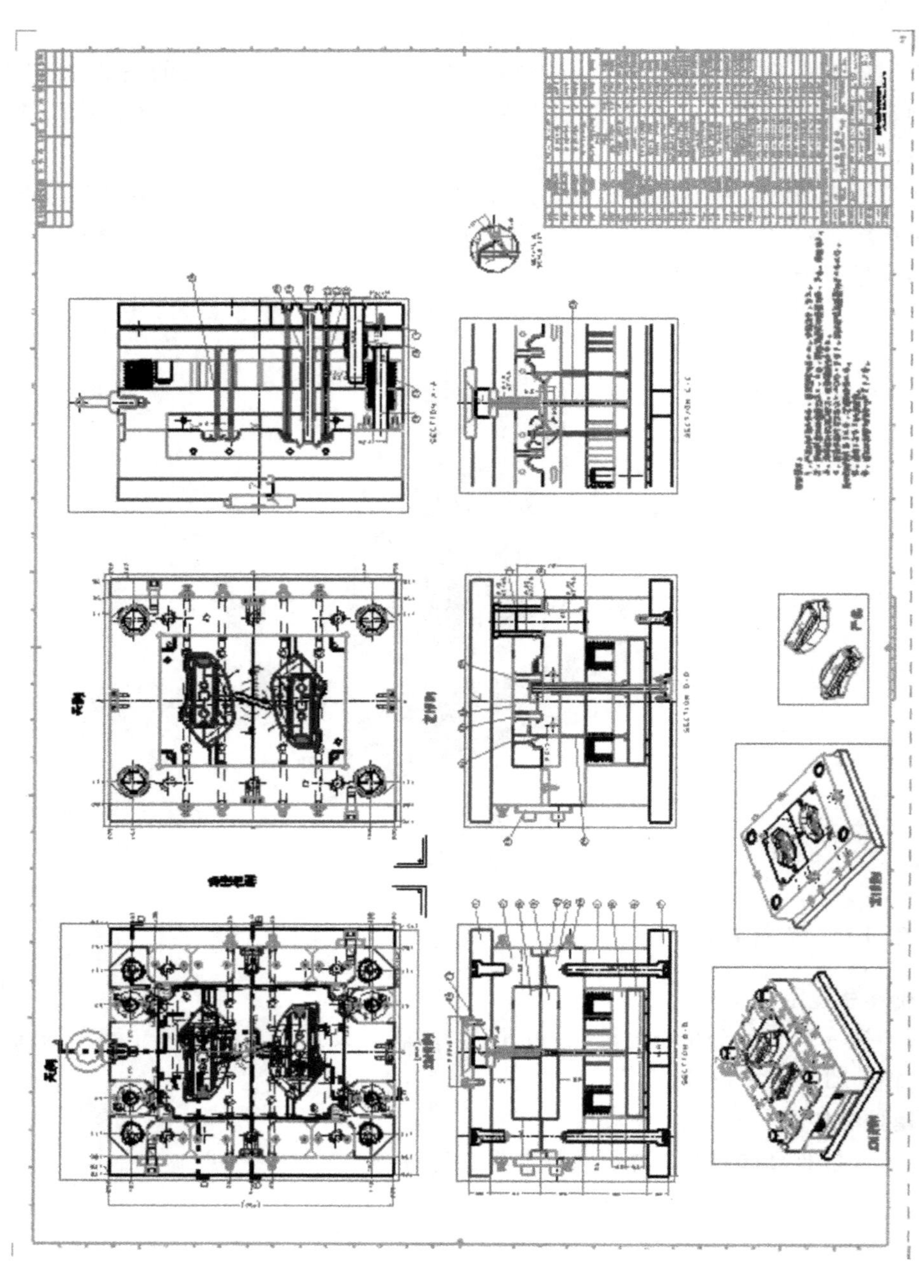

图 13-59　模具总装图(详图参见配套教学资源库)

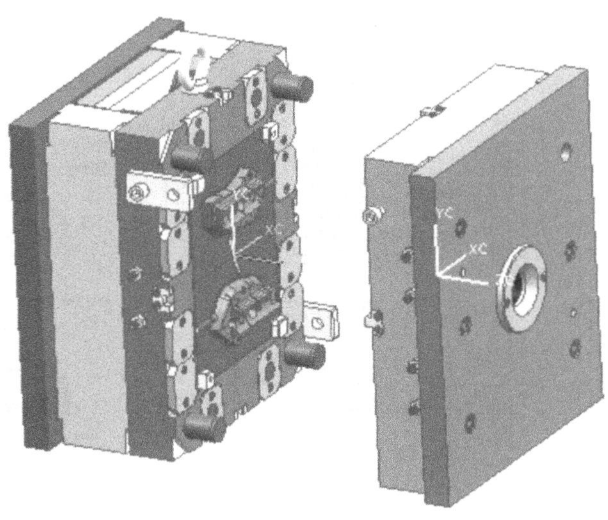

图 13-60　模具总装图(爆炸图)

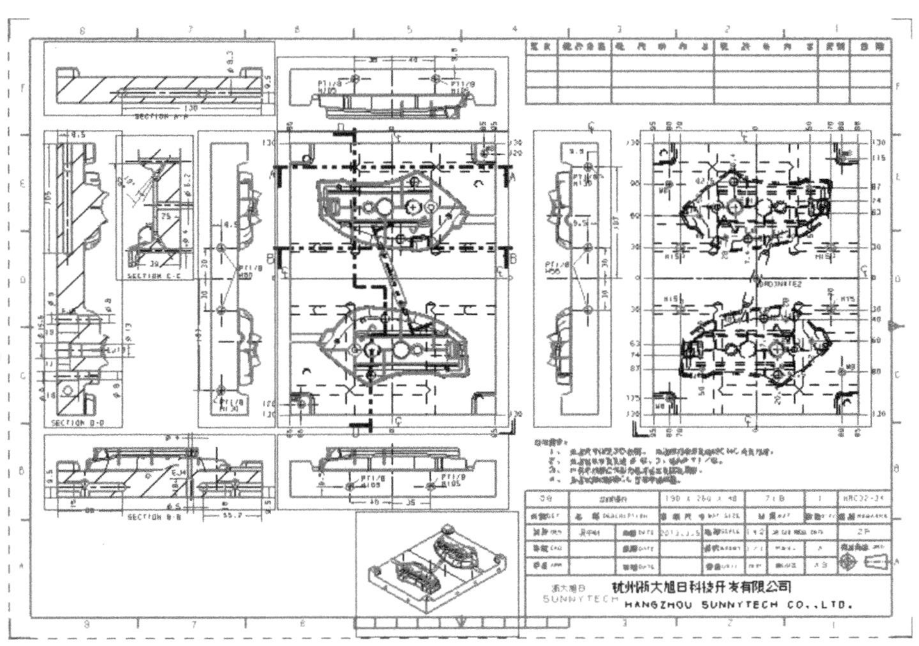

图 13-61　型芯镶件图

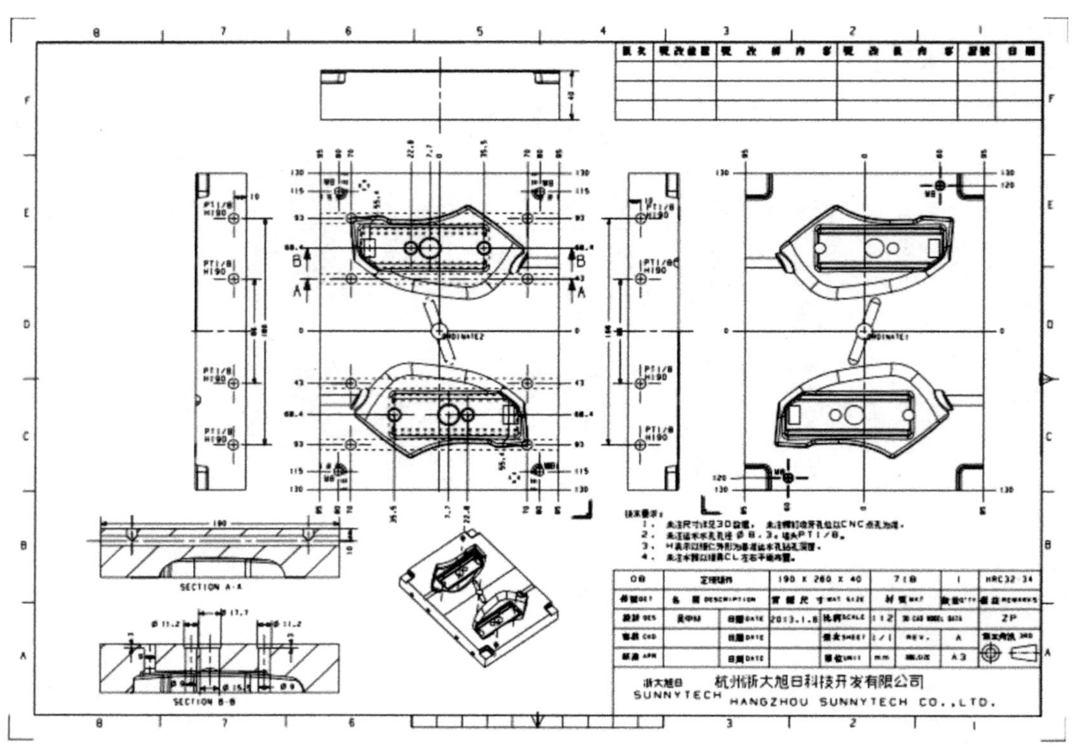

图 13-62　型腔镶件图

第 14 章　设计实例一:ZP2 塑件模具

14.1　典型二板模设计流程

二板模设计流程如图 14-1 所示。

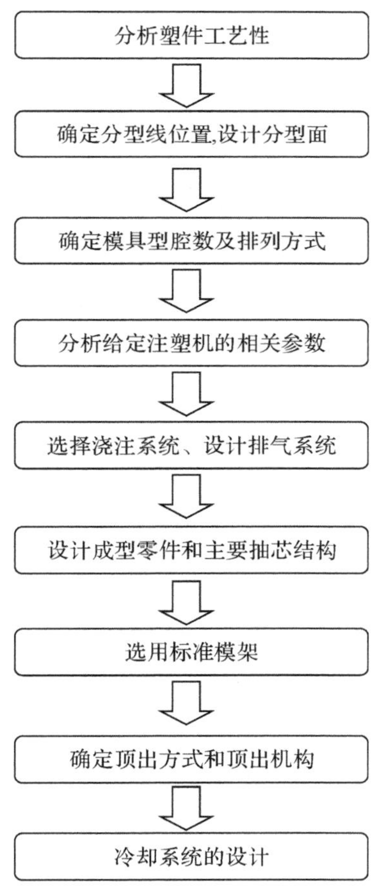

图 14-1　二板模设计流程

14.2 电器 ZP2 塑件模具设计

模具设计(客户)资料:

(1)塑件名称:ZP2;

(2)成型方法和设备:以附件"热塑性塑料注塑机的规格型号及主要技术参数(一览表)"为选择注射机的依据;

(3)塑件材料:ABS;

(4)缩水率:0.5%;

(5)技术要求:表面光洁无毛刺、无缩痕,浇口不允许设在产品外表面 ;

(6)模具布局:一模二腔,左右平衡布置;

(7)加工用毛坯材料、尺寸及规格:

序号	类别	规格/mm	硬度 HRC	特征	数量
1	钢料	130×190×40	25	磨 6 面,大平面及三面(交于一角)可作基准。	1
2	45 钢	130×190×50	25		1

(8)原始数据:参阅制件二维工程图及三维数据模型。

(9)其他:模具设计应优先选用标准模架及相关标准件;在保证塑件质量和生产效率的前提条件下,兼顾模具的制造工艺性及制造成本、使用寿命和修理维护方便;

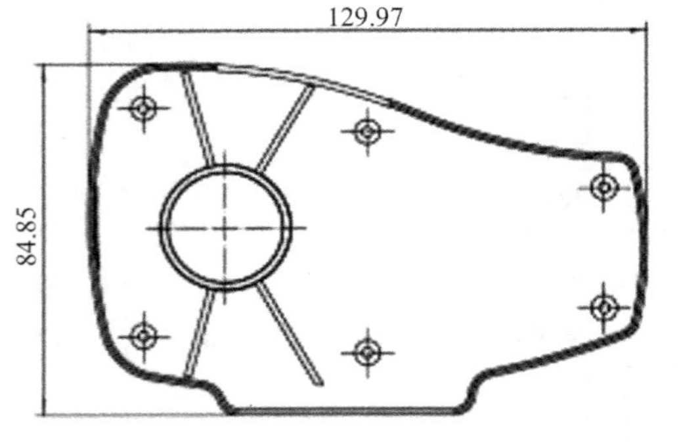

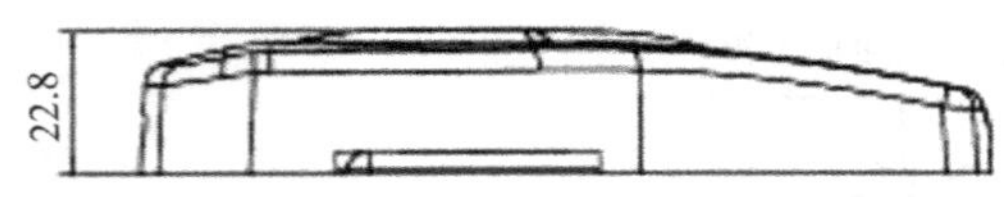

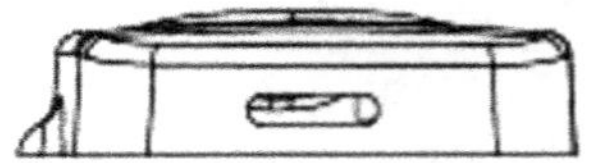

图 14-2 塑件 ZP2 二维图

任务实施:下面以电器下盖的二板模具设计为例说明

14.2.1 电器下盖塑件工艺性分析

电器下盖制品如图 14-3 所示,材料采用 ABS,结构分析:产品侧面有一处破孔,需要设计斜顶机构,中间有六个螺丝孔,需设计推管机构,产品分型线部分有凹槽,因此分型面不是平面结构。

1. 外形尺寸

该塑件外形尺寸为 86 X 131 X 23,壁厚为 1.5 mm,如图 14-3 产品结构图所示。

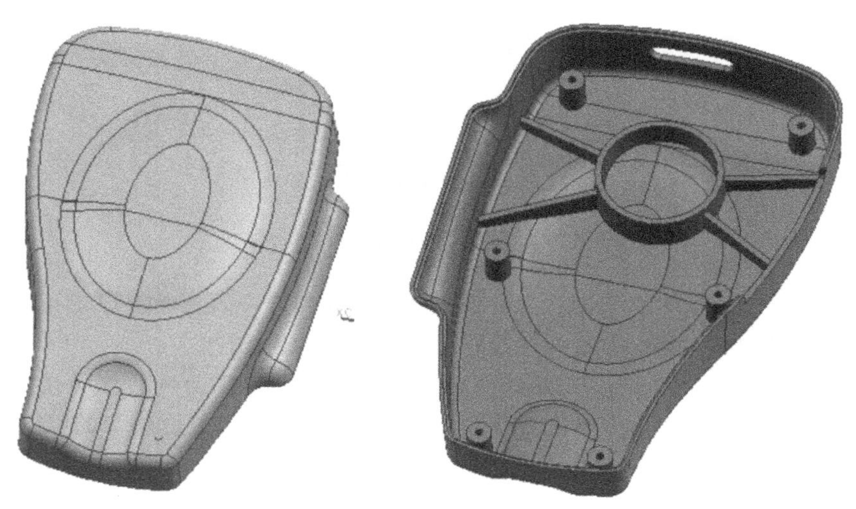

图 14-3 产品结构图

2. 脱模斜度

ABS 属于无定型塑料,成型收缩率 0.5%,该塑件脱模斜度周圈均匀都为 3°,加强筋无脱模角度,设计脱模角度 0.5°。

3. 外观要求

技术要求:表面光洁无毛刺、无缩痕,浇口不允许设在产品外表面。

14.2.2 拟定模具的结构形式

1. 分型面位置的确定

分型面位置的选择原则,可参见 5.4.2 节。

通过对塑件结构形式的分析,根据分型面选择原则,分型面应选在产品截面积最大的位置,其具体分型位置如图 14-4 所示。图 14-4 为根据分型线分析后设计的分型面。

2. 型腔数量和排列方式的确定

(1)型腔数量的确定

型腔数量的确定可参见 5.4.1 节。

该塑件外形尺寸不大,考虑到客户指定一模二腔关系,以及制造费用和各种成本费等因素,所以定为一模二腔的平衡布局结构形式。

(2)模具结构形式的确定

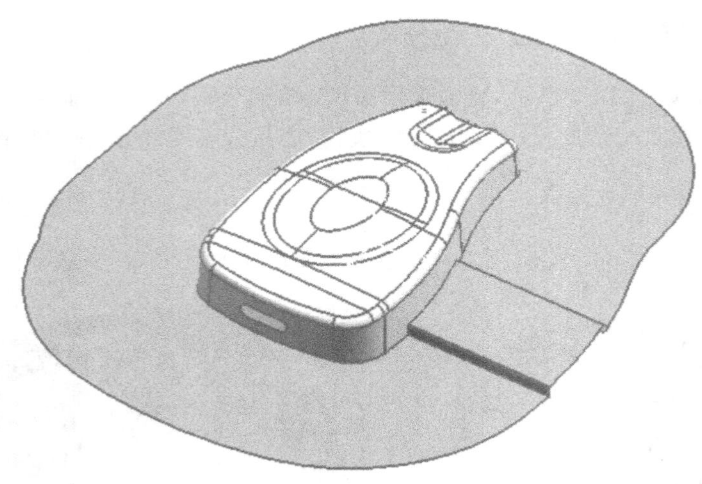

图 14-4　分型面设计

从上面的分析可知，本模具设计为一模二腔。塑件内部中间有六个螺丝孔，而且顶出阻力主要集中于塑件四周侧壁，因此可以推管顶出等常规的顶出结构。

由于该塑件浇口不允许设在产品外表面，浇口考虑设计在产品内表面潜伏式浇口。

模架方面，由上综合分析可确定为单分型面模架，因此选用龙记模架的 CI 型大水口模架比较适合。

3. 注射机型号的确定

注射机与模具的配合参数校核参见 3.3 节。

(1)注射量的计算

通过三维软件建模设计分析计算得

塑件体积：　$V_{塑}=23.33\text{cm}^3$

塑件质量：　$m_{塑}=\rho V_{塑}=23.33\times1.02\text{g}=23.8\text{g}$

式中，ρ 参考相关资料取 1.02g/cm^3。

(2)浇注系统凝料体积的初步估算

浇注系统的凝料在设计之前是不能确定准确的数值，但是可以根据经验按照塑件体积的 0.2～1 倍来计算。由于本次采用的是两点进浇，分流道简单并且较短，因此浇注系统的凝料按塑件体积的 0.2 倍来估算，估算一次注入模具型腔塑料的总体积(即浇注系统的凝料＋塑件体积之和)为：

$$V_{总}=2*V_{塑}(1+0.2)=2*23.33\times1.2\text{cm}^3=56\text{cm}^3$$

(3)选择注射机

根据第二步计算得出一次注入模具型腔的塑料总质量 $V_{总}=56\text{cm}^3$，要与注塑机

理论注射量的 0.8 倍相比配，这样才能满足实际注塑的需要。注塑机的理论注射量为：

$V_{注塑机}=V/0.8\text{cm}^3=56/0.8\text{cm}^3=70\text{cm}^3$

因此初步选定注射机理论注射容量为 220cm^3，注射机型号为 XS-ZY-125A 卧式注射机，其主要技术参数见表 14-1。

表 14-1　注射机技术参数

理论注射容量/cm^3	220	开模行程/mm	325
螺杆直径/mm	42	最大模具厚度/mm	350
注射压力/MPa	150	最小模具厚度/mm	220
注射速率/$g \cdot s^{-1}$		顶出行程/mm	100
锁模力/kN	900	顶出力/kN	33
拉杆内间距/mm	360×360	最大油泵压力/MPa	17.5

(4)注射机的相关参数的校核

①注射压力校核

ABS 所需的注射压力为 80～110MPa,这里取 $p_0=100\text{MPa}$,该注射机的公称注射压力 $p_{公}=150\text{MPa}$,注射压力安全系数 $k_1=1.25\sim1.4$,这里取 $k_1=1.4$,则:

$$k_1p_0=1.4\times100=140<p_{公}$$

所以,注射机注射压力合格。

②锁模力校核

塑件在分型面上的投影面积 $A_{塑}$,通过 3D 软件计算出投影面积为:

$$A_{塑}=8854\text{mm}^2$$

浇注系统在分型面上的投影面积,因为该塑件分流道面积小,投影面积不是很大,所以可以不计。

塑件和浇注系统在分型面上总的投影面积 $A_{总}$,由于 $A_{浇}$ 不计,侧

$$A_{总}=A_{塑}\times2=8854\text{mm}^2\times2=17708\text{mm}^2$$

③模具型腔内的熔料压力 $F_{胀}$,侧

$$F_{胀}=A_{总}\ p_{模}=2\times8854\times40\text{N}=708320\text{N}=708.32\text{kN}$$

式中,$P_{模}$ 是型腔的平均计算压力值。$P_{模}$ 通常取注射压力的 20%～40%,大致范围为 37～74MPa。对于粘度较大、精度较高的塑件应取较大值。ABS 属于中等粘度塑料及有精度要求的塑件,$P_{模}$ 取 40MPa。

查表 2-1 可得该注射机的公称锁模力 $F_{锁}=900\text{kN}$,锁模力安全系数为 $k_2=1.1\sim1.2$,这里取 $k_2=1.2$,侧

$$k_2F_{胀}=1.2F_{胀}=708.32\times1.2=850<F_{锁}$$

所以,注射机锁模力合格。

对于其他安装尺寸的校核要等到模架选定,结构尺寸确定后方可进行。

14.2.3　浇注系统设计

浇注系统的设计原则与细节参见 5.4.3 节。

1. 浇口的位置选择

该制品下盖的浇口位置可用 Moldflow 来分析得到。

从图 14-5 进浇点分析中可以看到深蓝色地方是进浇好位置,初步选择塑件中心位置作为进浇点。

由于该模具是一模二腔,浇口不允许设在产品外表面,初定为潜伏式浇口,为了平衡浇注系统,因此,浇口选择在模具的中心位置,尽量选择产品边缘位置,保证潜水式浇口尽可能

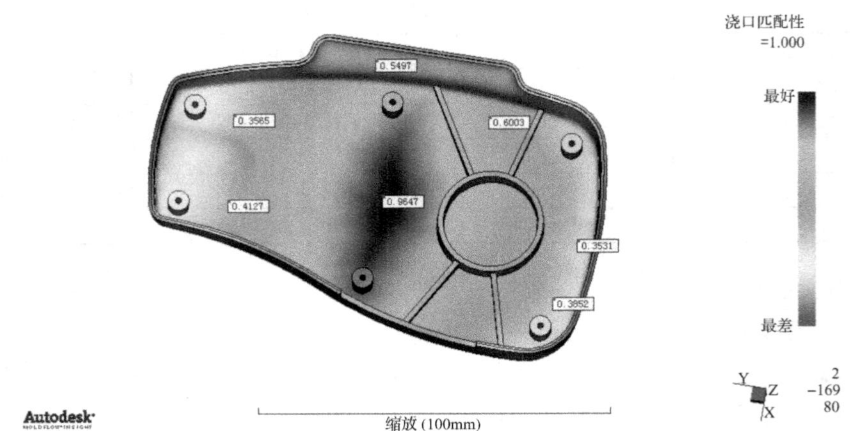

图 14-5 进浇点分析

缩短,如图 14-6 产品进浇口所示。

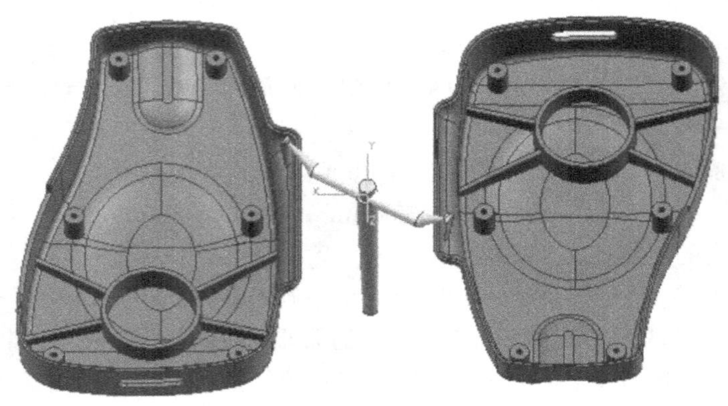

图 14-6 产品进浇口

2. 流道设计

流道的设计包括主流道设计和分流道设计两部分。

主流道通常位于模具中心塑料熔体的入口处,它将注射机喷嘴注射出的熔体导入分流道或型腔中。主流道的形状为圆锥形,以便熔体的流动和开模时主流道凝料的顺利拔出。主流道的尺寸直接影响到熔体的流动速度和充模时间。另外,由于其与高温塑料熔体及注射机喷嘴反复接触,因此设计中常设计成可拆卸更换的浇口套。还有主流道要尽可能短,减少熔料在主流道中的热量和压力损耗,图 14-7 为该模具主流道浇口套的结构图。

由于采用潜伏式浇口,模具的分流道设计在定模板的分型面处,加工比较方便。由于该塑件尺寸较小,精度较高,因此分流道采用平衡式排布,有利于熔料平衡流动,保证各型腔产品的尺寸稳定性,因此,该分流道设计为直径ϕ5mm,长度 36mm 的圆形截面如图 14-8 所示。

浇口套与定位圈的配合关系如图 14-7 所示,由于考虑到定模的强度影响,因此导致定模座板和定模板的厚度比较厚,这样导致浇口套的长度增加,而冷料的长度过长不但会导致材料的浪费,也会造成熔料热量的损失,将对产品质量造成影响。因此该模具的浇口套并没

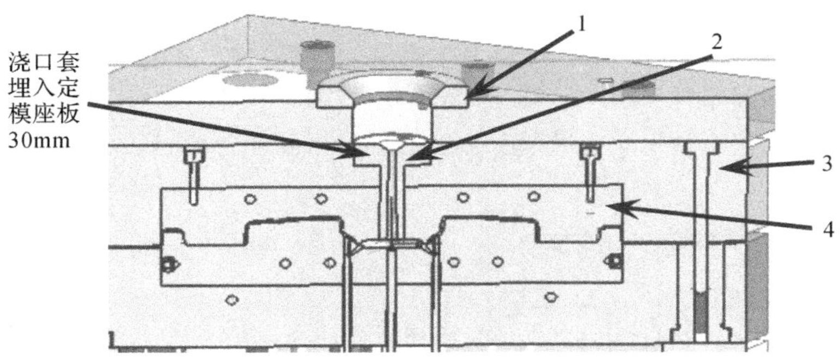

1-定位圈;2-浇口套;3-定模板;4-型腔镶块

图 14-7　浇口套与定位圈配合

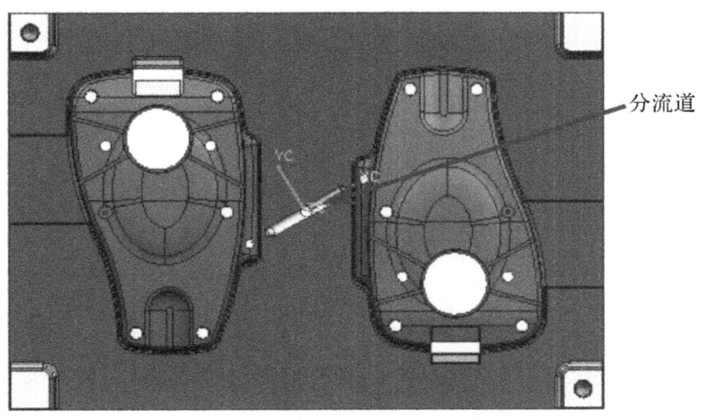

图 14-8　分流道排布形式(动模部分)

有随着模板加长,而是埋入定模座板,这样就缩短了主流道冷料的长度,但是注射机喷嘴就要加长。

3. 冷料穴的设计

冷料穴的作用是储存因两次注射间隔而产生的冷料头及熔体流动的前锋冷料,防止熔体冷料进入型腔,影响塑件的质量。在主流道末端设计有冷料井。

4. 浇口设计

在实际设计过程中,进浇口大小常常先取小值,方便在今后试模时发现问题进行修模处理,ABS 的理论参考值为 0.5～1.5mm,由于该塑件属于精密塑件,对外观要求较高,因此对该塑件进浇口先取ϕ0.5mm,如图 14-9 所示。

14.2.4　充模设计及充模分析准备【CAE】

运用华塑 CAE 软件进行充模设计具体步骤:

(1) 新建零件添加分析方案

(2) 导入 CAD 模型

(3) 充模设计

1. 新建零件

在“数据管理器”中“分析数据”分支上单击鼠标右键，弹出如图14-10新建零件所示的快捷菜单。选择“新建零件”菜单项，弹出“新建零件”对话框，如图14-11所示。在编辑框中输入零件的名称“大赛零件”，单击“确定”后“数据管理器”中“分析数据”分支下就会新建“大赛零件”子分支。

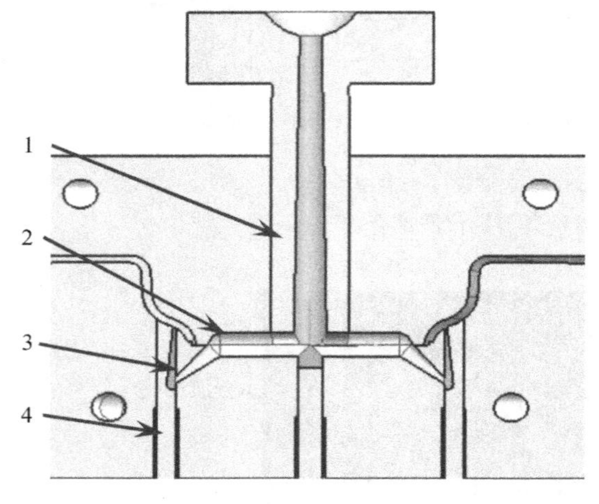

1-主流道；2-分流道；3-浇口；4-顶针

图 14-9　潜伏式浇口

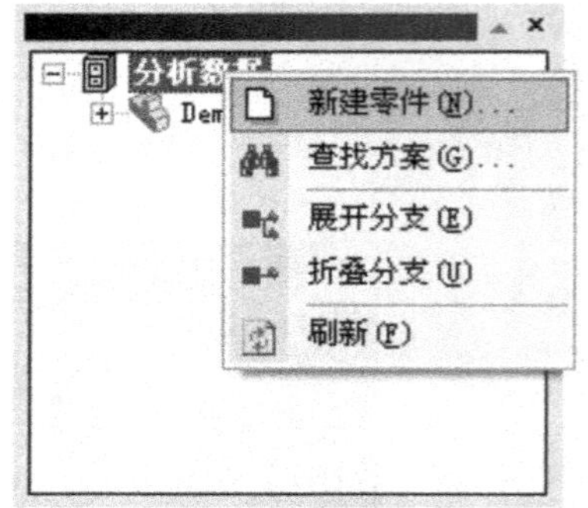

图 14-10　新建零件

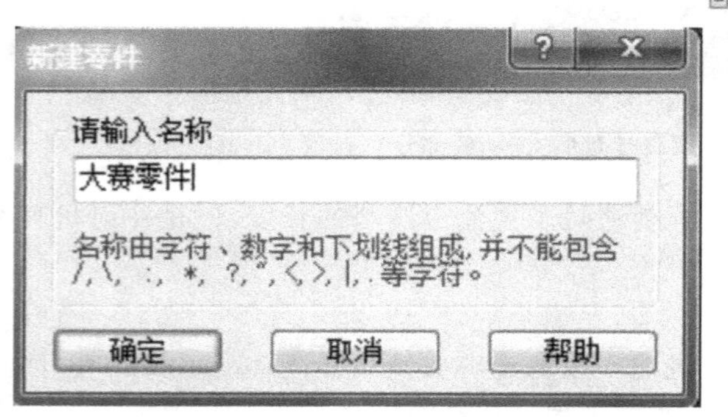

图 14-11　新建零件对话框

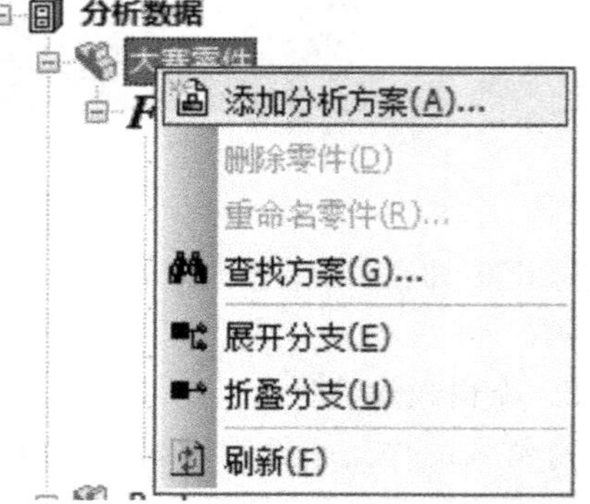

图 14-12　添加分析方案

2. 添加分析方案

在“数据管理器”中“大赛零件”分支上单击鼠标右键。弹出如图14-12所示的快捷菜单。选择“添加分析方案”菜单项，系统弹出“新建分析方案”对话框，如图14-13所示。在编辑框中输入分析方案的名称“一模二腔”。单击“确定”添加分析方案。

3. 导入 CAD 模型

在“数据管理器”中“大赛零件”目录下“分析方案——一模二腔”分支上单击鼠标右键，弹出如图14-14所示的快捷菜单。选择“导入制品图形文件”菜单项，系统弹出标准的打开文件对话框，如图14-15所示。找到该零件的目录及名称，单击“打开”按钮。

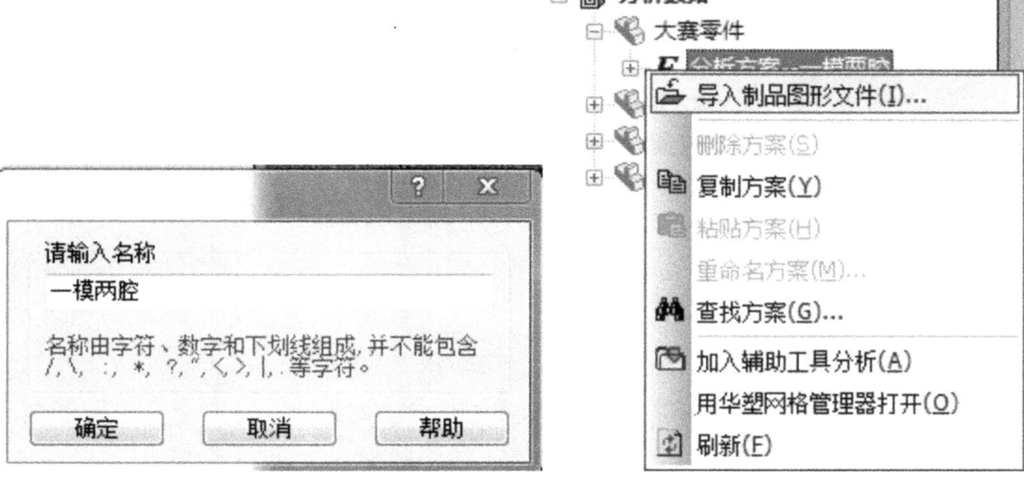

图 14-13　新建分析方案对话框　　图 14-14　导入制品图形文件

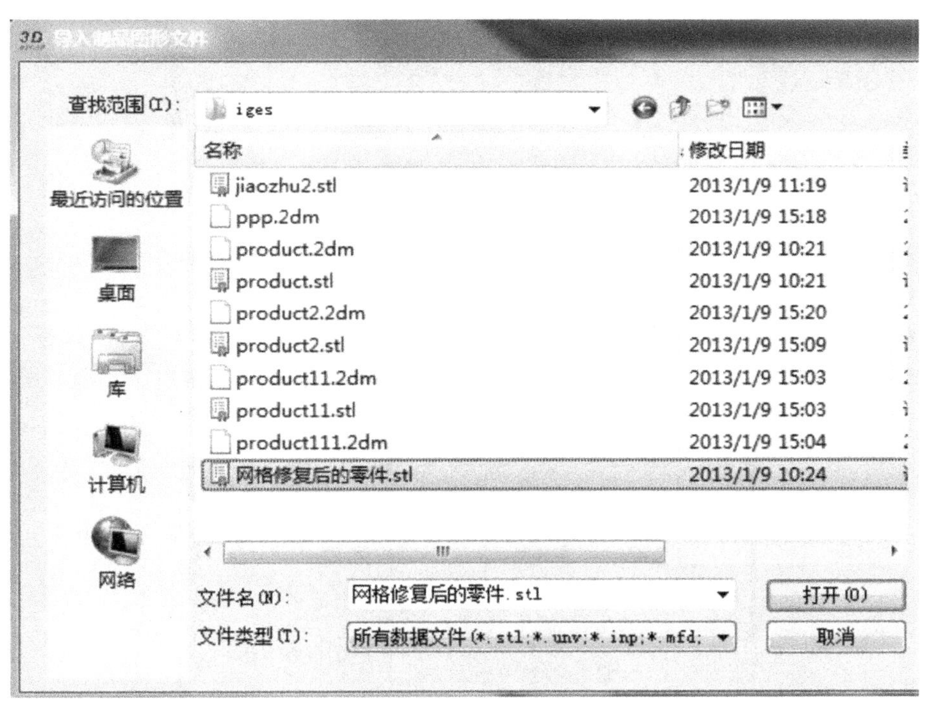

图 14-15　选择要导入的制品文件

在导入制品图形文件时,会出现如图 14-16 所示的对话框,用于尺寸单位选择和精度控制,选择单位为毫米,精细控制程度默认,确认没有选择生成四面体网格,单击“确定”。

4. 充模设计

充模设计主要是为流动、保压分析服务,主要任务是完成多型腔设计、流道系统设计和设置充模工艺条件。在“数据管理器”中“大赛零件”目录下“分析方案——一模二腔”目录下

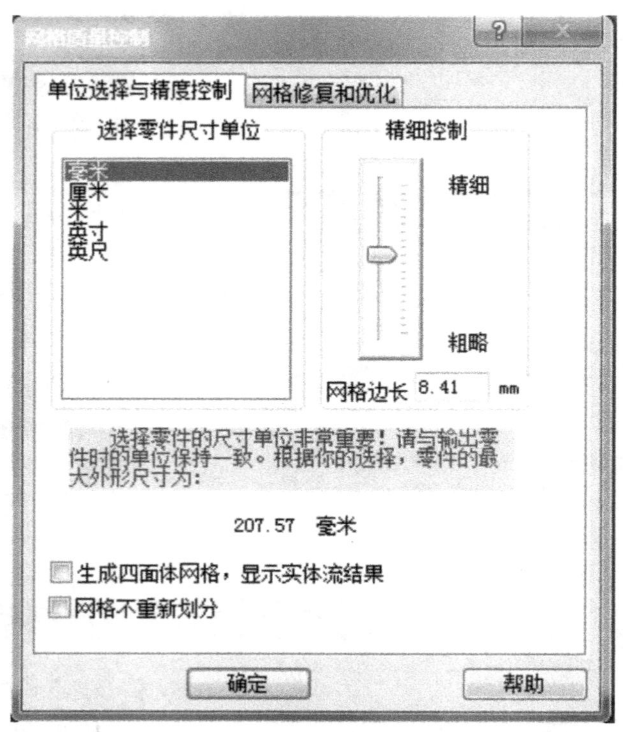

图 14-16 单位选择与精度控制

双击“充模设计”就可以进入充模设计窗口。

设计脱模方向

选择“设计”菜单中“设计脱模方向”菜单项，出现如图 14-17 所示对话框，选择“X-Y”平面为分模面，即脱模方向为(0,0,1)，单击确定就可以看到充模设计窗口中出现一条带箭头的直线。箭头指向脱模方向。

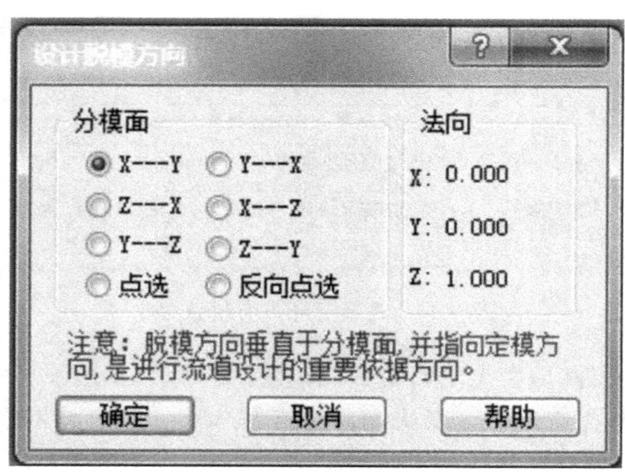

图 14-17 设计脱模方向

(1) 导入流道并设计流道

选择“设计”菜单中的“导入流道”菜单选项,如图 14-18 所示。选择从 UG 中导出来的流道的 iges 文件,如图 14-19 所示。创建完成的流道效果图如图 14-20 所示。

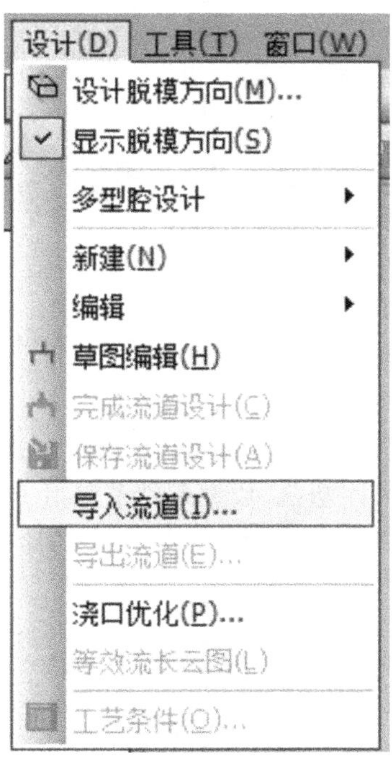

图 14-18　导入流道

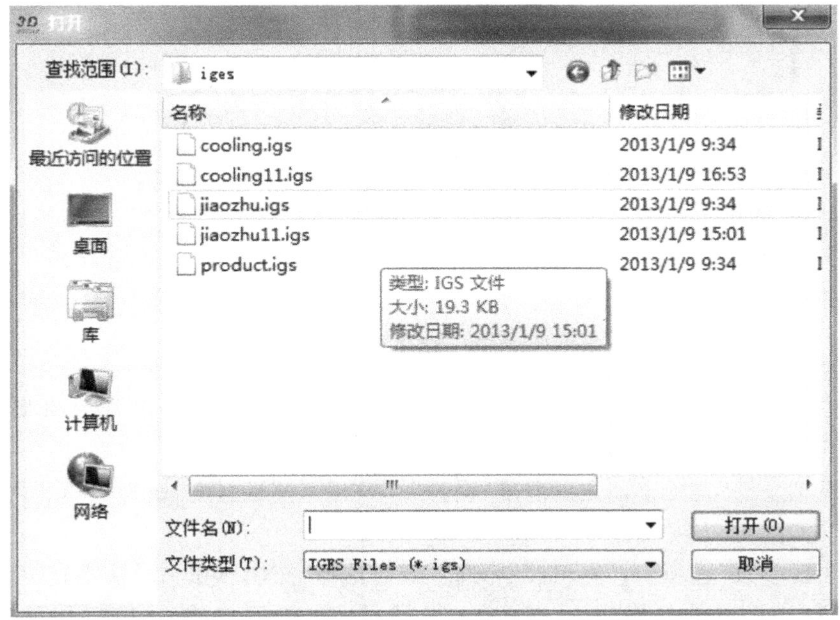

图 14-19　选择要导入的流道文件

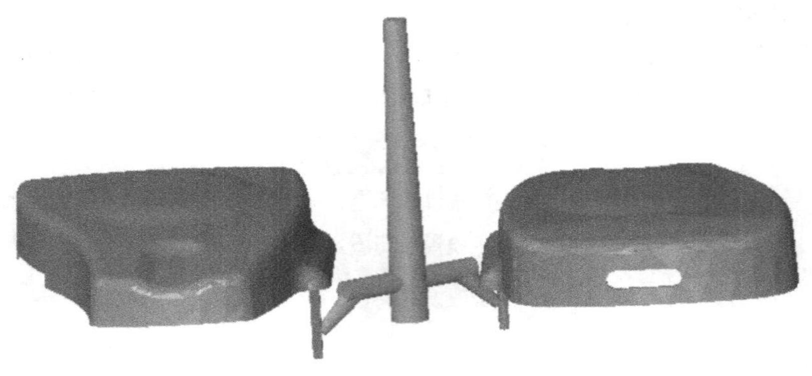

图 14-20　设计完成流道效果图

（2）设置工艺条件

选择“设计”菜单中“工艺条件”菜单项。屏幕上弹出“成型工艺”对话框，如图 14-21 所示，该对话框用于设置塑料材料、注塑机、成型条件及注射方式。

选择“制品材料”选项卡，在“材料种类”栏中选择“ABS”塑料，在“商业名称”栏中选择“780”，如图 14-21 所示。

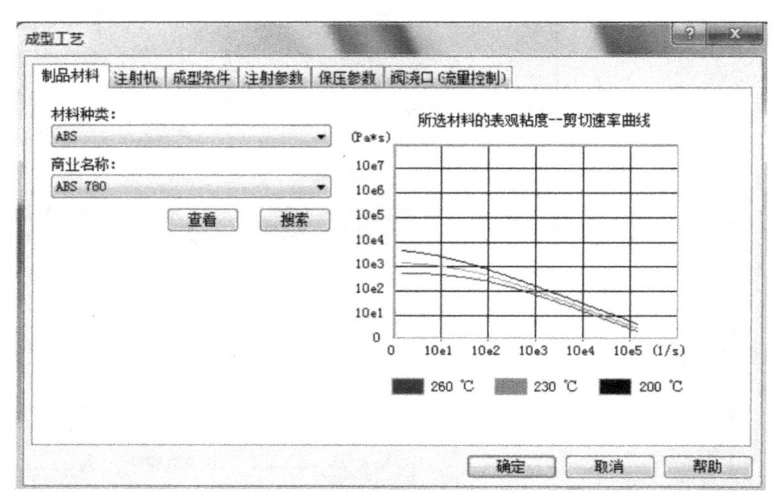

图 14-21　选择制品材料

选择“注射机”选项卡，在“注射机制造商”栏中选择“Generic”，在“注射机型号”栏中选择“100 ton”的注射机，如图 14-22 所示。

选择“成型条件”选项卡，“注射温度”设为“230℃”，“模具温度”设为“40℃”，“环境温度”设为“20℃”，如图 14-23 所示。

选择“注射参数”选项卡，“充填控制方式”选择选择“充填体积％－流动速度％”，“总充模时间” 设为“4s”，其他参数默认，如图 14-24 所示。如果用户需要启动“分级注射曲线优化”功能，则在设置工艺条件前必须进行过流动分析，即快速分析或者详细分析。一般过程是这样的：用户首先设注射参数为自动控制，然后启动快速充模分析，分析结束后返回充模

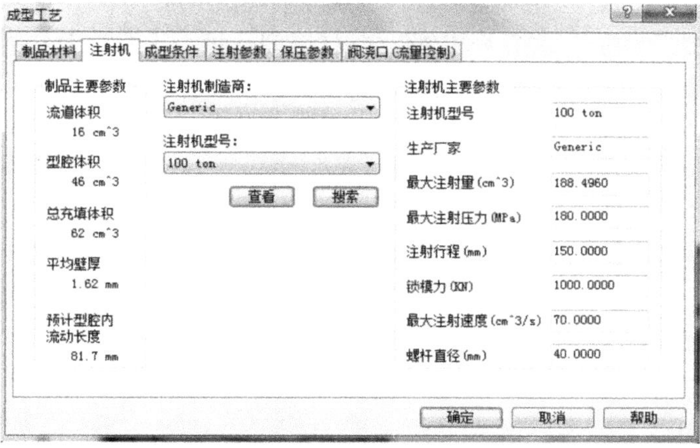

图 14-22　选择注射机

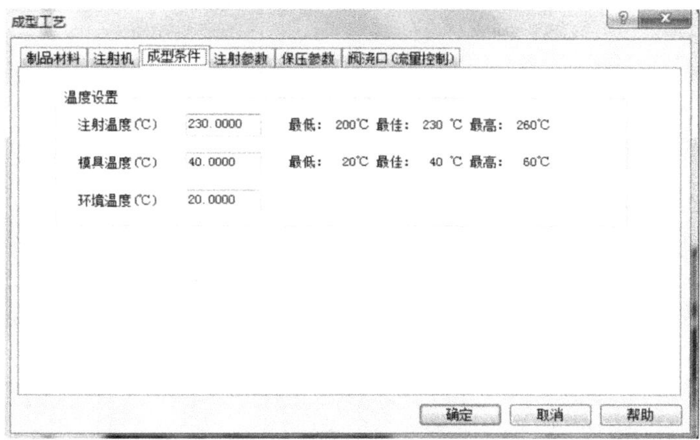

图 14-23　设置成型条件

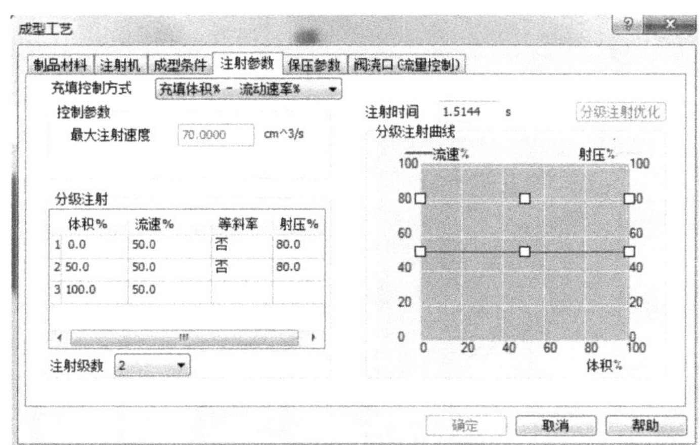

图 14-24　设置注射参数

设计窗口重新设置工艺条件，此时就能进行分级注射曲线优化。

选择“保压参数”选项卡。“保压控制”选择“时间—最大机器注射压力%”，并勾选自动时间控制，其他参数默认，如图 14-25 所示。

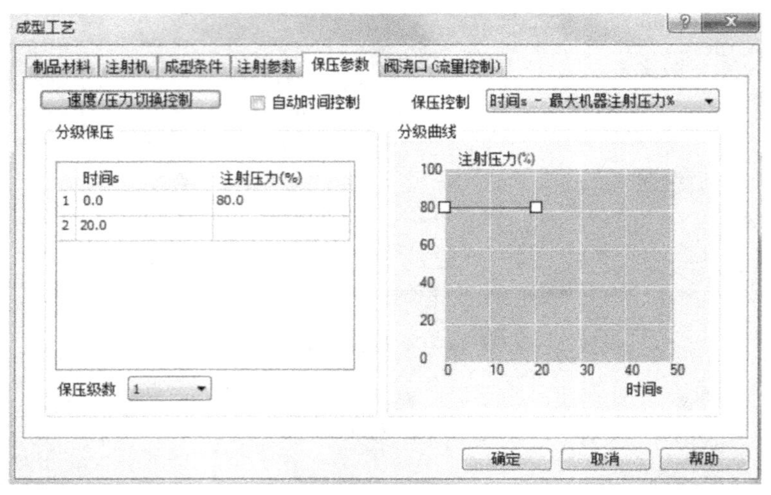

图 14-25　设置保压参数

14.2.5　成型零件结构设计

1. 成型零件的结构设计

成型零件的设计原则参见 5.1 节。

(1)型腔件的结构设计

型腔件是成型塑件的外表面的成型零件。按凹模结构的不同可将其分为整体式、整体嵌入式、组合式和镶拼式四种。本设计中采用整体嵌入式凹模结构。型腔的主体采用整体嵌入式结构，如图 14-26 所示。

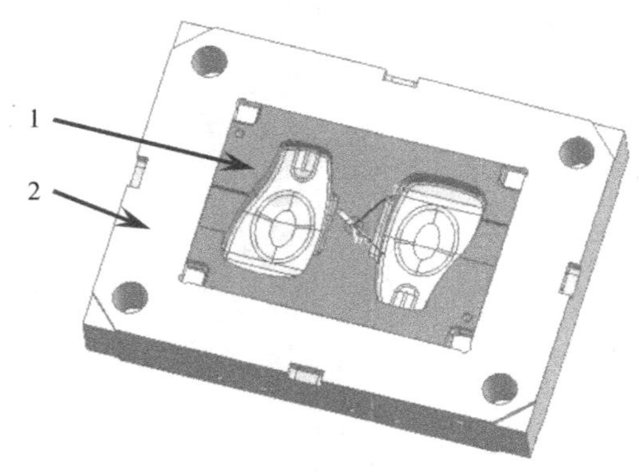

1-镶块;2-定模板

图 14-26　型腔整体嵌入式结构

(2)型芯件的结构设计

型芯是成型塑件内表面的成型零件,通常可以分为整体式和组合式两种类型。通过对塑件的结构分析,本设计中采用整体嵌入式与局部镶拼式结合。主要分型面采用整体嵌入式结构,如图 14-27 所示。而在产品的有一处大圆孔,圆孔加工及成型时候易产生困气,因此采用局部镶块形式,方便加工及更换型芯小镶件,镶块的结构形式如图 14-28(b)所示,采用台肩形状镶在定模镶块内,由于下面有动模板,因此不需要螺钉固定。

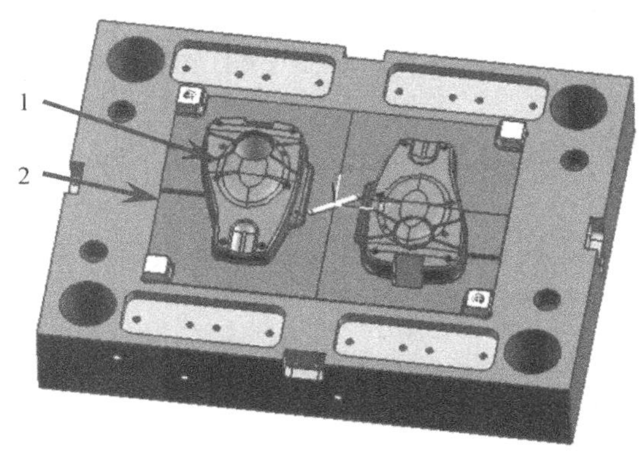

1-镶块;2-动模板

图 14-27 型芯整体嵌入式结构

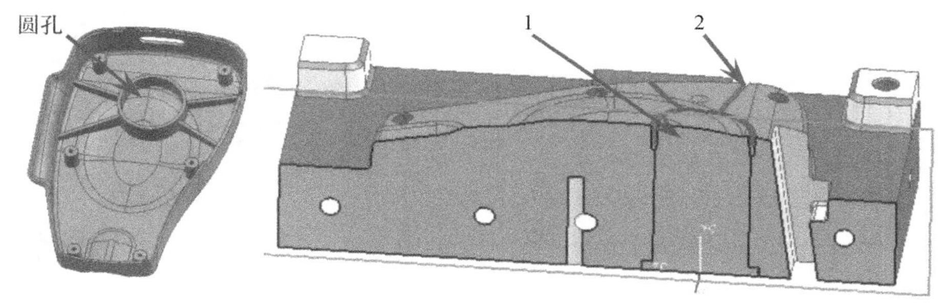

1-小型芯镶块;2-型心整体镶块

图 14-28 型芯局部镶拼结构

2. 成型零件钢材选用

根据成型塑件的综合分析,该塑件属于外观件,对成型效果要求高,要求钢材具有抛光性能好,防锈防酸能力极佳,并具有足够的刚度、强度,同时考虑它的机械加工性能和抛光性能,所以构成型腔的嵌入式凹模和凸模选用是 45#,并淬火热处理。

14.2.6 模架选取

模架选择的原则及型号参见 5.4.6 节。

根据整体嵌入式的外形尺寸,塑件进浇方式为潜伏式进浇,又考虑导柱、导套的布置等,再同时参考注射模架的选择方法,可确定选用大水口 CI3040 型(即宽×长=300mm×400mm)模架结构。

1. 各模板尺寸的确定

(1)定模板尺寸

定模板要开框装入整体嵌入式型腔件,,加上整体嵌入式型腔件上还要开设冷却水道,嵌入式型腔件高度为 40mm,还有定模板上需要留出足够的距离引出水路,且也要有足够的强度,故定模板厚度取 70mm。

(2)动模板尺寸

具体选取方法与定模板相似,由于动模板下面是模脚,特别是注射时,要承受很大的注射压力,所以相对定模板来讲镶件槽底部相对厚一些,故动模板厚度取 70mm。

(3)模脚尺寸

模脚高度=顶出行程+推板厚度+顶出固定板厚度+5mm=30+25+20+5=80,所以初定模脚为 90mm。

经上述尺寸的计算,模架尺寸已经确定为 CI3040 模架。其外形尺寸:宽×长×高=350mm×400mm×291mm,如图 14-29 所示。

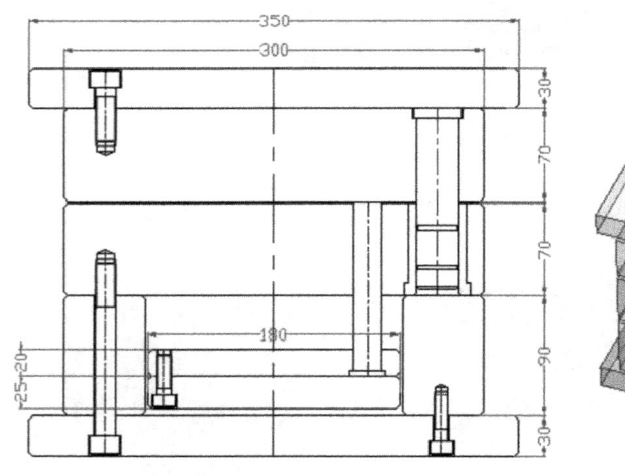

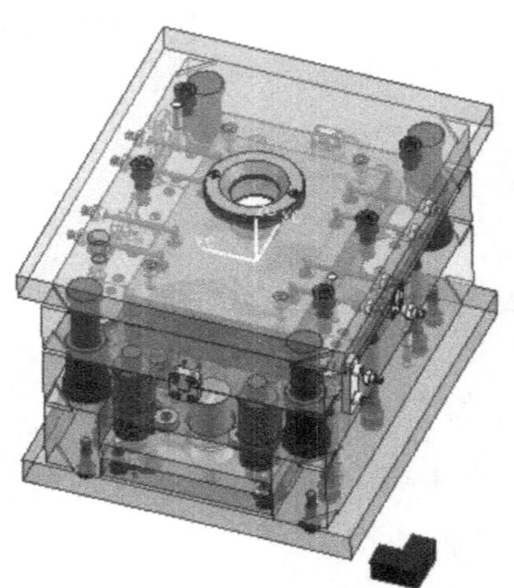

图 14-29　模架图

2. 模架各尺寸的校核

根据所选注射机来校核模具设计的尺寸。

(1)模具平面尺寸

350mm×400<360mm×360mm(拉杆间距),校核合格。

(2)模具高度尺寸

220mm<291mm<350mm(模具的最大厚度和最小厚度),校核合格。

(3)模具的开模行程

74mm(凝料长度)+2×28mm(2 倍的产品高度)+10mm(塑件推出余量)=117mm<325mm(注射机开模行程)

校核合格。

14.2.7 抽芯机构设计

在该制品侧面设计有一处破孔,影响了塑件脱模,而且也无法与动模形成靠破,由于该制品外观表面要求不允许有结合线,因此必须在动模侧设计斜顶抽芯机构。

该斜顶抽芯的设计细节为:

(1) 结构参数

斜顶斜角为 8°,抽芯距为 4mm,需要的顶出行程为 4/tan8°=28.5mm。而模架所能提供的顶出行程为 40,因此完全能够满足斜顶的抽芯行程。

(2) 斜顶固定形式

由于斜顶的角度及模板大小限制,因此固定方式采用工字槽镶在推板的滑座上,另外为了提高斜顶杆的强度,在模具中把斜顶杆缩短,相应地提高了滑座的高度,滑座至产品高度最小为 86mm,也满足抽芯距所需的顶出行程。

(3) 模板工艺处理

为了减少斜顶与模板之间的配合面,在动模板底部设置有扩孔,这样可以减少重复配合,使斜顶的滑动更加顺畅,如图 14-30 所示。

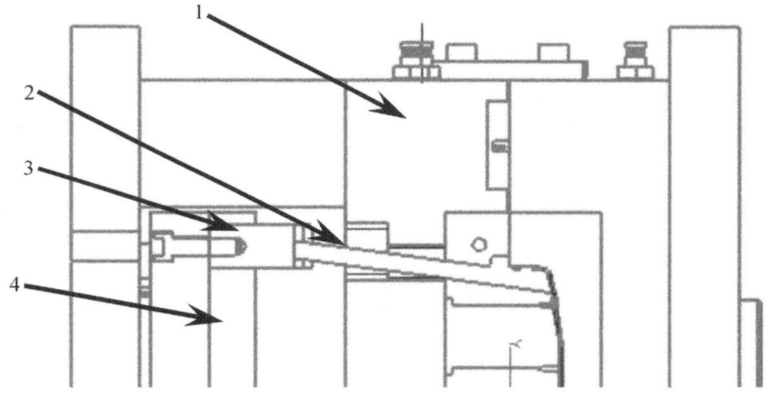

1-动模板;2-斜顶杆;3-滑座;4-面针板

图 14-30 斜顶设计图

14.2.8 排气设计

模具排气系统的设计知识点参见 5.4.8 节。

当塑料熔体充填型腔时,必须有序地排出型腔内的空气及塑料受热产生的气体。如果气体不能被顺利地排出,塑件会由于充填不足而出现气泡、接缝或表面轮廓不清等缺点;甚至因气体受压而产生高温,使塑料焦化。该模具利用配合间隙排气的方法,即利用分型面之间的间隙进行排气,并利用镶块、推管与型芯之间的配合间隙进行排气。

14.2.9 顶出机构设计

顶出机构的设计知识点参见 5.4.5 节。

本塑件采用顶杆+推管顶出,均匀分布在塑件的各个包紧力较大的位置。如图 14-31 所示。

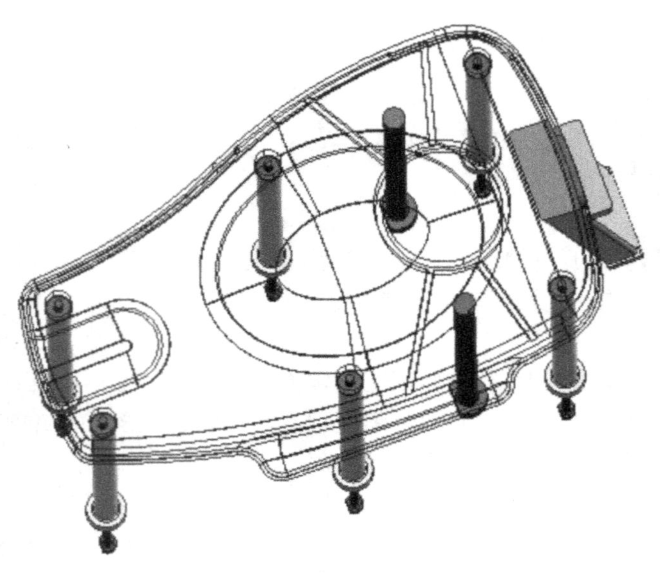

图 14-31　顶出机构

14.2.10　冷却系统设计

冷却系统设计结构及原则参见 5.4.4 节。

ABS 属于中等粘度材料，其成型温度及模具温度分别为 200℃和 50～80℃。所以，模具温度初步选定为 50℃，用常温水对模具进行冷却。

冷却系统设计时忽略模具因空气对流、辐射以及与注射机接触所散发的热量，按单位时间内塑料熔体凝固时所放出的热量应等于冷却水所带走的热量。

型腔的成型面积比较平坦，比较适合直通式冷却回路，如图 14-32 所示。而动模部分的

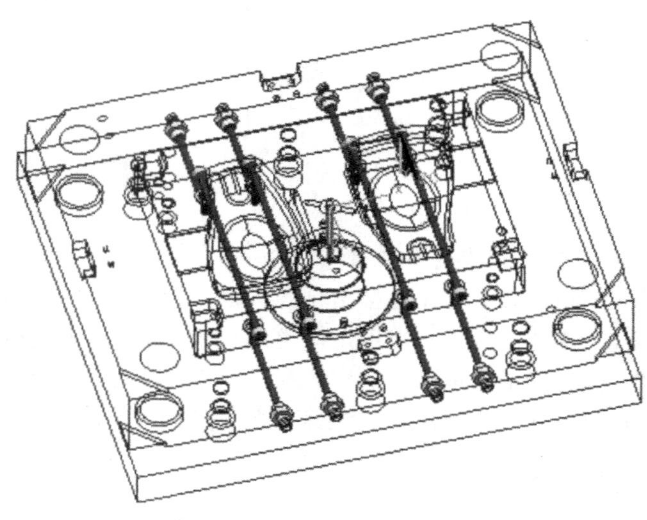

图 14-32　型腔冷却回路截面图

镶块内部结构复杂,适合环绕式水路,如图 14-33 所示,并在冷却水槽周围设计上密封圈,对水路的运行进行有效地密封。

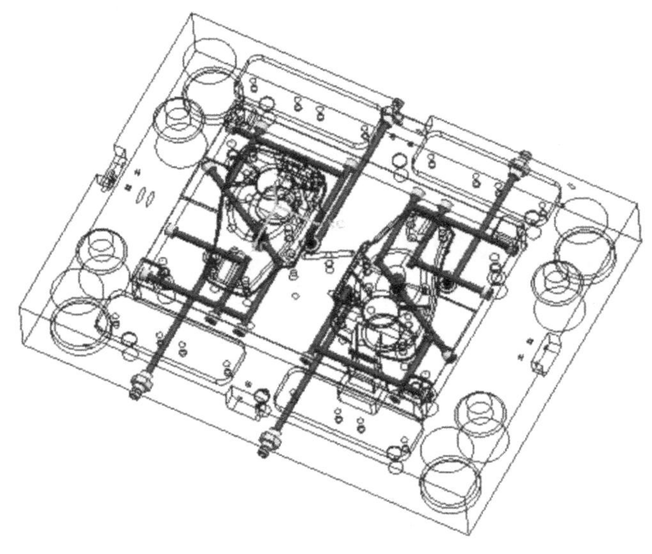

图 14-33 型芯冷却回路截面图

14.2.11 冷却翘曲分析【CAE】

1. 冷却设计

在"数据管理器"中"大赛零件"目录下"分析方案——一模二腔"目录下双击"冷却设计",进入冷却设计窗口。首先选择"设计"菜单中"动定模设计"菜单项,弹出如图 14-34 所示对话框,按图设定虚拟型腔参数。

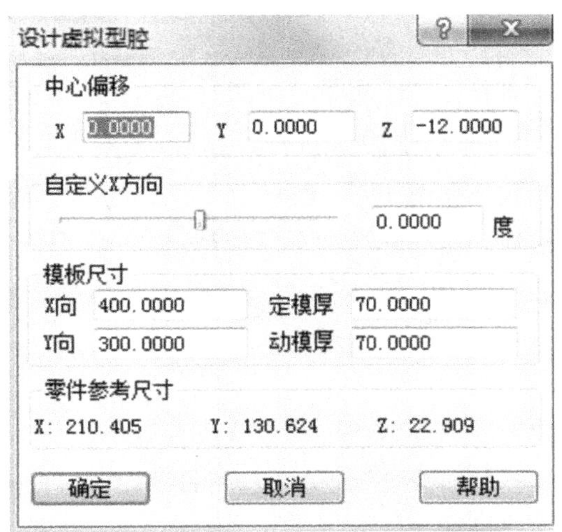

图 14-34 设计虚拟型腔

现在开始添加型腔回路。在“冷却管理器”中“草绘回路”分支上点击鼠标右键，弹出如图 14-35 所示快捷菜单。选择“添加回路”菜单项，确定回路直径为 6mm。

使用冷却设计工具栏上的工具，创建型腔冷却回路草图。然后按住 Shift 键，点击其中一个冷却实体则与其相连的所有实体都被选中，将选中的实体移动到相应的回路中。注意在 HSCAE 3D 7.1 中所有新建的冷却实体在刚建立时与回路是独立的，都需要移动到相应的回路中去。

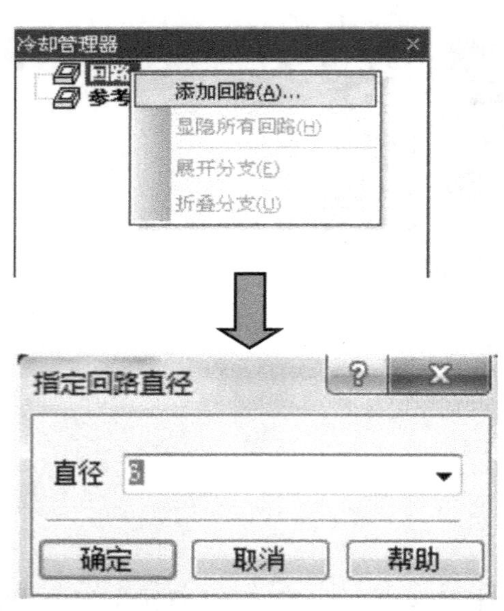

图 14-35　添加回路

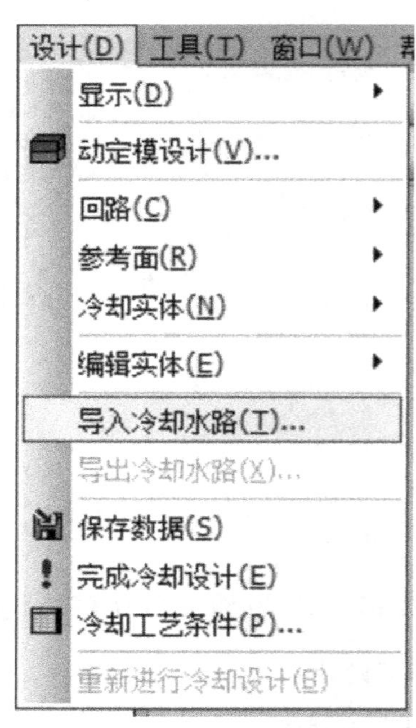

图 14-36　导入冷却水路

由于在 UG 中已经设计好了冷却水管，直接在 UG 中到处冷却水管的 iges 图，然后再 HSCAE 中选择“设计”菜单栏中的“导入冷却水路”选项，如图 14-36 所示。然后再选择相应的冷却水管的 iges 文件，如图 14-37 所示。导进冷却水路，如图 14-38 所示。

之后再创建隔板。点击工具栏中的按钮，然后再将隔板两端端点选为冷却水管中对应的两点，并设置相应的参数。如图 14-39 所示。

同理，创建另外一块隔板。设计完冷却水路曲线之后，选中某一条冷却回路，然后点击工具栏中的“移动到别的回路”按钮，依次移动其他的冷却水路到相应的回路中。而后点击某一条回路，右键单击，选择“完成回路”，如图 14-40 所示。

2. 翘曲设计

在“数据管理器”中的“大赛零件”目录下的“分析方案——一模二腔”目录下，双击“翘曲设计”分支进入翘曲设计窗口。翘曲设计对于翘曲分析是非必需的，本实例不进行翘曲设计。

3. 开始分析

在“数据管理器”中的“大赛零件”目录下的“分析方案——一模二腔”目录下，双击“开始

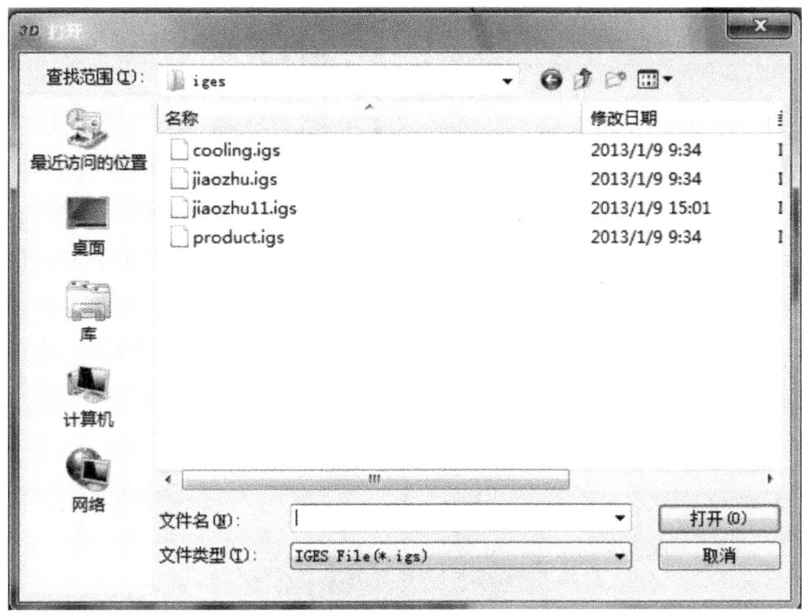

图 14-37　选择冷却水路文件

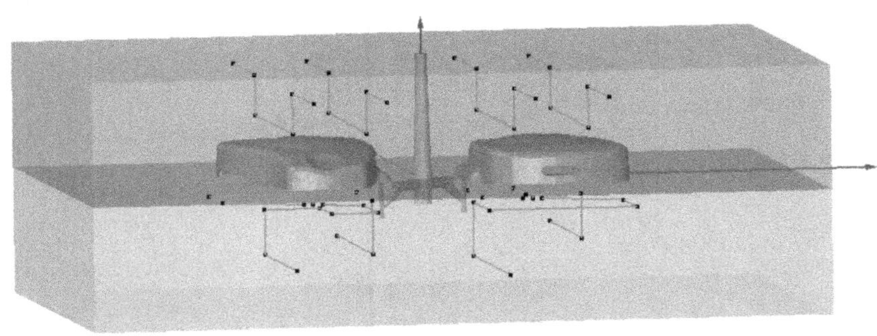

图 14-38　修改后的冷却水路

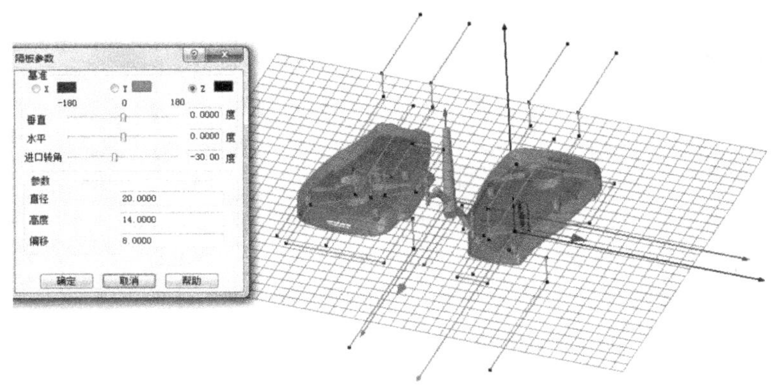

图 14-39　镜像设计冷却水路

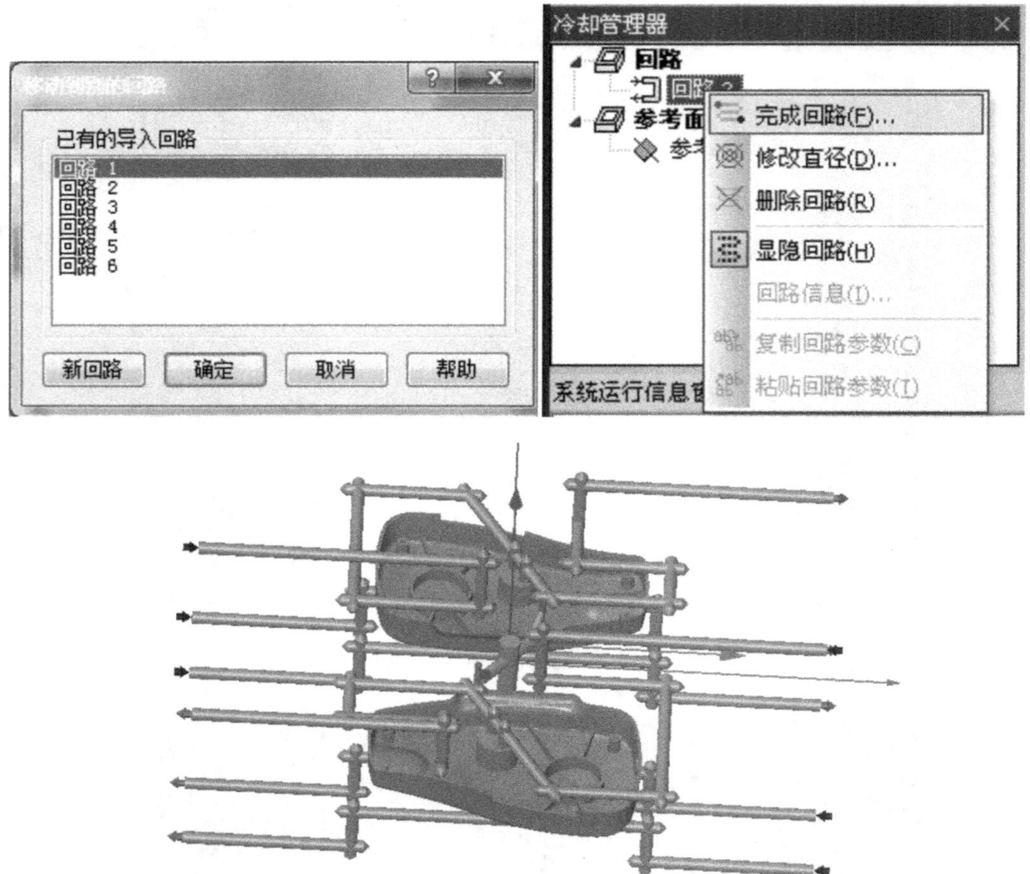

图 14-40　最终水路图

分析”分支进入分析窗口。在工具栏点击开始分析按钮“▶”，弹出启动分析对话框，如图14-41所示。选择详细分析、保压分析、冷却分析、应力分析及翘曲分析，单击“启动”按钮开始分析。在分析信息输出窗口可查看分析过程中的相关信息。

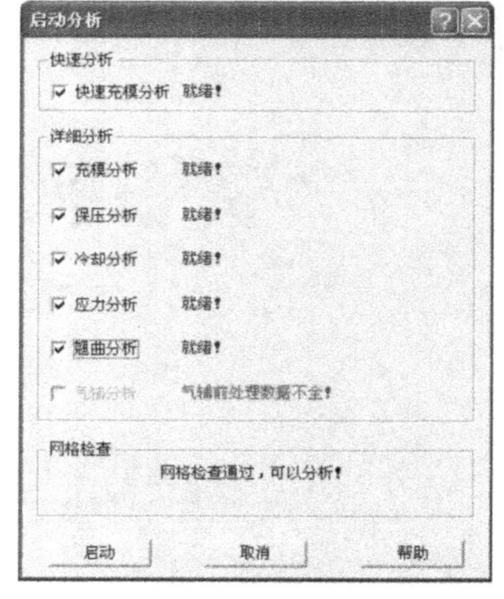

图 14-41　启动分析对话框

4. 后置处理

在“数据管理器”中的“大赛零件”目录下的“分析方案——一模二腔”目录下，双击“分析结果”分支进入分析结果查看窗口。在“流动”、“冷却”及“翘曲”菜单中选择相应菜单项可以查看各种结果。部分结果如图 14-42 至图 14-57 所示。

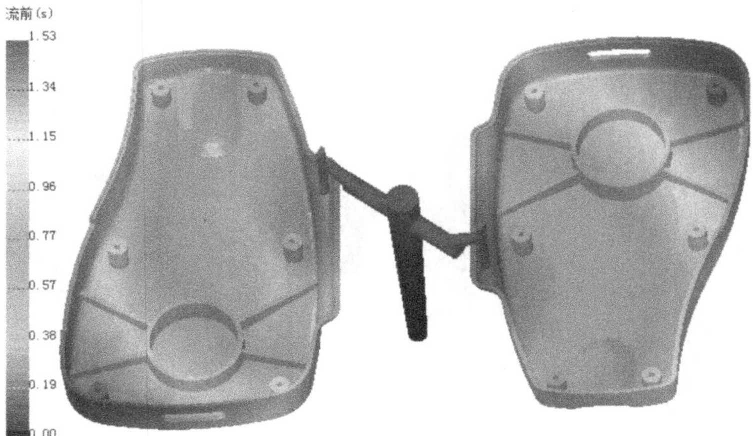

图 14-42　流动前沿

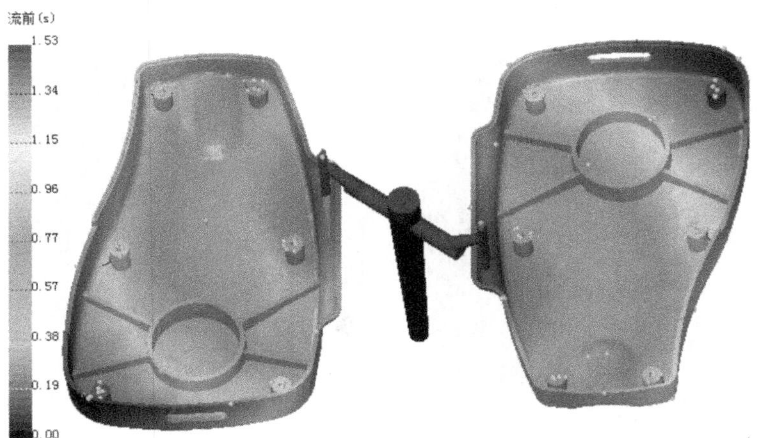

图 14-43　熔合纹、气穴

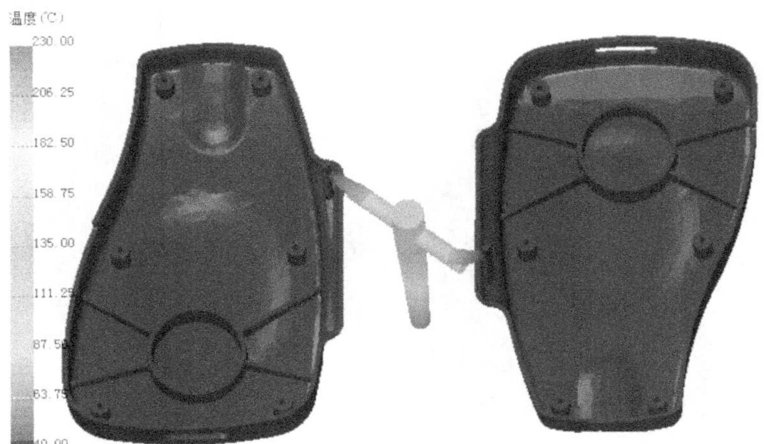

图 14-44　温度场

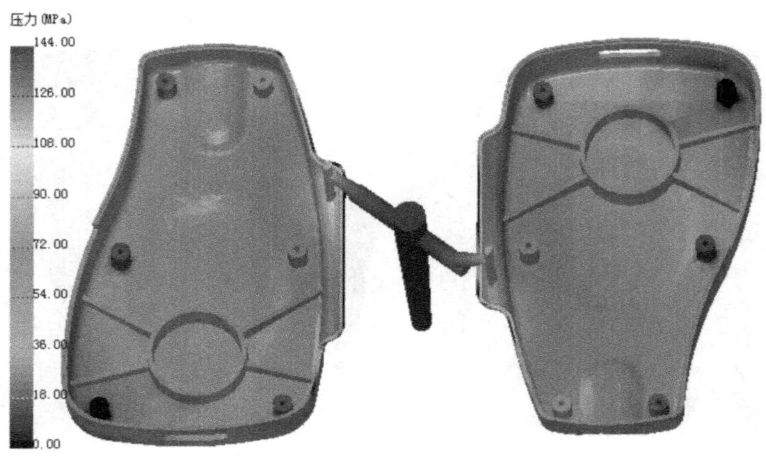

图 14-45　压力场

图 14-46　剪切力场

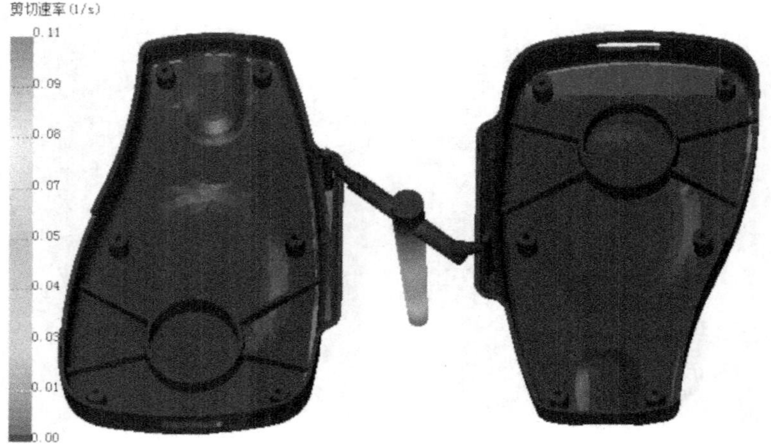

图 14-47　剪切速率场

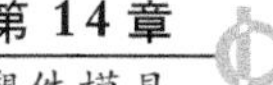

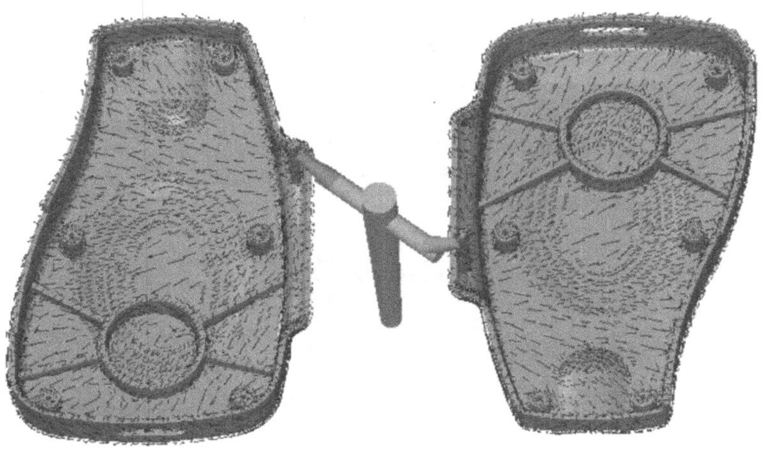

图 14-48　表面定向

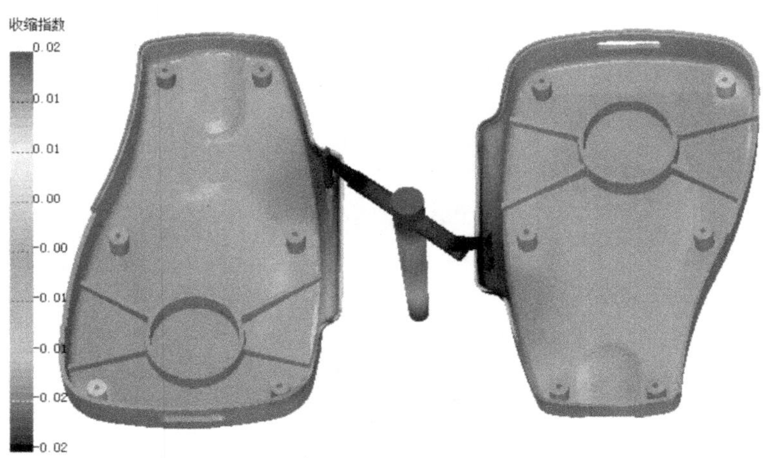

图 14-49　收缩指数

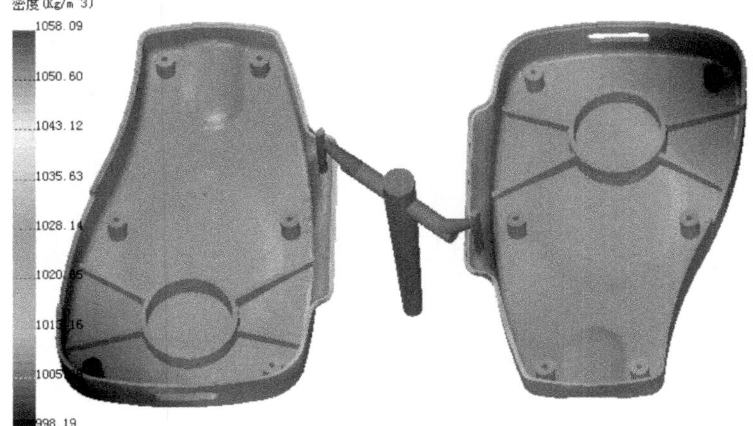

图 14-50　密度场

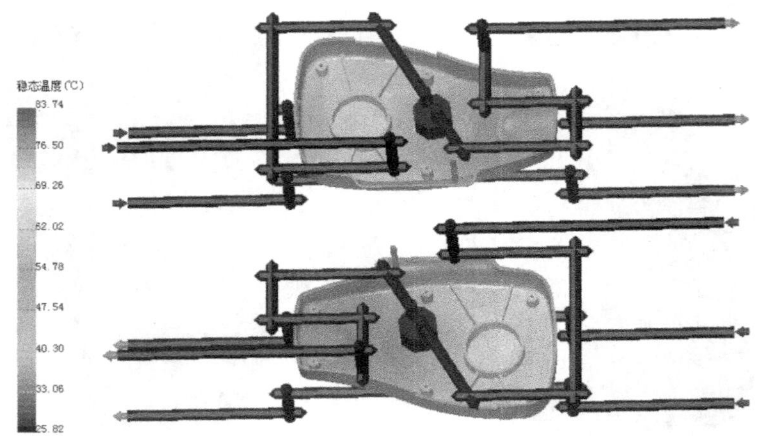

图 14-51　稳态温度场

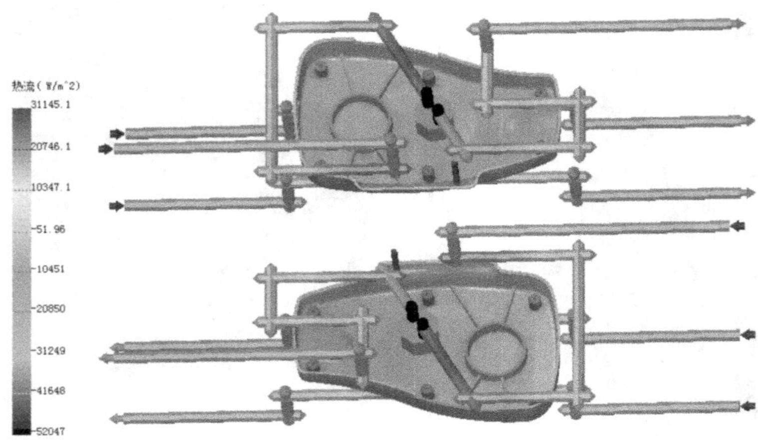

图 14-52　热流密度场

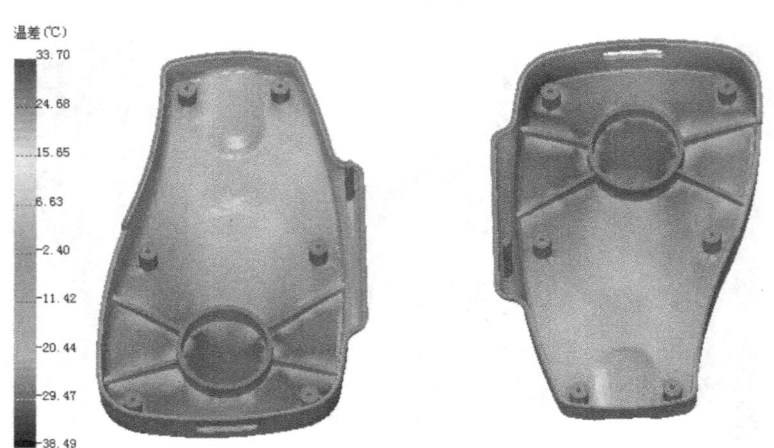

图 14-53　型芯型腔温差

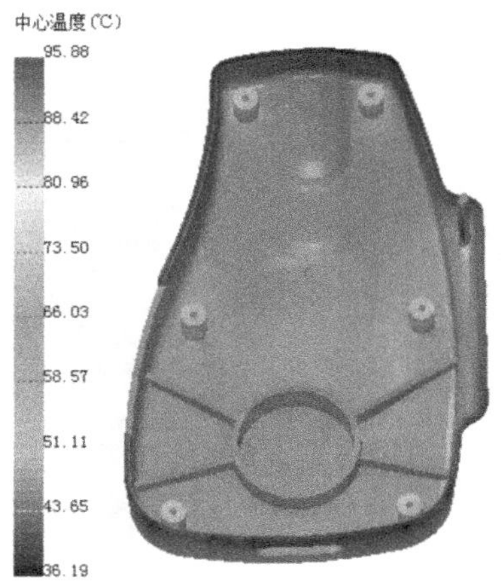

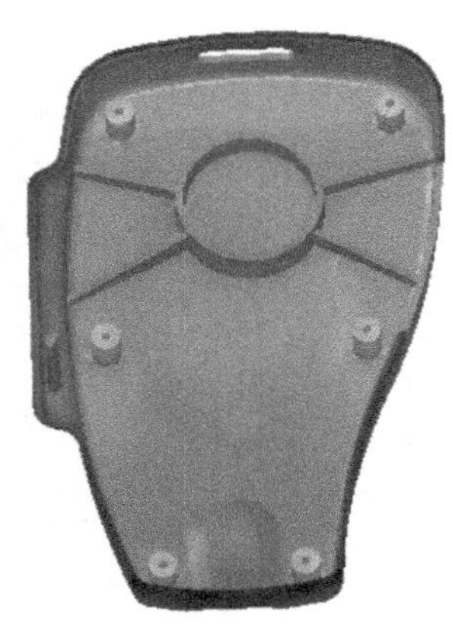

图 14-54　中心面温度场

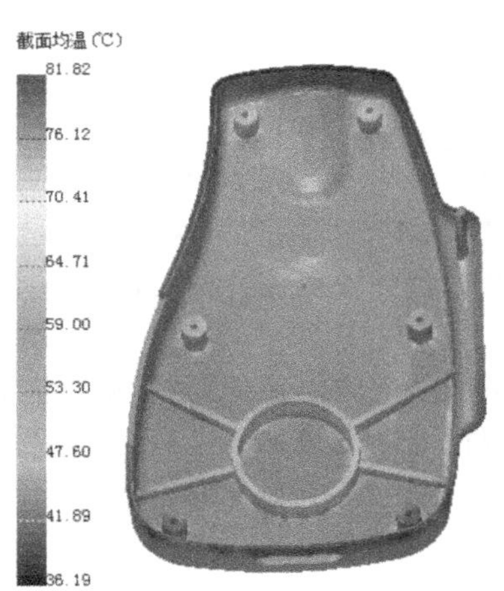

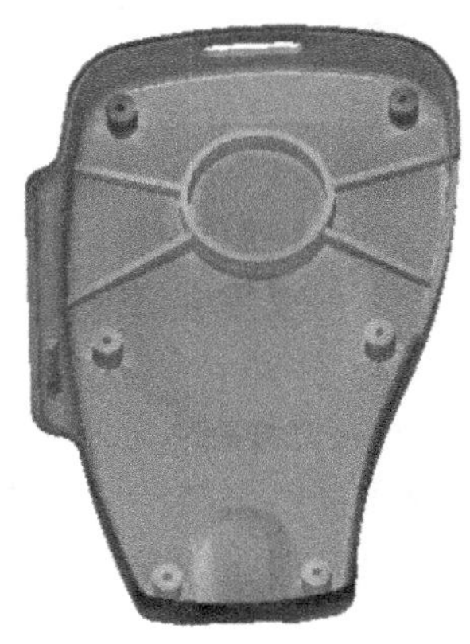

图 14-55　截面平均温度场

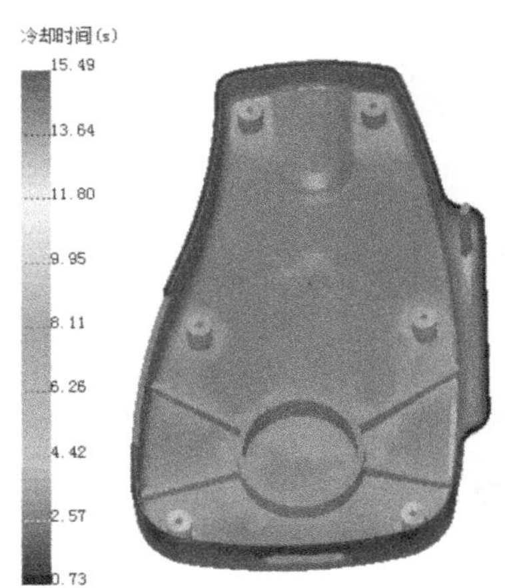

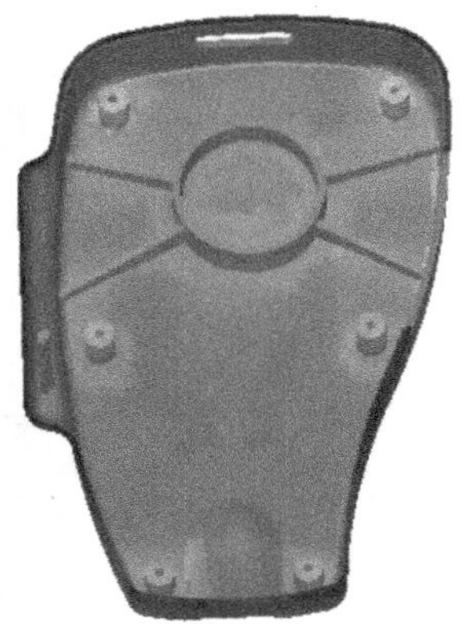

图 14-56　冷却时间

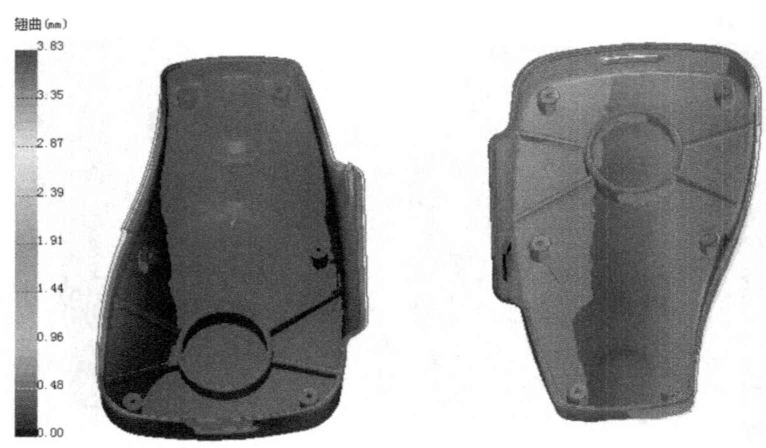

图 14-57　翘曲变形结果(放大 10 倍)

14.2.12　导向与定位设计

模具的导向与定位设计知识点参见 5.4.7。

注射模的导向定位机构用于动、定模之间的开合模导向定位和脱模机构的运动导向定位。按作用分为模外定位和模内定位。模外定位是通过定位圈使模具的浇口套能与注射机喷嘴精确定位;而模内定位机构则通过导柱导套进行合模定位。精定位则用于动、定模之间的精密定位。

本模具所成型的塑件存在对插面,为了确保产品成型的精度,除了采用模架本身所带的导向定位结构,还采用四组精定位组件保证定模板与动模板之间进行定位,另外内模管位对型芯与型腔进行定位,如图 14-58 所示。

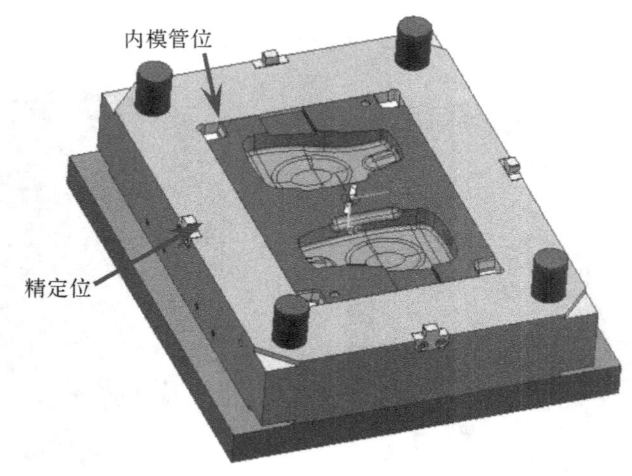

图 14-58　定模侧定位机构

14.2.13 模具制图

1. 模具总装图

经过上述一系列的分析与设计，最后通过 UG 3D 软件设计全三维模具总装图来表示模具的结构，如图 14-59、图 14-60 所示。

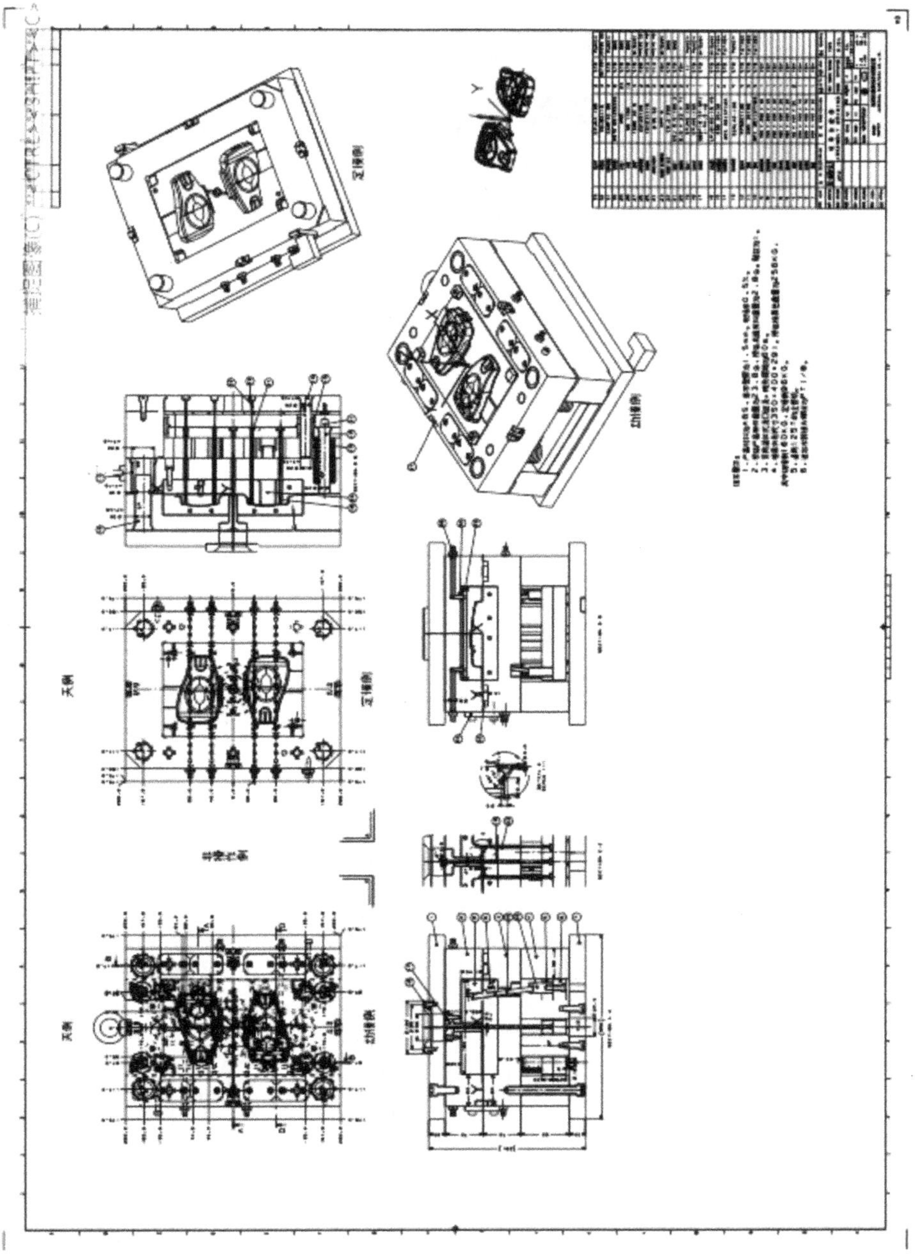

图 14-59 模具总装图（详图参见配套教学资源库）

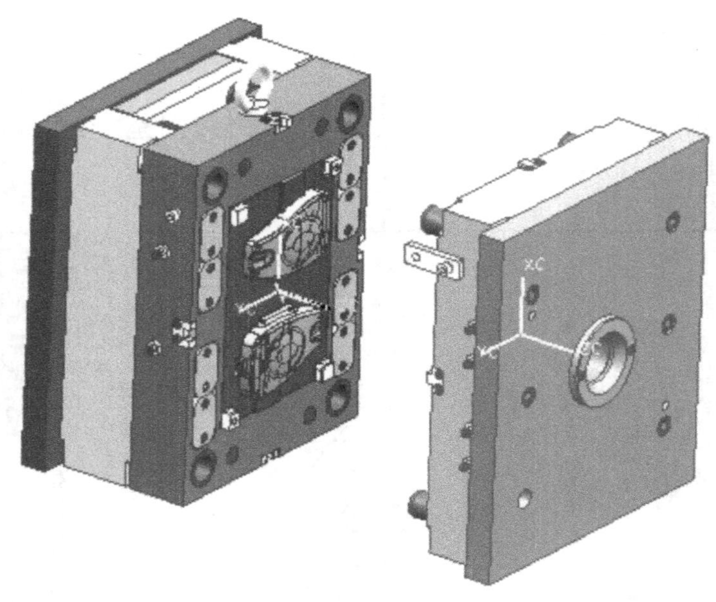

图 14-60　模具总装图(爆炸图)

2. 模具零件图

绘制主体零件图包括型芯镶件及型腔镶件零件图

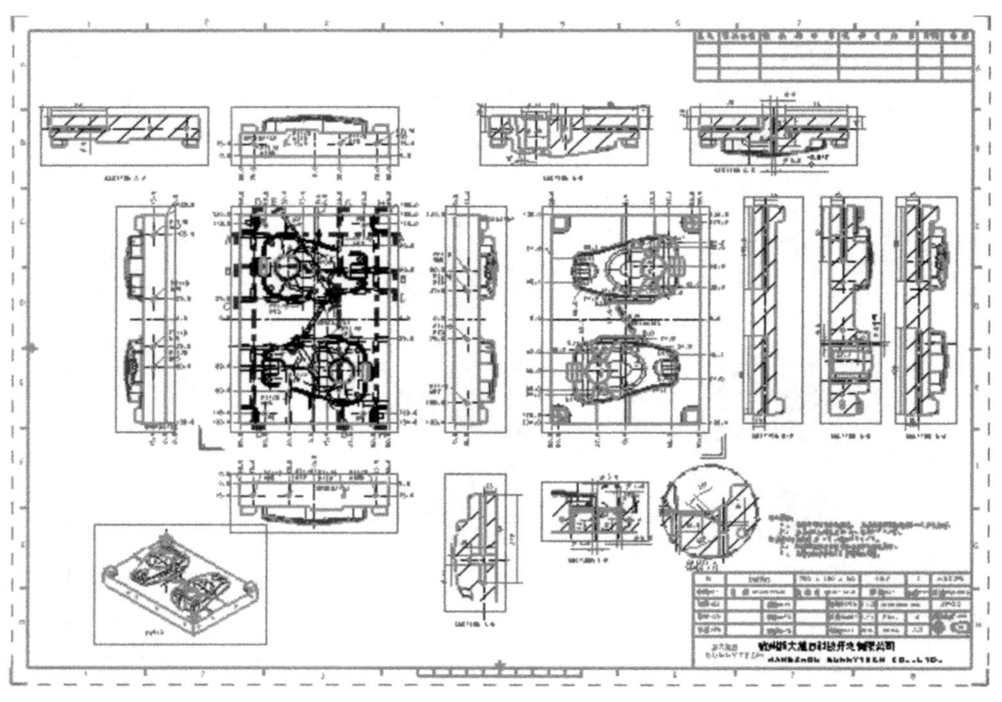

图 14-61　型芯镶件图

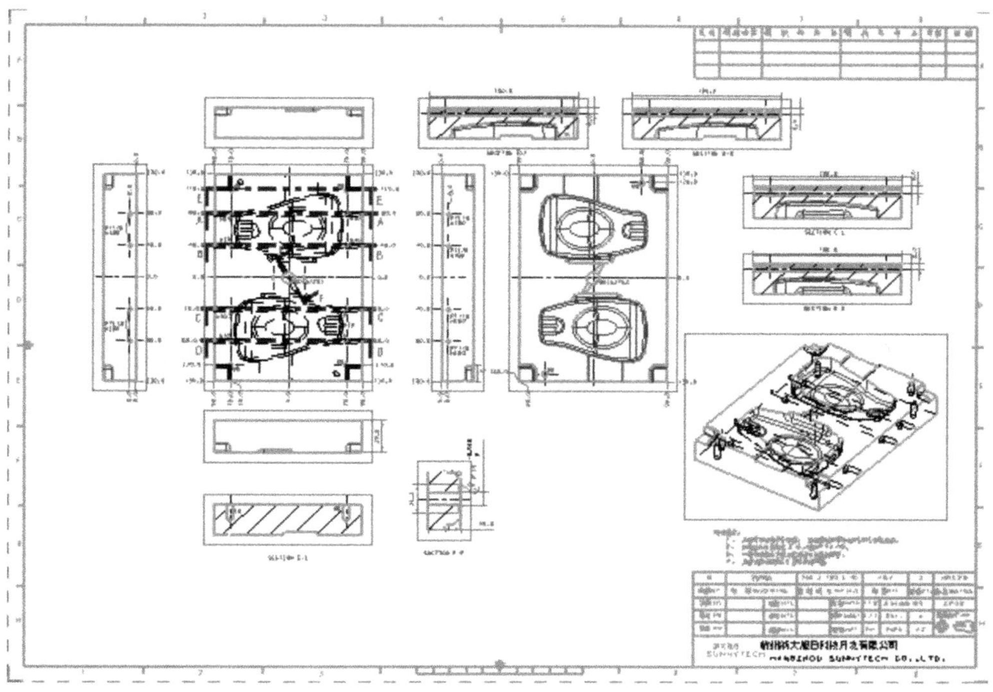

图 14-62 型腔镶件图

第 15 章　综合实例练习题

15.1　练习题 1——ZP3 塑件模具设计

15.1.1　设计任务

模具设计(客户)资料：

(1)塑件名称:ZP3；

(2)成型方法和设备:以附件“热塑性塑料注塑机的规格型号及主要技术参数(一览表)”为选择注射机的依据；

(3)塑件材料:ABS；

(4)缩水率:0.5%；

(5)技术要求:表面光洁无毛刺、无缩痕,浇口不允许设在产品外表面；

(6)模具布局:一模二腔,左右平衡布置；

(7)加工用毛坯材料、尺寸及规格：

序号	类别	规格/mm	硬度 HRC	特征	数量
1	钢料	130×190×40	25	磨 6 面,大平面及三面(交于一角)可作基准。	1
2	45 钢	130×190×50	25		1

(8)原始数据:参阅制件二维工程图及三维数据模型。

(9)其他:模具设计应优先选用标准模架及相关标准件;在保证塑件质量和生产效率的前提条件下,兼顾模具的制造工艺性及制造成本、使用寿命和修理维护方便；

任务实施:下面以电器上盖的二板模具设计为例说明。

15.1.2　解题步骤

1. 工艺性分析

塑件如图 15-2 所示产品结构图,材料采用 ABS,结构分析:产品顶部有二处破孔,分型线部分有一曲线,因此分型面不是平面结构。

(1) 外形尺寸。该塑件外形尺寸为 142mm×78mm×25mm,壁厚为 2mm,如图 15-1 所示。

(2) 脱模斜度。ABS 属于无定型塑料,成型收缩率 0.5%,该塑件脱模斜度周圈均匀都为 3°。

(3) 外观要求。技术要求:表面光洁无毛刺、无缩痕,浇口不允许设在产品外表面。

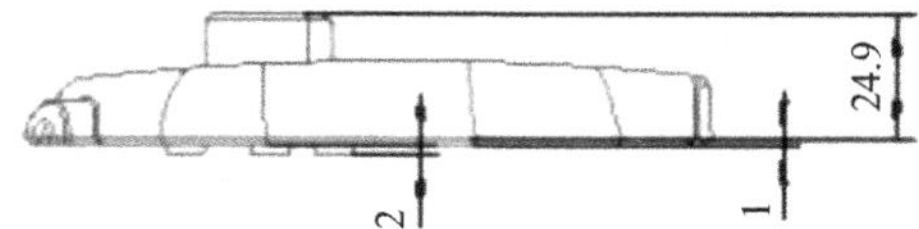

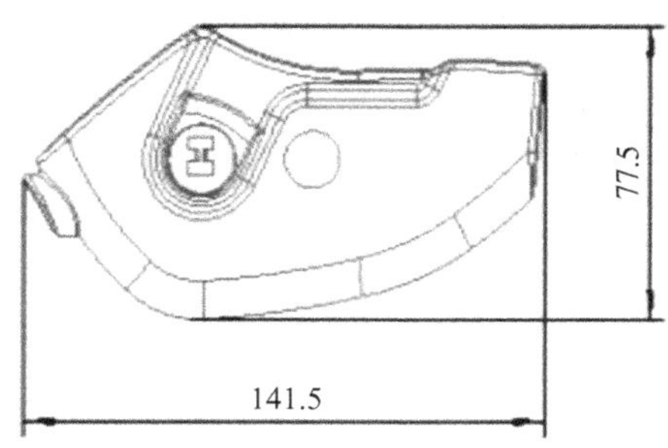

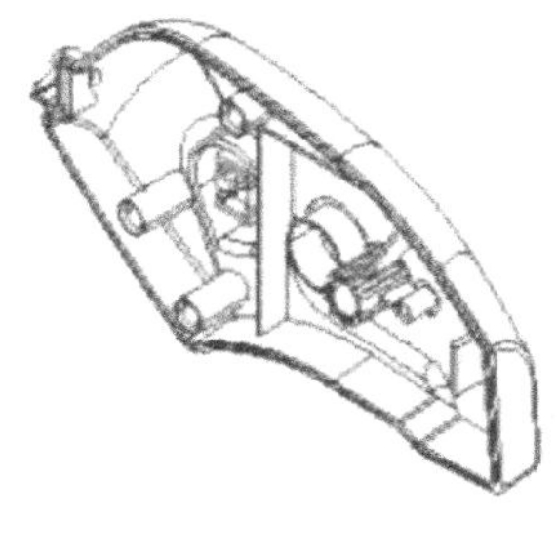

图 15-1　塑件 ZP3 二维图

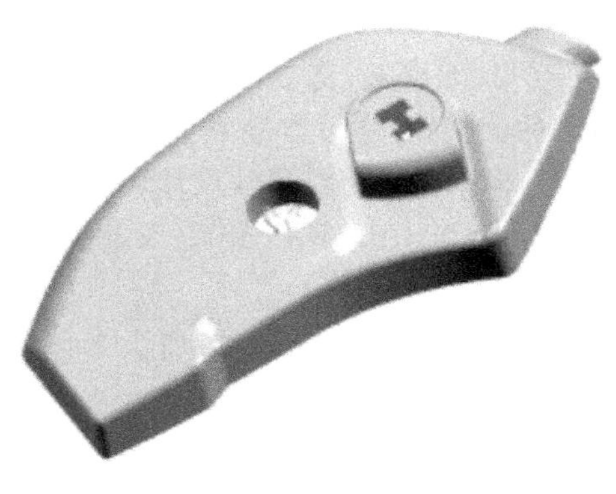
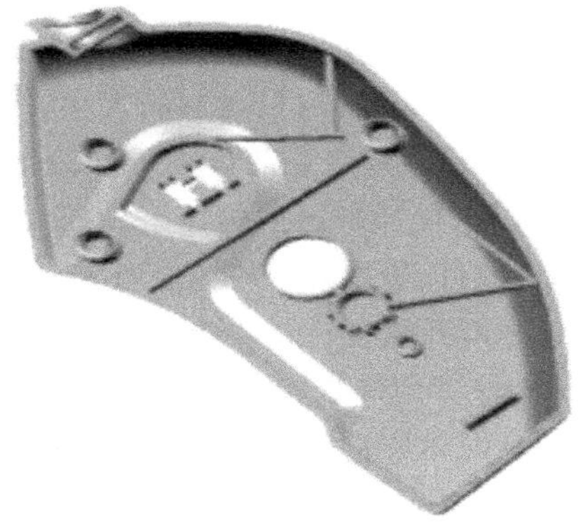

图 15-2　产品结构图

2. 拟定模具的结构形式

(1) 分型面位置的确定

(2) 型腔数量和排列方式的确定

①型腔数量的确定。型腔数量的确定可参见 5.4.1 节。

该塑件外形尺寸不大,考虑到客户指定一模二腔关系,以及制造费用和各种成本费等因素,所以定为一模二腔的平衡布局结构形式。

②模具结构形式的确定。从上面的分析可知,本模具设计为一模二腔。塑件内部空间比较充裕,而且顶出阻力主要集中于塑件四周侧壁,因此可以容纳顶针等常规的顶出结构。

由于该塑件浇口不允许设在产品外表面,浇口考虑设计在产品内表面潜伏式浇口。

模架方面,由以上综合分析可确定为单分型面模架,因此选用龙记模架的 CI 型大水口

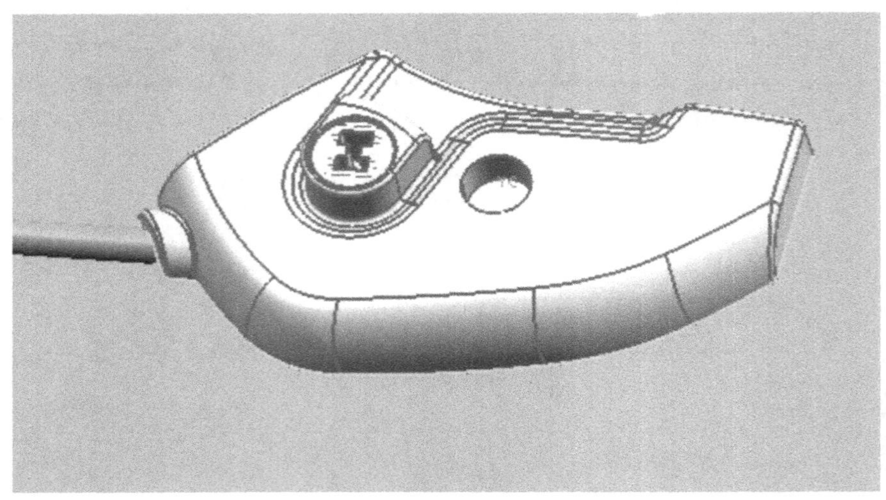

图 15-3

模架比较适合。

③注射机型号的确定。根据制品重量初选：注射机型号为 XS-ZY-125A 卧式注射机，其主要技术参数附件。

(3) 浇注系统设计。本制品要求：表面光洁无毛刺、无缩痕，浇口不允许设在产品外表面，故采用潜伏式浇口，根据制品大小、结构和 ABS 的流长比，浇口数量取 1 个。

(4) 模架、型腔与型芯设计。型芯型腔大小确定：根据提供钢材尺寸设计。

根据以上设计确定采用龙记二板模模架：3040-CI-A80-B70。调入模架，设计镶拼形式。

(5) 顶出机构设计。本模主要推出零件为推杆。

(6) 冷却系统设计。本模主要采用水路冷却，水路直径 8mm。另外，由于采用镶拼结构，冷却设计采用环绕式水路。

(7) 导向系统设计。本模具采用龙记标准模架，导向系统均为标准件。因产品存在对插面，内模镶块设计管位，增加四个边锁在分型面上加锥面定位，以提高动、定模定位精度，和整体刚度。

15.2 练习题 2——ZP4 塑件模具设计

15.2.1 设计任务

模具设计(客户)资料：

(1)塑件名称：ZP4；

(2)成型方法和设备：以附件“热塑性塑料注塑机的规格型号及主要技术参数(一览表)”为选择注射机的依据；

(3)塑件材料：ABS；

(4)缩水率:0.5%;

(5)技术要求:表面光洁无毛刺、无缩痕,浇口不允许设在产品外表面 ;

(6)模具布局:一模二腔,左右平衡布置;

(7)加工用毛坯材料、尺寸及规格:

序号	类别	规格/mm	硬度 HRC	特征	数量
1	钢料	130×190×40	25	磨 6 面,大平面及三面(交于一角)可作基准。	1
2	45 钢	130×190×50	25		1

(8)原始数据:参阅制件二维工程图及三维数据模型。

(9)其他:模具设计应优先选用标准模架及相关标准件;在保证塑件质量和生产效率的前提条件下,兼顾模具的制造工艺性及制造成本、使用寿命和修理维护方便;

任务实施:下面以电器上盖的二板模具设计为例说明

15.2.2 解题步骤

1. 工艺性分析

电器下盖制品如图 15-5 所示,材料采用 ABS,结构分析:产品顶部有六处破孔,侧面有一处破孔,需要设计斜顶机构,中间有六个螺丝孔,需设计推管机构,产品分型线部分有凹槽,因此分型面不是平面结构。

(1) 外形尺寸。该塑件外形尺寸为 130mm×85mm×23mm,壁厚为 2mm,如图 15-4 所示。

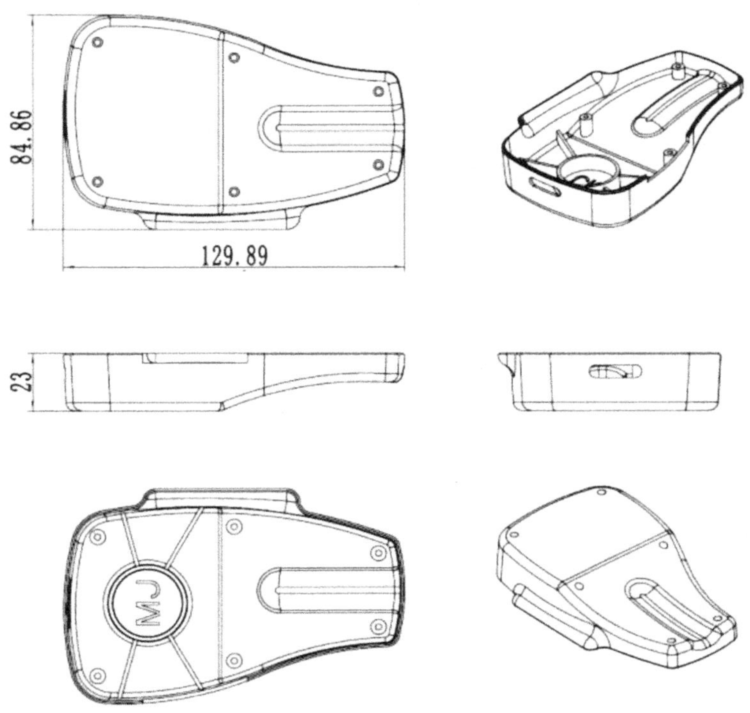

图 15-4 塑件 ZP4 二维图

图 15-5　产品结构图

(2) 脱模斜度。ABS 属于无定型塑料，成型收缩率 0.5%，该塑件脱模斜度周圈均匀都为 3°。

(3) 外观要求。技术要求：表面光洁无毛刺、无缩痕，浇口不允许设在产品外表面。

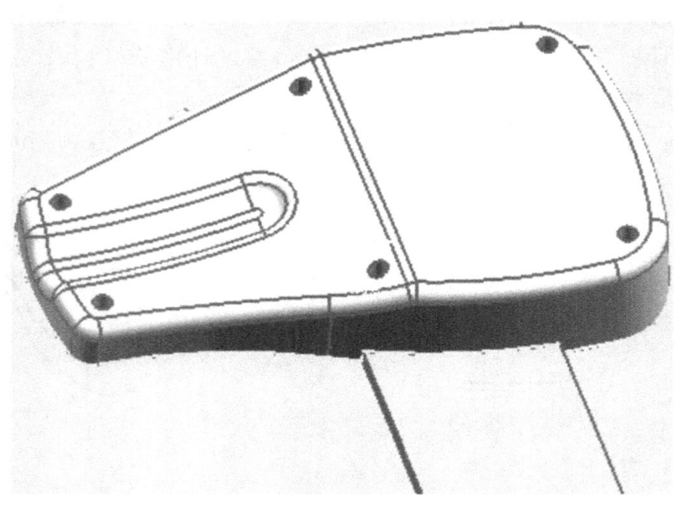

图 15-6　分型面设计

2. 拟定模具的结构形式

(1) 分型面位置的确定

(2) 型腔数量和排列方式的确定

①型腔数量的确定。

型腔数量的确定可参见 5.4.1 节。

该塑件外形尺寸不大，考虑到客户指定一模二腔关系，以及制造费用和各种成本费等因素，所以定为一模二腔的平衡布局结构形式。

②模具结构形式的确定。从上面的分析可知，本模具设计为一模二腔。塑件内部空间比较充裕，而且顶出阻力主要集中于塑件四周侧壁，因此可以容纳顶针等常规的顶出结构。

由于该塑件浇口不允许设在产品外表面，浇口考虑设计在产品内表面潜伏式浇口。

模架方面，由以上综合分析可确定为单分型面模架，因此选用龙记模架的 CI 型大水口模架比较适合。

③注射机型号的确定。根据制品重量初选：注射机型号为 XS-ZY-125A 卧式注射机，其主要技术参数附件。

(3) 浇注系统设计。本制品要求：表面光洁无毛刺、无缩痕，浇口不允许设在产品外表面，故采用潜伏式浇口，根据制品大小、结构和 ABS 的流长比，浇口数量取 1 个。

(4) 模架、型腔与型芯设计。型芯型腔大小确定：根据提供钢材尺寸设计。

根据以上设计确定采用龙记二板模模架：3040-CI-A80-B70。调入模架，设计镶拼形式。

(5) 顶出机构设计。本模主要推出零件为推杆。

(6) 冷却系统设计。本模主要采用水路冷却，水路直径 6mm。另外，由于采用镶拼结构，冷却设计采用环绕式水路。

(7) 导向系统设计。本模具采用龙记标准模架，导向系统均为标准件。因产品存在对插面，内模镶块设计管位，增加四个边锁在分型面上加锥面定位，以提高动、定模定位精度，和整体刚度。

15.3 练习题 3——ZP5 塑件模具设计

15.3.1 设计任务

模具设计(客户)资料：

(1)塑件名称：ZP5；

(2)成型方法和设备：以附件“热塑性塑料注塑机的规格型号及主要技术参数(一览表)”为选择注射机的依据；

(3)塑件材料：ABS；

(4)缩水率：0.5%；

(5)技术要求：表面光洁无毛刺、无缩痕，浇口不允许设在产品外表面；

(6)模具布局：一模二腔，左右对称；

(7)加工用毛坯材料、尺寸及规格：

序号	类别	规格/mm	硬度 HRC	特征	数量
1	钢料	130×190×40	25	磨 6 面，大平面及三面(交于一角)可作基准。	1
2	45 钢	130×190×50	25		1

(8)原始数据：参阅制件二维工程图及三维数据模型。

(9)其他：模具设计应优先选用标准模架及相关标准件；在保证塑件质量和生产效率的前提条件下，兼顾模具的制造工艺性及制造成本、使用寿命和修理维护方便；

任务实施：下面以电器上盖的二板模具设计为例说明。

15.3.2 解题步骤

1. 工艺性分析

电器下盖制品如图 15-8 所示，材料采用 ABS，结构分析：产品顶部有一处破孔，需要设计镶块，中间有 4 个圆环，考虑到圆环高度不高，需在附近设计顶针顶出机构，产品分型线有曲线，因此分型面不是平面结构。

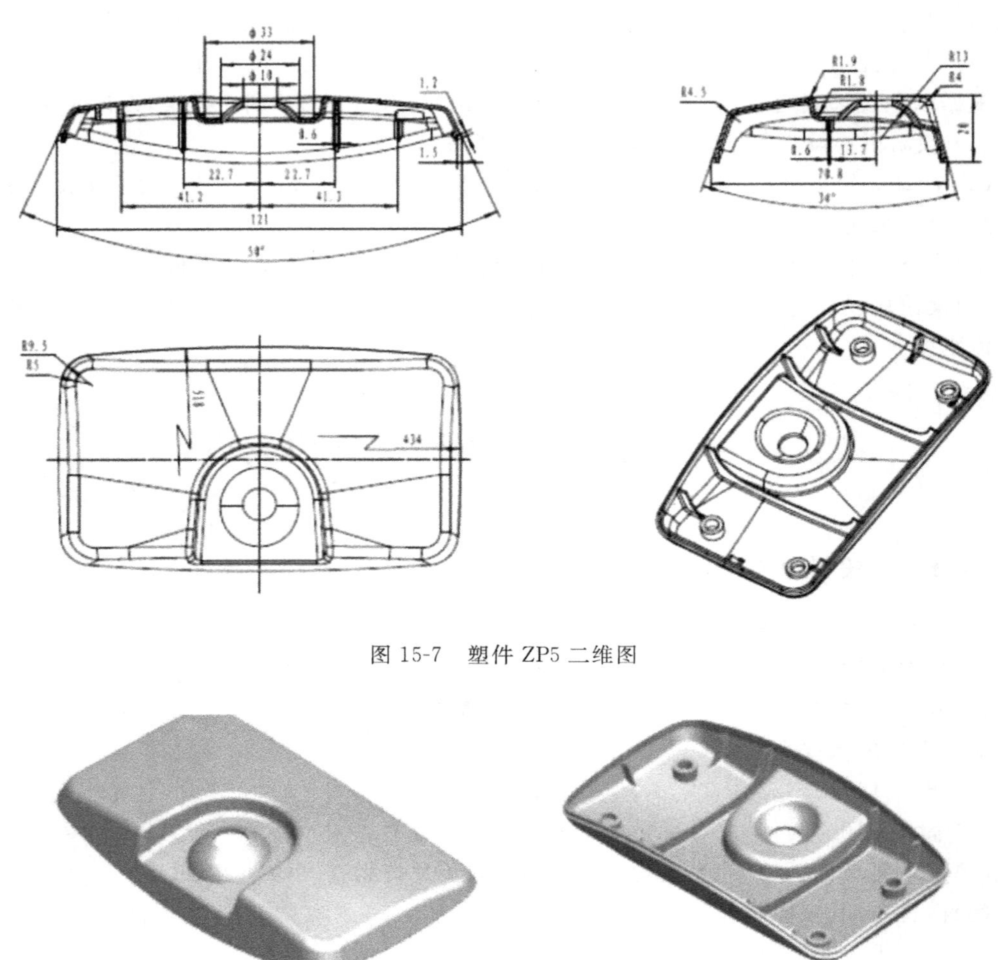

图 15-7 塑件 ZP5 二维图

图 15-8 产品结构图

(1) 外形尺寸。该塑件外形尺寸为 71mm×121mm×21mm，基本壁厚为 1mm，如图 15-7 所示。

(2) 脱模斜度。ABS 属于无定型塑料，成型收缩率 0.5%，该塑件脱模斜度周圈均匀都为 3°。

(3) 外观要求。技术要求：表面光洁无毛刺、无缩痕，浇口不允许设在产品外表面。

2. 拟定模具的结构形式

(1) 分型面位置的确定

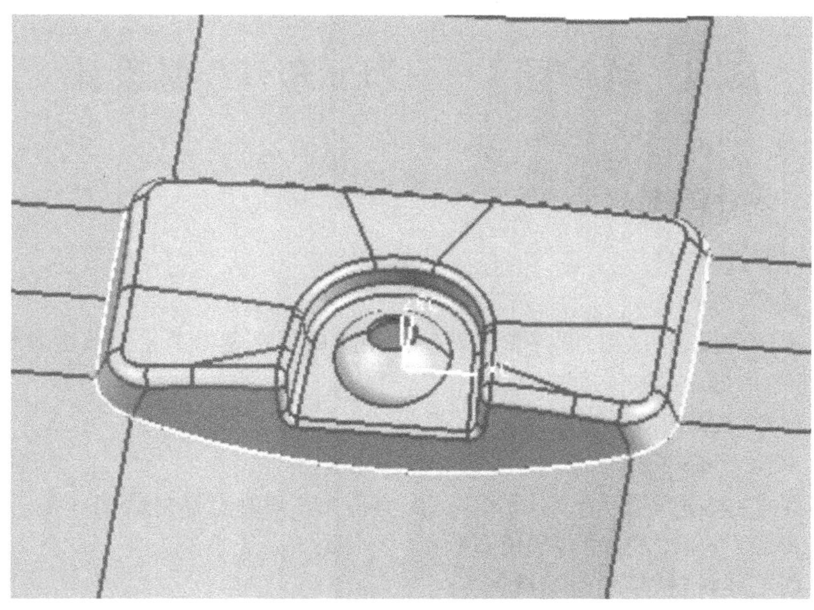

图 15-9 分型面设计

(2) 型腔数量和排列方式的确定

①型腔数量的确定

型腔数量的确定可参见 5.4.1 节。

该塑件外形尺寸不大，考虑到客户指定一模二腔关系，以及制造费用和各种成本费等因素，所以定为一模二腔的对称布局结构形式。

②模具结构形式的确定。从上面的分析可知，本模具设计为一模二腔。塑件内部空间比较充裕，而且顶出阻力主要集中于塑件四周侧壁，因此可以容纳顶针等常规的顶出结构。

由于该塑件浇口不允许设在产品外表面，浇口考虑设计在产品内表面潜伏式浇口。

模架方面，由上综合分析可确定为单分型面模架，因此选用龙记模架的 CI 型大水口模架比较适合。

③注射机型号的确定。根据制品重量初选：注射机型号为 XS-ZY-125A 卧式注射机，其主要技术参数见附件。

(3) 浇注系统设计。本制品要求：表面光洁无毛刺、无缩痕，浇口不允许设在产品外表面，故采用潜伏式浇口，根据制品大小、结构和 ABS 的流长比，浇口数量取 1 个。

(4) 模架、型腔与型芯设计。型芯型腔大小确定：根据提供钢材尺寸设计。

根据以上设计确定采用龙记二板模模架：3040-CI-A80-B70。调入模架，设计镶拼形式。

(5) 顶出机构设计。本模主要推出零件为推杆。

(6) 冷却系统设计。本模主要采用水路冷却，水路直径 6mm。另外，由于采用镶拼结构，冷却设计采用环绕式水路。

(7) 导向系统设计。本模具采用龙记标准模架，导向系统均为标准件。因产品存在对碰面，内模镶块设计管位，增加四个边锁在分型面上加锥面定位，以提高动、定模定位精度，和整体刚度。

15.4 练习题4——ZP6塑件模具设计

15.4.1 设计任务

模具设计(客户)资料：

(1)塑件名称：ZP6；

(2)成型方法和设备：以附件“热塑性塑料注塑机的规格型号及主要技术参数(一览表)”为选择注射机的依据；

(3)塑件材料：ABS；

(4)缩水率：0.5%；

(5)技术要求：表面光洁无毛刺、无缩痕，浇口不允许设在产品外表面 ；

(6)模具布局：一模二腔，左右平衡布置；

(7)加工用毛坯材料、尺寸及规格：

序号	类别	规格/mm	硬度 HRC	特征	数量
1	钢料	130×190×40	25	磨6面，大平面及三面(交	1
2	45钢	130×190×50	25	于一角)可作基准。	1

(8)原始数据：参阅制件二维工程图及三维数据模型。

(9)其他：模具设计应优先选用标准模架及相关标准件；在保证塑件质量和生产效率的前提条件下，兼顾模具的制造工艺性及制造成本、使用寿命和修理维护方便；

任务实施：下面以电器上盖的二板模具设计为例说明

15.4.2 解题步骤

1. 工艺性分析

电器下盖制品如图15-11所示，材料采用ABS，结构分析：产品顶部有11处破孔，侧面有2处破孔，中间有2个螺丝孔，产品分型线在同一平面，因此分型面是平面结构。

(1) 外形尺寸。该塑件外形尺寸为81mm×22mm×121mm，壁厚为1mm，如图15-10所示。

(2) 脱模斜度。ABS属于无定型塑料，成型收缩率0.5%，该塑件脱模斜度周圈均匀都为3°。

(3) 外观要求。技术要求：表面光洁无毛刺、无缩痕，浇口不允许设在产品外表面。

2. 拟定模具的结构形式

(1) 分型面位置的确定

(2) 型腔数量和排列方式的确定

①型腔数量的确定。型腔数量的确定可参见5.4.1节。

该塑件外形尺寸不大，考虑到客户指定一模二腔关系，以及制造费用和各种成本费等因

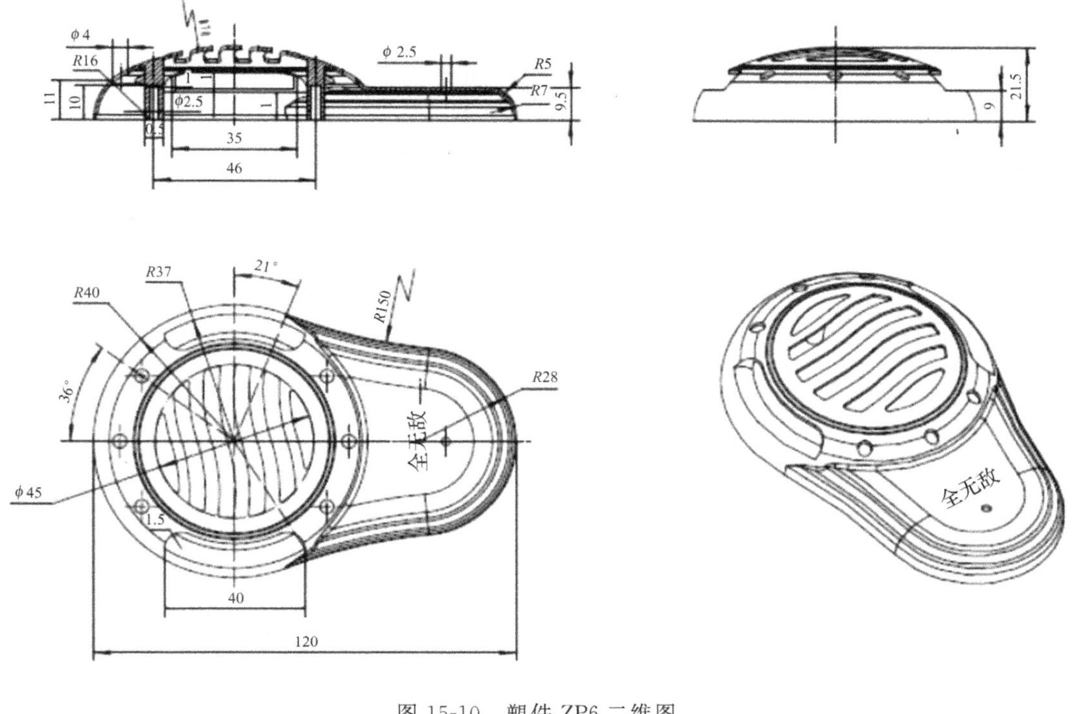

图 15-10　塑件 ZP6 二维图

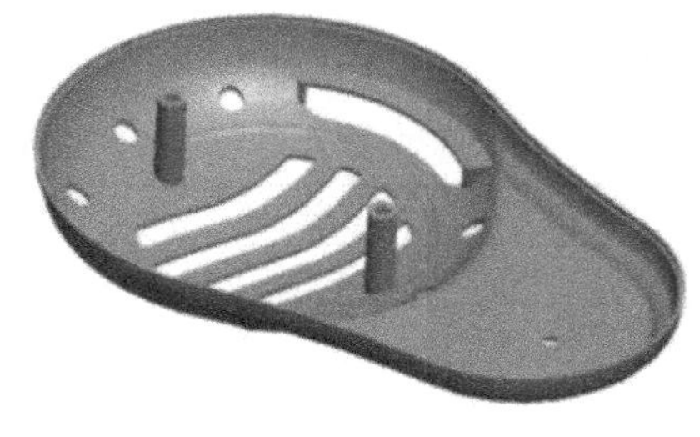

图 15-11　产品结构图

素,所以定为一模二腔的平衡布局结构形式。

②模具结构形式的确定。从上面的分析可知,本模具设计为一模二腔。塑件内部空间比较充裕,而且顶出阻力主要集中于塑件四周侧壁,因此可以容纳顶针等常规的顶出结构。

由于该塑件浇口不允许设在产品外表面,浇口考虑设计在产品内表面潜伏式浇口。

模架方面,由上综合分析可确定为单分型面模架,因此选用龙记模架的 CI 型大水口模架比较适合。

③注射机型号的确定。根据制品重量初选:注射机型号为 XS-ZY-125A 卧式注射机,其主要技术参数附件。

(3) 浇注系统设计。本制品要求:表面光洁无毛刺、无缩痕,浇口不允许设在产品外表面,故采用潜伏式浇口,根据制品大小、结构和 ABS 的流长比,浇口数量取 1 个。

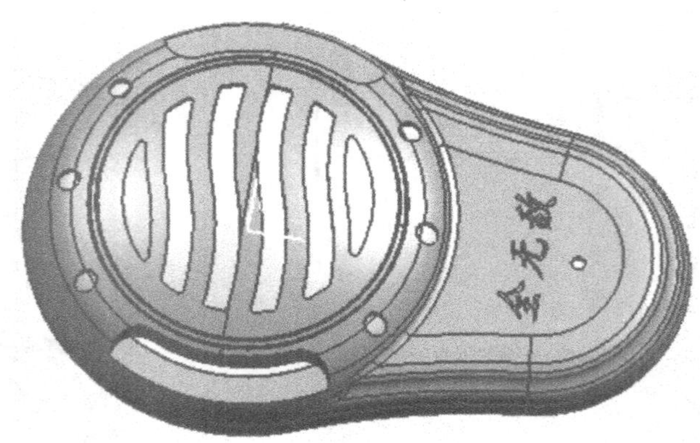

图 15-12　分型面设计

(4) 模架、型腔与型芯设计。型芯型腔大小确定:根据提供钢材尺寸设计。

根据以上设计确定采用龙记二板模模架:3040-CI-A80-B70。调入模架,设计镶拼形式。其中产品螺丝孔位置,设计小镶针。

(5) 顶出机构设计。本模主要推出零件为推杆。

(6) 冷却系统设计。本模主要采用水路冷却,水路直径 6mm。另外,由于采用镶拼结构,冷却设计采用环绕式水路。

(7) 导向系统设计。本模具采用龙记标准模架,导向系统均为标准件。因产品存在对插面,内模镶块设计管位,增加四个边锁在分型面上加锥面定位,以提高动、定模定位精度,和整体刚度。

热塑性塑料注塑机的规格型号及主要技术参数(一览表)

型号	XS-Z-30	XS-Z-60	XS-ZY-125	XS-ZY-125A	XS-ZY-250
公称注射量(cm^3/g)	30	60	125	220	250
螺杆(柱塞)直径(mm)	ϕ28	ϕ38	ϕ42	ϕ42	ϕ50
注射压力(MPa)	119	122	119	150	130
注射时间(s)	0.7	1.4	1.6	1.8	2
注射方式	柱塞式		螺杆式		
合模力(kN)	250	500	900	900	1800
最大成型面积(cm^2)	90	130	320	360	500
模板最大行程(mm)	160	180	300	325	500
模具最大厚度(mm)	180	200	320	350	350
模具最小厚度(mm)	60	70	220	220	200
拉杆间距(mm)×(mm)	235	300×190	290×260	360×360	373×295
合模方式	液压—机械				增压式
定模板定位孔直径(mm)	ϕ63.5	ϕ55	ϕ100	ϕ100	ϕ125
喷嘴球半径(mm)	12	12	12	12	18
喷嘴孔直径(mm)	ϕ4	ϕ4	ϕ4	ϕ4	ϕ4
顶出型式	两侧机械顶出	中心机械顶出	中心机械顶出	中心液压两侧机械顶出	两侧机械顶出

配套教学资源与服务

一、教学资源简介

本教材通过 www.51cax.com 网站配套提供两种配套教学资源：

■ 新型立体教学资源库：**立体词典。**“立体”是指资源多样性，包括视频、电子教材、PPT、练习库、试题库、教学计划、资源库管理软件等等。“词典”则是指资源管理方式，即将一个个知识点（好比词典中的单词）作为独立单元来存放教学资源，以方便教师灵活组合出各种个性化的教学资源。

■ 网上试题库及组卷系统。教师可灵活地设定题型、题量、难度、知识点等条件，由系统自动生成符合要求的试卷及配套答案，并自动排版、打包、下载，大大提升了组卷的效率、灵活性和方便性。

二、如何获得立体词典？

立体词典安装包中有：1)立体资源库。2)资源库管理软件。3)海海全能播放器。

■ 院校用户（任课教师）

请直接致电索取立体词典（教师版）、51cax 网站教师专用账号、密码。其中部分视频已加密，需要通过海海全能播放器播放，并使用教师专用账号、密码解密。

■ 普通用户（含学生）

可通过以下步骤获得立体词典（学习版）：在 www.51cax.com 网站“请输入序列号”文本框中输入教材封底提供的序列号，单击“兑换”按钮，即可进入下载页面；2)下载本教材配套的立体词典压缩包，解压缩并双击 Setup.exe 安装。

四、教师如何使用网上试题库及组卷系统？

网上试题库及组卷系统仅供采用本教材授课的教师使用，步骤如下：

1)利用教师专用账号、密码（可来电索取）登录 51CAX 网站 http://www.51cax.com；2)单击“进入组卷系统”键，即可进入“组卷系统”进行组卷。

五、我们的服务

提供优质教学资源库、教学软件及教材的开发服务，热忱欢迎院校教师、出版社前来洽谈合作。

电话：0571－28811226，28852522

邮箱：market01@sunnytech.cn，book@51cax.com

机械精品课程系列教材

序号	教材名称	第一作者	所属系列
1	AUTOCAD 2010 立体词典:机械制图(第二版)	吴立军	机械工程系列规划教材
2	UG NX 6.0 立体词典:产品建模(第二版)	单岩	机械工程系列规划教材
3	UG NX 6.0 立体词典:数控编程(第二版)	王卫兵	机械工程系列规划教材
4	立体词典:UGNX6.0 注塑模具设计	吴中林	机械工程系列规划教材
5	UG NX 8.0 产品设计基础	金杰	机械工程系列规划教材
6	CAD 技术基础与 UG NX 6.0 实践	甘树坤	机械工程系列规划教材
7	ProE Wildfire 5.0 立体词典:产品建模(第二版)	门茂琛	机械工程系列规划教材
8	机械制图	邹凤楼	机械工程系列规划教材
9	冷冲模设计与制造(第二版)	丁友生	机械工程系列规划教材
10	机械综合实训教程	陈强	机械工程系列规划教材
11	数控车加工与项目实践	王新国	机械工程系列规划教材
12	数控加工技术及工艺	纪东伟	机械工程系列规划教材
13	数控铣床综合实训教程	林峰	机械工程系列规划教材
14	机械制造基础—公差配合与工程材料	黄丽娟	机械工程系列规划教材
15	机械检测技术与实训教程	罗晓晔	机械工程系列规划教材
16	机械 CAD(第二版)	戴乃昌	浙江省重点教材
17	机械制造基础(及金工实习)	陈长生	浙江省重点教材
18	机械制图	吴百中	浙江省重点教材
19	机械检测技术(第二版)	罗晓晔	“十二五”职业教育国家规划教材
20	逆向工程项目实践	潘常春	“十二五”职业教育国家规划教材
21	机械专业英语	陈加明	“十二五”职业教育国家规划教材
22	UGNX 产品建模项目实践	吴立军	“十二五”职业教育国家规划教材
23	模具拆装及成型实训	单岩	“十二五”职业教育国家规划教材
24	MoldFlow 塑料模具分析及项目实践	郑道友	“十二五”职业教育国家规划教材
25	冷冲模具设计与项目实践	丁友生	“十二五”职业教育国家规划教材
26	塑料模设计基础及项目实践	褚建忠	“十二五”职业教育国家规划教材
27	机械设计基础	李银海	“十二五”职业教育国家规划教材
28	过程控制及仪表	金文兵	“十二五”职业教育国家规划教材